U0151322

内孔金刚石涂层的制备及应用

孙方宏　王新昶　林子超　著

上海交通大学出版社
SHANGHAI JIAO TONG UNIVERSITY PRESS

内容提要

本书首先阐述了内孔化学气相沉积金刚石涂层技术及应用研究的重要意义,针对不同内孔应用条件制备具有不同特性的高性能热丝化学气相沉积(chemical vapor deposition, CVD)金刚石薄膜,并研究了不同类型热丝 CVD 金刚石薄膜的摩擦学性能,进一步对内孔沉积热丝 CVD 金刚石涂层的温度场和气场进行仿真分析研究。在此基础上,进行 CVD 金刚石薄膜涂层拉拔模具的孔型设计,开展 CVD 金刚石涂层拉拔模具的制备及应用研究。最后,还进行了内孔金刚石涂层在耐冲蚀磨损器件方面应用技术开发。本书对内孔金刚石涂层关键技术进行了全面系统的研究,丰富了 CVD金刚石薄膜涂层应用技术内涵并拓宽了其应用范围。

本书可作为相关专业本科生及研究生的教学参考书,对从事超硬涂层及其工具研发、生产和使用的专业人员也有一定参考价值。

图书在版编目(CIP)数据

内孔金刚石涂层的制备及应用/ 孙方宏,王新昶,
林子超著. —上海:上海交通大学出版社,2021.12
  ISBN 978-7-313-25479-5

Ⅰ.①内… Ⅱ.①孙… ②王… ③林… Ⅲ.①金刚石
—涂层—制备—研究 Ⅳ.①TB43

中国版本图书馆 CIP 数据核字(2021)第 191443 号

内孔金刚石涂层的制备及应用
NEIKONG JINGANGSHI TUCENG DE ZHIBEI JI YINGYONG

著 者:孙方宏 王新昶 林子超				
出版发行:上海交通大学出版社		地 址:上海市番禺路 951 号	
邮政编码:200030		电 话:021-64071208	
印 制:江苏凤凰数码印务有限公司		经 销:全国新华书店	
开 本:710 mm×1000 mm 1/16		印 张:23	
字 数:425 千字			
版 次:2021 年 12 月第 1 版		印 次:2021 年 12 月第 1 次印刷	
书 号:ISBN 978-7-313-25479-5			
定 价:82.00 元			

前　言

在现代制造领域,拉拔加工是金属线材、管材加工技术中应用最普遍的工艺之一。拉拔模具在电线电缆、金属制品、建筑管材等制造行业应用广泛,直接影响着线材、管材加工行业的生产效率、质量以及原材料的有效节约。目前的传统技术在拉丝和绞线时,常规硬质合金模具的磨损非常严重、精度难以保证、产品表面质量差、模具消耗大,不可避免地造成铜材等原材料浪费严重、生产效率低、工人劳动强度大,严重制约了相关行业效益和产品质量的提高。同时,硬质合金的过度使用也严重消耗了我国的战略资源——钨。此外,在能源化工领域,喷嘴和阀门等耐磨器件在应用过程中,其内孔表面也存在磨损非常严重、寿命短等难题,难以保障长期运行过程中关键装备的工作稳定性和可靠性。因此,研究开发新型拉拔模具和耐磨器件对促进电线电缆、金属制品等行业整体水平的提高和技术进步至关重要,同时对铜、钢、铝等材料的节约和减少钨资源的消耗也有重大意义。

化学气相沉积(chemical vapor deposition, CVD)的金刚石薄膜具有十分接近于天然金刚石的硬度、高的弹性模量、极高的热导率、良好的自润滑性和化学稳定性等优异性能,作为新型耐磨减摩涂层具有广阔的应用前景。有一种创新技术就是采用化学气相法,在拉拔模具和耐磨器件内孔表面沉积金刚石薄膜涂层,并研究开发 CVD 金刚石涂层拉拔模具和耐磨器件,这些模具和器件将成为传统硬质合金拉拔模具和耐磨器件的理想替代品,对于大幅度延长拉拔模具和耐磨器件的使用寿命、显著提高生产效率和改善相关产品的质量、有效节约原材料和能源消耗、满足极端工况下关键装备高可靠性和长寿命方面的要求,具有十分重要的意义,必将有力促进相关领域技术瓶颈的突破,取得显著的社会经济效益。

本书采用适用于产业化内孔金刚石涂层沉积的热丝 CVD(hot filament CVD,

HFCVD)方法,围绕金刚石薄膜在内孔应用的关键技术,开展不同类型高性能金刚石薄膜制备与表征、高性能金刚石薄膜的摩擦学性能、内孔沉积金刚石薄膜的温度场和气场分布仿真、金刚石薄膜涂层拉拔模具和耐磨器件的制备及应用等研究,主要内容包括: ① 内孔金刚石涂层技术的背景与意义;② 高性能 HFCVD 金刚石薄膜的制备及表征;③ HFCVD 金刚石薄膜的摩擦学性能研究;④ 内孔沉积HFCVD 金刚石薄膜的物理场分布研究;⑤ HFCVD 金刚石薄膜涂层拉拔模具的孔型设计;⑥ HFCVD 金刚石薄膜涂层模具的制备及应用;⑦ HFCVD 金刚石薄膜在耐冲蚀磨损器件内孔中的应用。

　　本书是对上海交通大学金刚石涂层课题组承担的国家 863 计划和国家自然科学基金项目研究工作的总结,对从事 CVD 金刚石薄膜涂层技术开发和应用的专业人士会有所裨益,对于电线电缆、金属制品、建筑管材等制造行业的技术人员也有一定的参考价值。

　　希望本书的出版对我国 CVD 金刚石涂层技术的开发与应用起到促进作用。

目　录

第1章 绪 论

1.1 技术背景与意义

化学气相沉积(chemical vapor deposition,CVD)金刚石薄膜具有优异的力学、摩擦学、电学、热学、电化学、光学及声学性能,使其应用涉及机械、电子、航空航天、环保等诸多领域,在耐磨涂层、窗口材料、电化学电极、热沉、冷阴极场电子发射、微电子机械系统器件、半导体器件和声表面波器件等方面都极具应用价值,尤其是超硬耐磨减摩涂层作为表面工程领域的关键技术之一,在改善材料耐磨、减摩性能方面发挥着越来越重要的作用。金刚石薄膜具有十分接近天然金刚石的硬度、高的弹性模量、极高的热导率、良好的自润滑性和化学稳定性等优异性能,作为新型耐磨减摩涂层具有广阔的应用前景。

虽然金刚石薄膜的优异特性使之成为 21 世纪最有发展前途的新型功能材料之一,但其作为窗口材料、电子器件、冷阴极场电子发射以及声表面波滤波器等的应用目前仍处于实验研究阶段,而利用其力学和摩擦学特性的金刚石薄膜超硬耐磨减摩涂层器件的制备和应用却获得了快速的发展,已成为金刚石薄膜应用和产业化的主要方向。

随着电线电缆、金属制品、建筑管材、阀门、轴承等行业的快速发展,对金刚石薄膜的制备和应用提出了新的特殊要求,即要求以各种应用广泛的内孔表面作为耐磨减摩涂层对象,研究开发内孔金刚石薄膜涂层的关键技术,比如广泛应用于各类金属线材、管材拉拔的硬质合金拉拔模具(包括拉丝模、拉管模等);应用于电缆线芯绞制紧压的硬质合金绞线紧压模;应用于同轴电缆、铝塑复合管金属管壁对焊拉拔及定径的硬质合金拉拔套和焊接套;应用于电焊条焊剂上粉包覆药皮的硬质合金涂粉模;应用于冲压薄壁件制造的硬质合金引深模;应用于异型线材拉拔和绞制的硬质合金异型拉丝模和紧压模;应用于煤液化等石油化工行业极端工况条件(比如高温、高压差、高固态浓度浆料冲蚀)的硬质合金耐磨阀门;应用于喷雾干燥设备、磨料喷射装备、水射流喷射装备等苛刻工况条件(比如高压、高硬度固体颗粒冲蚀)的硬质合金或陶瓷喷嘴等。在上述应用领域中,各种工件的内孔表面磨损非常严重,寿命短、损耗大,严重制约了生产效率和产品质量的提高,难以保障长期运行过程中关键装备的工作稳定性和可靠性。采用内孔金刚石涂层技术,研究开发新型内孔金刚石薄膜涂层装置及其相关工艺,对于延长内孔耐磨器件的使用寿命,显著提高生产效率和改善产品的质量,满足高温、高压、强腐蚀等极端工况对关键装备高可靠性和长寿命方面的要求,具有十分重要的意义。

随着制造业的迅猛发展,金属拉拔和绞制已成为金属材料最普遍的加工工艺之一,在电线电缆行业,各类铝丝、铜丝、中高压电缆铜、铝线芯、大截面超高压电线电缆、异型线缆(如瓦形和扇形输电电缆等)、异型铜排以及漆包线等产品的生产在国民经济中占有重要地位。同样,在金属制品行业,各类铝、铜、碳钢/合金钢/不锈钢线材和管材以及焊丝的生产也在传统工业领域占有很大比重,拉丝模、拉管模、紧压模和其他各种拉拔模具是金属加工过程中常用的关键模具,应用范围广、市场容量大,已形成了规模很大的模具行业。然而目前生产上广泛采用的传统硬质合金拉拔模具非常容易磨损,寿命短、模具损耗大、生产效率低,而且拉制和绞制产品的表面质量差,特别是截面尺寸精度难以保证,造成原材料浪费严重,很大程度上制约了金属加工传统产业的技术进步和行业效益的进一步提高,尤其无法满足高速拉丝工艺对拉拔模具耐磨性提出的更高要求。目前,聚晶金刚石可用于制造拉丝模具,适用于小孔径模具的制备,但是加工工艺复杂、成本高,尤其难以用于大孔径模具和异型模的制造,而且聚晶金刚石通过采用钴等催化剂与金刚石微粉在高温高压下合成,在拉丝过程中硬度较低的钴等结合剂容易磨损,导致剩余的金刚石颗粒凸出,需要对模具内孔进行多次修磨,影响拉丝尺寸精度、表面质量和生产效率。CVD厚膜金刚石也可用于小孔径拉丝模的制备,但质量稳定性还有待提高,且因加工工艺复杂,成本更高。因此,在硬质合金拉拔模具内孔工作表面涂覆金刚石薄膜,使其既具有极高的内孔表面硬度和耐磨性,又具有较好的基体韧性,不仅能大幅度提高传统硬质合金拉拔模的使用寿命,有效减少换模时间和提高拉丝生产效率,还能从根本上改进拉制质量和光洁度,提高加工产品质量,保证线径尺寸精度的稳定性,有效节约原材料(铝、铜、钢等),减少钨资源的消耗,从而成为传统硬质合金模具的理想替代品。

影响金属拉拔行业升级的另一个重要制约是对拉拔模具孔型优化设计的研究尚且不足。对拉拔模具的研究工作主要集中在模具材料方面,虽然针对拉拔模具的孔型设计有一些研究,但大多停留在理论阶段。随着拉拔速度的不断提高,硬质合金模具的磨损过程也越来越快,在使用过程中需要经过数次修模,使原设计好的模具孔型不能得以保持。因此,虽然拉拔加工作为一种成熟的加工工艺已经存在了很长时间,但一直以来关于拉拔模具的优化设计并未得到足够的重视。随着

CVD 金刚石涂层拉拔模具的出现,拉拔模具的工作寿命得到极大的提高,并且由于使用过程中涂层一直保持完整,直至使用寿命终了涂层才发生脱落。此时,金刚石涂层拉拔模具已报废,无法通过修模再进一步使用。因此,在内孔沉积 CVD 金刚石涂层之前,对拉拔模具的孔型进行优化设计,相比传统的硬质合金模具而言是十分必要的步骤。在传统的拉拔模具制造行业中,拉拔模具的设计往往依赖设计人员的经验或参照配模表来进行,无论是针对性还是准确性都十分不足。随着计算机技术的快速发展,有限元仿真模拟逐渐成为拉拔模具优化设计的重要手段。有限元仿真能够准确地模拟金属线、管材拉拔过程中的应力应变变化,观察拉拔力和产品尺寸。通过对拉拔模具设计参数的控制,从而研究这些因素对拉拔过程的影响。通过对这些模拟结果进行分析,即可对拉拔模具的设计参数进行优化设计。目前,国内外对金属线、管材的拉拔过程已经展开了一些研究,主要以硬质合金拉拔模具为研究对象,而对于 CVD 金刚石涂层拉拔模具的拉拔过程的研究还比较缺乏。有效合理地设计 CVD 金刚石涂层拉拔模具可以充分发挥金刚石涂层拉拔模具的性能,尤其对于高速自动化的拉拔生产线而言,可以大幅度延长拉拔模具的工作时间,减少更换维护模具的次数,对提高整个金属线、管材拉拔行业的生产效率十分重要。

随着现代高技术装备的迅猛发展,以高速、大温差、重载以及特殊环境或介质为代表的极端工况已成为高技术机械装备经常遇到的磨损工况,在这种超常工况的条件下,材料的摩擦磨损非常严重,使用寿命急剧缩短,稳定运行能力急剧下降,设备非正常磨损失效的问题非常突出,因而极端工况下的磨损失效已成为影响装备使用寿命和可靠性的技术瓶颈,严重制约了相关领域生产效率的提高和技术水平的进步。例如,在石油化工领域煤制油工业化装置中,煤浆的输送、预热、高压加氢、液化粗油的加氢、分离等各环节的减压调节阀门已成为煤制油工程的关键部件。然而在高温、高压、大压差、小流量且为重油、煤粉、氢气、硫化氢、氨气、硫、黄铁矿石等工作介质条件下,采用硬质合金材料制造的各类减压调节阀的工作条件属极端工况,在严重的磨损、气蚀和腐蚀工况下非常容易磨损,使用寿命无法满足要求,严重影响煤制油装置的正常运行和生产能力的提高,已成为当前煤转油技术中亟须攻克的关键技术。采用阀座内孔表面金刚石薄膜涂层技术可大幅度提高原有减压阀的使用寿命,达到耐高温、耐高压、耐冲刷、在高黏度下无堵塞、低噪声、密封可靠的效果,将对保证煤直接液化装备的安全运行具有重大意义。

喷嘴是应用非常广泛的以内孔为工作表面的耐冲蚀磨损器件,广泛应用于机械、石油、化工、汽车、船舶、航空航天、冶金、煤炭等行业,是喷雾干燥、表面强化、表面清洗、表面喷涂、表面改性、磨料喷射切割、水射流切割等设备中的关键器件。目前常用的喷嘴耐磨材料主要有硬质合金和陶瓷等,各类喷嘴在高速气流、水流和磨料共同冲蚀的极端工况下耐磨性较差,磨损非常严重,寿命短、损耗大,影响出口速度,降低加工效率。因此,在原有硬质合金或陶瓷喷嘴内孔表面涂覆金刚石薄膜涂层,将大幅度提高喷嘴使用寿命,对于提高相关行业生产效率也有重要作用。

此外,在电焊条行业,常用的焊条涂料具有较高的硬度,电焊条焊剂上粉包覆涂料时,传统硬质合金涂粉模内孔工作表面磨损严重、失效迅速,进而严重影响涂粉电焊条成品的表面质量和尺寸精度。采用金刚石薄膜作为涂粉模内孔表面涂层可以有效提高其耐磨损性能、使用寿命和产品质量,而且不同类型涂粉模在内孔长径比差距很大时,对内孔表面金刚石薄膜的制备提出了更高的要求。冲压引深模具在电池电极、半导体器件外壳、军用子弹、炮弹壳的生产中用量很大,引深模内孔工作表面对耐磨性和摩擦学特性要求较高,适合采用金刚石薄膜作为其表面耐磨减摩涂层,不仅能大幅度延长传统模具的使用寿命,显著提高相关行业的生产效率,还能保证拉深产品线径稳定不变、表面光滑、质量稳定,有效节约原材料。在铝塑复合管、同轴电缆行业,拉制外表面铝(铜)管时要求拉拔模具内孔表面与铝的摩擦系数小,采用内孔金刚石薄膜涂层拉拔套、焊接套能使产品工作寿命大幅度提高,拉制质量显著改善,拉制产品表面光洁、无摩擦痕迹,可以解决长期困扰铝塑管生产的难题,并使节能高效的"共挤一步法"工艺得以推广。

由此可见,随着内孔金刚石薄膜涂层应用范围的不断扩展,研究开发内孔金刚石薄膜制备新设备及其关键技术已非常必要而迫切,这些新设备及其关键技术在化学气相沉积薄膜制备领域属于前沿性的研究方向,若研究成功,必将进一步丰富CVD金刚石薄膜涂层技术,突破金刚石薄膜在许多内孔场合无法实际应用的瓶颈,极大地拓宽金刚石薄膜作为耐磨减摩涂层的应用领域,对于推动CVD内孔金刚石薄膜科学研究和产业化应用具有十分重要的意义。

CVD金刚石薄膜合成的方法虽然很多,但除了传统的热丝法、微波等离子体法、直流等离子体喷射法以外,其他CVD法还远未达到实用化的稳定程度,CVD金刚石薄膜合成技术的发展还主要集中在对上述三种方法的改进和完善。对于CVD金刚石薄膜合成技术而言,生长速率、金刚石薄膜质量以及批量合成的适宜度都是需要考虑的重要因素,采用微波等离子体CVD(microwave plasma CVD,MPCVD)法合成的金刚石薄膜虽然质量高,但设备成本高,尤其在大面积沉积条件下,一般生长速率较低。采用直流等离子体喷射CVD(direct plasma jet CVD,DPJCVD)法合成金刚石薄膜虽然速率高,但沉积面积和速率之间相互制约,合成工艺参数的控制较难,设备较复杂且稳定性还有待提高。目前的关键问题是上述两种方法尚只适用于平面或复杂形状基体外表面,由于等离子源和反应器的技术限制,还很难用于制备各种内孔的金刚石薄膜涂层,因此,在这种情况下,热丝CVD(hot filament CVD, HFCVD)法因设备简单、易于调整控制、沉积面积大且合成的金刚石薄膜质量较好而备受青睐,已成为内孔金刚石薄膜制备的主要方法。

目前 HFCVD 金刚石涂层设备一般用于平面或复杂形状基体外表面金刚石薄膜的制备,各种大容量、自动化 HFCVD 设备的研制和应用有力地促进了金刚石薄膜涂层刀具、金刚石厚膜膜片以及大面积金刚石薄膜涂层电极等的应用与产业化。自从 20 世纪日本学者采用 HFCVD 热丝穿孔技术在硬质合金拉丝模内孔表面沉积金刚石薄膜涂层以来,HFCVD 法在内孔金刚石薄膜制备方面就显示了独特的优势。然而,由于国内外各种大容量、自动化 HFCVD 设备在反应器设计、热丝机构、气路系统、工件装夹机构等诸多方面都远远无法满足应用中日趋广泛的各种类型的内孔金刚石薄膜涂层器件的制备需要,严重影响了内孔金刚石薄膜的科学研究和应用产业化。

从 20 世纪 70—80 年代在异质基体上成功合成 CVD 金刚石薄膜至今,国内外研究人员在 CVD 金刚石薄膜的生长理论、制备方法、性能表征、后续加工技术以及应用等领域均进行了大量的研究,取得了丰硕的研究成果。2000 年以来,本书作者课题组对于 HFCVD 金刚石薄膜的沉积工艺及其在硬质合金和陶瓷耐磨减摩器件领域的应用研究取得了突破性的进展,通过开发各种新型的预处理方法和沉积工艺,有效改善了金刚石薄膜和硬质合金、陶瓷基体之间的附着强度,并提高了薄膜的表面光洁度,促进了 HFCVD 金刚石薄膜在诸多工业领域的推广应用。但是这些研究和应用多局限于外平面沉积金刚石涂层,在各种孔径圆孔和复杂形状内孔沉积方面,还存在很多技术和工艺上的困难,这已成为金刚石薄膜沉积技术在以内孔为工作表面的耐磨减摩器件中产业化应用的主要障碍。国内外研究学者针对各种不同类别金刚石薄膜的摩擦磨损性能及机理进行了大量的系统研究,也针对常规金刚石薄膜的冲蚀磨损性能及机理进行了研究,但是缺乏对新型金刚石薄膜,如掺杂金刚石薄膜、纳米金刚石(nano-crystalline diamond, NCD)薄膜或复合金刚石(composited diamond, CD)与常用金属材料对磨的摩擦磨损性能及机理的系统研究,以及对于各类新型金刚石薄膜冲蚀磨损性能的系统研究。综上所述,为了推动CVD 金刚石薄膜在内孔领域的应用,本书主要讨论解决下面所述的五个关键问题:

第一,针对不同的应用目标及内孔应用条件制备具有不同特性的高性能HFCVD 金刚石薄膜。

硬质合金和陶瓷材料是目前在机械领域最常用的两种耐磨材料,同时也非常适合作为金刚石薄膜沉积基体材料,在内孔金刚石薄膜应用领域,沉积在基体表面的金刚石薄膜主要承受摩擦磨损或冲蚀磨损,金刚石薄膜主要的失效机理是薄膜与基体之间的分离和剥落,这很大程度上是因为金刚石薄膜和基体材料之间的附着力不足,这一现象在硬质合金基体中表现得尤为显著,因为硬质合金与金刚石热膨胀系数差异较大,并且其中的钴元素具有催石墨化作用,会对膜、基的结合力产生显著的不利影响,得到广泛研究的各类预处理技术也无法完全解决该问题。因此,本书重点关注了硼掺杂技术,以深入研究其在改善金刚石薄膜的附着性能及机械性能方面所起到的积极作用。此外,对比研究常用碳源对于金刚石薄膜生长速率、薄膜质量及机械性能的影响,合理选择碳源气体并搭配优化的沉积工艺来制备具有不同特性的高质量 CVD 金刚石薄膜也是本书研究的要点之一。

在部分应用中要求内孔金刚薄膜具有较高的表面光洁度,这一点可以通过后续抛光加工以及制备 NCD 薄膜的方法得以实现。但是,对常规微米金刚石(micro-crystalline diamond,MCD)薄膜而言,其近似于天然金刚石的优异的硬度特性以及表面能大、化学稳定性好等优异性能也成为制约其后续抛光加工的重要因素,抛光工序所耗费的时间和精力远远超过了预期,成为制约金刚石薄膜制品效率化、批量化生产的一大瓶颈。而 NCD 薄膜中金刚石纯度较低,石墨以及非晶碳成分较多,残余应力较大,薄膜和基体之间的附着强度无法达到各类内孔极端工况下的应用需求,并且可沉积的薄膜厚度也受到了极大的限制。

不同的应用目标以及内孔应用条件会对金刚石薄膜的附着性能、表面光洁度、表面硬度或表面可抛光性等特性及其摩擦学性能提出较高的要求,因此,如何综合已有的金刚石薄膜掺杂方法及沉积工艺,开发出具有不同特性的高质量金刚石薄膜以满足不同耐磨减摩器件内孔表面的工作需求,是促进金刚石薄膜在内孔领域推广应用需要重点解决的课题之一。其中非常关键的一点是金刚石薄膜表面可抛光性的提高往往意味着其表面耐磨损性能的降低,综合性能的提升也常常意味着沉积成本的大幅增加,如何正确处理这一矛盾也成为产业化应用中亟须处理的一大难题。

第二,不同类型 HFCVD 金刚石薄膜的摩擦学性能研究。

内孔金刚石薄膜在应用过程中主要承受摩擦磨损(比如用于各种管、线材拉拔的拉拔模具内孔表面的金刚石薄膜)或冲蚀磨损(比如用于喷嘴、阀门等各种流体机械零部件内孔表面的金刚石薄膜),国内外许多学者已经就各类常见金刚石薄膜的摩擦磨损性能进行了系统研究,但是对金刚石薄膜冲蚀磨损性能及机理的研究依旧局限于常规金刚石薄膜,而没有推广到采用新工艺、新技术制备的各类新型金刚石薄膜,比如硼掺杂金刚石(boron doped diamond,BDD)薄膜、复合金刚石薄膜等。

在固体颗粒冲蚀或固液两相流冲蚀的工作环境下,金刚石薄膜的冲蚀磨损性能在很大程度上决定了耐磨器件的使用寿命和加工性能,金刚石薄膜的冲蚀磨损机理十分复杂,它是金刚石薄膜机械性能的一种综合体现,不仅与其表面形貌、表面硬度、结构成分、表面粗糙度、断裂韧性等相关,还受到其他诸多因素的影响,如基体材料、薄膜与基体之间的附着性能、复合薄膜的分层结构等。因此,全面、彻底地研究不同类型金刚石薄膜的冲蚀磨损性能,从微观角度深入探究不同类型金刚石薄膜在冲蚀磨损机理方面存在的差异性,揭示上述各因素对不同类型金刚石薄膜冲蚀磨损性能和机理的影响,是促进金刚石薄膜在承受冲蚀磨损的耐磨器件表面产业化应用的一项必不可少的基础性研究工作。在摩擦磨损研究方面,在国内外已有研究的基础上,结合实际的应用情况选用合适的配副材料对 MCD、NCD、BDD 以及新型复合金刚石薄膜的摩擦磨损性能进行系统的对比研究,对于金刚石薄膜在摩擦磨损领域的推广应用也具有重要的现实意义。此外,国内外也未有针对在不同碳源环境下生长的金刚石薄膜的冲蚀或摩擦磨损性能的对比研究,本书在这一方面的研究有助于明确碳源气体对金刚石薄膜磨损性能的影响,从而为不同金刚石薄膜涂层制品制备过程中碳源气体的优选提供更充足的理论依据。

由于内孔应用环境的复杂性,金刚石薄膜在不同工况下的磨损机理存在较大的差异,国内外已有的研究成果主要着眼于金刚石薄膜在标准试验条件下的冲蚀磨损或摩擦磨损性能研究,鲜有将试验和应用相结合的系统化研究成果。因此,根据金刚石薄膜实际的工况设计应用摩擦磨损试验,将标准试验条件下的研究结果、应用摩擦磨损试验条件下的研究结果与实际加工应用条件下的研究结果进行对比分析,从而深入探究金刚石薄膜在复杂工况下的磨损机理,分析金刚石薄膜磨损性能与其应用效果之间的潜在联系,更有助于提高金刚石薄膜在不同工作条件下的使用寿命和应用效果,进一步推进其在耐磨减摩及耐冲蚀器件内孔中的应用。

第三,内孔沉积 HFCVD 金刚石薄膜的温度场和气场仿真、基于仿真分析的批量化内孔金刚石薄膜沉积装置中基体排布方式的优化、特殊形状内孔表面沉积金刚石薄膜过程中与温度场分布相关的热丝及夹具具体参数的优化。

HFCVD 金刚石薄膜在内孔表面,尤其是小孔径、超大孔径和复杂形状内孔表面沉积的工艺比较复杂,稳定及批量生产困难,这一方面是受制于热丝排布与装夹技术的稳定性,另一方面则是内孔沉积环境下热丝-基体距离的限制和内孔形状的复杂性导致的基体温度场和基体表面附近气场(密度场、速度场等)的不均匀性,这一点在批量化内孔金刚石薄膜沉积和特殊形状内孔金刚石薄膜沉积的过程中体现得尤为明显。

在采用 HFCVD 法制备金刚石薄膜的反应过程中,温度场和气场的均匀性和稳定性对于金刚石薄膜的生长速度和质量有着显著的影响,因此需要从理论和实际两个角度对 HFCVD 真空反应腔内部的温度场和气场分布状态进行评估和预测,但是采用试验手段测量真空反应腔内的温度、气体密度、气体流速等温度场和气场分布数据非常困难。近年来,随着计算机技术的不断发展,越来越多烦琐的计算分析和难以实现的试验测量在计算机的帮助下变得简单而易于实现。使用仿真方法从理论角度研究采用 HFCVD 方法在基体内孔沉积金刚石薄膜反应过程中的温度场和气场分布状况,一方面可以针对批量化内孔沉积的实际需求,研究不同的基体排布方案对于整体温度场和气场分布均匀性的影响,从而完成批量化内孔金刚石薄膜沉积装置中基体排布方式的优化。另一方面,在现有试验性沉积装置的基础上研究不同的沉积参数、支承冷却和换热条件对于温度场和气场分布状况的影响,尤其是对基体内孔表面的温度场分布和内孔表面附近的流场分布状况的影响,可以针对不同孔径、不同孔型的基体,对在其内孔表面沉积金刚石薄膜的沉积参数、支承冷却和换热条件等进行优化,从而确保金刚石薄膜的厚度均匀性和质量稳定性。

采用仿真方法研究内孔沉积 HFCVD 金刚石薄膜沉积过程中真空反应腔内的温度场和气场分布,是现行条件下解决内孔金刚石薄膜质量不稳定、批量化生产较难的重要方法之一,对于推广 HFCVD 金刚石薄膜在内孔工作表面的应用、实现内孔表面沉积金刚石薄膜技术的产业化,具有重要的理论意义和现实意义。而截至目前,国内外对于 HFCVD 沉积装置内温度场和流场分布的研究依然停留在简化模型的理论研究阶段,现有模型多为平面沉积模型,而在内孔沉积模型和整体结构比较复杂的大批量产业化沉积模型方面的研究较少。

第四,金刚石薄膜涂层拉拔模具的孔型优化设计。

目前内孔金刚石薄膜沉积技术最重要的应用对象是拉拔模具,除表面涂层外,拉拔模具的孔型对于其应用效果也有显著影响。拉拔模具的孔型优化设计长期以来一直停留在经验设计阶段,通常依据配模表、生产实践资料或拉拔试验来确定,配模表数据来源广泛、条理性较强,但针对性和准确性较差;生产实践资料对具体企业而言针对性较强,但数据分散、缺乏组织。通过拉拔试验获得数据最有针对性,但试验成本高、开发周期长。传统硬质合金模具磨损很快,应用过程中需要多次修模,设计孔型通常难以得到保持,因此孔型设计的意义不大。金刚石薄膜在模具内孔的应用可以大幅延长模具寿命,改变模具的磨损机制,在全寿命过程中涂层模具孔型可以得到很好的保持,直到薄膜脱落失效为止。因此,结合不同类型金刚石薄膜涂层拉拔模具的应用工况,采用有限元仿真技术精确模拟并分析金属管、线材拉拔过程中管、线材及模具的应力应变、拉拔力、产品尺寸等参数的变化规律,进而对模具的孔型参数进行优化设计,可以实现涂层模具的性能最优化,具有十分重要的现实意义。

第五,HFCVD 金刚石薄膜在不同类型内孔表面的制备及产业化应用。

小孔径、超大孔径及复杂形状内孔表面 CVD 金刚石薄膜的沉积对于沉积工艺提出了非常严格的要求,要实现金刚石薄膜在不同类型内孔表面的制备和产业化应用,需要综合前文所述四个问题的解决途径和研究结果,针对孔型优化的拉拔模具或其他不同类型的内孔产品,采用经过仿真优化的沉积参数,选用具有针对性的、经过摩擦学试验论证的不同类型 CVD 金刚石薄膜作为其耐磨减摩涂层。此外,不同的内孔沉积条件下还会存在许多特殊问题,比如小孔径沉积对于热丝对中性的严格要求、超大孔径沉积对于热丝-基体间距的要求等,在实现金刚石薄膜在内孔表面产业化应用的过程中,还需要逐一解决这些技术难题,才能保证在不同内孔表面批量化制备金刚石薄膜的稳定性和可靠性,而目前在国内外针对这些特殊工况和特殊问题的研究很少,金刚石薄膜涂层在特殊复杂形状内孔表面的产业化应用更是一个全新的研究课题。

1.2　国内外研究现状综述

CVD 金刚石薄膜具有接近于天然金刚石的物理性质,其高硬度、高耐磨性和良好的导热性等优异的性能引起了国内外学者的广泛关注。经过几十年的发展,CVD 金刚石薄膜已经在包括工模具、微机电系统、电化学、生物医学等多个领域不断取得突破,薄膜制备技术愈发成熟。热丝 CVD 由于沉积设备相对简单、工艺操控性好、易实现大面积薄膜沉积以及制备成本相对较低等优势,成为 CVD 金刚石薄膜在拉拔模具等内孔应用领域的主要技术方法。本节将分别对 CVD 金刚石薄膜的制备技术研究、摩擦学性能研究、沉积温度场和流场仿真及实验研究、拉拔模具及其孔型设计、内孔金刚石薄膜的制备及应用研究等方面的国内外研究现状进行综述。

1.2.1　CVD 金刚石薄膜的制备技术研究

1) CVD 金刚石薄膜沉积技术研究概况

在金刚石薄膜的制备方法中,化学气相沉积法是研究最早、应用最广泛,也是最成熟的方法。1974 年,在非金刚石基底上沉积出了结晶性良好的金刚石颗粒和薄膜,标志着金刚石气相合成研究进入了一个新的阶段,日本的 Kamo 等人随后发表了一系列极其重要的金刚石合成研究论文,采用微波、直流放电或热丝气相离解技术在非金刚石基体上得到了数微米每小时的金刚石生长速率[1]。目前常用的制备 CVD 金刚石薄膜的方法主要包括 HFCVD 法、微波等离子体 CVD (microwave plasma CVD, MPCVD) 法以及直流等离子体喷射 CVD (direct-current plasma jet CVD, DPJCVD) 法等,其中 HFCVD 技术的优点最为突出,应用范围非常广泛。

　　CVD 金刚石薄膜具有的各种优异性能使其在耐磨减摩器件领域的应用成为国内外产业化应用研究的重要方向之一。可用于沉积 CVD 金刚石薄膜的异质基体种类繁多,在机械领域,尤其是在耐磨减摩或耐冲蚀器件的应用领域,应用最广泛的适用于金刚石薄膜沉积的基体材料主要是硬质合金和陶瓷材料。对硬质合金基体而言,在其工作表面沉积 CVD 金刚石薄膜需要解决的首要问题是硬质合金基体表面及内部大量存在的钴相成分在金刚石薄膜沉积过程中的催石墨化效应,这一效应会显著影响金刚石薄膜的质量以及薄膜与基体之间的附着性能,对于硬质合金基体金刚石薄膜涂层耐磨减摩或耐冲蚀器件的使用寿命和应用效果有着决定性的影响。为了解决这一问题,国内外研究人员先后提出了机械研磨、酸洗去钴处理、化学多步浸蚀、离子轰击、等离子体刻蚀、金刚石微粉镶嵌、氧化处理、碳氮共渗、渗硼、钴的化学替代和钝化、激光辐射、水射流、中间过渡层等种类繁多的预处理或生长技术,取得了一定的研究成果。对陶瓷基体而言,陶瓷材料的热膨胀系数较小,更接近于金刚石材料,因此在陶瓷材料上沉积金刚石薄膜的残余热应力较小。另外陶瓷材料中不存在钴或其他对金刚石生长有明显不利影响的杂质成分,因此陶瓷材料与金刚石薄膜之间的附着性能相对于硬质合金而言会有明显改善,但是受陶瓷材料本身表面缺陷的影响,制备的金刚石薄膜仍然具有较大的生长应力,从而对薄膜和基体之间的附着性能产生负面影响。现有的用于提高陶瓷材料与基体之间附着性能的技术主要是机械研磨、金刚石微粉镶嵌等方法[2]。然而,上述机械研磨、腐蚀刻蚀、氧化等方法会对基体自身的性能造成不利影响,并会破坏其表面质量,产生大量的表面缺陷,进而影响制备的金刚石薄膜的表面光滑性。采用碳氮共渗、渗硼、钴的化学替代和钝化等方法时,无法避免长时间的沉积过程中基体内部的钴相成分向基体表面的热扩散,中间过渡层对各层材料与基体之间的晶格相称性和热力学匹配性提出了严格要求,并且不同过渡层的沉积制备需要大量配套设备的支持,经济成本和时间成本较高,不易实现产业化。除涂层附着性能问题外,MCD 薄膜的表面光洁度也常常无法满足工业应用的需求,而且因它具有近似于天然金刚石的高硬度和优异的化学稳定性,对其进行表面抛光等后续加工非常困难,尤其对内孔涂层而言,由于内孔形状的限制,对其工作表面的抛光处理难度更大,这也成为制约内孔金刚石薄膜制品产业化应用的一大瓶颈。因此,如何开发新的 CVD 金刚石薄膜沉积技术以进一步改善薄膜与基体之间的附着性能,同时提高金刚石薄膜的表面光洁度或表面可抛光性,对于金刚石薄膜在不同条件和需求下的产业化应用至关重要。此外,作为非金刚石基底上 CVD 金刚石薄膜沉积的核心工艺,沉积参数对于金刚石薄膜的生长过程和性能也具有非常显著的影响,香港科技大学的 Guo 等曾经系统研究了反应气体成分、基体温度、反应气体流量和反应压力对钛基体上 HFCVD 金刚石薄膜生长(包括金刚石薄膜的形核密度、形核尺寸、薄膜质量和晶粒取向等)的影响,并确定了最优的沉积参数,基于该参数制备获得了高质量的金刚石薄膜,其中 sp^3 金刚石成分的比重达到了 98.4% 以上,沉积速率则达到了 0.4 μm/h,采用该沉积参数制备的金刚石薄膜涂层钛电极的强化试验寿命达到了 244 h,在整个试验过程中表现出良好的性能稳定性[3]。法国的 Rats 等则分析了在钛基体及钛合金基体上沉积的 MPCVD 金刚石薄膜中残余应力与沉积温度之间的关系,阐明了由于基体材料与金刚石之间热膨胀系数的差异导致的残余热应力随沉积温度单调递增的变化趋势[4]。英国布里斯托大学的 May 等提出了多种用于预测金刚石薄膜生长的理论模型及公式,采用理论分析与试验相结合的方法深入探讨了压力、热丝-基体间距、反应气体成分等对(100)单晶硅基体上 HFCVD 金刚石薄膜沉积的生长速率、晶粒尺寸和拉曼峰高度系数等表征特性的影响[5]。葡萄牙阿威罗大学的 Salgueiredo 等将金刚石薄膜的生长速率、晶粒尺寸、残余应力和薄膜质量等评价指标综合在一起,提出了金刚石薄膜质量因子和品质因数的概念,并采用 Taguchi 方法对硅基体上 HFCVD 金刚石薄膜的沉积参数进行了正交优化[6]。同样来自葡萄牙阿威罗大学的 Amaral 等则出于提高氮化硅基体上 HFCVD 金刚石薄膜生长速率的考虑,对沉积过程中的反应压力、反应气体总流量、反应气体成分、基体及热丝温度等参数进行了详细的影响性研究[7]。类似的理论、仿真或试验研究还有许多,这些研究为不同类型(主要是 MPCVD 和 HFCVD)金刚石薄膜在各类不同材质的基体外表面上的沉积提供了充足的理论依据,但是内孔金刚石薄膜的沉积存在沉积空间较小、热丝-基体间距受限、进出气方式较为特殊等特点,在沉积参数的影响趋势方面与外表面沉积存在一些差别,至今国内外研究者还没有系统地研究过内孔金刚石薄膜沉积过程中沉积参数对薄膜生长及性能的具体影响。

在金刚石薄膜沉积过程中,碳源是非常重要的反应源之一。最早用于 CVD 金刚石薄膜沉积的碳源为四溴化碳(CBr_4)和甲烷(CH_4),1956 年,苏联的研究人员 Spitsyn 和 Derjaguin 在真空条件下,采用热分解这两类碳源混合气体的方法,在同质金刚石籽晶表面通过气相沉积极缓慢(约 0.1 nm/h)地获得了金刚石多晶薄膜,这也是国内外有关用 CVD 法生长金刚石薄膜最早的报道之一。有研究结果[8]表明,具有金刚石结构的甲基(—CH_3)对 CVD 金刚石薄膜的沉积具有非常关键的作用,甲基具有 sp^3 杂化轨道,可以通过与基体表面相互作用或者通过甲基之间的相互作用形成 C—C 共价键,进而在基体表面成核形成金刚石晶核,在高能粒子的持续作用下,用活性的甲基逐步取代晶核中的氢,就能逐渐连接形成金刚石薄膜,因此选择具有类似金刚石结构的碳源(如甲烷、丙酮、甲醇等)更有利于金刚石薄膜的沉积。国内外有关 CVD 金刚石薄膜沉积的研究绝大多数也是采用该类碳源开展的,其中甲烷(CH_4)和丙酮(CH_3COCH_3)是研究最为深入、应用最普遍、最具代表性的两种碳源,此外也有部分研究采用烯丙醇(CH_2CHCH_2OH)[9]、乙炔(C_2H_2)、甲醇(CH_3OH)、乙醇(C_2H_5OH)等作为碳源,但是大多数研究都着眼于碳源浓度对金刚石薄膜沉积的影响机理或某种碳源对应的沉积参数和沉积方法研究,在不同碳源对金刚石薄膜沉积影响方面的对比研究成果相对较少。日本的 Hirose 等从提高金刚石薄膜沉积速率的角度出发,比较系统地研究了采用 HFCVD 方法和含氧或含氮的有机碳源(包括甲醇、乙醇、丙酮、乙醚和三甲胺)沉积金刚石薄膜的工艺方法和性能表征,并将制备获得的金刚石薄膜与采用碳氢化合物(包括甲烷和乙炔)碳源沉积的金刚石薄膜进行了对比,其中采用前者制备金刚石薄膜的生长速率是后者的十倍甚至数十倍[10]。同样是日本的 Watanabe 等则采用了 MPCVD 方法和不同碳源(包括甲烷、甲醇、乙醇和丙酮)沉积金刚石薄膜,证明了采用甲醇和乙醇作为碳源能够获得较高的生长速率[11]。然而,上述研究仅仅着眼于碳源对金刚石薄膜生长速率的影响,没有对比研究采用不同碳源沉积的金刚石薄膜的性能特征(如薄膜质量和磨损性能等),并且随着在不同碳源环境下对于沉积参数优化研究的深入,采用碳氢化合物碳源也已经能够获得较高的沉积速率,因此有必要深入系统地对比研究采用不同碳源沉积的 HFCVD 金刚石薄膜在形核过程、生长速率、残余应力、薄膜质量和晶粒取向等方面存在的差异。

2) 硼掺杂 CVD 金刚石薄膜沉积技术

掺杂技术是伴随着 CVD 金刚石薄膜的沉积技术同步发展起来的一种先进的金刚石薄膜改性沉积技术,通过在常规的氢气和碳源环境中掺杂含有不同元素(如B、P、N、Si、O、Li 等)的气体、液体或者固体化合物,可以改变金刚石薄膜在某些方面的特性,从而使其满足不同应用条件的需求。奥地利维也纳技术大学无机材料化学技术研究所的 Bohr 等采用 HFCVD 方法研究了不同掺杂浓度的氮对金刚石薄膜成膜质量和生长速度的影响,另外还采用热力学平衡计算与试验相结合的方法系统分析和比较了在金刚石薄膜沉积过程中磷掺杂、氮掺杂和硼掺杂对金刚石相成分及表面形貌的影响[12-14]。德国奥格斯堡大学物理研究所的 Sternschulte 等研究了在 H_2S 掺杂环境下采用 MPCVD 方法沉积金刚石薄膜的生长速率和薄膜电学性能的变化规律,并进一步研究了在该掺杂环境的基础上,附加掺杂 CO_2 和硅产生的影响,此外该研究所的学者还就锂掺杂对金刚石性能的影响以及基体温度对于锂掺杂的原子掺杂比的影响规律进行了系统研究,这些研究在金刚石薄膜掺杂技术的研究领域均具有独创性和新颖性[15-16]。在各式各样的掺杂方法中,研究最深入、应用最广泛的当属硼掺杂,BDD 薄膜研究的初衷是改变金刚石薄膜的电学性能。常规金刚石薄膜具有正四面体的晶体结构,每个 C 原子的 4 个孤对电子全部形成共价键,没有自由电子,则不具有导电性,因此在某些需要导电的微电子及电化学领域中难以推广应用,比如水处理电极、热敏电阻、微电子芯片、光探测器等,而硼掺杂技术的使用不仅可以向金刚石结构注入空穴载流子,使金刚石薄膜具有导电性,还可以充分利用金刚石薄膜在电学及其他方面的优异特性,推动金刚石薄膜在电学领域的产业化应用,德国杜伊斯堡综合大学的 Beck 等就曾深入研究了 Ti 基体上的 BDD 薄膜的电化学性能及其在电解电极中的应用[17-18]。2010 年以来,类似的关于 BDD 薄膜电学性能及其应用的逐步深入和系统完整的研究在国内外相关领域仍旧非常普遍[19-20]。

从 20 世纪 90 年代开始,在 CVD 金刚石薄膜生长过程中引入掺杂物或杂质而引起的效应受到广泛关注,但大量的研究集中在硼掺杂金刚石薄膜导电特性方面。事实上掺杂不仅能够改变金刚石的导电性能,也会对 CVD 金刚石的形貌、质量、结构性能和生长速率产生显著的影响。美国阿拉巴马大学的 Liang 等对具有特殊形貌的 BDD 薄膜(纳米颗粒 BDD 薄膜)摩擦磨损性能的基础研究阐明了硼掺杂降低 NCD 薄膜摩擦系数的作用机理,硼掺杂可以在金刚石薄膜沉积过程中形成 B—C 和 B—H 键,有利于减少薄膜表面摩擦能耗散[21]。上海交通大学姚成志等借鉴了渗硼预处理技术和 BDD 薄膜在半导体领域研究的成功经验,进行了一些将 BDD 薄膜应用于切削加工刀具和普通拉拔模具中的具有探索性的初步研究,研究表明,硼掺杂技术的采用不但可以明显改善薄膜与基体之间的附着性能,而且可以细化金刚石晶粒、降低薄膜表面粗糙度,在机械行业中也具有广阔的应用前景[22]。本书作者项目组在国内外率先开展硬质合金基体表面掺杂 CVD 金刚石薄膜的制备与应用研究,采用热丝 CVD 法在硬质合金基体上制备了不同气相掺杂浓度的硼掺杂、氮掺杂、硅掺杂以及硼氮共掺杂金刚石薄膜,系统研究掺杂对金刚石薄膜表面形貌、质量、生长速率、内应力以及附着力等性能的影响,深入探讨了掺杂 CVD 金刚石薄膜的摩擦学特性。结果表明,在 CVD 金刚石沉积过程中,以掺杂 B 原子为基础掺杂体系,既能增强金刚石涂层的结合强度、减少涂层内应力,又能促进金刚石涂层的生长,同时耐磨性能显著提高。此外,本书作者项目组采用掺杂丙酮碳源液体鼓泡法动态掺硼工艺合成了 CVD 金刚石单晶颗粒,发现掺硼不但可提高金刚石超细单晶的生长速率,而且可以改善单晶颗粒表面质量,提高单晶的品级[22-25]。

3) CVD 复合金刚石薄膜沉积技术

MCD 薄膜、BDD 薄膜、NCD 薄膜以及其他各种类型的 CVD 金刚石薄膜具有各自不同的性能优点,适用于不同的应用领域。而采用多步沉积的新工艺制备的、整合了不同类型金刚石薄膜和其他类金刚石碳薄膜甚至是其他类型 CVD 和 PVD

薄膜的性能优点、具有更优良的综合性能和更广泛的适用性的 CVD 复合金刚石薄膜，则成为 2005 年以来 CVD 金刚石薄膜研究领域的又一热点。德国卡塞尔大学的 Kulisch 等曾系统研究了 NCD 和无定形碳复合薄膜的制备工艺、性能表征及其在摩擦学、光学、生物医学上的广泛应用[26]。

随着 NCD 薄膜研究的日趋深入，NCD 薄膜在硬质合金等基体材料上较差的附着性能成为制约其产业化应用的一个重要因素，于是先沉积具有较好附着性能的 MCD 薄膜，而后原位沉积具有良好的表面光洁度的 NCD 薄膜而构成的 MCD-NCD 复合金刚石薄膜自然而然地成为 CVD 复合金刚石薄膜家族中的重要一员。美国阿拉巴马大学的 Catledge 等采用 MPCVD 法，通过调整 CH_4/H_2 反应气体中充入的 N_2 浓度的方法制备获得了 NCD-MCD-NCD 三层复合的 CVD 金刚石薄膜，并根据其拉曼谱图、表面粗糙度等表征结果与单层 MCD 薄膜以及单层 NCD 薄膜进行了对比研究[27]。上海交通大学电子信息与电气工程学院的 Xin 等采用 HFCVD 方法，通过增加碳源浓度、降低反应压力的方法，在硅片表面制备了 MCD-NCD 复合薄膜，并对其电学性能进行了深入研究[28]。同济大学的 Jian 等采用类似方法在硬质合金基体表面沉积的传统 MCD 薄膜表面原位沉积获得了接近纳米尺度的、与 NCD 有着非常接近特性的细晶粒金刚石（fine grained diamond, FGD）薄膜，并研究了其与多种对磨副对磨的摩擦磨损特性[29]。在本书作者课题组以往的研究中，也曾采用增加碳源浓度、降低反应压力、增加氩气、增添负偏压等方法制备了 MCD-NCD 复合薄膜，以及包含一层 MCD 和多层 NCD 薄膜的超光滑复合金刚石薄膜，并将其推广应用到了普通圆孔拉拔模具和 PCB 铣刀等应用领域，均获得了良好的使用效果[30-33]。此外，德国 CemeCon 公司也将 MCD-NCD 复合金刚石薄膜应用到了铣刀产品表面，其使用寿命相较于未涂层刀具和单层的 MCD 薄膜涂层刀具均有显著提高，在切削铝合金、石墨电极、玻璃纤维强化材料等应用中效果都很明显。然而，实践经验表明，在更加复杂和苛刻的工况下，现有的 CVD 复合金刚石薄膜仍然不能完全满足使用需求。常规 MCD 薄膜与硬质合金、陶瓷等基体之间的附着强度不足，BDD 薄膜技术有助于进一步解决金刚石薄膜中残余应力高、金刚石薄膜与基体之间的附着性能不足等技术问题，但是截至目前，有关 BDD 和其他金刚石薄膜复合沉积工艺技术的研究基本没有出现。

在现有的对 BDD 薄膜的制备工艺、基础性质、机械性能及应用研究的基础上，对 BDD 薄膜的硬度、断裂韧性、附着性能、表面可抛光性、冲蚀磨损性能等进行深入研究和系统评价，将 CVD 金刚石薄膜沉积过程中的硼掺杂技术与传统的 MCD 和 NCD 薄膜沉积技术相结合，根据不同应用工况的使用需求，充分发挥传统 MCD 薄膜、BDD 薄膜和 NCD 薄膜各自的优良特性，开发具有不同特质和优良性能的复合金刚石薄膜,推动 CVD 金刚石薄膜在机械行业耐磨减摩器件领域的产业化应用,具有重要的理论和现实意义。

1.2.2　CVD 金刚石薄膜的摩擦学性能研究

1) CVD 金刚石薄膜的冲蚀磨损性能及机理研究

冲蚀磨损是指材料受到小而松散的流动粒子冲击时表面出现破坏的一类磨损现象,可以表述为受冲蚀固体表面与含有固体粒子的流体接触做相对运动时表面材料发生的损耗。常见的冲蚀磨损形式有喷砂型冲蚀(携带固体粒子的流体是高速气流)和泥浆型冲蚀(携带固体粒子的流体是液流)[34],这两种冲蚀磨损具有共通之处,即主要的材料损耗来自流体中所携带的固体粒子对受冲蚀固体表面的冲击效应。对于冲蚀磨损现象的研究可以上溯到 19 世纪,杨氏模量的提出者 Young 就曾讨论过喷砂过程中的冲蚀问题。从 20 世纪 70 年代至今,先后提出了微切削磨损理论、变形磨损理论、挤压-薄片剥落磨损理论、绝热剪切与变形局部化磨损理论、断裂磨损理论和低周疲劳理论等用于解释塑性或脆性材料冲蚀磨损机理的理论和模型,从而为研究各种材料的冲蚀磨损性能及机理提供了丰富的理论依据。

金刚石材料是典型的脆性材料,在脆性材料相关的冲蚀磨损性能及机理研究方面具有突出贡献的成果很多。美国加利福尼亚大学的 Sheldon 和 Finnie 于 1966 年提出了冲蚀角度为 90° 时脆性材料冲蚀磨损的断裂模型,并得出了脆性材料单位重量磨料的冲蚀磨损量的表达式,试验结果表明,几种脆性材料在该表达式中的待定参数的试验值与理论值基本一致,这一研究成果奠定了脆性材料断裂磨损理论研究的基础[35]。美国陶瓷学会的 Evans 等研究了靶材和磨料对于冲蚀磨损的影响,并得出了脆性材料冲蚀磨损体积与这两者之间关系的经验公式,试验结果和理论值也非常吻合[36]。英国帕克大学 Shipway 和 Hutchings 则系统性研究了脆性材料冲蚀磨损过程中冲蚀磨料的硬度等特性对于脆性材料冲蚀磨损率及冲蚀磨损性能的影响[37]。在新型的脆性材料冲蚀磨损机理及相关应用方面,山东大学的 Deng 等采用仿真计算和试验相结合的方法,将弹塑性力学应用于脆性材料的冲蚀破坏过程,采用了多种不同的材料冲蚀磨损理论和模型,对新型梯度陶瓷材料在试验和应用条件下的冲蚀磨损性能和机理进行了系统的研究[38]。上述基础理论和应用研究方法同样可以推广到金刚石薄膜的冲蚀磨损性能及机理研究中。

目前对于金刚石薄膜及其他金刚石相关材料冲蚀磨损性能及机理的研究主要着眼于天然金刚石、烧结金刚石复合体和 MCD 薄膜。英国剑桥大学卡文迪许实验室的 Telling 从 20 世纪中叶开始就致力于研究材料的冲蚀磨损性能及机理,在金刚石及其相关材料的冲蚀磨损性能及机理研究方面做出了突出贡献,先后采用弹性接触的赫兹理论、单粒子冲蚀理论、Griffith 理论等系统研究了 CVD 金刚石薄膜受固体粒子低速冲击(小于 60 m/s)情况下的磨损性能及机理,并将其与静态压痕试验进行了交互对比。另外,该实验室还研究了天然金刚石及金刚石薄膜受固体粒子冲蚀情况下裂纹的发生发展行为和多晶金刚石受冲蚀情况下的各向异性,并将天然金刚石、自支撑 CVD 金刚石和金刚石薄膜涂层制品与常用的一系列红外窗口材料和耐冲蚀材料在固体粒子冲击状况下的冲蚀磨损率和材料失重进行了对比。研究结果表明,作为脆性材料冲蚀磨损典型形貌的环状裂纹或锥状裂纹同样是天然金刚石材料和金刚石薄膜冲蚀磨损过程中的典型特征。金刚石薄膜冲蚀磨损过程中主要存在三个典型阶段:环状裂纹的形成、局部剥离和薄膜的穿透、薄膜的完全剥离与脱落,其中第一阶段与天然金刚石的冲蚀磨损类似,但是区别在于天然金刚石不存在薄膜剥落问题,材料去除的主要方式是环状或锥状裂纹相互交错后造成的材料块状剥落。Field 等在研究中还发现,金刚石薄膜冲蚀磨损过程中的穿晶断裂状况是普遍存在的,但是很少发生晶界断裂,相对于其他常用的红外窗口材料和耐冲蚀材料(比如硫化锌、锗、硫化钙镧、氮化硼等),各种金刚石制品的冲蚀磨损性能都有显著提高。此外,特别针对 CVD 金刚石薄膜,卡文迪许实验室的学者又对其形核面和生长面冲蚀性能的差异进行了对比研究。研究结果表明,多晶金刚石中晶界(形核面)越多,冲蚀磨损率越大,金刚石薄膜的冲蚀磨损主要起源于晶界位置,这是由于为了缓解残余应力而形成的无定形碳与石墨相主要存在于晶界处。综合而言,金刚石薄膜的速度指数比其他的脆性材料高,但是稳态磨损的磨损率远低于其他脆性材料,因此适用于各种承受冲蚀磨损的应用场合[39-40]。这些研究对于明确天然金刚石、烧结金刚石复合体、MCD 薄膜涂层制品的冲蚀磨损性能和机理具有奠基性的意义,并且为推广金刚石高精密光学制品在航空航天领域中的应用提供了坚实的理论基础。

英国南安普敦大学机械工程研究所的 Wood 等设计制造了可以在声速下使用的、适用于 60~660 μm 的冲蚀磨料的高速气动喷砂冲蚀试验设备[41],并采用此设备研究了 CVD 金刚石薄膜及厚膜在砂料水射流冲蚀和高速气动喷砂冲蚀两种不同的冲蚀磨损条件下的冲蚀性能及机理,从理论物理学的角度研究了金刚石薄膜材料的冲蚀磨损率和粒子活化能之间的关系。采用粒子活化能来表征磨损率和冲击速度、粒子质量之间的关系具有无方向性,并且可以综合体现磨损率与冲击速度、粒子质量之间的关系。以此为基础,该研究进一步揭示了常规金刚石薄膜冲蚀磨损率与冲蚀速度之间关系的物理学机理,随着冲蚀速度的增加,粒子活化能也会随之增加,冲击散射面则会缩小,冲击区域趋于集中。因此在高速的时候更容易产生磨损的原因有二,一是能量的提升,二是能量的集中。在整体能量较低的情况下,冲击产生的应力小于极限拉应力或者称为断裂韧性,因此不容易产生环状裂纹。该研究还从赫兹接触理论的角度出发讨论了涂层厚度对于金刚石薄膜冲蚀性能的影响[42-44]。Wheeler 等还对不同角度冲蚀情况下金刚石薄膜的冲蚀磨损性能和机理进行了系统研究。研究结果表明,金刚石薄膜在变角度冲蚀的情况下也体现出典型的脆性材料特征,其磨损率会随着冲蚀角度的减小而单调递减,这是因为当冲蚀角度减小时,法向速度及冲击力会随之减小,进而导致冲击活化能明显减小,环状裂纹的形成过程减缓[45]。根据金刚石薄膜的拉曼表征探讨金刚石薄膜中残余应力与冲蚀磨损性能之间的关系。根据赫兹理论,残余压应力越大,金刚石薄膜越不容易磨损,但是在该研究中发现,残余压应力越大,金刚石薄膜磨损越严重,这主要是因为附着力起了主导作用,较大的残余压应力会对 CVD 金刚石薄膜的附着性能产生明显的不利影响[46-47]。上述研究探讨金刚石薄膜冲蚀磨损性能和机理的目的之一是实现和推动金刚石薄膜在节流阀等流体器件中的应用,而实际应用结果也进一步证明金刚石薄膜在工业应用条件下能够体现出良好的冲蚀磨损性能,可以起到替代其他常用耐磨材料并延长阀门使用寿命的作用[48]。

　　金刚石薄膜的表面形貌及抛光状态、薄膜厚度、生长环境、使用温度等对其冲蚀磨损性能都有显著的影响。除了上述两家科研机构的系统化研究外,瑞典乌普萨拉大学技术部材料科学研究所的 Alahelisten 等就薄膜厚度对于金刚石薄膜冲蚀性能的影响进行了研究[49]。美国辛辛那提大学材料科学与工程研究所的 Shanov 等在较高的试验温度下结合拉曼表征对金刚石薄膜的耐冲蚀性能进行了深入研究。研究结果表明,在一定的温度范围(25~538℃)内,随着温度升高,金刚石薄膜内部的残余应力逐渐减小,附着力有所提高,因此耐磨损性能会随之得到改善[50]。韩国高丽大学材料科学与技术研究所的 Kim 等则针对厚度较大(约 500 μm)的金刚石膜,采用再生长(regrowth)的方法研究了金刚石薄膜中裂纹的起源,该方法可在已制备的金刚石厚膜的晶界上再生长出来一系列的小晶粒,从而可以根据冲蚀试验中小晶粒的优先磨损来佐证冲蚀过程中冲蚀部位是从晶界开始的。此外还研究了抛光处理对于其冲蚀磨损性能的影响。对非抛光的金刚石膜而言,在冲蚀试验过程中,连续的粒子冲击会导致冲击部位产生沿晶界方向的拉应力,然后促进裂纹的产生,裂纹沿晶界或者晶粒延伸,最终大晶粒会破碎,涂层表面被磨平,这可以归因于双轴向压应力的存在。而抛光作用可能会产生抛光裂纹,在冲蚀的时候抛光裂纹可能会逐渐扩大,从而促进冲蚀磨损的产生,但是在很多机械应用当中,抛光处理还是非常有必要的。上述研究中分析金刚石晶粒大小对冲蚀磨损的影响时,采用的也是金刚石膜的生长面和形核面两个表面,这两个表面上分布的分别是大晶粒与小晶粒的金刚石颗粒,其中纳米级的金刚石膜冲蚀磨损性能更加优异,这可能是因为纳米金刚石膜的晶粒尺寸更小,晶界更多,连接强度更强,穿晶断裂更少[51-52]。德国埃尔朗根-纽伦堡大学的 Grogler 等研究了碳源浓度对于钛合金上沉积的金刚石薄膜冲蚀磨损性能的影响及其在航空航天领域的应用。结果表明,采用较高的甲烷浓度(4%～10%)生长的金刚石薄膜表现出更好的冲蚀磨损性能,主要由于二次形核和孪生的增多加强了金刚石晶粒之间的连接强度,这一观点与 Kim 等对于纳米金刚石膜冲蚀磨损性能的研究结果比较吻合[53]。

国内对于金刚石薄膜冲蚀性能的研究主要来自北京科技大学,Lu 等针对光学应用的自支撑金刚石膜,综合研究了磨料种类、冲蚀速度、冲蚀角度对其冲蚀磨损率的影响,同样探讨了形核面、生长面、抛光面上冲蚀磨损性能和机理的差异。另外还结合其光学应用扩展研究了自支撑金刚石膜和其他常用的红外窗口材料的红外透过率随冲蚀时间的变化情况,从另一个侧面验证了金刚石膜良好的冲蚀磨损性能,也证明了其在光学应用中的稳定性和可靠性[54-56]。

总而言之,在完备的脆性材料冲蚀磨损理论基础上,国内外研究人员主要针对天然金刚石、烧结金刚石复合体、金刚石厚膜、自支撑金刚石膜和 MCD 薄膜进行了冲蚀磨损性能和机理的研究,也有部分与 NCD 薄膜冲蚀磨损性能相关的论述,但是对于 BDD 薄膜以及与 BDD 薄膜相关的复合金刚石薄膜的冲蚀磨损性能和机理的研究则相对比较缺乏。为了推动各种类型的金刚石薄膜在喷嘴、阀门等承受冲蚀磨损的耐磨器件上的广泛应用,有必要结合现有的研究成果,对各种不同类型的金刚石薄膜的冲蚀磨损性能及机理进行系统研究和评价,以便为耐冲蚀磨损器件内孔工作表面金刚石薄膜涂层的选取提供充足的理论依据。

2) CVD 金刚石薄膜的摩擦磨损性能及机理研究

国内外的研究学者针对不同基体(硅、陶瓷、钛合金、硬质合金等)、不同类型(MCD、NCD、BDD、抛光等)的 CVD 金刚石薄膜在不同载荷、不同对磨副材料状况下的摩擦磨损性能已经进行了系统的研究。其中 MCD 薄膜、NCD 薄膜、BDD 薄膜和抛光金刚石薄膜等在摩擦磨损条件下的磨损性能及机理的研究已经为 CVD 金刚石薄膜在耐摩擦磨损领域的应用提供了部分理论基础,比如日本东北大学的 Takeno 等深入探讨了具有不同表面粗糙度的、抛光处理后的硅基体上的 MPCVD 金刚石薄膜与不锈钢材料对磨的摩擦学及磨损特性。研究结果表明,具有适中的表面粗糙度(R_a 约为 0.2 μm)的金刚石薄膜与不锈钢对磨球对磨具有最小的摩擦系数,在长时间磨损试验过程中,金刚石薄膜与不锈钢材料对磨的摩擦系数会表现出一种波动的趋势,其中摩擦系数的升高可以归因于氧化物黏附层的形成,而摩擦系数的降低和平稳则可以归因于金刚石薄膜新生摩擦表面的出现[57]。意大利特兰托大学的 Straffelini 等研究了在经过不同预处理的硬质合金基体上沉积的 HFCVD 金刚石薄膜与奥氏体不锈钢、铝合金以及花岗岩等不同硬度的材料进行对磨的摩擦磨损特性,探讨了预处理方法导致的金刚石薄膜附着性能的差异对其在长时间摩擦磨损试验条件下的表面耐久性的影响,对比阐明了摩擦磨损试验过程中金刚石薄膜与不同硬度材料对磨时摩擦系数曲线所包含的不同阶段(磨合阶段、稳定磨损阶段、波动阶段、失效阶段等)所表现出的不同特点[58]。葡萄牙阿威罗大学的 Abreu 等则联系金刚石薄膜实际的应用条件,深入系统地探究了具有不同的特性和沉积工艺的 NCD 薄膜涂层自配副在不同润滑条件(包括干摩擦、蒸馏水、平衡盐溶液、稀释的牛胎儿血清等)、不同压力载荷(重载、轻载等)情况下的摩擦磨损特性,包括在各种载荷下的摩擦系数变化趋势及机理、重载条件下的金刚石薄膜失效机理等[59-65]。美国阿拉巴马大学的 Liang 等对纳米 BDD 薄膜的摩擦磨损性能进行了初步研究,该研究是国内外少有的针对新型硼掺杂金刚石薄膜的摩擦磨损特性进行的对比研究。该研究初步证明了硼掺杂技术可以提高纳米金刚石薄膜表面耐久性、降低金刚石薄膜自配副的摩擦系数[21]。同济大学的 Jian 等研究了在硬质合金基体上采用 HFCVD 方法制备的 NCD 薄膜与碳化硅复合增强材料、铜、铝等材料对磨的摩擦磨损特性[29]。作者所在课题组也曾系统研究了 NCD、超细晶粒复合以及 BDD 薄膜的摩擦磨损特性[32, 66-72]。

　　然而,在已有的研究成果中还缺少对基于硼掺杂的复合 CVD 金刚石薄膜摩擦磨损性能的对比研究。此外,已有的研究多数是试验理论研究,与复杂的应用条件仍然存在较大的差别。因此,在现有研究的基础上对金刚石薄膜摩擦磨损试验进行进一步的设计,采用与实际应用工况类似的试验参数及对磨副材料,对 CVD 金刚石薄膜在试验和应用条件下的摩擦磨损性能进行综合研究及评价也十分必要。

1.2.3　热丝 CVD 金刚石薄膜沉积温度场和流场的仿真及试验研究

　　HFCVD 法是成功制备金刚石薄膜最早,也是较为成熟的方法之一,具有非常突出的优点,尤其适用于大面积复杂形状沉积和批量产业化生产,因此在理论研究、试验研究和产业化应用研究方面都是使用最为广泛的 CVD 金刚石薄膜沉积方法。在 HFCVD 反应腔中,热丝是唯一的热源,以热丝为中心在 HFCVD 反应腔中会形成具有一定梯度的温度分布,并直接影响基体表面的沉积温度。根据理想气体状态方程,在恒压、恒定气体流量的反应腔中,温度分布会进一步影响反应腔内各位置的气体密度分布。此外,反应腔的进出气口排布方式以及反应气体流量也会对整个设备内的反应气体流动状态造成影响。在采用 HFCVD 法制备金刚石薄膜的反应过程中,温度场和气场(包括气体密度场和气体速度场)分布的均匀性和稳定性对于金刚石薄膜的生长速度和质量有着显著的影响,自 HFCVD 方法发明以来,这方面的研究就层出不穷。美国宾夕法尼亚州立大学材料研究实验室的

Debroy 等早在 1990 年就采用试验与理论计算相结合的方法研究了 HFCVD 金刚石薄膜沉积过程中的热量传递和气体流动状态对于金刚石薄膜沉积速率和薄膜质量的影响[73]。美国科罗拉多州立大学化学工程研究所的 Dandy 等则从化学反应的角度研究了热丝及反应气体温度对于基体表面原子氢摩尔分数的影响[74]。巴西国家太空研究所的 Barbosa 等则系统研究了衬底温度对纳米金刚石薄膜生长速率及质量的影响[75],研究结果表明,随着衬底温度的升高,金刚石薄膜中 sp² 相所占的比例增加,金刚石晶粒的尺寸减小,纳米金刚石薄膜生长速率加快。经过数十年的研究积累,HFCVD 反应腔内的温度场和气场分布状态对金刚石薄膜生长速度及质量的影响效果已经日趋明确,而如何测量或预测反应腔内的温度场和气场分布状态则逐渐成为一个重要的研究课题。

采用试验手段测量 HFCVD 真空反应腔内的温度场和气场分布状况存在很多技术困难且试验成本较高,因此,目前国内外研究学者对于 HFCVD 真空反应腔内温度场和气场分布的研究主要采用的是数值模拟计算和简单可行的试验测量相结合的方法。美国麻省理工学院化学工程研究所的 Wolden 等在只考虑热辐射效应的前提下,采用数值计算研究了平面沉积理论模型中热丝参数(如热丝直径、热丝-基体间距等)对基体温度的影响,并根据基体温度测量的结果验证了数值计算得到的温度分布及变化趋势的准确性。然而,由于该研究忽略了气体导热和对流作用对于温度场分布的影响,因此计算得到的基体温度绝对值明显小于实际测量值[76]。巴西国家太空研究所的 Barbosa 等则使用 CFX 软件对简化的平面沉积模型中温度场和气体速度场的分布进行了基础性研究,发现气体速度场对于金刚石薄膜的沉积速度的影响是可以忽略的,这一研究成果也成为进一步研究温度场和气体速度场对薄膜沉积速度及质量影响的基础[77]。

在采用数值仿真计算的方法进行 HFCVD 反应腔内温度场和气场分布研究方面,国内涌现出了更多且更系统的研究成果。中国科学院金属研究所的闻立时等与韩国昌原大学金属及材料科学研究所的 Song 等合作,在研究大面积平片基体上沉积 HFCVD 金刚石薄膜过程中的温度场和气场分布方面取得了系统性的成果,包括热丝参数及热丝分布对于大面积平片基体温度场和空间气体温度场的影响以及热阻塞、热绕流等热学现象对于温度场分布的影响等,并提出了根据数值仿真计算的结果,结合试验数据进行 HFCVD 金刚石薄膜沉积参数优化并提出 HFCVD 反应器结构设计的新思路、新方法,在保证薄膜质量的同时,实现 HFCVD 金刚石薄膜在平片基体上的大面积高速生长[78]。早期研究也仅考虑了热辐射的作用,所采用的模型多为理论化的二维模型或非常简单的三维模型,但是在后续研究中逐步考虑了传导、对流和辐射三种热传递效应的综合影响,并且也出现了部分针对较复杂模型的研究,但是大多数研究都着眼于平片沉积,在复杂形状或内孔沉积方面的研究较少。此外,南京航空航天大学的卢文壮则利用 Ansys 有限元计算机仿真模拟的方法系统研究了热丝参数对于基体温度的影响,尤其是其中有关接触热阻对基体温度影响的研究及其相关的高热阻镂空工作台沉积装置的设计制造极具创新性,并对刀具基体和普通的圆孔模具内孔上沉积 HFCVD 金刚石薄膜的温度场分布进行了初步研究,但是其中绝大部分的研究也仅考虑了沉积过程中的热辐射效应,仿真结果和测量结果之间难以避免地存在差异。此外也有研究采用 Fluent 软件对整体硬质合金铣刀上沉积金刚石薄膜的三维流场状态进行了仿真分析,但是尚未对温度场进行耦合分析[79]。最近几年,作者所在课题组在有关 HFCVD 金刚石薄膜的温度场和气场分布的仿真计算研究方面也取得了一系列的研究成果,包括在基于有限元方法(finite element method,FEM)的平片车刀基体上沉积 HFCVD 金刚石薄膜的基体温度场分布研究[80-82]以及基于有限体积法(finite volume method,FVM)的,综合考虑传导、对流、辐射三种不同热效应,采用了与实际的反应腔体及基体模型非常接近的物理模型的大面积平片基体上沉积 HFCVD 单晶金刚石颗粒,以及批量化刀具基体上沉积 HFCVD 金刚石薄膜的基体温度场分布研究[83-84]。

本书在现有相关理论研究成果的基础上,将基于 FVM 的仿真计算方法推广应用到内孔沉积金刚石薄膜领域,根据理论研究、沉积参数优化、批量化内孔薄膜沉积装置的设计制造等不同研究内容的需要选择不同的方法和模型进行仿真分析,有助于明确内孔沉积 HFCVD 金刚石薄膜过程中各参数对于温度场和气场分布的影响机理,实现在小孔径、超大孔径或复杂形状内孔表面制备高质量、厚度均匀的 CVD 金刚石薄膜,达到内孔金刚石薄膜批量化制备的目标,推进金刚石薄膜在耐磨减摩或耐冲蚀领域的产业化应用。

1.2.4 拉拔模具及其孔型设计

1)拉拔模具概述

拉拔是指在外力作用下使金属通过模孔以获得所需形状和尺寸制品的塑性生产方法。按照加工产品的不同,拉拔可大致分为实心材拉拔和管材拉拔,管材拉拔又可根据拉拔方式不同分为无芯头拉拔、游动芯头拉拔和固定芯头拉拔三种,各种拉拔方式如图 1-1 所示。

实心材拉拔是指产品截面是实心的,如棒材、线材以及各种型材的拉拔。无芯头拉拔是管材生产中常用方法之一,又称空拉,是指管坯内部不放芯头,主要以减小管材外径为目的,壁厚在拉拔过程中略发生变化。无芯头拉拔具有拉拔力小、压缩率高、能有效纠正管材壁厚偏心、生产效率高等特点,但无芯头拉拔管材的内壁

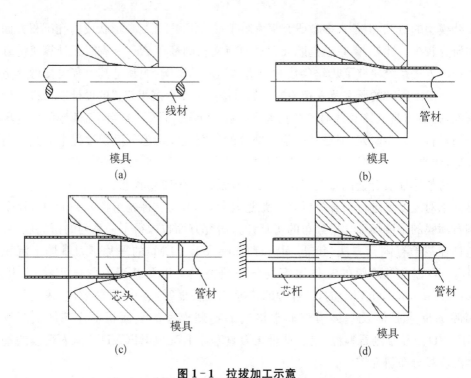

图 1-1　拉拔加工示意

(a) 拉丝；(b) 无芯头拉拔；(c) 游动芯头拉拔；(d) 固定芯头拉拔

光洁度往往无法保证。因此,无芯头拉拔可用于生产小直径圆形管材、异形管材以及减径量较小的减径与整形拉拔。游动芯头拉拔是指拉拔时管坯内部放芯头,但芯头不固定,依靠芯头与管材内表面的摩擦力和反作用力到达平衡状态。采用游动芯头拉拔时管材长度不受限制,理论上可拉拔无限长度的管材,可实现盘管拉拔。游动芯头拉拔比无芯头拉拔更先进,比较适用于高精度长管和盘管的拉拔,能够控制管材内表面质量,同时大幅提高拉拔速度和成品率。但与固定芯头拉拔相比,游动芯头拉拔的拉拔力较大,容易拉断管材,因此对工艺条件要求较高,不适用于压缩率较大的工况。游动芯头拉拔管材过程中,外模锥角与芯头锥角的配合对金属变形有着十分重要的影响,其差值存在一个最优值,若差值太小,会使管材在拉拔过程中与模具内表面的接触面积增加,拉拔力增大,从而降低管材质量和模具寿命,甚至拉断管材;若差值太大,则容易造成拉拔过程不稳定,内芯头跳动过大。用芯杆将芯头固定在管材内部的拉拔方式称为固定芯头拉拔,拉拔后管材可同时实现减径和减壁,是实际中应用最广泛的方法。与无芯头拉拔的管材相比,固定芯头拉拔的管材内面质量较好,但受芯杆长度的制约,拉制的管材长度不长。固定芯头拉拔过程中管材内壁与芯棒之间的摩擦力较大,造成拉拔力较高,拉拔速度受限。

　　拉拔模具的孔型按照功能性质大致分为四个区域,如图 1-2 所示,分别为入口区、压缩区、定径区和出口区。拉拔模具内孔各个区域的交界处以较小的圆弧进行过渡。张志明等研究分析了拉拔模具各区域的作用[85],被拉的管线材从入口区进入拉拔模具,在拉拔力的牵引下通过拉拔模具,在模具的压缩区发生挤压变形,在定径区获得准确的尺寸,维持所要求的截面面积,并通过出口区流出模具,从而达到减小直径的目的。

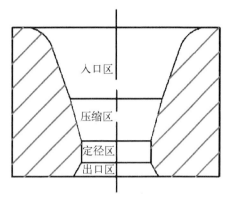

图 1-2　拉拔模具截面

　　入口区的作用主要有两个,一是使金属进入模具,二是使润滑液能够顺利进入模孔并在压缩区内形成油膜。为了顺利导入金属管线材,拉拔模具的入口区往往有较大的圆弧倒角。

　　压缩区又称工作区,是金属管线材发生变形的关键部位。它的作用主要有两个:第一,压缩区的角度比入口区小,楔角效应更强,高速拉拔时在压缩的上部分形成润滑高压区,防止润滑液回流,迫使润滑液进入变形区,在金属和拉拔模具之间形成流体润滑膜;第二,压缩区的下半部是金属完成塑性变形的区域。压缩区是拉拔模具的关键部位,其参数设计以及加工精度对产品质量和生产效率有决定性的影响。压缩区的角度根据拉拔材料的软硬、压缩率和产品尺寸来决定,并没有统一标准。压缩区的长度也是一个十分重要的参数,一般来说,需要保证管线材进入拉拔模具时的第一接触点在压缩区中部。若接触点太靠近入口区,则难以建立有效的润滑膜;若接触点靠近定径区,则塑性变形区缩短,变形剧烈,模具压力增大,加速模具磨损。

　　定径区是金属管线材接触拉拔模具的最后一个区域,它的作用是保证产品的尺寸、圆度和表面光洁度。定径区应当为正圆柱体,不能带有锥角或偏心。定径区长度根据拉拔工况决定,长度过长会导致金属和模具的接触面积增大,摩擦力和拉拔力增加,影响产品质量和拉拔速度。

　　出口区的主要作用是加强出口强度,防止模芯在出口破裂。为了防止金属表面被出口划伤,出口区需要比较大的角度,一般定为 60°,与定径区的连接部位通过适当的圆弧过渡,同时必须要有一定的高度。

　　2) 有限元仿真在拉拔模具中的应用

　　金属管线材拉拔过程包含材料非线性、几何非线性和接触非线性等多重非线性耦合的问题。在金属管线材变形过程中,材料的塑性应力应变规律、模具与金属之间的摩擦行为对最终产品质量的影响十分复杂。随着计算机技术的发展,有限元仿真能够精确得到拉拔过程中的应力应变分布等微观现象及拉拔力和产品尺寸等宏观结果,成为分析金属拉拔过程和优化设计拉拔模具必不可少的工具。有限元仿真技术的引入极大地减少了模具设计过程中的人力、物力投入,缩短了模具设计周期,减少了模具试制成本,有效提高了企业的经济效益。

随着市场需求的不断扩大,有限元仿真技术在金属拉拔加工领域的应用取得了快速的发展。国内外学者在解决具体问题时广泛地应用了有限元法,极大地推动了有限元技术的发展,将有限元技术与金刚石薄膜涂层拉拔模具的设计有机结合,可实现金刚石薄膜涂层拉拔模具孔型参数优化,从而实现涂层模具性能最优化的目标。

1.2.5　内孔金刚石薄膜的制备及应用研究

由于缺少内孔金刚石薄膜涂层的专用设备及其关键技术,国外内孔金刚石薄膜还处于基础性研究阶段,在内孔摩擦磨损领域的应用基础研究主要集中在拉丝模具上,日本工业大学机械工程研究所的 Murakawa 等采用 HFCVD 热丝穿孔法,通过优化热丝形状和沉积参数,在拉丝模内孔工作表面制备了厚度均匀的 CVD 金刚石薄膜,并采用该金刚石薄膜涂层模具分别针对铜丝和钢丝进行了拉丝试验,研究了拉拔过程中金刚石薄膜内的应力变化情况,并证明了该涂层模具具有明显优于聚晶金刚石模具的拉拔特性[86-87],还进一步研究了用于精密细丝拉拔的、在内孔表面焊接 CVD 厚膜的拉拔模具的制备方法[88]。法国 Ivan 等则研究了采用 MPCVD 法在拉拔模具内孔表面沉积金刚石薄膜的方法,由于 MPCVD 法的限制,该方法采用了铜管导流方法将反应气体和等离子体引入拉拔模具内孔,操作方法和沉积工艺非常复杂[89]。在内孔耐冲蚀磨损应用研究方面,英国南安普敦大学机械工程研究所的 Wheeler 等进行了一系列有关自支撑金刚石厚膜冲蚀磨损性能及其在节流阀中应用的研究,应用试验证明,在含有一定固体颗粒的固液两相流冲蚀环境下,采用自支撑金刚石厚膜作为保护涂层的节流阀阀座和阀塞部件冲蚀磨损性能可以提高 $50\% \sim 60\%$[48]。目前国外 CVD 制备内孔金刚石薄膜的技术无论从设备研制、质量控制,还是 CVD 合成工艺、应用性能表征等方面都尚未开展深入研究,尤其需要适应于批量稳定制备技术,以满足内孔金刚石薄膜科学研究和工业化生产的需要。

随着国家基础工程建设的迅速扩大和装备制造业的迅猛发展,我国电线电缆工业获得了飞速发展,特别对于大截面、大容量的输电电缆的需求量猛增。同样,金属制品、建筑管材等制造行业也在国内传统工业领域占有很大比重。拉拔模具是线缆产品生产的最关键环节,直接影响相关行业生产效率、产品的质量以及原材料的用量。此外,我国也是轴承、阀门、喷嘴生产和应用的大国,迫切需要采用内孔金刚石薄膜涂层新技术,提高生产效率,减少原材料消耗,降低成本,提升产品质量,以促进我国相关行业整体水平的提高和技术进步。强大的内需和广阔的市场也有力促进了我国内孔金刚石薄膜涂层新技术的发展,可以说国内 CVD 内孔制备金刚石薄膜的研究和应用已处于国际先进水平。

相较于国外,国内对于金刚石薄膜涂层模具的制备和应用研究更具有普遍性和系统性。四川大学材料科学与工程学院无机材料系的苟立等使用自行研制的天线钟罩式 MPCVD 金刚石薄膜涂层设备,自行设计了可以将等离子体导入拉拔模具内孔空间的支撑结构,实现了在拉拔模具内孔壁 8 mm 深度范围内一次沉积出高质量的、比较致密的金刚石薄膜,采用该模具拉制的铝管表面较光洁,可以满足生产企业的使用要求[90]。中国工程物理研究院梅军等则开发出了垂直拉丝的拉拔模具批量化 HFCVD 金刚石薄膜沉积设备,实现了常规孔径金刚石涂层圆孔拉拔模具在焊丝、不锈钢丝拉拔中的产业化应用[91-93]。

作者所在项目组在国家"863 计划"、国家自然科学基金和上海市科委资助下,长期开展 CVD 金刚石涂层技术及应用研究,针对国内外金刚石薄膜制备与应用存在的问题和技术难点,提出了基体预处理、各类孔径和形状的内孔金刚石薄膜涂层、纳米金刚石复合涂层及研磨抛光等一系列新技术,在国际上首次研究开发出纳米金刚石复合涂层拉拔模具并实现产业化。项目组采用自行研制的适用于内孔表面金刚石薄膜制备的试验设备,实现了批量拉拔模具内孔表面金刚石薄膜的制备,在内孔HFCVD 金刚石薄膜的制备及应用基础研究方面获得了丰硕的成果,包括小孔径拉丝模、大孔径紧压模及煤液化中试装置减压阀阀座内孔表面常规金刚石薄膜的制备及应用研究[94-98],内孔表面纳米金刚石薄膜及微纳复合金刚石薄膜的制备及应用研究[31, 99-100],具有锥面和圆柱表面两层内孔表面的喷雾干燥喷嘴内孔表面硼掺杂复合金刚石薄膜的制备、冲蚀磨损性能及应用研究[101],矩形孔异型模内孔表面硼掺杂金刚石薄膜的制备及应用研究[102]等。项目组研究开发的各种金刚石薄膜涂层拉拔模具已顺利实现产业化,其技术性能达到了国际先进水平,广泛应用于电力、线材、冶金等行业的千余家企业,并远销欧美,为应用企业带来了显著的经济效益。

由于内孔沉积技术工艺的复杂性以及高强度冲蚀磨损和摩擦磨损特殊工况下薄膜与基体之间的附着强度不能满足使用要求等问题仍然没有得到有效解决,金刚石薄膜在内孔摩擦磨损领域的应用,尤其是在小孔径、超大孔径和复杂形状内孔摩擦磨损领域的应用研究仍然非常有限,在内孔冲蚀磨损领域的应用研究更是仅限于国外针对节流阀和微机械的少数研究成果。因此,必须在系统性地研究不同类型金刚石薄膜冲蚀磨损和摩擦磨损性能的基础上,完善不同内孔条件下的金刚石薄膜沉积工艺,推动 MCD、NCD、新型 BDD 及复合金刚石薄膜等在耐磨减摩器件内孔表面的产业化应用。

1.3　本书主要内容

　　本书旨在解决五个关键问题：① 针对不同的理论目标及内孔应用条件制备具有不同特性的高性能 HFCVD 金刚石薄膜；② 不同类型 HFCVD 金刚石薄膜的摩擦学性能研究；③ 内孔沉积 HFCVD 金刚石薄膜的温度场和气场仿真、基于仿真分析的批量化内孔金刚石薄膜沉积装置中基体排布方式的优化、特殊形状内孔表面沉积金刚石薄膜过程中与温度场分布相关的热丝及夹具具体参数的优化；④ 金刚石薄膜涂层拉拔模具的孔型优化设计；⑤ HFCVD 金刚石薄膜在不同类型内孔表面的制备及产业化应用。通过解决这些关键问题，能够为内孔高性能金刚石薄膜类型的初选、基于摩擦学性能的薄膜类型优选、内孔沉积过程中物理场分布的优化以及面向产品的工艺开发提供理论依据。本书各章节内容逻辑框架如图 1-3 所示。

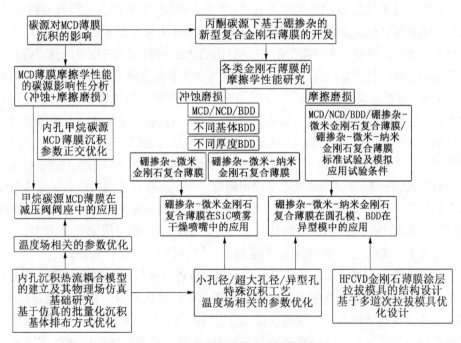

图 1-3　本书各章节内容逻辑框架

第 2 章 高性能热丝 CVD 金刚石薄膜的制备及性能表征

2.1 引言

经过数十年的发展，HFCVD 金刚石薄膜制备技术日趋完善，先后提出了各类掺杂金刚石薄膜、NCD/FGD 薄膜、微纳及超光滑复合金刚石薄膜等新型金刚石薄膜制备工艺并得到了研究及应用。然而内孔应用中特殊、极端、严苛的工况对金刚石薄膜的性能提出了更高的要求。比如，对于经过孔型优化设计的部件（如煤液化减压调节阀阀座），采用沉积工艺简单、成本较低的常规金刚石薄膜即可大幅提高其使用寿命，满足其应用需求；对于内孔形状比较复杂的部件（如异型模），内孔形状的复杂性会显著提高残余应力、加剧应力集中现象，因此对金刚石薄膜的残余应力状态和附着性能提出了更高的要求；对于长期在高温高压、高速冲蚀环境下工作的部件（如喷雾干燥喷嘴），要求在保证金刚石薄膜与基体之间附着性能的基础上，尽量提高其工作表面的冲蚀磨损性能，但是对于其表面光洁度的要求相对较低；对于用于高品质管材、线材拉拔的圆孔拉拔模具，对其内孔表面金刚石薄膜的附着性能、表面光洁度、表面硬度、表面可抛光性及摩擦磨损性能提出了综合性的要求。因此，如何在已有的金刚石薄膜沉积方法的基础上，选用最合理的碳源，进一步优化工艺，并且从薄膜性能复合、优势互补的角度出发，开发出具有不同特性的高性能 HFCVD 金刚石薄膜，以满足不同部件内孔表面的工作需求，是促进金刚石薄膜在内孔领域推广应用需要重点解决的问题之一。

本章针对上述问题，首先对比研究了不同的典型碳源对常规金刚石薄膜的形核、生长及性能表征的影响规律及机理，然后研究了硼掺杂浓度对金刚石薄膜性能的影响，并综合已有的 MCD、BDD 和 NCD 薄膜各自的性能优点，优选丙酮作为碳源，采用无毒动态硼掺杂工艺，开发出了基于硼掺杂技术的高性能硼掺杂-微米金刚石复合薄膜（boron doped and undoped composited diamond，BD‐UCD）和硼掺杂-微米-纳米金刚石复合薄膜（boron doped and undoped micro-crystalline and nano-crystalline composited diamond，BD‐UM‐NCCD）。其中制备获得的 BD‐

UCD薄膜既具有良好的附着性能,又具有极高的表面硬度;BD‐UM‐NCCD薄膜则具有较低的表面粗糙度、较好的表面可抛光性和较高的表面硬度。

2.2 碳源影响性分析

2.2.1 沉积试验

为了便于进行性能表征,本章有关金刚石薄膜制备工艺的研究是在SiC陶瓷平面基体上完成的,经长期试验证明,可以推广应用到经过酸碱两步法预处理的硬质合金平面基体以及陶瓷和硬质合金内孔表面,并具有一致的性能对比结果。本书研究中选用的SiC陶瓷为反应烧结SiC,具有接近金刚石薄膜的热膨胀系数,材料内不存在影响金刚石薄膜沉积的杂质元素,因此预处理方法比较简单:首先采用晶粒度约15 μm 的金刚石研磨液对SiC基体待沉积表面进行研磨粗化以提高薄膜和基体之间的附着性能,然后采用晶粒度 $0.5\sim1.0~\mu m$ 的金刚石微粉对研磨粗化后的表面进行研磨布晶以提高金刚石薄膜沉积过程中的形核密度[2],最后置于丙酮中进行超声清洗。

本节研究选用了甲烷、丙酮、甲醇、乙醇四种典型碳源,反应气源为碳源和过量氢气的混合气体[103]。反应过程中,采用气体质量流量计精确控制流量的氢气和甲烷可直接通入反应腔内,但液体碳源(丙酮、甲醇和乙醇)必须采用载流氢气鼓泡通入反应腔内,液体碳源流量取决于载流氢气流量以及碳源饱和蒸汽压,对于丙酮和甲醇而言,反应过程中将碳源鼓泡瓶置于冰水混合物中,使其温度恒定在0℃,对于乙醇而言,则将碳源鼓泡瓶置于26℃恒温水浴中。反应气路原理图如图2‐1所示,采用甲烷碳源

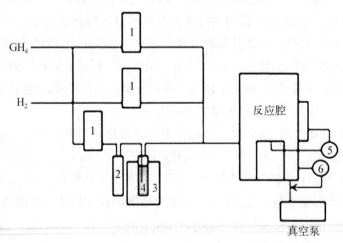

1—气体质量流量计;2—保护瓶;3—恒温水浴/冰水;4—鼓泡瓶;5—温度控制系统;6—压力控制系统。

图2‐1 采用不同碳源进行金刚石薄膜沉积的反应气路原理

时将鼓泡气路关闭,采用液体碳源时将甲烷气路关闭,不同液体碳源的饱和蒸汽压及氢气流量分配如表 2-1 所示,沉积试验中共用的形核及生长参数如表 2-2 所示。

表 2-1　不同液体碳源的饱和蒸汽压及对应的氢气流量分配

碳　　源	丙　酮		乙　醇		甲　醇	
	形核	生长	形核	生长	形核	生长
饱和蒸汽压/kPa	8.9[0℃]		8.0[26℃]		3.947[0℃]	
纯 H_2 流量/(mL/min)	600	600	564	570	189	270
载流 H_2 流量/(mL/min)	300	240	336	270	711	570
总流量 Q_{gm}/(mL/min)	928.8	863.1	928.8	863.1	928.8	863.1
碳源浓度 C/%	3.11	2.68	3.11	2.68	3.11	2.68

表 2-2　共用的形核及生长参数

	形 核 阶 段	生 长 阶 段
总流量 Q_{gm}/(mL/min)	928.8	863.1
碳源浓度 C/%	3.11	2.68
反应压力 p_r/Pa	1 200	3 000
热丝温度 T_f/℃	2 200±50	2 200±50
基体温度 T_s/℃	850~900	800~850
偏流/A	3.0	2.0

2.2.2　性能表征

为对比不同碳源环境下沉积的金刚石薄膜的形核和生长过程及其基本性能,采用场发射扫描电子显微镜(field emission scanning electron microscopy, FESEM,型号 Zeiss ULTRA55)表征形核后的表面形貌和生长后的薄膜截面形貌,采用拉曼光谱分析仪(SPEC14-03)获取薄膜的拉曼光谱,采用 X 射线衍射分析仪(X-ray diffraction, XRD,型号 D8 ADVANCE)获取薄膜的 XRD 光谱,采用原位纳米力学测试系统(TriboIndenter)获取薄膜的纳米压痕加载-卸载曲线并计算金刚石薄膜的硬度和弹性模量,采用洛氏硬度仪(Hoytom Rockwell)获取金刚石薄膜的压痕形貌,据此定性评价其附着性能并估算其断裂韧性,所采用的检测仪器如图 2-2 所示。

1) 形核密度与形核尺寸

碳源对于金刚石薄膜形核过程的影响可以采用形核密度(nucleation density, ND)和形核尺寸(nuclei size, NS)两个参数进行表征。在本研究中将 ND 定义为每平方毫米区域内的形核数量,NS 则表示金刚石晶粒的平均尺寸,这两个参数均可以通过对形核后的金刚石薄膜表面形貌(见图 2-3)进行测量和统计分析得出。

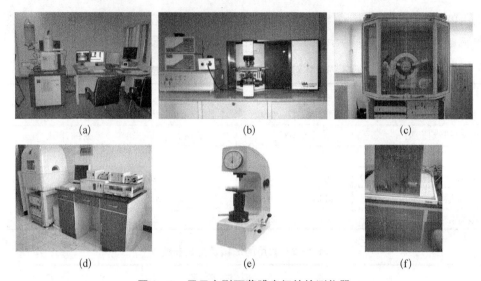

图 2 - 2　用于金刚石薄膜表征的检测仪器

(a) FESEM;(b) 拉曼光谱分析仪;(c) X 射线衍射分析仪;(d) 原位纳米力学测试系统;
(e) 洛氏硬度计;(f) 表面轮廓仪

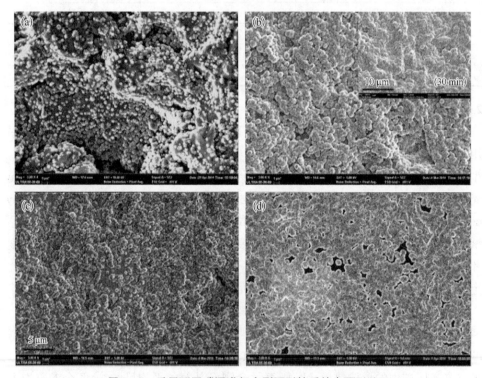

图 2 - 3　采用不同碳源进行金刚石形核后的表面形貌

(a) 甲烷 15 min;(b) 丙酮 15/30 min;(c) 甲醇 15 min;(d) 乙醇 15 min

如图 2-3(b)所示,采用丙酮碳源形核 30 min 之后的金刚石晶粒已经完全覆盖了基体表面,因此难以对其形核密度进行统计,因此本研究中针对四种碳源均选取了形核 15 min 之后的表面形貌进行对比分析。如图 2-3(b)和(d)所示,当形核时间仅有 15 min 时,在丙酮和乙醇碳源环境下形核生成的金刚石晶粒也已经几乎完全覆盖了基体表面,并且已经有多层叠错的金刚石晶粒出现,仅考虑可见的金刚石晶粒,针对每个样品选取四个不同采样点的表面形貌进行统计分析得到的 ND 和 NS 数值如表 2-3 所示,虽然丙酮和乙醇环境下的 NS 值要比甲烷和甲醇环境高 50% 左右,但是在相同的面积内仍然可以获得更多的金刚石形核晶粒(即 ND 值),尤其是在丙酮环境下,ND 可以达到 $3.08 \times 10^6/mm^2$,而 NS 也高达 $0.94~\mu m$。此外需要指出的是,针对丙酮和乙醇碳源计算得到的 ND 数值仅考虑了可见的金刚石晶粒,其实际形核密度应当更大。

2)生长速率

为评价金刚石薄膜在整个生长过程中的生长速率 R,本节研究中选取了不同的沉积时间来生长金刚石薄膜,分别为 5 h、10 h 和 15 h。制备获得的金刚石薄膜的截面形貌如图 2-4 所示,在整个生长过程中,金刚石薄膜的厚度表现出线性增

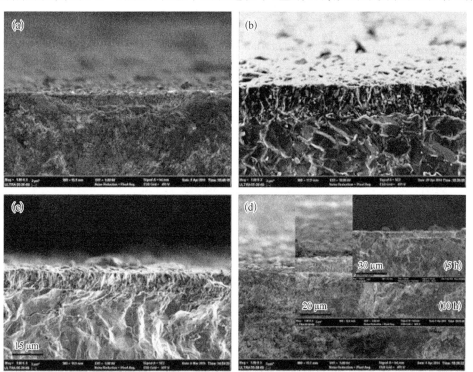

图 2-4　采用不同碳源沉积的金刚石薄膜的截面形貌

(a)甲烷 15 h;(b)丙酮 15 h;(c)甲醇 15 h;(d)乙醇 5/10/15 h

加的趋势,即薄膜的生长速率在整个生长过程中基本恒定,如图 2-4(d)乙醇碳源所示。因此本研究中针对每种碳源,选取在不同沉积时间下获得的金刚石薄膜,分别选取四个样点的薄膜厚度除以沉积时间得到每个点的生长速率,然后对共计十二个样点求平均得到最终的 R 值,分析结果如表 2-3 所示。采用偏压增强 HFCVD 方法在甲烷环境下可以获得 0.52 μm/h 的金刚石薄膜生长速率,在甲醇环境下薄膜生长速率会提高到 0.64 μm/h,而丙酮和乙醇则可以进一步提高其生长速率,使之分别达到 1.15 μm/h 和 1.13 μm/h。

表 2-3 采用不同碳源制备的金刚石晶粒或薄膜的表征统计结果

	甲 烷	丙 酮	甲 醇	乙 醇
ND/($\times 10^6$/mm^2)	2.24	3.08	2.6	2.72
NS/μm	0.57	0.94	0.62	0.93
R/(μm/h)	0.52	1.13	0.64	1.15
ν/cm^{-1}	1 334.32	1 335.82	1 337.39	1 336.01
σ/GPa	−1.089	−1.939	−2.829	−2.047
DIA 的 FWHM/cm^{-1}	12.12	12.27	18.10	12.28
Q/%	85.75	27.07	6.39	13.10
H/GPa	88.97	77.09	66.96	75.37
E/GPa	827.87	806.64	708.76	771.85
K/(MPa·$m^{0.5}$)	1.002	0.923	0.666	0.886

3) 残余应力与薄膜质量

金刚石薄膜中的残余应力与薄膜厚度直接相关,因此本节选取厚度均为 6 μm 左右的金刚石薄膜样品,同样在每个样品上选取四个采样点进行拉曼表征。残余应力 σ 通过拉曼光谱中 sp^3 金刚石特征峰的偏移估算得出,估算公式如式 2-1 所示,其中 $\nu_0 = 1\ 332.4\ cm^{-1}$,$\nu$ 表示金刚石薄膜拉曼光谱中金刚石特征峰所处的波数位置,σ 为根据该公式估算得出的薄膜内残余应力的大小,负号表示残余压应力。

$$\sigma(\text{GPa}) = -0.567(\nu - \nu_0) \tag{2-1}$$

薄膜质量采用质量因子 Q 进行表征,质量因子定义为 I_D/I_T,其中 I_D 指拉曼光谱中金刚石特征峰的面积积分强度,I_T 则是指拉曼光谱中所有峰的面积积分强度之和,通过对拉曼光谱进行分峰和积分计算可以得到,采用不同碳源沉积的金刚石薄膜的典型拉曼光谱及分峰结果如图 2-5 所示,此外还可通过金刚石特征峰的半峰宽近似评价金刚石薄膜的质量。金刚石特征峰所处的波数位置 ν、残余应力 σ、金刚石特征峰的半峰宽以及薄膜质量因子的分析结果均见表 2-3,其中通过金刚石特征峰的半峰宽及薄膜质量因子评价薄膜质量的结论一致。整体来看,基于甲烷碳源生长的金刚石薄膜表现出最小的残余应力和最佳的薄膜质量。在常用液体碳源中,采用丙酮碳源生长的金刚石薄膜具有较小的残余应力和较高的质量。实际上,在拉曼表征中非金刚石相的灵敏度要远高于金刚石相(如石墨的灵敏度约为金刚石的50 倍)。因此,实际的金刚石纯度要远高于本书中估算的“质量因子”,本书中仅对不同薄膜的质量进行对比,不精确考量不同碳成分对于拉曼灵敏度的加权效应。

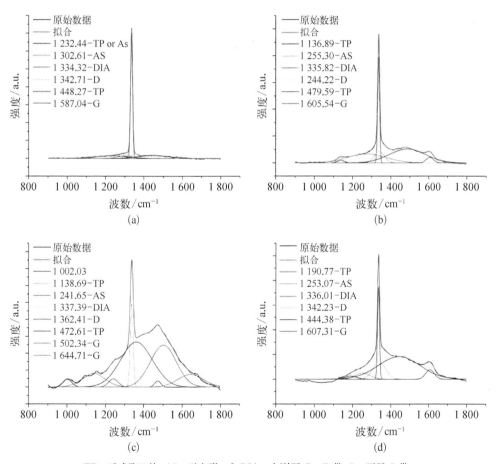

TP—反式聚乙炔;AS—无定形 sp^3;DIA—金刚石;D—D 带;G—石墨 G 带。

图 2-5　采用不同碳源沉积的金刚石薄膜(厚度约为 6 μm)的拉曼光谱

(a) 甲烷;(b) 丙酮;(c) 甲醇;(d) 乙醇

4) 晶粒取向

如图 2-6 所示为采用不同碳源沉积的金刚石薄膜(厚度约为 6 μm)的典型 XRD 谱图,在四种不同碳源环境下沉积获得的金刚石薄膜均具有典型的(111)和 (220)晶面,其中(111)晶面对应的 XRD 衍射峰位置在 $2\theta = 44°$ 附近,而(220)晶面对应的 XRD 衍射峰位置在 $2\theta = 75.6°$ 附近。表 2-4 列出了本节沉积的金刚石薄膜的典型 XRD 衍射峰位置和 $I_{(220)}/I_{(111)}$ 强度比,前者直接提取自图 2-6,后者则是依据在每个样品上取了四个采样点,而后分别计算并求平均。随机取向的多晶金刚石薄膜的 $I_{(220)}/I_{(111)}$ 强度比为 0.25,本节研究中制备的金刚石薄膜的 $I_{(220)}/I_{(111)}$ 强度比均小于该数值,这说明在该试验条件下,在不同的碳源氛围中,金刚石薄膜都表现出(111)晶面择优取向生长。对比来看,采用甲烷作为碳源沉积的金刚石薄膜具有明显低于其他碳源的 $I_{(220)}/I_{(111)}$ 强度比,仅为 0.091,说明(111)晶面的择优取向生长非常明显,而采用甲醇作为碳源沉积的金刚石薄膜则具有最高的 $I_{(220)}/I_{(111)}$ 强度比,说明(111)晶面的择优取向受到了抑制。

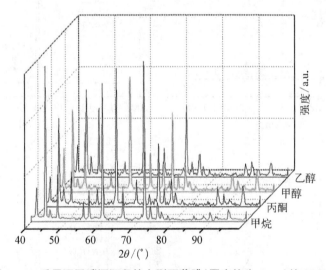

图 2-6　采用不同碳源沉积的金刚石薄膜(厚度约为 6 μm)的 XRD 谱

表 2-4　采用不同碳源制备的金刚石薄膜(厚度约为 6 μm)的衍射数据

	(111)晶面的 $2\theta/(°)$	(220)晶面的 $2\theta/(°)$	$I_{(220)}/I_{(111)}$
甲　烷	44.039	75.442	0.091
丙　酮	44.059	75.600	0.172
甲　醇	44.020	75.562	0.196
乙　醇	44.040	75.440	0.166

5）力学性能

本节采用原位纳米力学测试系统来获取采用不同碳源沉积的 MCD 薄膜的压入深度-载荷曲线，并据此计算硬度和弹性模量。采用的为 Berkovich 三棱锥压头，载荷和位移精度分别为 75 nN 和 0.1 nm。由于该测定与表面粗糙度存在较大关系，因此将所有样品表面均抛光到 R_a 约 30 nm，当薄膜厚度较小时，硬度测定可能会受到基体影响，因此本节研究通过控制沉积时间制备了薄膜厚度均为 16～18 μm 的样品进行测定。应用纳米压痕试验得到的四种金刚石薄膜的压入深度-载荷曲线如图 2-7 所示，硬度及弹性模量的计算公式如式 2-2～式 2-6 所示。

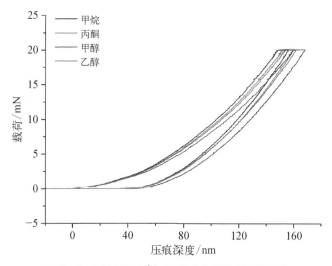

图 2-7　采用不同碳源沉积的金刚石薄膜（厚度约为 16～18 μm）的压入深度-载荷曲线

$$H = F_{max} / A_p \tag{2-2}$$

$$\frac{1}{E^*} = \frac{1-\nu^2}{E} + \frac{1-\nu_d^2}{E_d} \tag{2-3}$$

$$E^* = \frac{\sqrt{\pi} S}{2\sqrt{A_p}} \tag{2-4}$$

$$A_p \approx 23.96 h_s^2 \tag{2-5}$$

$$h_s = h_{max} - \varepsilon_i F_{max} / S \tag{2-6}$$

式中，H 为采用纳米压痕测得的金刚石薄膜硬度；F_{max} 为纳米压痕试验所应用的最大载荷（20 mN）；E^* 为采用纳米压痕计算得到的有效弹性模量（压头和样品综合作用的弹性模量），E 为采用纳米压痕测得的金刚石薄膜弹性模量；$\nu=\nu_d$ 均为金刚石泊松比（0.07）；E_d 为金刚石压头（近似为天然金刚石）的弹性模量（1 141 GPa）；S 为纳米压痕压入深度-载荷曲线中卸载曲线的初始斜率；A_p 为压头与样品弹性接触的投影面积；h_s 为压头与样品表面接触的压入深度；h_{max} 为最大压入深度；ε_i 是取决于压头几何形状的参数，对于 Berkovich 压头，取 0.726 8。

$$K = 0.004\ 14\left(\frac{F}{a^{1.5}}\right)\left(\frac{E}{H}\right)^{0.4}\lg\left(\frac{8.4a}{c}\right) \qquad (2-7)$$

式中，K 为通过压痕试验估算得到的薄膜的断裂韧性；F 为洛氏硬度仪压痕试验所采用的载荷；a 为压头的半长或半径；E 为薄膜的弹性模量；H 为薄膜硬度；c 为径向裂纹扩展的长度。

采用洛氏硬度仪（HR-150a）压痕形貌可以定性评价金刚石薄膜的附着性能，该评价方法与薄膜厚度直接相关，因此同样选取薄膜厚度均为 16～18 μm 的样品进行试验，加载载荷选为 588 N，四种金刚石薄膜的压痕形貌如图 2-8 所示。

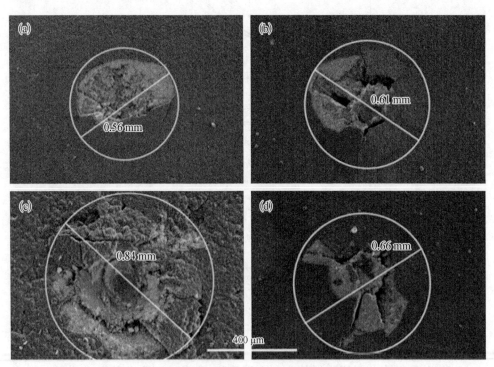

图 2-8　采用不同碳源沉积的金刚石薄膜（厚度约为 16～18 μm）的压痕形貌

(a) 甲烷；(b) 丙酮；(c) 甲醇；(d) 乙醇

通过金刚石薄膜的压痕形貌、硬度及弹性模量可以近似估算金刚石薄膜的断裂韧性,这种估算是建立在半经验公式基础上的,这些公式通过基本的物理定律(赫兹接触定律等)将薄膜的断裂韧性与压痕试验的试验参数以及压痕形貌中裂纹的扩展长度等参数联系在一起。本书所选用的计算公式为式 2-7,采用不同碳源沉积的金刚石薄膜的硬度、弹性模量及断裂韧性数值同样参见表 2-3,薄膜附着性能的对比结果与其断裂韧性的对比结果基本一致:采用甲烷制备的 MCD 薄膜硬度、弹性模量和断裂韧性最高,附着性能最好;采用甲醇制备的薄膜则表现出较低的硬度、弹性模量和断裂韧性,附着性能极差;在液体碳源中,采用丙酮碳源制备的金刚石薄膜具有相对较高的硬度、弹性模量和断裂韧性,附着性能较好。

2.2.3　碳源的影响机理分析

本节研究所采用的四种典型碳源之间的主要区别在于是否含有氧元素(或含氧基团),国内外许多学者曾经研究过碳氢气氛(如甲烷和氢气的混合气体)中的氧气掺杂对于金刚石薄膜生长的影响。Nunotani 等研究发现在电子回旋共振MPCVD 设备中,微量的氧气掺杂会使金刚石薄膜的生长速率保持恒定或略有增加,如果继续增加氧气掺杂浓度,金刚石薄膜的生长速率会随之下降,但是拉曼光谱中金刚石峰的半高宽会变小,说明氧气掺杂有助于提高金刚石薄膜的质量,这可以归因于氧气分解生成的氧原子或含氧基团对于非金刚石成分的选择性刻蚀作用[104]。氧气掺杂也有助于将金刚石薄膜沉积的温度范围向低温区扩展。但是在低温沉积环境下,0.25% 的氧气掺杂会导致大量二次形核和石墨成分的出现。HFCVD 金刚石薄膜的生长速率会随氧气掺杂浓度的提高而减小,具体而言,氧气掺杂会导致金刚石(100)晶面生长速率的减小,但是对于(111)晶面的生长速率影响很小。金刚石(111)晶面比(220)晶面更容易被氧化,因此在采用硼酸三甲酯作为硼源的硼掺杂自支撑金刚石薄膜生长过程中,(220)晶面更稳定,表现出选择性生长的趋势。上述研究的结论错综复杂,在不同的沉积环境、沉积方法下,以不同形式存在的氧元素对于金刚石薄膜的生长速率、质量和晶面取向会表现出截然不同的影响,但是其中的普遍性理论可以用来很好地解释本节研究的结论。

1)形核密度、形核尺寸和生长速率

20 世纪 80 年代末至 90 年代初,日本的 Yoichi 等应用不加偏压的 HFCVD 方法,较为系统地研究了采用含氧或含氮的有机碳源(包括甲醇、乙醇、丙酮、乙醚和三甲胺)沉积金刚石薄膜的工艺方法和性能表征,并将制备获得的金刚石薄膜与采用碳氢化合物(包括甲烷和乙炔)碳源沉积的金刚石薄膜进行了对比,其中采用前者制备金刚石薄膜的生长速率达到了后者的十倍甚至数十倍[10]。随着金刚石薄膜沉积技术的进步,尤其是偏压增强 HFCVD 方法的发明大幅提高了采用碳氢化合物沉积金刚石薄膜的生长速率,这主要是因为偏流(偏压)的存在有助于推动热丝附近生成的活性基团高速、高效地移动到基体表面参与沉积反应。如本书研究所示,应用偏压增强 HFCVD 的方法缩小了采用碳氢化合物和含氧碳源沉积金刚石薄膜生长速率的差异性,但是两者之间依旧存在差距。

　　C—H 体系中金刚石薄膜的生长速率主要取决于两类反应:含碳基团在基体表面的沉积反应和氢原子对石墨相成分的刻蚀反应。此外,氢原子也是碳源分解中的一种活性中间体,高浓度的氢原子对于促进含碳基团的生成具有重要作用。C—H—O 体系中的氧原子或—OH 基团对于金刚石薄膜的生长同样起了决定性的作用,因此氧作为一种新的活性中间体会促使热丝附近或基体表面产生新的反应路径,氢原子、氧原子或者—OH 基团都会提高反应气体中碳源的分解速率,并且加速基体表面非金刚石成分的选择性刻蚀速率,这可认为是本节研究中采用含氧碳源可以获得较高生长速率的主要原因之一。氧元素的存在可能会导致大量二次形核的出现,这可能是采用含氧碳源可以获得较高的形核密度的原因。此外,氧原子或—OH 基团对于金刚石薄膜生长过程中化学反应速率的提高除了会提高薄膜厚度方向的生长速率外,也会影响形核阶段金刚石晶粒的生长速率,从而获得较大的形核尺寸。然而在本节的研究结果中,采用甲醇碳源获得的形核尺寸与采用甲烷碳源获得的形核尺寸不存在明显差异,因此金刚石形核尺寸和形核密度的差异不仅与氧元素的存在与否有关,还会受到其他因素的影响,比如不同碳源中化学键的离解能以及含有的—CH_3结构的数量差异。

　　本节研究所采用的碳源中典型化学键的离解能如表 2−5 所示,较小的离解能意味着该化学键更容易断裂,因此在丙酮和乙醇碳源中更容易分解生成甲基基团。此外,从四种碳源的化学式中也可以明显看出,同样物质的量的丙酮和乙醇可以提供更多的甲基基团,因此在这两类碳源环境下可以获得较高的形核密度和金刚石晶粒生长速率(形核尺寸)。此外,不同碳源中化学键离解能以及可以提供的—CH_3结构的数量差异也会影响金刚石薄膜厚度方向的生长速率,这可以更充分地说明不同碳源环境下金刚石薄膜生长速率的差异:甲醇中化学键的离解能略小于甲烷,并且甲醇离解后会生成可促进金刚石薄膜沉积的—OH 基团,因此甲醇碳源 MCD 薄膜的生长速率要高于甲烷碳源 MCD 薄膜的;乙醇和丙酮中化学键的离解能更小,离解后同样会生成可促进金刚石薄膜沉积的—OH 基团、其他含氧基团或氧原子,并且这两种碳源具有更多的—CH_3结构,因此可以进一步提高金刚石薄膜的生长速率。

　　总之,不同碳源环境下 MCD 薄膜形核密度、形核尺寸和生长速率的差异是氧元素存在与否、离解能的差异以及碳源中—CH_3结构数量的差异综合作用的结果。

表 2-5　不同碳源中典型化学键的离解能

分 解 反 应	离解能(298 K)(kJ/mol)
$CH_4 \rightarrow CH_3 + H$	435
$CH_3OH \rightarrow CH_3 + OH$	383
$C_2H_5OH \rightarrow CH_3 + CH_2OH$	347
$CH_3COCH_3 \rightarrow CH_3 + COCH_3$	355

2）残余应力、薄膜质量、晶粒取向及力学性能

金刚石薄膜中的残余应力主要包括残余热应力和生长应力,残余热应力是金刚石与基体材料之间热膨胀系数的差异导致的,主要产生于沉积反应后从沉积温度冷却到室温这一过程,本节研究所采用的沉积参数完全一致,因此可以认为采用不同碳源沉积的 MCD 薄膜中的残余热应力完全一致;薄膜的生长应力主要起因于薄膜中存在的非金刚石成分或缺陷,因此生长应力较高的薄膜常常也意味着较差的薄膜质量。虽然氧原子和—OH 基团会加速基体表面非金刚石成分的刻蚀速率,但是同样有可能产生大量的二次形核。此外,金刚石薄膜生长速率的提升也有可能导致薄膜中缺陷的增加,从而提高残余应力,降低薄膜质量,尤其是采用 O/C 比较高的甲醇碳源制备的金刚石薄膜表现出最高的残余应力和最差的薄膜质量。采用不同碳源制备的 MCD 薄膜晶粒取向的差异同样可以归因于氧元素的作用,如前文所述,金刚石(111)晶面比(220)晶面更容易被氧化,因此在本节研究中采用含氧碳源沉积的金刚石薄膜均体现出较高的 $I_{(220)}/I_{(111)}$ 强度比,具有较高 O/C 比的甲醇碳源可以最有效地抑制金刚石(111)晶面的生长,从而表现出最高的 $I_{(220)}/I_{(111)}$ 强度比。

金刚石薄膜的硬度、弹性模量、附着性能及断裂韧性等机械性能与其残余应力及薄膜质量直接相关,因此残余应力最低、薄膜质量最优的甲烷碳源 MCD 薄膜具有最高的硬度、弹性模量和断裂韧性,附着性能最好;而残余应力最高、薄膜质量最差的甲醇碳源 MCD 薄膜则具有较低的硬度、弹性模量和断裂韧性,附着性能极差;在液体碳源中,残余应力相对较低、薄膜质量较好的丙酮碳源 MCD 薄膜具有相对较高的硬度、弹性模量和断裂韧性,附着性能较好。

本节研究阐明了碳源种类对于 MCD 薄膜的形核、生长和性能表征的影响规律及机理,对于针对不同应用环境和要求进行内孔 MCD 薄膜沉积时碳源类型的优选具有重要的指导作用。比如,如果想要获得低的残余应力和高的薄膜质量,可以采用甲烷作为碳源;如果想要获得较高的形核密度、较大的形核尺寸和较高的生长速率,则可以采用丙酮作为碳源,此时同样可以保证金刚石薄膜具有较高的质量。此外,丙酮碳源还具有成本低廉、安全系数高、便于进行无毒掺杂等优点,因此

在本书后续有关硼掺杂金刚石薄膜的所有研究中均采用了液体丙酮作为碳源,而在典型内孔金刚石薄膜沉积工艺的正交优化及 MCD 薄膜涂层煤液化减压阀阀座的制备及应用研究中采用了气体甲烷作为碳源。

2.3　高性能复合金刚石薄膜的制备及性能表征

2.3.1　改进的动态硼掺杂工艺

本书中 BDD 薄膜的制备采用的是经过改进的动态硼掺杂工艺,该工艺的反应气路原理与图 2-1 所示基于液体碳源的 MCD 薄膜沉积气路原理相同,从氢气钢瓶中减压流出的 H_2 被分成两路,其中一路经过基于气体质量流量计的流量控制系统直接进入反应腔;而另一路中 H_2 作为载气(图 2-1 中甲烷气路),首先经过基于气体质量流量计的流量控制系统和保护瓶,流入鼓泡瓶的底部,带动碳源和硼源的掺杂溶液蒸发逸出,与纯氢气混合后进入反应腔。碳源和硼源的混合溶液根据不同硼掺杂比的需要,按照预定的硼碳原子比,将硼酸三甲酯$[B(OCH_3)_3]$溶解于丙酮中制成。碳源和硼源混合溶液放置于恒温水浴(0~50℃)中,以保证其饱和蒸汽压的恒定,因此可通过载流氢气的流量来控制混合溶液的蒸发量,比较精确地控制碳源流量并实现定量掺杂。流量控制装置置于鼓泡瓶之前是因为用作碳源的分析纯丙酮中也含有少量水分,在管路中可能会有部分硼源遇水后固态析出,如果流量控制装置中的流量计和控制阀门置于鼓泡瓶后可能会因为硼源析出而堵塞。相对于传统的动态硼掺杂工艺,本工艺主要做了如下改进:① 使用可自动控制的、计量精度更高的气体质量流量计替代气体浮子流量计,基于气体质量流量计的流量控制系统可以实现流量的自动控制,并且流量控制的精度更高;② 本工艺中采用恒温水浴(0~50℃)作为鼓泡瓶的恒温装置,可以更加有效地稳定液体碳源的饱和蒸汽压;③ 本工艺中还采用了可自动反馈控制的温度和总反应压力控制系统代替了原用的手动控制系统,可以进一步提高动态硼掺杂工艺中各沉积参数的控制精度和控制灵敏度。

本工艺中选择硼酸三甲酯作为硼源的原因如下:① 相对于硼烷等常用的剧毒硼掺杂气体,硼酸三甲酯是无毒的液体,并且硼酸三甲酯与丙酮类似,具有很好的可挥发性,采用鼓泡法可以很容易地随同挥发的丙酮以及氢气载气一起进入反应室,并且保证比较精确的碳源含量和硼掺杂量。② 硼酸三甲酯的分子结构包括一个硼原子、三个氧原子和三个甲基,其中硼氧键的键能小于碳氧键的键能,在反应过程中比碳氧键更容易断裂。因此,硼酸三甲酯在反应过程中首先电离出硼离子和—OCH_3基团,其中,—OCH_3基团会继续电离出氧离子和碳氢基团,这一方面能够增加反应气体中的碳源浓度,另一方面,电离出的氧离子对非金刚石相具有刻蚀作用,这对于提高金刚石薄膜的生长速率以及改善薄膜质量均有显著作用。③ 除此之外,硼酸三甲酯不会带入其他的杂质元素。

但是,由于硼酸三甲酯是液态,采用丙酮作为碳源更便于掺杂,因此本书有关硼掺杂的研究全部基于丙酮碳源。

2.3.2　硼掺杂浓度影响性分析

本节研究首先采用具有不同 B/C 原子比的反应气源在反应烧结碳化硅(reaction-bonded silcon carbide, RB - SiC)平片基体表面沉积了不同类型硼掺杂微米金刚石(boron doped microcrystalline diamond, BDMCD)薄膜以研究硼掺杂浓度对薄膜性能的影响,反应气源中的 B/C 原子比分别为 2 000 ppm、5 000 ppm、8 000 ppm、12 000 ppm 和 16 000 ppm(1 ppm=10^{-6})[105]。

1) 截面形貌、生长速率和薄膜厚度

在 RB - SiC 基体表面沉积的不同类型的 BDMCD 薄膜以及用作对比的未掺杂微米金刚石(undoped microcrystalline diamond, UMCD)薄膜(生长时间均为 19.5 h)的截面形貌如图 2-9 所示。通过检测五个不同位置的薄膜截面形貌并求

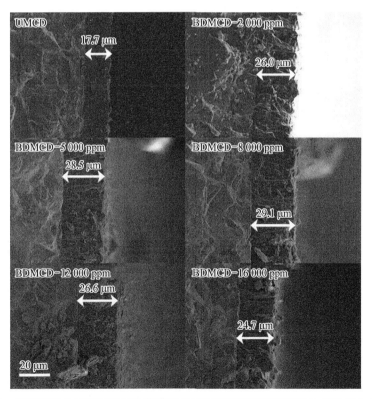

图 2-9　不同硼掺杂浓度 BDMCD 薄膜和 UMCD 薄膜的截面形貌(生长时间为 19.5 h)

平均可以得到平均薄膜厚度,平均薄膜厚度和生长速率如图 2 - 10 所示。本研究发现,相比于未掺杂 UMCD 薄膜,不同浓度的硼掺杂均可提高 RB - SiC 基体表面金刚石薄膜的生长速率;当硼掺杂浓度从 0 提高到 8 000 ppm 时,生长速率逐渐增加,因为较高的 O/C 比可以促进金刚石薄膜生长,一定数量的硼元素还可以增强化学反应中的碳基团的活性;但是当硼掺杂浓度从 8 000 ppm 继续提高到 16 000 ppm 时,生长速率反而会逐渐下降,这是因为正常金刚石薄膜生长过程中石墨比较难形成,并且很容易被氢原子刻蚀,但是大量硼元素的存在会影响到上述过程。在该情况下,石墨成分,尤其是石墨薄片成分会增加,从而影响金刚石薄膜的质量和生长速率。

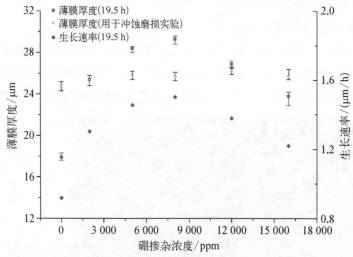

图 2 - 10　薄膜厚度和生长速率与硼掺杂浓度的关系(生长时间为 19.5 h)以及通过控制沉积时间获得的具有类似厚度的金刚石薄膜的实际厚度

　　由于金刚石薄膜的机械性能和薄膜厚度相关,为了获得具有类似厚度的金刚石薄膜,根据不同薄膜生长速率确定用于后续性能检测及冲蚀磨损试验的样品的生长时间如下:生长 0 ppm B/C 原子比的薄膜需 27.5 h,2 000 ppm 需 19.5 h,5 000 ppm 需 17.5 h,8 000 ppm 需 17 h,12 000 ppm 需 19 h,16 000 ppm 需 20.5 h。据此制备的不同类型金刚石薄膜的厚度均在 24.8~26.3 μm 范围内。

　　2) 表面形貌、晶粒尺寸和表面粗糙度

　　通过控制生长时间制备的具有类似厚度(24.8~26.3 μm)的金刚石薄膜及未涂层样品的表面形貌如图 2 - 11 所示,在薄膜表面五个不同位置分别观测其表面形貌并进行统计可得到其平均晶粒尺寸,不同样品的平均晶粒尺寸及表面粗糙度

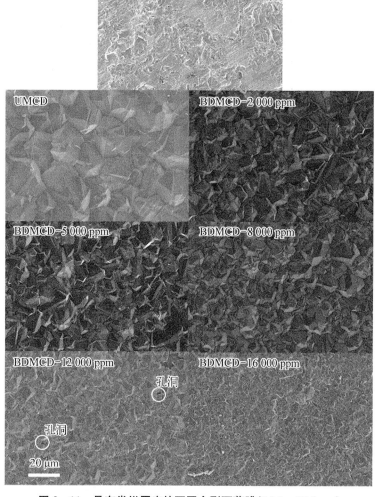

图 2 - 11　具有类似厚度的不同金刚石薄膜(24.8～26.3 μm)
及未涂层 RB‑SiC 样品的表面形貌

数值如图 2 - 12 所示。未涂层 RB‑SiC 样品进行过粗研磨,因此其表面粗糙度相对较低(轮廓平均算术偏差 R_a＝58.94 nm,轮廓最大高度 R_y＝71.3 nm),在基体表面沉积的数十微米厚度的 UMCD 或 BDMCD 薄膜具有微米级金刚石晶粒和明显的波峰波谷,因此表现出比基体更高的表面粗糙度。当硼掺杂浓度为 0～8 000 ppm 时,沉积的金刚石薄膜晶型良好,但是当硼掺杂浓度提高到 12 000 ppm 时,由于石墨成分的增加和薄膜质量的下降会产生明显的晶粒畸变及微孔洞。此外,随着硼掺杂浓度的增加,沉积环境中硼元素含量的增加会提高碳基团的活性,提高金刚石二次形核率,因此晶粒尺寸会逐渐下降。尤其是当硼掺杂浓度从12 000 ppm提高到16 000 ppm时,晶粒细化现象会非常明显。金刚石薄膜的表面粗糙度和晶粒尺寸密切相关,因此随着硼掺杂浓度的增加,金刚石薄膜的R_a值也会逐渐减小,但是当硼掺杂浓度增加到12 000 ppm和16 000 ppm时,金刚石薄膜的R_y值反而会增加,这与晶粒形状的畸变和表面存在的孔洞缺陷有关。

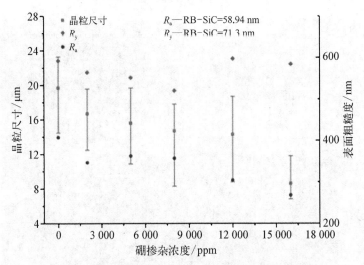

图2-12   具有类似厚度的不同金刚石薄膜(24.8～26.3 μm)及未涂层RB-SiC样品的晶粒尺寸和表面粗糙度

3) X射线衍射谱及晶粒取向

不同金刚石薄膜样品的XRD谱如图2-13所示,均表现出类似的随机晶粒取向。由于XRD检测的深度比较大,XRD谱中也包括与基体成分相关的衍射峰。RB-SiC基体材料的主要成分包括78.2% α-SiC、18.4% β-SiC和3.4% Si,因此XRD谱中存在SiC和Si相关的衍射峰,本研究中不做深入探讨。在$2\theta=20°\sim90°$范围内,与金刚石薄膜相关的衍射峰主要包括$2\theta=43.9°$和75.3°附近与金刚石(111)和(220)面相关的衍射峰,不同金刚石薄膜的(111)峰和(220)峰的强度存在明显区别,如表2-6所示,当硼掺杂浓度从0提高到12 000 ppm时,金刚石薄膜的(111)/(220)强度比会逐渐减小,这是因为金刚石(111)面比(220)面更容易被氧化,而硼掺杂浓度的提高会增加反应环境中的氧含量。但是当硼掺杂浓度继续提高到16 000 ppm时,金刚石薄膜的(111)/(220)强度比反而又会增加。

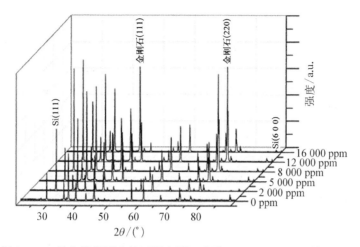

图 2 - 13 具有类似厚度的不同金刚石薄膜(24.8～26.3 μm)的 XRD 谱

表 2 - 6 XRD 和拉曼检测数据

反应源中 B/C 原子比/ppm	XRD 检测数据			拉曼检测数据	
	金刚石(111)峰面积	金刚石(220)峰面积	(111)/(220)强度比	实际硼掺杂浓度/($\times 10^{20}$)	残余应力/GPa
0	7 638	1 501	5.09	0	−3.34
2 000	5 512	4 186	1.32	1.757	−2.32
5 000	6 327	6 548	0.97	2.171	−1.45
8 000	4 504	8 175	0.55	3.316	−0.08
12 000	4 502	10 396	0.43	4.345	5.72
16 000	6 380	2 245	2.84	4.389	4.71

4) 拉曼光谱、实际硼掺杂浓度和残余应力

不同类型金刚石薄膜的拉曼光谱如图 2 - 14(a)～(f)所示,谱线去背底并分峰后的典型结果如图 2 - 14(g)所示,本节讨论中所提到的拉曼峰的位置及半峰宽 FWHM 值均是分峰后的结果。UMCD 的拉曼光谱在 1 338.29 cm^{-1} 位置出现金刚石的特征峰,FWHM 值为 9.51 cm^{-1},并且不存在明显的石墨或非晶碳峰,这说明该薄膜具有较高的金刚石纯度和质量。硼掺杂会导致两个典型特征峰的出现,分别位于 500 cm^{-1} 和 1 200 cm^{-1} 位置附近,并且在 1 580 cm^{-1} 附近位置还会出现石墨特征峰,且该峰的强度随着硼掺杂浓度的增加逐渐增强。这说明硼掺杂尤其是重度硼掺杂会导致非金刚石杂质的生成,一如前文所述,正常金刚石薄膜生长过程中石墨比较难形成,并且很容易被氢原子刻蚀,但是大量硼元素的存在会影响到上

述过程,在该情况下,石墨成分,尤其是石墨薄片成分会增加。此外,BDMCD 的拉曼光谱中存在的典型特征峰还具有一定的不对称性,这一现象称为 Fano 现象,主要是因为离散过渡相和连续相发生了量子干涉。从不同硼掺杂浓度的 BDMCD 的拉曼光谱中可以直观地看出,硼掺杂特征峰与金刚石特征峰的强度比随硼掺杂浓度的增加而逐渐增大,尤其是当硼掺杂浓度高达 16 000 ppm 时,在原始的拉曼光谱中,金刚石特征峰几乎被 1 200 cm^{-1} 位置的硼掺杂特征峰完全覆盖,这说明反应气源中 B/C 原子比的提高确实可以提高金刚石薄膜内的实际硼掺杂浓度。BDMCD 薄膜内的实际硼掺杂浓度可以根据 500 cm^{-1} 位置附近硼掺杂特征峰的具体波数位置估算得出,并且根据该方法估算得出的实际硼掺杂浓度与采用 SIMS 测量得到浓度值比较一致。根据不同硼掺杂浓度金刚石薄膜的拉曼光谱可直观地看出,随着硼掺杂浓度增加,500 cm^{-1} 峰的具体位置会向低波数方向偏移,对应估算出的实际硼掺杂浓度如表 2 - 6 所示。当反应气源中的 B/C 原子比从 2 000 ppm 增加到 12 000 ppm 时,实际硼掺杂浓度也会随之显著增加,但是当 B/C 原子比继续增加到 16 000 ppm 时,实际硼掺杂浓度增幅较小,这与已有的研究结果比较吻合[20]。

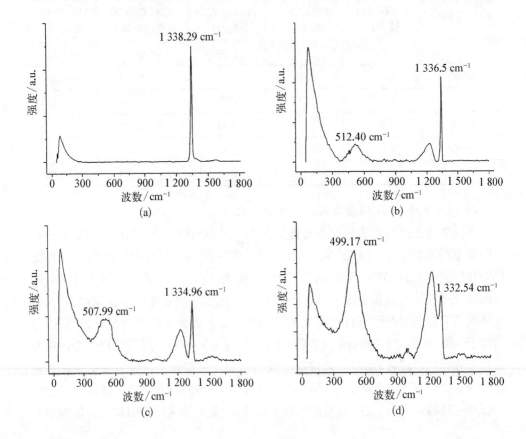

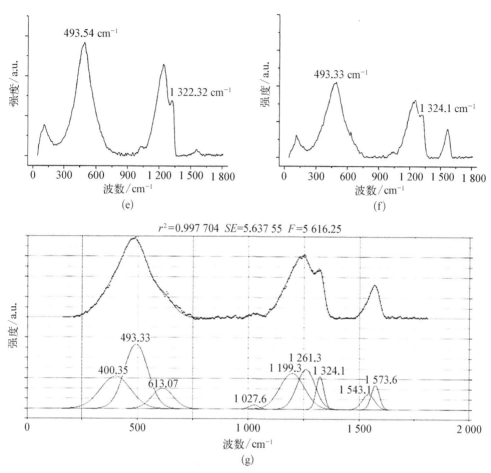

图 2 - 14　类似厚度金刚石薄膜(24.8~26.3 μm)的拉曼光谱(分峰结果)
(a) UMCD；(b) 2 000 ppm BDD；(c) 5 000 ppm BDD；(d) 8 000 ppm BDD；
(e) 12 000 ppm BDD；(f) 16 000 ppm BDD；(g) 16 000 ppm BDD

　　金刚石薄膜内的残余应力可以根据金刚石特征峰的峰移近似估计,计算结果
如表 2 - 6 所示。当硼掺杂浓度从 2 000 ppm 增加到 12 000 ppm 时,残余应力实际
数值逐渐增大(残余压应力为负值,残余拉应力为正值,此处认为正值大于负值),
并且从残余压应力逐渐向残余拉应力过渡转变,当硼掺杂浓度约为 8 000 ppm 时
残余应力的绝对值最小。金刚石薄膜内的残余应力主要包括生长应力和热应力,
生长应力主要是晶格畸变、杂质或缺陷造成的,而热应力则主要是薄膜和基体之间
热膨胀系数的差异导致的。因为本研究中金刚石薄膜沉积过程中采用的丙酮含有
氧元素,氧原子的共价半径(0.066 nm)要小于碳原子共价半径(0.077 nm),金刚石
薄膜中 C—O 键的形成会导致残余压应力(生长应力)的形成。此外,本研究中采

用的 RB - SiC 基体材料的热膨胀系数(4.6×10^{-6}/K)是金刚石(0.8×10^{-6}/K)的数倍,因此在金刚石薄膜沉积冷却过程中也会产生明显的残余压应力(热应力)[47]。虽然 BDMCD 薄膜沉积过程中所采用的硼源也含有氧原子,但是同时提供的硼原子对于残余应力的贡献更大,硼原子共价半径高达 0.085 nm,因此会导致残余拉应力的生成并逐渐抵消本征金刚石薄膜中的残余压应力,这也可以解释为什么在 12 000 ppm 和 16 000 ppm 条件下沉积的 BDMCD 薄膜内的残余应力没有明显区别,因为这两种薄膜内实际的硼掺杂浓度几乎相同。

5) 机械性能

不同类型金刚石薄膜的纳米硬度和弹性模量可以通过纳米力学测试系统测量得到,即根据纳米压痕检测得到的压入深度-载荷曲线计算得出。由于纳米压痕对于样品表面粗糙度十分敏感,因此所有样品检测前都先采用机械抛光的方法将表面粗糙度 R_a 值降低到 50 nm 以下,相应的检测结果如表 2 - 7 所示。总体来看,由于硼掺杂会导致非金刚石杂质成分的生成,因此会引起金刚石薄膜纳米硬度和弹性模量的下降。

表 2 - 7   不同金刚石薄膜的机械性能

反应源中 B/C 原子比/ppm	机械性能			
	纳米硬度/GPa	弹性模量/GPa	裂纹长度/mm	断裂韧性/(MPa · m$^{0.5}$)
0	84.77	807.90	1.66	0.02
2 000	78.15	744.26	0.83	1.08
5 000	79.47	720.54	0.67	1.38
8 000	75.29	761.82	0.69	1.40
12 000	64.40	704.43	1.54	0.14
16 000	66.24	719.50	1.47	0.22

金刚石薄膜的附着性能可以通过洛氏压痕试验下薄膜表面的破裂、脱落和裂纹扩展来近似评估,不同金刚石薄膜在相同试验条件下的压痕形貌如图 2 - 15 所示。所有金刚石薄膜表面都会发生破裂、脱落和裂纹扩展,但是薄膜破裂和脱落区域或裂纹扩展的长度存在明显不同,将薄膜破裂和脱落区域的直径或裂纹扩展的最长距离统一定义为裂纹长度,相应结果如表 2 - 7 所示。当硼掺杂浓度为 2 000~8 000 ppm 时,硼掺杂有助于改善金刚石薄膜的附着性能(具体原因会在下文进行详细的对比分析和讨论),并且附着性能会随着硼掺杂浓度的提高而逐渐增

强。但是当硼掺杂浓度继续提高到 12 000 ppm 和 16 000 ppm 时,金刚石薄膜的附着性能反而会下降。对于 RB‐SiC 基体而言,基体内不存在钴元素等对薄膜结合强度不利的元素,因此金刚石薄膜的附着性能主要受到残余应力的影响,过大或过小的压应力或拉应力都不利于膜基结合,因此当硼掺杂浓度为 5 000～8 000 ppm 时沉积的金刚石薄膜具有最佳的附着性能。不同类型金刚石薄膜的断裂韧性可根据其洛氏压痕试验参数、裂纹长度及纳米压痕测量得到的硬度和弹性模量参数估算得出,其结果如表 2‐7 所示,由于该估算方法得到的断裂韧性与洛氏压痕试验下的裂纹长度密切相关,因此断裂韧性的变化规律与附着性能的变化规律一致。

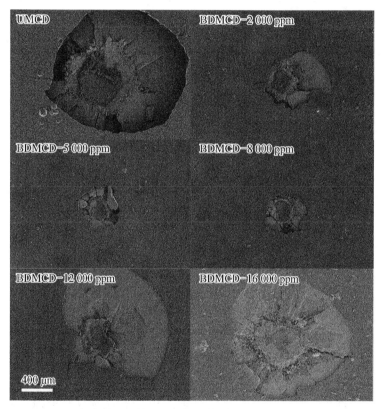

图 2‐15　具有类似厚度的不同金刚石薄膜(24.8～26.3 μm)的压痕形貌

2.3.3　不同类型金刚石薄膜的制备

在反应烧结碳化硅陶瓷基体表面沉积金刚石薄膜采用的反应气源主要为丙酮和过量氢气,硼掺杂源为溶解在丙酮溶液中的硼酸三甲酯。用于 MCD 和 BDD(本节研究中的 BDD 特指硼掺杂微米金刚石薄膜)薄膜沉积的详细参数如表 2‐8 第 2、3 和 5 列所示[106-108],其中,形核时间为 0.5 h,生长时间均为 7.5 h。

表 2 - 8　用于各类金刚石薄膜涂层制备的沉积参数

沉 积 参 数	形 核	BDD 生长	NCD 生长	MCD 生长
总流量 Q_{gm}/(mL/min)	1 200	1 100	3 600	1 100
氩气流量/(mL/min)	0	0	2 400	0
丙酮/氢气体积比	2%～4%	1%～3%	2%～4%	1%～3%
B/C 原子比/ppm	5 000	5 000	0	0
反应压力 p_r/Pa	2 000	3 000	1 300	3 000
热丝温度 T_f/℃	2 200～2 300	2 200～2 300	2 200～2 300	2 200～2 300
基体温度 T_s/℃	800～900	800～900	800～1 000	800～900
偏压电流/A	3.0	2.0	3.0	2.0

　　NCD 薄膜的制备采用了在反应气体中通入氩气并降低反应压力的工艺条件。反应压力的降低有助于增加气源分子的电离率,并且会造成反应气体分子数的减少,减小电子碰撞各种活性基团的机会,使得在热丝附近分解形成的活性基团在到达基体表面前碰撞复合的概率减小,增加活性基团的自由程,使得到达基体表面的活性基团速度增加,能量增大,对基体表面的撞击作用增强,从而导致金刚石晶粒难以长大,提高基体表面金刚石的二次形核速率。氩气的添加同样可以增加各种含碳基团的能量,同样起到提高基体表面金刚石二次形核速率的作用。用于 NCD 薄膜沉积的沉积参数如表 2 - 8 所示,其中,反应气体流量 Q_{gm} 为氩气、氢气和碳源载气三路的总流量,形核时间为 0.5 h,NCD 生长时间为 4.5 h。

　　硼掺杂技术可以有效改善 CVD 金刚石薄膜内的残余应力状态,提高薄膜和基体之间的附着性能,同时可以起到细化金刚石晶粒、提高金刚石薄膜表面光洁度、降低薄膜硬度以及提高表面可抛光性的作用。但是由于硼成分的存在,BDD 薄膜内的金刚石 sp³ 相成分的含量相对减少,金刚石薄膜的纯度有所下降,并且薄膜硬度的降低和表面可抛光性的提高通常意味着 BDD 薄膜表面耐磨损性能的下降。因此本节将 BDD 薄膜制备工艺与传统的 MCD 薄膜制备工艺相结合,开发出了一种新型的 BD - UCD 薄膜制备工艺。该工艺过程可归结为如下两步:第一,采用改进的动态硼掺杂工艺在基体表面沉积 BDD 薄膜,该步骤包括硼掺杂碳源氛围下的形核和生长两个阶段;第二,在不改变其他任何沉积参数的基础上,将硼掺杂碳源直接切换为纯碳源,在已沉积的 BDD 薄膜上继续沉积 MCD 薄膜,该步骤不包含形核阶段,仅包含纯碳源氛围下的生长阶段。在碳化硅平片基体上采用两步法制备

BD‑UCD 薄膜的工艺参数同样如表 2‑8 所示,其中形核时间为 0.5 h,BDD 生长时间为 3 h,MCD 生长时间为 4.5 h。

BD‑UCD 薄膜综合了 BDD 薄膜附着性能好和 MCD 薄膜硬度高的优点,但是较高的表面粗糙度和较低的表面可抛光性限制了其在对表面光洁度要求较高的工作表面上的应用。NCD 薄膜具有较低的表面粗糙度和较好的表面可抛光性,可以比较容易抛光到应用所需的表面光洁度,但是 NCD 薄膜附着性能较差,硬度较低。因此在 BD‑UCD 薄膜基础上,继续沉积较薄的 NCD 薄膜,可制备 BD‑UM‑NCCD 薄膜,通过短时抛光即可获得较高的表面光洁度,并且由于表层 NCD 薄膜较薄及中间层 MCD 薄膜的作用,该复合薄膜还具有较高的表面硬度,尤其是在持续应用过程中,表层 NCD 薄膜层的逐渐磨损会使该复合薄膜逐渐体现出更高的表面硬度,其制备、抛光和应用过程原理如图 2‑16 所示,制备工艺参数如表 2‑8 所示,整个沉积过程是在真空反应腔内连续不间断完成的,其中,形核时间为 0.5 h,BDD 生长时间为 3 h,MCD 生长时间为 4.5 h,NCD 生长时间为 0.5 h。

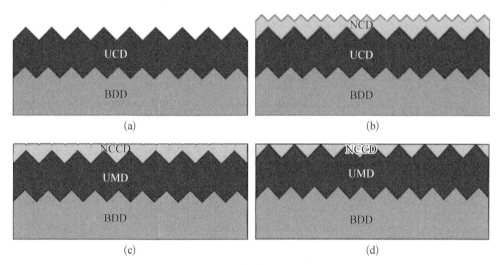

图 2‑16　BD‑UM‑NCCD 薄膜的制备、抛光和应用过程原理

(a) BD‑UCD 薄膜;(b) 沉积表层 NCD 金刚石薄膜;(c) BD‑UM‑NCCD 薄膜初始抛光;
(d) BD‑UM‑NCCD 薄膜持续抛光或应用

2.3.4　不同类型金刚石薄膜的性能表征

分别采用 FESEM、表面轮廓仪(Dektak 6M)、拉曼光谱分析仪、洛式硬度计(HR‑150a)和原位纳米力学测试系统(TriboIndenter)对 MCD、BDD、NCD 及上述两种新型复合金刚石薄膜的形貌、表面粗糙度、硬度、表面可抛光性、结构成分、附着性能和断裂韧性等进行表征[105-108],表征仪器如图 2‑2 所示。

1) 表面形貌和厚度

五种不同金刚石薄膜的表面形貌如图 2-17 所示,MCD 薄膜具有非常整齐的晶体结构,不存在明显的缺陷,经过 8 h 连续生长的 MCD 薄膜的晶粒尺寸为 4～5 μm,厚度约为 10.64 μm,生长速率约为 1.33 $\mu m/h$。BDD 薄膜的晶粒尺寸有明显减小,与 2.3.2 节中的研究结果一致,平均晶粒尺寸为 2～3 μm,这说明硼掺杂技术可以起到细化金刚石晶粒的作用。此外,相对于 MCD 薄膜而言,BDD 薄膜的晶粒形状变得不太规则,晶界上存在较多二次形核的小晶粒,薄膜表面也出现较多的缺陷,但是硼掺杂技术对于金刚石薄膜的厚度影响较小,采用上述工艺生长 8 h 得到的 BDD 薄膜厚度约为 10.95 μm,生长速率约为 1.37 $\mu m/h$。

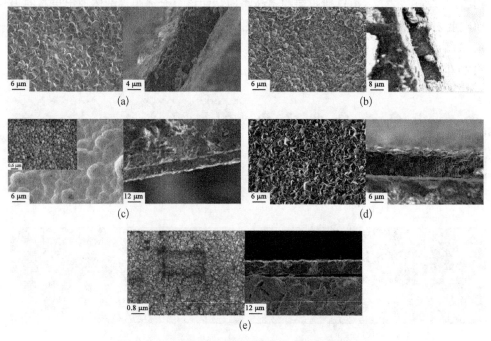

图 2-17 不同类型金刚石薄膜的表面及截面形貌
(a) MCD 薄膜;(b) BDD 薄膜;(c) NCD 薄膜;(d) BD-UCD 薄膜;(e) BD-UM-NCCD

NCD 薄膜在比较小的 FESEM 放大倍数(2 000 倍)下呈现出典型的团簇状整体形貌,薄膜表面比较光滑,当放大倍数增加到 20 000 倍时则可以清晰地观察到细小的纳米级金刚石晶粒,NCD 薄膜的晶粒尺寸为 100～150 nm,已经接近 NCD 薄膜的晶粒尺寸,经过总计 5 h 生长的 NCD 薄膜的厚度已经达到 10.49 μm,这说明 NCD 薄膜的生长速率(2.10 $\mu m/h$)要略大于 MCD 和 BDD 薄膜,这也与 NCD 薄膜生长过程中反应压力的降低、基体温度的升高以及二次形核的增加有关[7]。

在 BD‐UCD 薄膜中,底层的 BDD 薄膜厚度约为 4.992 μm,BD‐UCD 薄膜的表面形貌类似于 MCD 薄膜,经过两步沉积制备的复合金刚石薄膜总厚度约为 11.53 μm。BD‐UM‐NCCD 薄膜是在 BD‐UCD 薄膜的基础上继续沉积 NCD 薄膜制备获得的,具有类似于 NCD 薄膜的表面形貌,晶粒尺寸为 100～150 nm,总厚度约为 13.42 μm。

2) 表面粗糙度、硬度及表面可抛光性

采用表面轮廓仪测定了五种不同薄膜抛光前后的表面轮廓曲线和表面粗糙度 R_a 值(扫描距离为 2 mm),针对每种薄膜分别取五个不同样品进行测试,对五次测量求平均得到的 MCD 薄膜的表面粗糙度约为 309.64 nm。由于晶粒细化,BDD 薄膜的表面粗糙度下降到约为 263.78 nm,这进一步说明硼掺杂工艺有助于提高金刚石薄膜表面光洁度。

金刚石薄膜的表面可抛光性与其硬度直接相关,因此本节同样采用原位纳米力学测试系统测量五种金刚石薄膜的硬度和弹性模量,最大载荷 F_{max} 选用 10 mN,计算公式参见式(2‐2)～式(2‐6)。测定得到的五种金刚石薄膜的压入深度‐载荷曲线如图 2‐18 所示,计算过程及结果参数如表 2‐9 所示。硼掺杂会导致金刚石薄膜表面产生缺陷,因此会导致薄膜硬度降低,相应地也会提高其表面可抛光性。经粗糙度检测及抛光试验可知,经过 1 h 机械抛光后,MCD 薄膜的表面粗糙度 R_a 值从 309.64 nm 下降到 172.66 nm,下降幅度为 136.98 nm,而 BDD 薄膜的表面粗糙度 R_a 值从 263.78 nm 下降到 57.41 nm,下降幅度达到 206.37 nm。

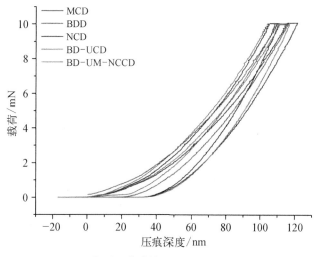

图 2‐18　不同金刚石薄膜的纳米压痕压入深度‐载荷曲线

表 2-9 金刚石薄膜硬度及弹性模量计算表

参　　数	MCD	BDD	NCD	BD-UCD	BD-UM-NCCD
h_{max}/nm	111	116	121	109	117
S/(N/m)	189 000	175 000	17 600	194 000	182 000
h_s/nm	71.317	73.143	78.386	70.340	75.791
A_c/nm²	121 865	128 183	147 220	118 548	137 634
H/GPa	82.058	78.013	67.925	84.354	72.657
E^*/GPa	479.69	433.07	406.41	499.22	434.65
E/GPa	820.66	692.50	626.46	879.84	696.58

NCD 薄膜的表面粗糙度 R_a 值约为 99.41 nm,相对于 MCD 和 BDD 薄膜而言,由于晶粒尺寸的显著细化,NCD 薄膜抛光前的表面光洁度已经得到明显改善,而其硬度又明显低于 MCD 薄膜和 BDD 薄膜,经过短时(20 min)抛光后的 NCD 薄膜的表面粗糙度 R_a 值已经下降到 36.16 nm。NCD 薄膜的 R_a 值下降速率要略小于 BDD 薄膜的,这主要是因为 R_a 值越小,表面粗糙度继续下降的难度越大,整体而言,NCD 薄膜具有较低的初始表面粗糙度,抛光到预定表面光洁度的效率更高,可以认为它具有更好的表面可抛光性。BD-UCD 薄膜具有类似于单层 MCD 薄膜的特性,其表面粗糙度 R_a 值约为 304.41 nm,抛光 1 h 后的 R_a 值约为 170.55,下降幅度为 133.86 nm,这说明底层薄膜中硼掺杂技术的应用对于表面层 MCD 薄膜的表面光洁度和表面可抛光性的影响很小。BD-UM-NCCD 薄膜则具有类似于单层 NCD 薄膜的表面光洁度和表面可抛光性,抛光前的表面粗糙度 R_a 值约为 104.71 nm,经过 20 min 短时抛光后,R_a 值可以迅速降低到 37.47 nm。

3) 结构成分和残余应力

采用波长为 632.8 nm 的(He-Ne)激光拉曼光谱分析仪对五种不同金刚石薄膜的结构成分进行研究,表征结果如图 2-19 所示。从图中可以看出,MCD 薄膜的拉曼光谱仅在 1 336.18 cm⁻¹ 附近有一个明显的特征峰,该峰的半宽高大约为 7.89 cm⁻¹,该峰表征的是金刚石 sp³ 相成分的存在,这说明在 MCD 薄膜中主要成分均为金刚石 sp³ 相成分。相对于无残余应力的天然金刚石的拉曼特征峰(1 332.4 cm⁻¹),该峰位置的偏移可以归因于 MCD 薄膜中残余压应力的存在,MCD 薄膜中的残余应力主要包括金刚石和基体材料热膨胀系数的差异造成的残余热应力以及缺陷和非金刚石成分造成的生长应力。BDD 薄膜的拉曼光谱在 1 332.87 cm⁻¹ 附近位置存在一个金刚石特征峰,但是该峰靠近低波数的部分被 1 220 cm⁻¹ 附近的一个宽峰所遮盖,该峰表征的是 CVD 金刚石薄膜中硼掺杂成分的存在,金刚石峰的不对称性可以归因于硼掺杂微米级金刚石薄膜拉曼表征中存在的 Fano 现象。从薄膜拉曼光谱中的金刚石特征峰相对于无应力的天然金刚石特征峰的偏移量可以估算出两种薄膜内残余应力的大小,估算公式如式 2‑1 所示,据此计算得出的 MCD 和 BDD 薄膜中的残余应力分别为−2.143 GPa 和−0.266 GPa,BDD 薄膜中残余应力的绝对值要远小于 MCD 薄膜,这表明硼掺杂工艺有助于缓解金刚石薄膜中的残余应力。MCD 中存在的压应力一方面来源于残余热应力,另外一方面则是碳源中的氧元素会在薄膜沉积过程中作为杂质元素进入金刚石薄膜,形成 C—O 键,氧原子共价半径(0.066 nm)小于碳原子,因此会产生本征压应力;而 BDD 残余应力减小则主要是因为硼原子的共价半径(0.085 nm)大于碳原子(0.077 nm),因此会产生本征拉应力,从而抵消上述部分压应力。

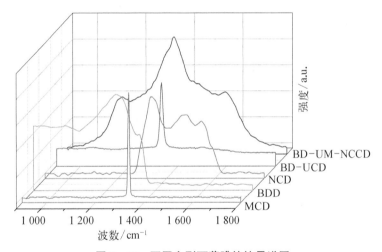

图 2‑19　不同金刚石薄膜的拉曼谱图

NCD 薄膜的拉曼光谱在 1 339.42 cm^{-1} 的位置存在金刚石 sp^3 特征峰,该峰相对于无应力的天然金刚石的特征峰存在明显的偏移,说明 NCD 薄膜中也存在较大的残余应力(约−3.98 GPa)。1 350 cm^{-1}(D 带)和 1 580 cm^{-1}(G 带)附近的两个特征峰表明 NCD 薄膜中含有大量的 sp^2 相成分,这是金刚石薄膜的晶粒尺寸达到纳米尺度的重要特征,主要是因为 NCD 薄膜中存在大量的晶界区域,这些区域主要由石墨以及无定形碳成分构成。1 480 cm^{-1} 附近的特征峰则是由反式聚乙炔造成的,这种成分在纳米尺度的金刚石薄膜沉积过程中也经常出现。

BD‑UCD 薄膜表面的拉曼光谱表征结果与单层 MCD 薄膜类似,这说明底层薄膜中硼掺杂技术的应用对于表面层 MCD 薄膜的结构成分影响也很小。BD‑

UCD 薄膜的拉曼光谱中,金刚石 sp^3 相成分的特征峰对应的波数为 1 333.98 cm^{-1},相对于无应力天然金刚石特征峰的偏移量以及据此估算得到的残余应力分别为 1.58 cm^{-1} 和 -0.896 GPa。相对于单层 MCD 薄膜而言,BD - UCD 薄膜中表层 MCD 薄膜内的残余应力状态也得到了改善,这主要是因为以下两方面的原因:第一,金刚石薄膜内的残余应力有一部分是由于金刚石与基体材料之间热膨胀系数的差异所导致的残余热应力,在该薄膜中,MCD 薄膜层与 BDD 薄膜层之间热膨胀系数的差异很小,因此残余热应力明显减小;第二,BDD 薄膜的沉积填补了基体表面的部分缺陷,避免了基体缺陷对 MCD 薄膜生长的影响,从而有效缓解了 MCD 薄膜内的生长应力。

在 BD - UCD 薄膜基础上继续沉积得到的 BD - UM - NCCD 薄膜的拉曼光谱和单层 NCD 薄膜的拉曼光谱具有类似的特征,1 335.67 cm^{-1} 位置的特征峰表征的是金刚石 sp^3 相成分,1 580 cm^{-1} 附近位置的特征峰表征的是 sp^2 相成分石墨 G 带,1 150 cm^{-1} 附近位置的特征峰表征的则是反式聚乙炔,这些均是纳米级金刚石薄膜的典型拉曼特征。然而,BD - UM - NCCD 薄膜拉曼光谱中金刚石特征峰相对于无应力的天然金刚石特征峰的偏移仅有 3.27 cm^{-1},据此估算得到薄膜内残余应力约为 -1.854 GPa。虽然该应力数值相比于 BDD 薄膜以及 BD - UCD 薄膜内的残余应力数值仍然较大,但是相对于单层的 NCD 薄膜而言,薄膜内的残余应力状态已经得到有效的改善,并且也明显小于单层 MCD 薄膜内的残余应力。造成该现象的主要原因是底层金刚石薄膜沉积过程中所采用的硼掺杂技术对于薄膜内残余应力的缓解作用。

4) 附着性能及断裂韧性

本节采用洛氏硬度仪获取了五种金刚石薄膜在 980 N 载荷下的压痕形貌,如图 2 - 20 所示。从图中可以看出,MCD 薄膜的附着性能较差,在压痕周围存在明显的开裂和分层现象,压痕附近及延伸区域的薄膜脱落均很严重,裂纹延伸最长可达 0.78 mm。BDD 薄膜压痕周围同样存在开裂和分层现象,但是薄膜脱落面积远小于 MCD 薄膜,裂纹延伸最长仅有 0.49 mm,即 BDD 薄膜表现出优于 MCD 薄膜的附着性能,这主要还是因为硼掺杂技术可以有效缓解金刚石薄膜内残余应力。

同样通过金刚石薄膜的压痕形貌、硬度及弹性模量可以近似估算本节中制备的五种金刚石薄膜的断裂韧性(见式 2 - 7)。相比于 MCD 薄膜,BDD 薄膜具有较低的硬度,在压痕试验下表现出较小的裂纹扩展长度,因此具有较高的断裂韧性,估算结果分别为 MCD 的断裂韧性约为 1.201 MPa · m$^{0.5}$,BDD 的断裂韧性约为 1.838 MPa · m$^{0.5}$。同样厚度的 NCD 薄膜裂纹延伸距离达到 0.98 mm,并且在整个压痕区域以及扩展区域薄膜的脱落现象非常严重,这说明 NCD 薄膜的附着性能

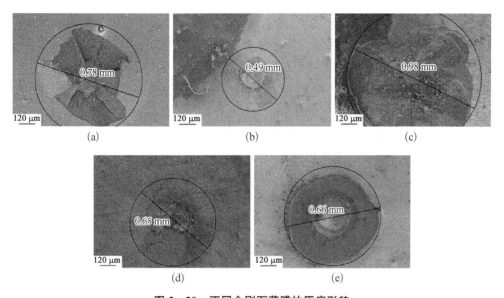

图 2 - 20　不同金刚石薄膜的压痕形貌
(a) MCD;(b) BDD;(c) NCD;(d) BD - UCD;(e) BD - UM - NCCD

比 MCD 薄膜还要差,这主要是因为具有纳米晶粒尺度的 NCD 薄膜中的微缺陷
非金刚石成分较多,残余应力较大,纳米级的金刚石颗粒与基体之间的机械锁合
强度较低。NCD 薄膜的硬度明显低于 MCD 薄膜,但是压痕裂纹延伸距离远大
于 MCD 薄膜(20% 以上),估算可知,NCD 薄膜具有低于 MCD 薄膜的断裂韧性
(0.817 MPa・$m^{0.5}$)。

　　BD - UCD 薄膜在 980 N 载荷下的压痕形貌与单层 BDD 薄膜表现出类似的特
性,压痕周围存在开裂和分层现象,但是薄膜脱落现象没有 MCD 薄膜明显,裂纹
延伸最长为 0.65 mm,这说明 BD - UCD 薄膜具有与 BDD 薄膜相当的附着强度。
BD - UCD 薄膜具有与 MCD 薄膜相近的硬度,而其压痕裂纹扩展长度远小于
MCD 薄膜,因此具有明显优于 MCD 薄膜的断裂韧性(1.511 MPa・$m^{0.5}$)。在 BD -
UM - NCCD 薄膜中,首先,底层的 BDD 薄膜层与基体之间具有良好的附着性能;
其次,底层硼掺杂技术可有效改善薄膜内的残余应力状态;最后,三层金刚石薄膜
的特性非常接近,因此三层薄膜之间也具有较好的附着性能。BD - UM - NCCD
薄膜在 980 N 载荷下的压痕形貌中裂纹扩展的长度约为 0.66 mm,硬度介于 MCD
薄膜和 NCD 薄膜之间,估算可知 BD - UM - NCCD 薄膜具有优于 NCD 和 MCD
薄膜的断裂韧性(1.438 MPa・$m^{0.5}$)。

　　金刚石薄膜中残余压应力对其附着性能所起到的两方面作用在不同研究条件
下的主导机理不同:较高的残余压应力可以抑制表面裂纹的生成及其向深层的扩

展,但是会促进平行裂纹的延伸,在本章的压痕试验及后续的摩擦磨损或冲蚀磨损试验条件下,作用于金刚石薄膜表面的载荷会在薄膜深层甚至膜基结合面诱导产生剪应力和微裂纹,较高的残余应力会促进这些微裂纹沿膜基结合面迅速延伸,导致金刚石薄膜更容易大面积脱落。此外,对于在平片或内孔沉积的金刚石薄膜而言,较高的残余应力也更容易导致薄膜从边缘位置开始出现大面积脱落,因此较高的残余压应力反而会导致薄膜附着性能的恶化。

BD-UCD 薄膜中底层的 BDD 薄膜可有效提高其附着性能,并降低薄膜的残余压应力,但是复合工艺对表层 MCD 薄膜其他特性的影响很小,该薄膜具有与单层 MCD 薄膜类似的表面形貌、表面粗糙度和表面可抛光性,这也就表示 BD-UCD 薄膜具有类似 MCD 薄膜的表层高硬度。因此,BD-UCD 薄膜适用于对薄膜附着性能和硬度有较高要求但是对其表面光洁度要求不高的应用场合。BD-UM-NCCD 薄膜具有较好的附着性能、良好的表面光洁度和表面可抛光性,因此,该复合金刚石薄膜适用于对薄膜的附着性能和表面光洁度有较高的综合要求的应用场合。此外,由于表层 NCD 薄膜较薄及中间 MCD 薄膜层的作用,该复合薄膜还具有较高的表面硬度,尤其是在持续应用过程中,表层 NCD 薄膜层的逐渐磨损也会使该复合薄膜逐渐表现出接近 MCD 薄膜的表层高硬度。五种金刚石薄膜的关键性能表征结果如表 2-10 所示。

表 2-10　不同 HFCVD 金刚石薄膜的关键性能表征结果

薄膜类型	表面光洁度（晶粒度）	表面可抛光性	表面硬度	残余压应力	断裂韧性附着性能
MCD	较差(微米)	较差	极高	高	较差
BDD	较好(微米略细)	较好	较高	低	较好
NCD	好(纳米)	好	较低	极高	较差
BD-UCD	较差(微米)	较差	极高	较低	较好
BD-UM-NCCD	好(纳米)	好	较高	较低	较好

2.4　本章小结

本章首先对比研究了采用不同碳源沉积 MCD 薄膜时形核和生长过程以及薄膜性能表征的差异。研究结果表明,采用甲烷碳源可以制备质量较好、残余应力较低的 MCD 薄膜,采用含氧碳源则可以获得较高的形核密度、形核尺寸及生长速率,其中丙酮碳源又可保证较高的薄膜质量,并且便于结合液体无毒硼掺杂源(硼酸三甲酯)沉积硼掺杂金刚石薄膜及硼掺杂复合金刚石薄膜。

采用丙酮作为碳源,研究硼掺杂浓度对金刚石薄膜性能的影响,确定了最佳硼掺杂浓度为 5 000～8 000 ppm。对基于硼掺杂技术的 BD - UCD 及 BD - UM - NCCD 复合薄膜的制备工艺及基础进行了深入研究,并与 MCD、BDD 及 NCD 薄膜进行了对比。相比于 MCD 薄膜,采用最佳硼掺杂浓度制备的 BDD 薄膜具有优异的附着性能、较低的表面硬度和较好的断裂韧性,同时由于硼掺杂工艺对金刚石晶粒的细化作用,其表面光洁度和表面可抛光性也得到了改善。NCD 薄膜具有优异的表面光洁度和表面可抛光性,但是由于薄膜中非金刚石成分和残余应力的增加,NCD 薄膜的附着性能和断裂韧性严重下降。由于底层 BDD 薄膜层与基体之间良好的附着性能以及硼掺杂技术对金刚石薄膜内残余应力状态的改善,基于硼掺杂技术的两种复合金刚石薄膜均具有优于 MCD 薄膜和 NCD 薄膜的附着性能,表层为 MCD 薄膜的 BD - UCD 薄膜同时具有 MCD 薄膜表面硬度极高的优点,但是同时也继承了 MCD 薄膜表面粗糙度高、表面可抛光性差的缺点,而表层为 NCD 薄膜的 BD - UM - NCCD 薄膜则具有 NCD 薄膜优异的表面光洁度和表面可抛光性,同时具有较高的表面硬度。

上述金刚石薄膜具有不同的性能特点,因此适用于不同的内孔应用场合,在应用中应该根据不同工况的实际需求选择具有不同性能特点的金刚石薄膜,扬长避短,充分发挥不同类型金刚石薄膜的典型优点。本章研究为内孔金刚石薄膜应用过程中薄膜类型的初选提供了实验依据。

第 3 章　热丝 CVD 金刚石薄膜的摩擦学性能研究

3.1　引言

内孔应用中主要涉及的 HFCVD 金刚石薄膜的摩擦学性能主要包括摩擦系数和各类磨损特性,其中磨损类型多样,按照对磨损表面外观的描述可以分为点蚀磨损、胶合磨损、擦伤磨损等;按照磨损机理可以分为黏着磨损、疲劳磨损、冲蚀磨损、腐蚀磨损、微动磨损、磨料磨损等。在本书研究的以各类内孔表面为工作表面的耐磨减摩器件中,主要的磨损形式可以归结为两类:冲蚀磨损和摩擦磨损,比如金刚石薄膜涂层煤液化减压阀喷雾干燥喷嘴在应用过程中主要的磨损形式是携带高硬度固体颗粒的固液两相流冲击内孔表面导致的冲蚀磨损;而金刚石薄膜涂层拉拔模具产品在应用过程中主要的磨损形式则是所加工的产品材料与模具内孔表面对磨导致的摩擦磨损(包括摩擦系数、润滑和磨损特性)。

在冲蚀磨损性能研究方面,国内外研究人员主要研究了天然金刚石、烧结金刚石复合体、金刚石厚膜、自支撑金刚石膜和常规 MCD 薄膜在固体粒子冲击条件下的冲蚀磨损性能及机理。此外也有部分与 NCD 薄膜冲蚀磨损性能相关的研究,但是未曾出现对于 BDD 薄膜以及与 BDD 薄膜相关的各种新型复合金刚石薄膜冲蚀磨损性能和机理的研究。实际的冲蚀磨损工况复杂多变(如固体颗粒冲蚀、流体冲蚀、浆料冲蚀等),模拟应用工况的冲蚀磨损试验种类繁多、成本高昂,但是金刚石薄膜在多变的冲蚀磨损工况下存在着具共性的冲蚀磨损特性及机理,即在固体粒子高速冲击下的脆性材料磨损。为了推动各类金刚石薄膜,尤其是基于硼掺杂技术的新型复合金刚石薄膜在抗冲蚀磨损部件内孔表面的应用,有必要采用标准气动颗粒冲蚀磨损试验,深入探讨硼掺杂及复合技术对于金刚石薄膜冲蚀磨损性能的影响机理,并对各种不同类型金刚石薄膜的冲蚀磨损性能及机理进行系统研究和评价,以便为不同内孔冲蚀磨损工况下金刚石薄膜类型的优选提供丰富的实验依据。

国内外对于在不同基体上沉积的 MCD、BDD 以及 NCD 薄膜的摩擦磨损性能及机理的研究已经非常完善,这些成果为本书所研究的金刚石薄膜在各种模具内孔工作表面的应用提供了理论依据。本书所设计的两类基于硼掺杂技术的新型复合金刚石薄膜具有优异的性能,在模具内孔摩擦磨损应用工况下可能表现出与众不同的摩擦磨损特性,因此有必要对这两类金刚石薄膜和常见金属材料对磨的摩擦磨损特性进行深入研究,并与现有各类金刚石薄膜的摩擦磨损特性进行对比分析。此外,已有研究多为采用标准摩擦试验方法进行的理论研究,复杂的应用条件与试验条件仍然存在较大差别,因此在现有研究基础上设计应用试验,对各种金刚石薄膜在试验和应用条件下的摩擦磨损性能进行综合分析,方可为不同内孔摩擦磨损工况下金刚石薄膜类型的优选提供充足的依据。

在金刚石薄膜的冲蚀磨损性能及机理研究部分,本章采用标准气动颗粒冲蚀磨损试验,首先研究了硼掺杂浓度对于 BDD 冲蚀磨损性能的影响,然后对比了丙酮碳源环境下沉积的传统 MCD、NCD 和 BDD 薄膜的冲蚀磨损性能及机理,再从附着性能的角度出发,对不同基体(碳化硅、硬质合金、钽、钛、硅)上沉积的 BDD 薄膜的冲蚀磨损性能进行了对比研究。并选择在各种基体中与金刚石薄膜具有最佳附着性能、也是在耐冲蚀磨损器件上应用非常广泛的碳化硅陶瓷基体材料作为典型,研究了薄膜厚度对 MCD 及 BDD 薄膜冲蚀磨损性能的影响。而后进一步对比研究了碳化硅基体上具有相同厚度的 MCD、BDD、NCD、BD - UCD 以及 BD - UM - NCCD 薄膜的冲蚀磨损性能和机理之间的差异,最后研究了碳源对 MCD 薄膜冲蚀磨损性能的影响。

在金刚石薄膜的摩擦磨损性能及机理研究部分,本章以模具产品中最为常用的硬质合金基体材料作为典型,首先采用标准摩擦试验对硬质合金平片基体上不同类型金刚石薄膜(MCD、BDD、NCD、BD - UCD、BD - UM - NCCD)与常见金属(低碳钢、高碳钢、不锈钢、铝、铜)对磨的摩擦系数和基本特性进行了研究。考虑到标准摩擦试验条件下上述金属材料硬度较低,很难对金刚石薄膜产生显著磨损,因此进一步采用了氮化硅陶瓷对磨副,研究了硬质合金平片基体上不同类型金刚石薄膜与其对磨的摩擦磨损性能及机理。最后针对模具产品的实际应用条件,设计了在内孔线抛光机上进行的应用摩擦磨损试验,研究了硬质合金内孔基体上沉积的金刚石薄膜的应用摩擦磨损性能。同时也对比研究了碳源对 MCD 薄膜在标准摩擦试验和模拟应用条件下摩擦磨损性能的影响和金刚石薄膜在水基乳化液润滑条件下的摩擦磨损性能。

结合应用磨损试验,提出了优化目标因子的概念,建立了一种适用于各种内孔表面各类金刚石薄膜沉积参数优化的正交试验方法,并以内孔甲烷碳源 MCD 薄膜沉积为例,研究了甲烷浓度、沉积温度、反应压力和气体总流量等沉积参数对于薄膜生长及综合性能的影响,确定了在甲烷碳源环境下用于内孔 MCD 薄膜沉积的优化参数。

3.2 热丝 CVD 金刚石薄膜的冲蚀磨损试验及理论分析

冲蚀磨损试验在采用气动喷砂机改造的气动颗粒冲蚀磨损试验机上进行,该试验机原理图及装置实物图如图 3-1 所示。试验过程中,空气阀和抽吸阀同时打开,空气压缩机提供的压缩空气通过空气阀之后进入标准设计的气动喷砂喷嘴,压缩空气在喷嘴中高速流过时会形成负压,因此带动磨料室中的冲蚀磨料进入喷嘴。高速流动的压缩空气带动冲蚀磨料通过喷嘴出口高速喷出冲击工作室内的样品表面,形成冲蚀磨损。通过控制空气阀的开度可以控制压缩空气及其携带的冲蚀磨料的速度(即冲蚀速度 v_e),实际冲蚀速度采用双盘双速法进行测定,通过控制抽吸阀的开度可以控制进入压缩空气并通过喷嘴喷射出的冲蚀磨料的质量流量,通过旋转样品工作台可控制冲蚀角度 α_e(粒子冲击方向与基体表面之间的夹角)。

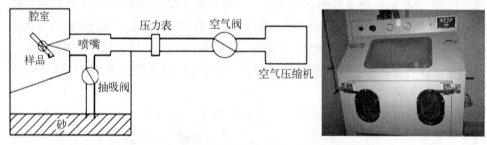

图 3-1 气动颗粒冲蚀磨损试验机原理及装置实物

试验过程中冲击样品表面的冲蚀磨料也会逐渐磨损破碎,因此不对已进行试验的冲蚀磨料进行回收利用,以保证整个试验过程中所采用的冲蚀磨料粒度等特性的一致性。该试验中所采用的冲蚀磨料为一级绿碳化硅砂或石英砂。在各种可供选择的冲蚀磨料中,碳化硅具有较高的硬度,由于金刚石薄膜的硬度极高,因此选用硬度较高的碳化硅冲蚀磨料能够有效提高冲蚀试验的效率,而选用硬度较低的石英砂可以拉长金刚石薄膜各个典型冲蚀阶段的时间,以便更加明确地进行对比分析。进行冲蚀磨损试验的样品在试验前均浸泡在丙酮溶液中进行 10 min 的超声清洗以去除表面杂质。该试验中主要以两项标准来评价样品的冲蚀磨损性能:第一,在冲蚀磨损试验中,样品的冲蚀磨损率(单位冲蚀磨料质量造成的样品失重,mg/kg)会有一个相对稳定的阶段,我们称该阶段的冲蚀磨损率为稳态冲蚀磨损率 ε_s,以该冲蚀磨损率作为标准可以在不考虑薄膜附着性能等其他因素的情况下评价样品的冲蚀磨损性能。第二,对薄膜样品而言,除了稳态磨损之外还可能因为附着力问题导致薄膜剥落,对某些样品而言,薄膜剥落会发生在稳态磨损之前,因此就需要采用薄膜剥落时间这一辅助指标来综合评价金刚石薄膜涂层样品的冲蚀磨损性能;对另外的某些样品而言,薄膜剥落会发生在稳态磨损之后的一段时间,此时可以采用薄膜剥落时间 t_r 作为辅助指标来综合评价金刚石薄膜涂层样品的冲蚀磨损性能。

在冲蚀试验过程中,每隔一段时间取下样品对其质量进行称量以计算其冲蚀磨损率。称量采用的仪器是精度为 ± 0.01 mg 的精密电子天平,每次称量前都要将已冲蚀样品浸泡在丙酮溶液中进行 15 min 的超声清洗以去除黏附的破碎磨料或样品材料。此外,还采用 FESEM、表面轮廓仪、拉曼光谱仪等辅助检测手段对经过冲蚀试验后的部分典型样品进行表征,结合表征结果对样品的冲蚀磨损机理进行深入探讨。

用于分析材料冲蚀磨损机理的理论和模型主要包括微切削磨损理论、变形磨损理论、挤压-薄片剥落磨损理论、绝热剪切与变形局部化磨损理论、断裂磨损理论和低周疲劳理论等,此外还有适用于薄膜冲蚀磨损机理分析的赫兹碰撞理论、应力波理论等。本书研究中将基于脆性材料的断裂磨损理论和低周疲劳理论,结合可有效分析薄膜冲蚀磨损过程中的薄膜厚度影响及膜基界面效应的赫兹碰撞理论对金刚石薄膜的冲蚀磨损机理进行探讨。

根据断裂磨损理论,脆性材料在磨料冲击下几乎不产生变形,而是在材料表面存在缺陷处产生裂纹,裂纹不断扩展而形成碎片剥落,脆性材料的冲蚀磨损规律与延性材料存在明显区别,磨损量随冲蚀角度增大而增加。根据脆性材料的冲蚀断裂模型得出脆性材料(单位重量磨粒的)冲蚀磨损量的表达式

$$\varepsilon = K_I \, r^a \, v_e^b \tag{3-1}$$

$$K_I \propto E^{0.8} / \sigma_b^2 \tag{3-2}$$

式中,对球形磨粒而言,$a = 3m/(m-2)$,对多角形磨粒而言,$a = 3.6m/(m-2)$,对任意形状磨粒而言,$b = 2.4m(m-2)$;K_I 表示材料的断裂韧性;E 为靶材的弹性模量;σ_b 为材料的弯曲强度;r 为磨粒尺寸;v_e 为冲蚀速度;m 为材料缺陷分布常数。

此外,脆性材料的冲蚀磨损体积 V 决定于靶材和磨粒的性质

$$V \propto v_e^{19/6} \, r^{11/3} \, \rho^{19/12} \, K_c^{-4/3} \, H^{-1/4} \tag{3-3}$$

式中,ρ 为磨料的密度;K_c 为靶材的断裂韧性;H 为靶材的硬度。

低周疲劳的 Manson - Coffin 公式可表述为

$$\Delta \varepsilon_P \, N_f^Z = \varepsilon_f \tag{3-4}$$

式中,$\Delta \varepsilon_P$ 为每一循环的平均塑性应变增量(对于脆性材料而言,当磨料硬度显著低于靶材硬度时,会存在类似的低周疲劳现象,即冲击次数的积累导致裂纹生成);ε_f 为材料断裂时的应变;N_f 为循环次数;Z 为材料常数。

通过低周疲劳理论推算的出的材料冲蚀磨损率为

$$E = 0.033 \, \frac{r_0 \cdot \rho_e \, \rho^{1/2} \, v_e^3}{\varepsilon_c^2 P^{3/2}} \tag{3-5}$$

式中,r_0 为冲击粒子压入半径;ρ_e 为靶材密度;ε_c 为靶材的冲蚀磨损塑性;P 为靶材对冲击粒子压入的抗力或称"动态硬度"。

基于上述两种基本理论,结合粒子冲击平面的赫兹碰撞理论推导得出粒子冲击的最大载荷为

$$F_m = \left(\frac{5\pi\rho}{3}\right)^{3/5} \left(\frac{4k}{3E}\right)^{-2/5} r^2 \, v_e^{6/5} \tag{3-6}$$

$$k = \frac{9}{16}\left[(1-\nu^2) + (1-\nu_0^2)\frac{E}{E_0}\right] \tag{3-7}$$

式中,ν_0 和 E_0 分别为冲击粒子的泊松比及弹性模量;ν 和 E 分别为靶材的泊松比及弹性模量。

粒子冲击过程中的接触区最大平均压应力为

$$P_m = \frac{1}{\pi} \left(\frac{5\pi\rho}{3}\right)^{1/5} \left(\frac{4k}{3E}\right)^{-4/5} V^{2/5} \tag{3-8}$$

接触周边的最大拉应力为

$$\sigma_m = \left[(1-2\nu)/2\right]P_m \tag{3-9}$$

最大接触区半径为

$$a_m = \sqrt{F_m/\pi P_m} \tag{3-10}$$

最大剪应力深度为

$$d_m = 0.48 \, a_m \tag{3-11}$$

最大剪应力为

$$\tau_m = 0.93 P_m/2 \tag{3-12}$$

3.3　热丝 CVD 金刚石薄膜的冲蚀磨损性能及机理

3.3.1　硼掺杂浓度对硼掺杂微米金刚石薄膜冲蚀磨损性能的影响

BDD 薄膜是本书研究的重点,NCD 薄膜可以有效减小金刚石薄膜的表面粗糙度,BD‐UCD 薄膜以及 BD‐UM‐NCCD 薄膜的制备工艺都是建立在 BDD 和 NCD 薄膜的基础之上的。因此本节首先研究了硼掺杂浓度对金刚石薄膜冲蚀磨损性能的影响[105],采用的样品完全是 2.3.2 节中所制备的具有类似厚度的金刚石薄膜涂层样品及未涂层 RB‐SiC 样品。冲蚀磨损试验采用的磨料是平均直径为 180 μm 的尖状石英砂,冲蚀速度 v 控制在 80~140 m/s,冲蚀角度 α 控制在 30°~90°,磨料流量为 0.55 g/s,喷嘴出口与被冲蚀样品表面的距离为 20±1 mm。

1) 冲蚀磨损阶段

$v=140$ m/s,$\alpha=90°$时,不同样品冲蚀磨损率随时间变化的曲线如图 3‐2 所示,其中未涂层 RB‐SiC 的冲蚀磨损率在整个试验阶段基本保持动态稳定,而所有金刚石薄膜的冲蚀磨损率都表现出四个明显的变化阶段,分别是磨损率相对较高的初始阶段(I)、具有相对较低且稳定的磨损率的第一稳态冲蚀阶段(II)、冲蚀磨损率迅速增加的过渡阶段(III)以及具有相对较高且稳定的磨损率的第二稳态冲蚀阶段(IV)。

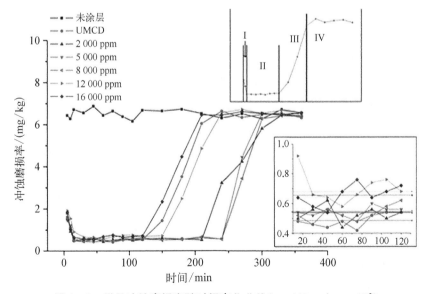

图 3‐2　样品冲蚀磨损率随时间变化曲线($v=140$ m/s,$\alpha=90°$)

不管金刚石晶粒是晶型良好还是存在缺陷，所有金刚石薄膜均呈现出粗糙的表面，并且该粗糙表面是由峰谷分明的微米级金刚石晶粒构成。在冲蚀磨损的初始阶段，相比于相对比较平整的表面（比如研磨过的 RB-SiC 样品），具有峰谷分明的表面形貌的金刚石薄膜表面晶粒的凸出位置受到磨粒冲击时会产生较大的赫兹接触应力，因此微裂纹很容易在这些晶粒表面或内部形成并迅速延伸，从而导致金刚石晶粒尖峰和边缘位置的破碎磨损，并且使薄膜表面呈现出被逐渐磨平的整体趋势。以 2 000 ppm 和 5 000 ppm 的 BDMCD 薄膜样品为例，在冲蚀磨损阶段 I，其表面的典型磨损形貌如图 3-3(a) 和 (b) 所示，图中列出了样品冲蚀磨损前后的表面粗糙度（冲蚀磨损前原始样品的表面粗糙度列于括号中，冲蚀磨损阶段 I 的表面粗糙度列于括号外），可见经过初始的冲蚀磨损后，薄膜表面粗糙度可以下降 56%~72%。

随着金刚石晶粒尖峰和边缘位置的逐渐磨损和金刚石薄膜表面逐渐趋于平整，金刚石薄膜的冲蚀磨损率也逐渐下降并且稳定在一个相对较低的水平（阶段 II）。根据赫兹碰撞理论，当冲蚀速度为 140 m/s 时，该试验条件下磨粒冲击导致的近似的最大剪应力深度约为 14 μm，赫兹接触半径约为 31.22 μm，涂层厚度与接触半径的比值约为 0.8，当该比值大于 0.5 时可以认为基体不会影响到薄膜材料的均匀性，涂层可以充分保护基体以及膜基界面。在本节研究中，在金刚石薄膜的冲蚀磨损阶段 II，尤其是在该阶段的前半部分，由于薄膜厚度高达 24 μm 以上，因此固体磨粒对于薄膜表面的冲击所诱导产生的最大剪应力远离膜基界面，冲击作用很难影响到膜基界面，此时可以忽略薄膜附着强度对于样品冲蚀磨损的影响，样品在该阶段内的稳态磨损主要取决于金刚石薄膜的硬度和弹性模量等机械性能。稳态冲蚀磨损阶段的典型特征是环状裂纹的生成和扩展，如图 3-3(c) 和 (d) 所示，由于金刚石薄膜的断裂韧性很高，因此单颗磨粒单次冲击很难产生足够的应力去诱导裂纹生成，表面环状裂纹和薄膜内部横向裂纹的生成来自多次碰撞的应力积累。由于裂纹的生成速度很快，并且对于稳态磨损整个过程的影响较小，因此在本节研究中不做深入讨论。在环状裂纹以及薄膜内部横向微裂纹生成后，随着冲蚀过程的继续进行，这些裂纹会向薄膜深度方向或沿平行于薄膜表面方向扩展，横向裂纹和向里延伸的环状裂纹交错后就会形成材料的脱落，这是金刚石薄膜及其他典型脆性材料稳态冲蚀磨损的主要材料去除机理。

阶段 II 中较小的稳态冲蚀磨损率说明金刚石薄膜在该阶段的磨损稳定且缓慢。但是随着试验时间的推移，薄膜的逐渐磨损会导致厚度变小，持续冲击导致的最大剪应力会逐渐接近膜基界面，因此在膜基界面附近位置会产生微裂纹。并且膜基界面的结合强度必定弱于同种材料内部的结合强度，该位置附近的微裂纹扩展速度会更快,最终导致薄膜脱落,薄膜脱落的起始时间大致相当于从阶段 II 转入阶段 III 的时间,该时间定义为薄膜寿命 l_f。在阶段 III 中,随着冲蚀的继续进行,薄膜脱落会变得越来越快,如图 3-3(e)所示,最终形成冲蚀区域薄膜的大面积脱落,随后便进入基体材料的磨损阶段,如图 3-3(f)所示,也就是冲蚀磨损率变化曲线中的阶段 IV,该阶段的稳态冲蚀磨损率与未涂层 RB-SiC 材料的冲蚀磨损率基本一致。

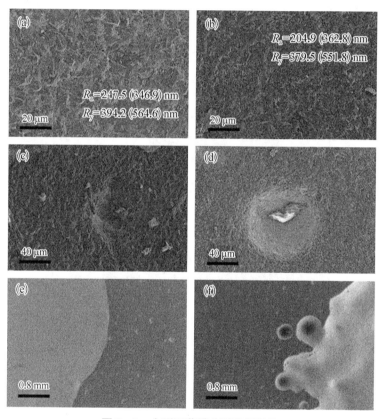

图 3-3　金刚石薄膜典型磨损形貌

(a) 2 000 ppm BDMCD 阶段 I 之后(含试验前后的表面粗糙度);(b) 5 000 ppm BDMCD 阶段 I 之后(含试验前后的表面粗糙度);(c) 8 000 ppm BDMCD 阶段 II 中表面新形成的环状裂纹;(d) 12 000 ppm BDMCD 阶段 II 中完全穿透的环状裂纹;(e) 16 000 ppm BDMCD 阶段 III 中大面积薄膜脱落;(f) 8 000 ppm BDMCD 阶段 III 和 IV 中基体的快速磨损

2) 第一稳态冲蚀磨损率

金刚石薄膜的第一稳态冲蚀磨损率和薄膜自身的机械性能密切相关,不同样品的第一稳态冲蚀磨损率数值如图 3-4 所示。根据 Evans 和 Gulden 的磨损模型[36]，脆性材料的稳态冲蚀磨损率和材料的硬度及断裂韧性成反比，表 2-7（见 2.3.2 节）中所估算得出的断裂韧性主要表征的是金刚石薄膜涂层样品整体的附着性能而非其自身的断裂强度，但是金刚石薄膜自身的断裂强度对比趋势与表 2-7 所示结果不会存在显著差异。此外，还有很多冲蚀磨损模型指出脆性材料的冲蚀磨损与其他机械性能相关，比如断裂模型认为弹性模量和弯曲强度会影响材料冲蚀磨损率，低周疲劳理论认为密度、塑性和硬度会影响材料冲蚀磨损率。总而言之，UMCD 薄膜具有最高的金刚石薄膜纯度和质量、最高的纳米硬度和弹性模量，因此表现出最低的第一稳态冲蚀磨损率 ε_{fs}。硼掺杂会降低薄膜的纳米硬度和弹性模量，并且这两项性质会随着硼掺杂浓度的提高而逐渐降低，因此 ε_{fs} 也会随之增大。

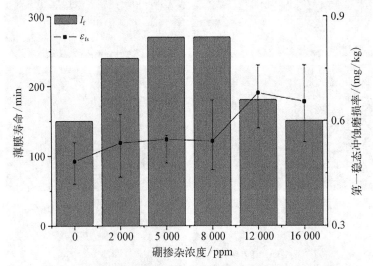

图 3-4　具有类似厚度的金刚石薄膜(24.8～26.3 μm)的第一稳态磨损率和薄膜寿命($v=140$ m/s, $\alpha=90°$)

3）薄膜寿命

从金刚石薄膜涂层器件的实际应用角度出发，薄膜寿命是影响器件应用最直观、最关键的指标。本节研究中制备的不同样品的薄膜寿命 I_f 同样如图 3-4 所示，所有样品的寿命都不低于 150 min，这是因为在前 150 min 的冲蚀磨损试验过程中，厚度足够的金刚石薄膜可以为膜基界面和基体材料提供足够的保护，等薄膜厚度逐渐变小，磨粒冲击作用影响到膜基界面后，金刚石薄膜涂层样品的磨损表现将会主要取决于其附着性能。UMCD 薄膜和重掺杂（16 000 ppm）的 BDMCD 薄膜附着性能较差，因此其寿命仅有 150 min，尤其是 UMCD 薄膜，虽然其稳态冲蚀磨损相对较慢，但是在磨粒冲击作用影响到膜基界面后很快就会开始发生薄膜脱落,因此总体寿命反而显著低于掺杂浓度合适的 BDMCD 薄膜。在合适的掺杂浓度范围(2 000~8 000 ppm)内,薄膜附着性能随掺杂浓度提高而增强,因此薄膜的冲蚀磨损寿命也随之延长。综合考虑薄膜的稳态冲蚀磨损率和薄膜寿命,最佳的硼掺杂浓度应该是 5 000 ppm 或 8 000 ppm。

4) 冲蚀速度和冲蚀角度的影响

选用 8 000 ppm 的 BDMCD 薄膜作为典型样品研究冲蚀磨损速度和角度对薄膜冲蚀磨损率和薄膜寿命的影响。如图 3‐5 所示,随着冲蚀速度增加,固体磨粒的动能增加,因此薄膜的稳态冲蚀磨损率也会随之增加,而薄膜寿命则逐渐缩短。除该研究中采用的典型样品外,其他样品也具有类似的冲蚀磨损率-冲蚀速度关系,该关系是一种指数关系,其中指数可定义为材料的速度系数,当冲蚀角度为 90°时,不同样品的速度指数分别如下: RB‐SiC 为 1.164, UMCD 为 2.656, 2 000 ppm BDMCD 为 2.914, 5 000 ppm BDMCD 为 2.72, 8 000 ppm BDMCD 为 2.683, 12 000 ppm BDMCD 为 2.477, 16 000 ppm BDMCD 为 2.49。其中 RB‐SiC 的速度指数远小于金刚石薄膜,这主要与其稳态磨损的机理存在一定区别有关。由于石英砂的硬度远小于金刚石,在金刚石薄膜冲蚀磨损试验中,必须要有足够多次的冲击积累才会产生材料磨损所需要的应力水平,而增加冲蚀速度可以大幅缩短这一积累过程,从而表现为较高的速度指数;而石英砂的硬度和 RB‐SiC 样品相差不大,因此单次冲击就有可能导致材料的冲蚀磨损,在这种情况下速度的影响就相对较小,表现为较低的速度指数。在不同类型的金刚石薄膜中,12 000 ppm 以及 16 000 ppm 的重掺杂 BDMCD 薄膜的速度指数也略小,这也与其硬度和弹性模量下降有关。

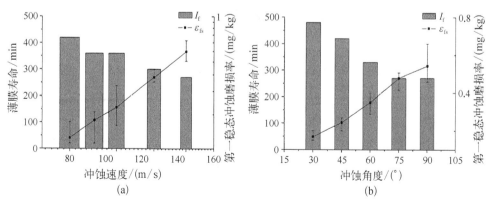

图 3‐5　BDMCD 薄膜(8 000 ppm)第一稳态冲蚀磨损率和薄膜寿命与冲蚀速度和冲蚀角度的关系

(a) v = 140 m/s;(b) α = 90°

所有样品冲蚀磨损率和冲蚀角度的关系也基本一致,随着冲蚀角度的增加,冲蚀磨损率单调增加,薄膜寿命随之缩短。脆性材料的冲蚀磨损机理不会随冲蚀角度的变化而改变,因此冲蚀角度越小,法向冲蚀速度和冲击强度都会减小,冲蚀磨损率自然随之减小。

3.3.2 硼掺杂金刚石、纳米金刚石及微米金刚石薄膜的冲蚀磨损性能及机理

本节对比研究了 BDD、NCD 和 MCD 三种典型单层金刚石薄膜冲蚀磨损性能及机理的差异,同时以未涂层碳化硅和硬质合金材料作为对比样品,研究了金刚石薄膜与普通耐冲蚀材料之间冲蚀磨损性能的差异[109]。本节采用的磨料是平均颗粒度为 45 μm 的碳化硅砂,磨料流量控制为 2.0 kg/h。金刚石薄膜制备工艺如表 2-8(见 2.3.3 节)所示,由于厚度较薄的金刚石薄膜磨损较快,不易对其冲蚀磨损率进行较长时间的测量及对比,因此延长沉积时间以制备较厚的金刚石薄膜,用于冲蚀试验的 BDD、NCD 及 MCD 薄膜的表面形貌及厚度如图 3-6 所示,通过控制沉积时间制备的薄膜厚度均在 20~22 μm。

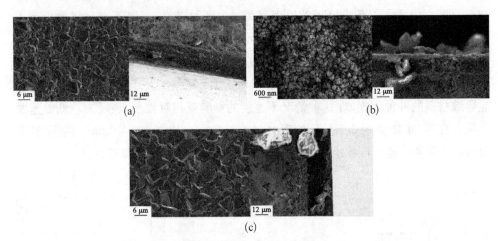

图 3-6   BDD、NCD 和 MCD 薄膜的表面及截面形貌

(a) BDD;(b) NCD;(c) MCD

1) 硼掺杂金刚石及微米金刚石薄膜的冲蚀磨损性能及机理对比

当冲蚀速度 v_e=140 m/s,冲蚀角度 α_e=30°时,BDD 薄膜、NCD 薄膜、MCD 薄膜、碳化硅及硬质合金材料的冲蚀磨损率 ε 随冲蚀磨料质量 m_e 的变化曲线如图 3-7 所示。首先从图中可以看出,碳化硅和硬质合金材料的冲蚀磨损率一直保持在一个比较稳定的范围内,平均磨损率分别约为 3.27 mg/kg 和 7.45 mg/kg。BDD、NCD 及 MCD 薄膜的稳态磨损率明显小于碳化硅和硬质合金材料的磨损率,这说明高硬度的金刚石薄膜具有优于普通耐冲蚀材料的稳态冲蚀磨损性能。BDD

及 MCD 薄膜在冲蚀初期的磨损率较大,随着 m_e 的增加,二者的冲蚀磨损率会逐渐下降,整个下降阶段内 MCD 薄膜的冲蚀磨损率均略小于 BDD 薄膜。当 m_e 达到 1 kg 时,两种薄膜的冲蚀磨损率都逐渐趋于稳定,BDD 薄膜的稳态磨损率仅约为 0.40 mg/kg,而 MCD 薄膜的稳态磨损率约为 0.54 mg/kg,这说明在该试验条件下 BDD 薄膜具有优于 MCD 薄膜的稳态磨损率。随着冲蚀试验的持续进行,消耗的冲蚀磨料质量 m_e 继续增加,BDD 薄膜的磨损率会一直保持在 0.40 mg/kg 左右;而当 m_e 增加到 3 kg 左右时,MCD 薄膜的磨损率却会发生突变,迅速增大;当 m_e 增加到 6 kg 左右时,MCD 薄膜涂层样品的磨损率达到第二个稳态阶段,该阶段的磨损率高达 3.45 mg/kg,约等于未涂层碳化硅陶瓷材料的冲蚀磨损率。而 NCD 薄膜则不存在磨损率较大的初期冲蚀磨损阶段,但是磨损率突增(m_e = 2.5 kg)以及到达第二稳态阶段(m_e = 5.0 kg)所需的时间都要少于 MCD 薄膜。

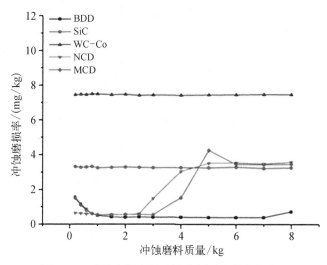

图 3 - 7　冲蚀磨损率随冲蚀磨料质量的变化曲线

如图 3 - 8 所示为不同的冲蚀阶段 BDD、NCD 及 MCD 薄膜样品的冲蚀形貌图。BDD 和 MCD 薄膜初始磨损率较高的主要原因是薄膜表面突出的金刚石晶粒的逐渐破碎和磨损。随着表面突出的金刚石晶粒的逐渐磨平,金刚石薄膜的磨损率逐渐降低并趋于稳定,从图 3 - 8(a) 及 (c) 中均可以明显观察到薄膜表面金刚石晶粒的破碎现象。通过表面粗糙度检测可知,当 m_e 为 0.6 kg 时,BDD 薄膜的表面粗糙度 R_a 值从约 300.35 nm 降低到约 178.5 nm,MCD 薄膜的表面粗糙度 R_a 值则从约 316.5 nm 降低到约 202.86 nm,这是因为冲蚀作用对金刚石薄膜表面起到了平整化的作用。经过初始阶段的冲蚀后,BDD 及 MCD 薄膜的表面粗糙度有所下降,该作用机理同样在图 3-8(a)和(c)中得以体现。初始阶段内 MCD 薄膜的冲蚀磨损率略低于 BDD 薄膜,并且 MCD 薄膜表面粗糙度下降较慢,这些现象均可以归结为其硬度的差异性(见式 3-3),而稳态冲蚀磨损阶段 MCD 和 NCD 薄膜冲蚀磨损率略高于 BDD 薄膜的原因则可能是其断裂韧性和附着性能的差异(断裂韧性和附着性能存在较大的相关性,断裂韧性的直接影响同样如式 3-3 所述)。

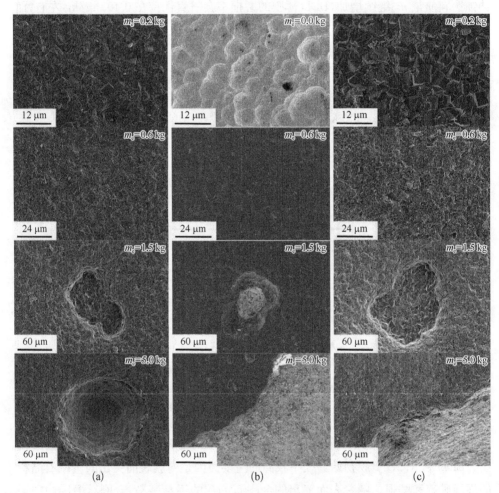

图 3-8　BDD、NCD 及 MCD 薄膜在不同冲蚀阶段的典型冲蚀形貌
(a) BDD;(b) NCD;(c) MCD

　　结合 2.3.4 节的研究可证明,BDD 薄膜较好的附着性能来源于其较低的残余压应力,进而会显著改善其冲蚀磨损性能,较高的残余压应力可以抑制表面裂纹的生成及其向深层的扩展,但是会促进平行裂纹的延伸。对普通材料而言,一定的残余压应力常常有利于提高其耐磨损性能,但是对较特殊的薄膜材料而言,在冲蚀磨损试验条件下,作用于薄膜表面的载荷会在薄膜深层甚至膜基结合面诱导产生剪应力和微裂纹,较高的残余应力会促进这些微裂纹沿膜基结合面迅速延伸,导致薄膜更容易大面积脱落。此外,对于在平片或内孔沉积的金刚石薄膜而言,较高的残余应力也更容易导致薄膜从边缘位置开始出现大面积脱落,这正是本书研究中较高的残余应力对于金刚石薄膜附着性能存在不利影响的直观体现。

作为一种典型的脆性材料,CVD 金刚石薄膜的冲蚀磨损可以区分为三个典型阶段:① 裂纹生成;② 裂纹向层深方向的扩展及薄膜穿透;③ 薄膜与基体材料的分层及薄膜脱落。BDD、NCD 及 MCD 薄膜均具有类似的三个阶段,从图 3-8 中可以观察到,当 m_e=1.5 kg 时,BDD、NCD 及 MCD 薄膜在冲蚀磨料的连续冲击下均出现了不规则裂纹的生成以及薄膜的部分穿透现象。当 m_e=5.0 kg 时,则可以观察到,对 BDD 薄膜而言,冲蚀磨料的连续冲击已经导致薄膜整体穿透,直接冲蚀位置的薄膜已经与基体分层并脱落,但是周围位置的薄膜没有明显的脱落现象出现,而对 MCD 和 NCD 薄膜而言,冲蚀磨料的连续冲击不但导致冲蚀位置薄膜与基体的分层脱落,同时薄膜的脱落会向周边位置迅速延伸,导致大面积金刚石薄膜的整体脱落,这正是该薄膜冲蚀磨损率迅速增加的主要原因。

BDD、NCD 及 MCD 薄膜在不同冲蚀阶段的拉曼光谱如图 3-9 所示,拉曼光谱中 sp^3 金刚石特征峰的位置及其半峰宽数值,以及 NCD 薄膜中典型非金刚石特征峰的位置及半峰宽数值如表 3-1 所述。随着冲蚀试验的进行,冲蚀磨粒对金刚石薄膜的冲击作用会导致薄膜内 C—C 键的断裂,因此 BDD 和 MCD 薄膜对应拉曼光谱中 sp^3 金刚石特征峰的强度会逐渐减弱,表现为拉曼光谱中 sp^3 金刚石特征峰对应半峰宽的增加,而 NCD 薄膜对应拉曼光谱中 sp^3 金刚石特征峰的强度会先略有增加再逐渐减弱,非金刚石特征峰的强度则逐渐减弱,这主要是因为在初始磨损阶段硬度较低的非金刚石成分更容易磨损。当 m_e 为 5.0 kg 时,NCD 和 MCD 薄膜的拉曼光谱中已经很难找到金刚石 sp^3 相成分对应的特征峰,这同样是薄膜大面积脱落造成的,而 BDD 薄膜的拉曼光谱与冲蚀前的拉曼光谱在整体形状上仍然具有良好的一致性,说明测试区域内仍然存在比较完整的 BDD 薄膜成分。此外,随着冲蚀试验进行,BDD、NCD 及 MCD 薄膜拉曼光谱中 sp^3 金刚石特征峰的均呈现出向低频方向移动的趋势,按照应力波理论,冲蚀磨料对于薄膜的冲击作用会导致薄膜表面产生拉应力,该拉应力是薄膜表面冲击区域非连续性裂纹生成的主要原因[45],因此在冲蚀作用下薄膜表面裂纹的生成及其向层深方向的扩展会导致薄膜内残余压应力的减弱,表现为 sp^3 金刚石特征峰向低频方向的移动。

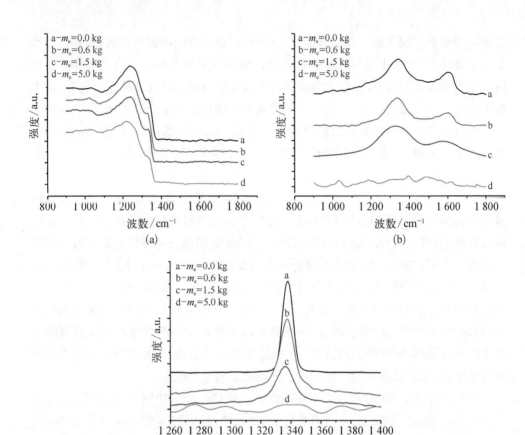

图 3-9 BDD、NCD 及 MCD 薄膜在不同冲蚀阶段的拉曼光谱

(a) BDD 薄膜；(b) NCD 薄膜；(c) MCD 薄膜

表 3-1 BDD、NCD 及 MCD 薄膜在不同冲蚀阶段拉曼光谱 sp^3 峰位置及半峰宽

样　　品	sp^3 峰位置/cm^{-1}	sp^3 峰半峰宽/cm^{-1}	非金刚石峰半峰宽/cm^{-1}
MCD - m_e=0.0 kg	1 338.09	7.89	—
MCD - m_e=0.6 kg	1 337.8	9.68	—
MCD - m_e=1.5 kg	1 336.8	11.58	—
MCD - m_e=5.0 kg	—	—	—
NCD - m_e=0.0 kg	1 341.15	163.86	73.12
NCD - m_e=0.6 kg	1 338.11	115.51	179.00
NCD - m_e=1.5 kg	1 332.04	183.11	224.76

样　　品	sp³ 峰位置/cm⁻¹	sp³ 峰半峰宽/cm⁻¹	非金刚石峰半峰宽/cm⁻¹
NCD - m_e = 5.0 kg	—	—	—
BDD - m_e = 0.0 kg	1 333.5	26.84	—
BDD - m_e = 0.6 kg	1 332.59	26.79	—
BDD - m_e = 1.5 kg	1 332.59	27.33	—
BDD - m_e = 5.0 kg	1 331.67	34.22	—

2）冲蚀速度及冲蚀角度对金刚石薄膜冲蚀磨损性能及机理的影响

当冲蚀角度固定为 α_e = 30°时，碳化硅、硬质合金、BDD、NCD 及 MCD 薄膜的稳态冲蚀磨损率 ε_s 与冲蚀速度 v_e 之间的关系如图 3 - 10 所示。当冲蚀速度 v_e 小于 100 m/s 时，金刚石薄膜的稳态冲蚀磨损很小，难以测量，因此图中将其省略。当冲蚀速度增加时，冲蚀磨料粒子的活化能会随之增加，同时冲击散射面减小，冲击区域趋于集中，能量的提升和能量的集中会导致材料冲蚀磨损的加剧，直观表现为稳态冲蚀磨损率的上升。材料冲蚀磨损率与冲蚀速度之间存在指数关系，该关系可表示为式 3 - 13，式中 k 和 n 均为常数，n 又称为速度系数，表征的是冲蚀速度对冲蚀磨损率影响的显著性。根据不同冲蚀速度下材料的冲蚀磨损率数值绘制的双对数坐标图中冲蚀磨损率-冲蚀速度拟合直线的斜率即该材料的速度系数，如图 3 - 10(a) 所示。碳化硅和硬质合金材料的速度系数仅为 1.1，而 BDD、NCD 和 MCD 薄膜材料的速度系数高达 3.5，造成该现象的主要原因可以归结如下：根据低周疲劳理论（见式 3 - 4），当冲蚀磨料的硬度远小于受冲蚀样品的硬度时，单次冲击很难导致受冲蚀样品表面裂纹的产生，只有当多次冲击的能量积聚之后才会导致表面裂纹的产生及进一步裂纹发展行为的产生。冲蚀速度的提高可以避免两次冲击之间冲击能量的缓解，有效减小裂纹产生所需要的冲击次数，因此导致金刚石薄膜材料的磨损显著加快。而对于冲蚀磨料的硬度大于或者接近受冲蚀样品的情况，单次粒子冲击就可能导致裂纹的产生、发展或者材料的剥落，因此冲蚀速度对于冲蚀磨损率的影响相对较小。

$$\varepsilon = k v_e^n \tag{3-13}$$

当冲蚀速度 v_e 固定为 140 m/s 时，碳化硅、硬质合金、BDD、NCD 及 MCD 薄膜的稳态冲蚀磨损率 ε_s 与冲蚀角度 α_e 之间的关系如图 3 - 10(b) 所示。对脆性材料而言，材料的冲蚀磨损机理不会随着冲蚀角度的改变而有明显变化，因此当冲蚀角度减小时，法向速度及法向冲击力会随之减小，进而导致冲击活化能减小，裂纹的形成及扩展过程减缓，冲蚀磨损率降低。碳化硅、硬质合金、BDD、NCD 及 MCD

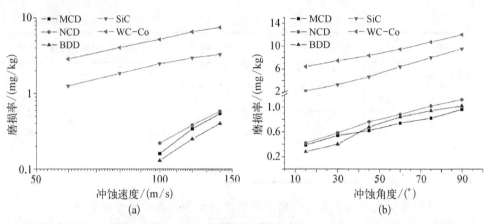

图 3-10　稳态冲蚀磨损率与冲蚀速度($\alpha_e=30°$,双对数坐标)和角度($v_e=140$ m/s)之间的关系
(a) 冲蚀速度；(b) 冲蚀角度

薄膜的冲蚀磨损性能均体现出典型脆性材料的特征,其稳态冲蚀磨损率会随着冲蚀角度的减小而明显降低。当冲蚀角度小于或等于 30°时,BDD 薄膜的稳态冲蚀磨损率略低于 MCD 薄膜,这在前面已经有过论述,其原因可能是 BDD 薄膜具有优于 MCD 薄膜的附着性能和断裂韧性。而当冲蚀角度大于或等于 45°时,BDD 薄膜的稳态冲蚀磨损率则略高于 MCD 薄膜,这可能是因为在大角度冲蚀的条件下,薄膜硬度对于薄膜稳态冲蚀性能的影响起到了主导作用,具有较高硬度的 MCD 薄膜的稳态冲蚀磨损性能因此略优于 BDD 薄膜。相比之下,具有较差的断裂韧性和附着性能的 NCD 薄膜的稳态磨损率在任何冲蚀角度下均大于 BDD 和 MCD 薄膜。此外,在任何冲蚀速度、冲蚀角度情况下,MCD 和 NCD 薄膜的稳态冲蚀磨损阶段都明显短于 BDD 薄膜,在经过一段时间的稳态磨损之后 MCD 和 NCD 薄膜均会进入明显的薄膜分层与大面积脱落阶段,而 BDD 薄膜基本上不会有大面积脱落的情况出现,这主要还是因为硼掺杂技术对于金刚石薄膜附着性能所起到的明显的改善作用。

金刚石薄膜的冲蚀磨损性能是其硬度、断裂韧性和附着性能等特性的综合作用,硼掺杂可以显著改善金刚石薄膜的断裂韧性和附着性能,在大多数情况下 BDD 薄膜都表现出优于 MCD 和 NCD 薄膜的冲蚀磨损性能,因此在内孔冲蚀磨损工况下,应当首选 BDD 薄膜作为耐磨涂层或耐磨涂层的底层。

3.3.3　不同基体硼掺杂金刚石薄膜的冲蚀磨损性能及机理

1) 不同基体硼掺杂金刚石薄膜冲蚀样品的制备及表征

在机械领域常用的耐磨减摩器件中,最常见的用作金刚石薄膜沉积的基体材料是硬质合金和碳化硅,此外也还会有其他材料用作金刚石薄膜沉积的基体,比如钽、钛、硅等,因此本节对比研究了在五种不同基体材料(碳化硅、硬质合金、钽、钛、硅)上制备的 BDD 薄膜的冲蚀磨损性能的差异。本节采用的冲蚀磨料同样是平均颗粒度为 45 μm 的碳化硅砂,流量为 2.0 kg/h。根据 3.3.1 节的研究结果可知,薄膜与基体之间的附着性能对于薄膜的冲蚀磨损性能的影响极为显著,而对于不同的基体材料而言,在其表面制备的 CVD 金刚石薄膜最主要的差别就在于薄膜与基体之间的附着性能。因此本节的研究主要从附着性能的角度展开,以薄膜在碳化硅冲蚀磨料冲击下的剥落时间作为评判标准,首先探讨了碳化硅、硬质合金、钽、钛、硅五种不同基体上近似厚度(6~7 μm)的 BDD 薄膜冲蚀磨损性能与其附着性能之间的关系。该研究中选取的金刚石薄膜厚度较小,因为在某些热膨胀系数较大的基体(如钛基体)上难以沉积比较厚的金刚石薄膜。BDD 薄膜的制备工艺如表 2-8 所示,控制沉积时间为 6 h 制备的不同基体上的 BDD 薄膜的表面形貌、截面形貌和通过静态压痕试验(980 N 载荷)得到的压痕形貌如图 3-11 所示,五种BDD 薄膜具有类似的表面形貌特征和薄膜厚度。

根据压痕试验结果可知,在 980 N 载荷的作用下,钽、钛表面的 BDD 薄膜在压痕周围均存在明显的开裂或薄膜剥落现象,裂纹延伸长度分别为 0.47 mm 和 1.24 mm。硬质合金和碳化硅表面的 BDD 薄膜没有明显的薄膜开裂现象,但是相对于碳化硅而言,硬质合金基 BDD 薄膜压痕区域附近存在较多的薄膜剥落,而碳化硅表面的 BDD 薄膜没有出现明显的薄膜剥落现象。由于硅基体的韧性很差,难以进行压痕试验,并且压痕形貌结果与基体特性也直接相关,对于不同的基体材料不能简单地通过压痕形貌的结果来评判在其表面沉积的金刚石薄膜的附着性能,因此再通过分析薄膜内的残余应力状态来辅助估测不同基体上薄膜的附着性能。

本节所述的碳化硅、硬质合金、钽、钛和硅五种不同基体材料的热膨胀系数分别为 4.6×10^{-6}/K、5×10^{-6}/K~7×10^{-6}/K、6.5×10^{-6}/K、10.8×10^{-6}/K 和 2.5×10^{-6}/K,金刚石材料的热膨胀系数约为 0.8×10^{-6}/K。对相同厚度的薄膜而言,基体材料与金刚石薄膜之间热膨胀系数的差异越大,沉积过程中薄膜内形成的残余热应力就越大,据此推算,在不同基体上制备的金刚石薄膜内的残余热应力排序如下:钛>钽>硬质合金>碳化硅>硅。在碳化硅、硬质合金、钽、钛和硅基体上制备的金刚石薄膜的拉曼光谱如图 3-12 所示,其中金刚石 sp³ 相对应的特征峰所处的波数位置分别为 1 332.14 cm⁻¹、1 333.98 cm⁻¹、1 333.98 cm⁻¹、1 335.36 cm⁻¹ 和 1 332.46 cm⁻¹,据此推算得到不同基体上金刚石薄膜内的残余应力的绝对值大小排序如下:钛>钽=硬质合金>碳化硅>硅,与残余热应力的排序结果具有较好的一致性。结合压痕表征的结果可以推断,不同基体上制备的近似厚度(6~7 μm)的 BDD 薄膜的附着性能也大致具有排序如下:钛<钽<硬质合金<碳化硅<硅。

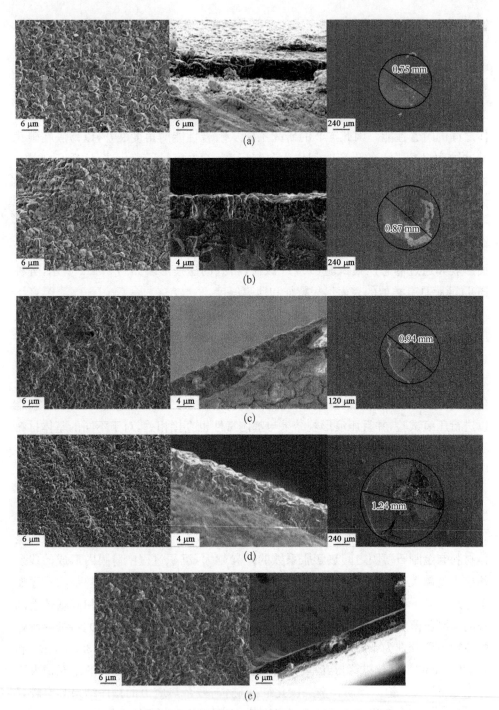

图 3-11　不同基体上制备的 BDD 薄膜的表面、截面及压痕形貌

（a）碳化硅基体；（b）硬质合金基体；（c）钽基体；（d）钛基体；（e）硅基体

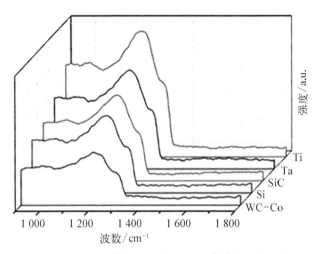

图 3 - 12　不同基体上制备的 BDD 薄膜的拉曼光谱

2) 不同基体硼掺杂金刚石薄膜的冲蚀磨损性能及机理

由于硅基体的韧性很差,冲蚀试验中不适宜选用过高的冲蚀速度,并且在金刚石薄膜厚度较小的情况下,薄膜的磨损和脱落都比较迅速,采用较低的冲蚀速度也能够获得比较明显的冲蚀磨损效果,因此针对五种 BDD 薄膜涂层样品选定的冲蚀试验参数为冲蚀速度 $v_e = 60 \ m/s$,冲蚀角度 $\alpha_e = 30°$。在该试验参数下五种不同基体表面制备的厚度较薄的 BDD 薄膜冲蚀裂纹开始生成、薄膜剥落现象开始出现以及薄膜涂层样品失重 ML 达到 3.0 mg 所需要的时间如图 3 - 13(a)所示[110]。

在五种不同样品中,碳化硅、硬质合金、钽以及硅基体表面的 BDD 薄膜在固体颗粒冲蚀条件下表面裂纹开始生成的时间均为 5 min,而钛基体表面的 BDD 薄膜表面裂纹开始生成的时间略迟,大约为 6 min,这主要是因为在不同基体表面制备的金刚石薄膜内残余应力状态不同,在冲蚀试验的初始阶段,由于冲蚀磨料的硬度显著小于金刚石薄膜的硬度,因此磨料很难导致金刚石薄膜样品表面产生塑性流动,只能通过裂纹诱导的方式导致金刚石薄膜冲蚀磨损的产生。同时由于冲蚀速度和冲蚀角度较小,磨料颗粒单次撞击时在磨料颗粒与金刚石薄膜接触位置周边产生的最大拉应力一般都难以达到裂纹生成的需求①,因此需要通过多次撞击使得拉应力积聚到一定程度才会有诱导裂纹产生。对同样工艺下制备的 BDD 薄膜而言,可近似认为其极限开裂应力相同,因此金刚石薄膜内的残余压应力越大,就需要较多次的磨粒冲击才能够产生足够的拉应力以抵消金刚石薄膜内的残余应

---

① 根据低周疲劳理论式 3 - 4,对于脆性材料,该拉应力在抵消薄膜内的残余应力后要大于薄膜的极限开裂应力才能生成诱导裂纹,试验结果表明单次冲击不能产生诱导裂纹。

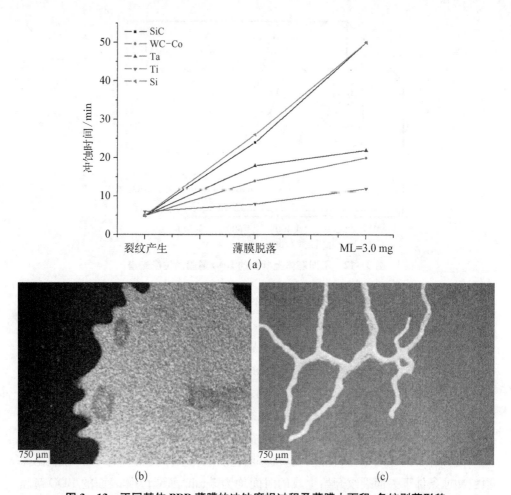

图 3 - 13   不同基体 BDD 薄膜的冲蚀磨损过程及薄膜大面积、条纹剥落形貌

(a) 不同基体 BDD 薄膜磨损过程；(b) Ti - BDD 薄膜的大面积剥落形貌；(c) SiC - BDD 薄膜的条纹剥落形貌

力，因此金刚石薄膜内的残余压应力在冲蚀初期有助于减缓冲蚀裂纹的生成过程。钛基体表面的金刚石薄膜内的残余压应力明显大于其他基体上的金刚石薄膜，因此其表面裂纹产生的时间略迟。

五种不同基体表面的 BDD 薄膜剥落现象开始出现以及薄膜涂层样品失重 ML 达到 3.0 mg 所需要的时间表现出了较大的差异，其中钛基体表面的 BDD 薄膜在冲蚀时间仅为 8 min 时就开始剥落，当冲蚀时间达到 12 min 时薄膜已经大面积剥落[见图 3 - 13(b)]，ML 达到 3.0 mg。硬质合金和钽基体表面的 BDD 薄膜也表现出类似的趋势，区别在于薄膜剥落现象开始出现的时间分别推迟到 14 min 和 18 min，而 ML 达到 3.0 mg 的时间则分别推迟到 20 min 和 22 min。而对碳化硅和硅基体表面的 BDD 薄膜而言,当冲蚀时间分别为 24 min 和 26 min 时,薄膜才开始出现明显的破损和剥落现象,直到冲蚀时间达到 50 min 时,薄膜涂层样品的失重 ML 才达到 3.0 mg,并且此时金刚石薄膜仍然没有出现大面积剥落的情况,而是呈现出条纹状的破损和剥落,如图 3-13(c)所示。上述结果表明,虽然钛基体表面的 BDD 薄膜内的残余压应力有助于抑制冲蚀裂纹的生成,但是一旦裂纹生成,由于冲击区域连带位置的薄膜附着性能较差,很容易产生脱落,导致其冲蚀磨损和薄膜失效加剧。薄膜剥落及整体失重状况与薄膜与基体之间的附着性能直接相关,与前述对薄膜附着性能的估测结果对比可知,薄膜与基体之间的附着性能越好,薄膜剥落现象开始出现以及薄膜涂层样品失重 ML 达到 3.0 mg 所需要的时间越长,即薄膜具有相对越好的整体冲蚀性能。

不同基体 BDD 薄膜冲蚀磨损性能的差异主要取决于其附着性能的不同,薄膜与基体之间附着性能越好,样品整体的冲蚀磨损性能越好,在内孔工况对于器件冲蚀磨损性能要求很高且对于基体韧性要求不高的情况下,可以优选碳化硅作为 BDD 薄膜(包括两类底层为 BDD 薄膜的复合薄膜)沉积的基体材料。

3.3.4　不同厚度硼掺杂金刚石和微米金刚石薄膜的冲蚀磨损性能及机理

1) 不同厚度硼掺杂金刚石和微米金刚石薄膜冲蚀样品的制备及表征

本节首先通过控制沉积时间制备了不同厚度的 BDD 薄膜,此外在本节研究中还制备了与 BDD 薄膜相对应的不同厚度的 MCD 薄膜作为对比。所有金刚石薄膜样品的表面及截面的 FESEM 形貌如图 3-14 所示,对于相同厚度的 BDD 和 MCD 薄膜而言,相比于 MCD 薄膜,BDD 薄膜中的金刚石晶粒有所细化,表面质量略有下降。制备的四组金刚石薄膜的厚度分别约为 6 μm、12 μm、22 μm、35 μm,BDD 和 MCD 薄膜的晶粒尺寸均会随薄膜厚度的增加而增大。

该研究中制备的金刚石薄膜的拉曼表征结果如图 3-15 所示,不同厚度的 BDD 及 MCD 薄膜均表现出与图 3-19 类似的典型特征。sp^3 金刚石特征峰所处位置及估算得出的薄膜内残余应力大小如表 3-2 所示。对相同厚度的薄膜而言,硼掺杂技术均可有效减小薄膜内的残余应力。随着薄膜厚度增加,BDD 和 MCD 薄膜内的残余应力均有明显增加,当薄膜厚度从 6 μm 增加到 35 μm 时,BDD 薄膜内的残余应力绝对值由 0.147 GPa 增加到 1.338 GPa,而 MCD 薄膜内的残余应力绝对值由 1.162 GPa 增加到 4.315 GPa,这主要是因为当薄膜厚度增加时,由于金刚石与基体材料间热膨胀系数差异导致的沉积过程中薄膜和基体热变形差异增大,薄膜残余热应力随之明显增加。

根据前文所述,金刚石薄膜内的残余应力状态与金刚石薄膜的附着性能直接相关,本节中所研究的不同厚度的 BDD 及 MCD 薄膜在 980 N 载荷下(洛氏硬度

图 3-14 不同厚度 BDD 及 MCD 薄膜的表面及截面形貌

(a) BDD 薄膜;(b) MCD 薄膜

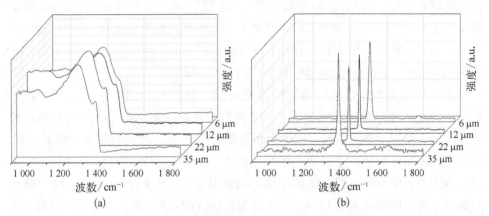

图 3-15 不同厚度 BDD 及 MCD 薄膜的拉曼光谱

(a) BDD 薄膜;(b) MCD 薄膜

仪)的压痕形貌如图 3-16 所示。厚度为 6 μm 的 BDD 薄膜上没有出现任何裂纹生成或薄膜脱落的迹象,表现出最好的附着性能。厚度为 6 μm 的 MCD 薄膜在压头周边位置出现了比较明显的环状裂纹,并且存在初步的径向裂纹生成及延伸现象。较厚的 BDD 薄膜在压头周边及扩展区域均出现了环状裂纹和薄膜环状脱落现象,但是没有明显的径向裂纹生成及延伸现象。而较厚的 MCD 薄膜上都存在典型的径向裂纹生成延伸及薄膜脱落现象。从裂纹扩展长度及薄膜脱落区域大小的角度分析,除无裂纹生成的厚度为 6 μm 的 BDD 薄膜外,对其余不同厚度的金刚石薄膜而言,BDD 薄膜上的裂纹延伸长度均小于 MCD 薄膜,联系前文所述,BDD 薄膜中没有非常显著的径向裂纹扩展,薄膜脱落现象也要弱于 MCD 薄膜,因此可以推断,在薄膜厚度不同的情况下,硼掺杂技术均可以提高金刚石薄膜的附着性能。对同种金刚石薄膜而言,裂纹延伸长度会随薄膜厚度的增加而增加,薄膜脱落现象也趋于显著,尤其是对于厚度为 35 μm 的 MCD 薄膜而言,由于薄膜内残余应力很大,在 980 N 的压痕载荷下薄膜脱落不仅出现在压头附近位置,并且扩展到了较远位置,整个样品表面出现了非常明显的薄膜剥落现象。简而言之,对本节研究的样品而言,BDD 薄膜的附着性能整体优于 MCD 薄膜;对同种薄膜而言,薄膜越厚,残余应力越大,附着性能越差。本书中所有研究均遵循残余应力与附着性能这一关系规律。

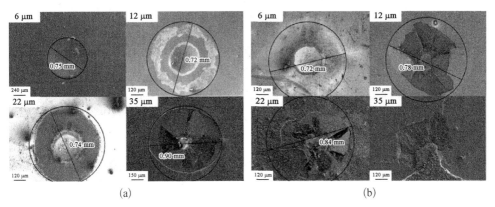

(a)　　　　　　　　　　　　　　(b)

图 3‒16　不同厚度 BDD 及 MCD 薄膜的压痕形貌

(a) BDD 薄膜;(b) MCD 薄膜

表 3‒2　不同厚度 BDD 及 MCD 薄膜拉曼光谱中 sp^3 峰位置及薄膜内残余应力

薄膜类型	薄膜厚度/μm	sp^3 峰位置/cm^{-1}	残余应力/GPa
BDD	6	1 332.14	0.147
	12	1 332.87	−0.266
	22	1 333.5	−0.624
	35	1 334.76	−1.338

（续表）

薄膜类型	薄膜厚度/μm	sp^3峰位置/cm^{-1}	残余应力/GPa
MCD	6	1 334.45	−1.162
	12	1 336.18	−2.143
	22	1 338.09	−3.226
	35	1 340.01	−4.315

2）不同厚度硼掺杂金刚石和微米金刚石薄膜的冲蚀磨损性能及机理

本节采用的冲蚀磨料是平均颗粒直径为 180 μm、硬度较小的石英砂（二氧化硅），以拉长金刚石薄膜各个典型冲蚀阶段的时间，更明显地对比不同厚度 BDD 及 MCD 薄膜在典型冲蚀阶段时间及机理上的差异，磨料流量同样取 2.0 kg/h，冲蚀速度分别取 100 m/s、120 m/s 和 140 m/s，冲蚀角度均取 90°。

当冲蚀速度为 140 m/s 时，厚度为 35 μm 的 BDD 薄膜的冲蚀磨损率随冲蚀时间的变化趋势如图 3 - 17 所示，该趋势与图 3 - 7 所述情况类似，该金刚石薄膜典型的冲蚀磨损形貌如图 3 - 18 所示。当冲蚀时间为 5 min 时，该薄膜表面金刚石大晶粒的棱角位置已经出现了明显的破损现象，这是导致金刚石薄膜初始磨损率较高的主要原因。随着金刚石晶粒逐渐磨损，薄膜表面趋于平整，金刚石薄膜的磨损率也逐渐下降并趋于稳定。该薄膜的稳态磨损率约为 0.56 mg/kg，稳定磨损阶段金刚石薄膜冲蚀磨损的典型特征是环状裂纹的生成和扩展，如图 3 - 18(b) 所示即刚刚形成并开始向层深方向穿透扩展的典型环状裂纹。随着冲蚀试验的连续进行，环状裂纹的个数和深度均会逐渐增加，并且穿透薄膜，形成锥状裂纹，这是导致稳定磨损阶段金刚石薄膜材料损耗的主要原因，该薄膜中环状裂纹生成的时间约为 18 min。此外从图中还可以明显看出，环状裂纹的尺寸明显大于金刚石薄膜的晶粒尺寸，因此金刚石晶界不会对扩展后的锥状裂纹的形状造成明显的影响，所有的锥状裂纹均呈现出穿晶断裂而非晶间断裂的穿透形式。当冲蚀时间达到 270 min 时，该金刚石薄膜的冲蚀磨损率迅速上升，如图 3 - 7 所示的试验过程中由于冲蚀角度较小、冲蚀时间不够，BDD 薄膜的磨损还没有达到该阶段。从本节的研究中则可以看出，随着冲蚀试验持续进行，BDD 薄膜也会出现明显的薄膜分层和脱落现象，本节中定义该阶段的开始时间为金刚石薄膜的寿命，则厚度为 35 μm 的 BDD 薄膜寿命达到 270 min。除厚度为 35 μm 的 BDD 薄膜外，其他所有厚度的 BDD 及 MCD 薄膜均表现出类似的磨损特性，本节将继续深入研究不同厚度情况下 BDD 及 MCD 薄膜冲蚀磨损特性的区别以及薄膜厚度对于 BDD 和 MCD 薄膜影响机理的不同[111]。

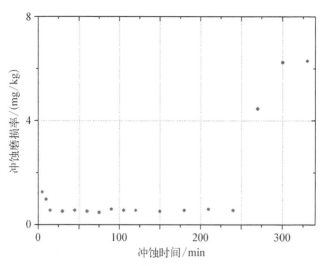

图 3-17 厚度为 35 μm 的 BDD 薄膜的冲蚀磨损率随冲蚀时间的变化趋势

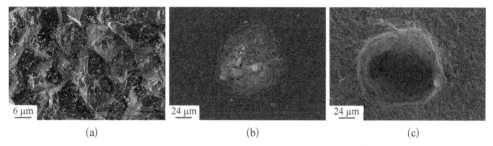

图 3-18 厚度为 35 μm 的 BDD 薄膜的典型冲蚀磨损形貌(冲蚀速度 140 m/s)
(a) 晶粒破损;(b) 环状裂纹;(c) 环状裂纹穿透薄膜

(1) 薄膜厚度及硼掺杂作用对环状裂纹生成的影响。

在前文中已经论述过,在冲蚀试验的初始阶段,由于冲蚀磨料的硬度显著小于金刚石薄膜的硬度,因此磨料很难造成金刚石薄膜样品表面产生塑性流动,只能通过裂纹诱导的方式导致金刚石薄膜冲蚀磨损的产生。通过对比冲蚀磨料单次冲击所导致的冲击区域边缘的最大拉应力数值和金刚石薄膜的极限开裂应力及残余应力数值大小,可以判断一次冲击是否能够产生环状裂纹,冲蚀试验中的冲蚀磨料碰撞模型可以简化为小球(单粒子)与半平面碰撞的赫兹碰撞模型,以估算碰撞过程中的应力状态。计算公式及估算方法参见式 3-6 至式 3-12。石英砂的材料参数为:弹性模量 $E_0 = 59\text{ GPa}$,泊松比 $\nu_0 = 0.227$,冲蚀磨料半径 $r = 160\ \mu\text{m}$,密度 $\rho = 2\,668\text{ kg/m}^3$。BDD 及 MCD 薄膜的材料参数均近似取为弹性模量 $E_d = 1\,063\text{ GPa}$,泊松比 $\nu = 0.07$。据此计算得到的结果如表 3-3 所示。

表 3-3 赫兹碰撞理论计算结果及试验测量结果

冲蚀速度/(m/s)	100	120	140
最大冲击载荷 F_m/N	14.23	17.71	21.31
接触区域平均压应力 P_m/GPa	7.037	7.57	8.051
接触周边最大拉应力 σ_m/GPa	3.026	3.26	3.462
最大接触半径 a_m/μm	25.37	27.3	29.03
最大剪应力 τ_m/GPa	3.272	3.52	3.744
最大剪应力深度 z/μm	12.18	13.1	13.93
试验环状裂纹半径 r_c/μm	22～32	27～36	28～41

　　首先可以看出,计算得到的最大接触半径 a_m 与试验测量得到的环状裂纹半径 r_c 的最小值比较接近,试验过程中得到的最小环状裂纹可以认为是单粒子碰撞导致的,即近似于理论计算所采用的赫兹碰撞模型,由此可见理论计算的结果与试验结果比较吻合。而测量得到的其他部分环状裂纹的半径大于理论计算得到的最大接触半径,这则是因为在实际的冲蚀试验过程中,石英砂的喷射流量较大,会有多个粒子积聚冲击同一位置的情况出现,从而导致部分环状裂纹的半径大于单粒子理论模型计算得到的最大接触半径。

　　从计算结果可以看出,当冲击速度达到 140 m/s 时,接触周边的最大拉应力 σ_m 为 3.462 GPa,根据国外学者的研究结果表明,根据制备工艺和金刚石薄膜质量的不同,CVD 金刚石薄膜的极限开裂应力 σ_c 大约在 1 GPa～5 GPa 之间。在本节的研究中发现,所有薄膜在 140 m/s 的冲蚀速度下,1 min 之内都没有生成明显的环状裂纹,这也可以反向证明冲击速度为 140 m/s 时单次冲击所产生的最大拉应力不超过这些薄膜极限开裂应力和残余应力之和,难以满足裂纹生成的需求,因此需要通过多次撞击使得拉应力积聚到一定程度才会产生诱导裂纹。

　　不同厚度的 BDD 及 MCD 薄膜上环状裂纹的生成时间如图 3-19(a)所示,根据 2.3.4 节第 4 小节的研究结果可知,BDD 薄膜的断裂韧性明显优于 MCD 薄膜,即 BDD 薄膜的极限开裂应力显著高于 MCD 薄膜,因此,即使同样厚度 MCD 薄膜内的残余压应力高于 BDD 薄膜,BDD 薄膜上环状裂纹的生成时间还是略迟于 MCD 薄膜。在相同的沉积工艺下,我们认为同种金刚石薄膜(MCD 或 BDD 薄膜)的极限开裂应力是相同的,因此对同种金刚石薄膜而言,随着薄膜厚度增加,由于薄膜中残余压应力会随之增大,所以环状裂纹的生成需要更多次数的粒子碰撞,即需要更长的冲蚀时间。

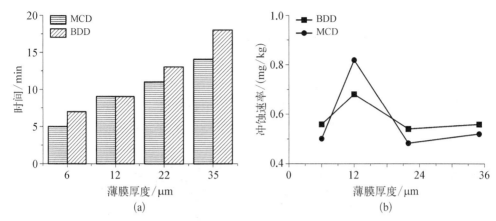

图 3 - 19　不同厚度薄膜上环状裂纹的生成时间及稳态冲蚀磨损率(冲蚀速度 140 m/s)
(a) 环状裂纹生成时间；(b) 稳态冲蚀磨损率

(2) 薄膜厚度对稳态磨损率的影响。

金刚石薄膜材料稳态冲蚀磨损阶段的材料磨损机理为：在冲蚀磨料的连续冲击下,接触周边产生的环状裂纹会向层深方向扩展,此外,冲蚀磨料的冲击作用还会导致材料在一定深度的地方产生横向裂纹,横向裂纹与层深方向扩展生成的锥状裂纹相交形成碎片导致材料流失。也就是说,金刚石薄膜材料的稳态冲蚀磨损具有典型的脆性断裂冲蚀磨损模型的特征,根据 Evans 等的研究结果[36],脆性材料的冲蚀磨损体积与冲蚀磨料以及冲蚀样品的性质直接相关,用于计算脆性材料冲蚀磨损体积的关系式如式 3 - 3 所示,当冲蚀速度和冲蚀磨料固定时,受冲蚀材料的冲蚀磨损体积(冲蚀磨损率)与其断裂韧性和硬度成反比。

如图 3 - 19(b)所示,当薄膜厚度为 6 μm、22 μm 和 35 μm 时,MCD 薄膜的稳态冲蚀磨损率略小于 BDD 薄膜,这主要是因为 MCD 薄膜的硬度大于 BDD 薄膜,在冲蚀角度较大、磨料硬度相对较小的情况下,金刚石薄膜的硬度对于冲蚀磨损率的影响较为明显,该机理在前文已有论述。这三种厚度下同种金刚石薄膜的稳态冲蚀磨损率差距不大,说明在这些情况下,厚度对于稳态冲蚀磨损率的影响很小。本节研究的金刚石薄膜冲蚀试样在 140 m/s 的冲蚀速度下最大剪应力深度 z 约为 13.93 μm。对于厚度为 6 μm 的金刚石薄膜而言,最大剪应力可能会发生在基体中,剪应力的作用会导致基体中生成横向裂纹,与同时穿透薄膜与基体材料的锥状裂纹相交导致材料脱落,如图 3 - 20(a)所示,但是由于 SiC 与金刚石密度接近,因此其冲蚀磨损率也近似等于厚度较大的金刚石薄膜。而当薄膜厚度为 12 μm 时,MCD 薄膜的稳态冲蚀磨损率明显大于 BDD 薄膜,这一方面是因为 BDD 薄膜的断裂韧性优于 MCD 薄膜,另一方面也受薄膜附着力影响。因为最大剪应力深度 z

约为 13.93 μm,对厚度为 12 μm 的金刚石薄膜而言,最大剪应力深度非常接近薄膜与基体之间的接触面,因此当金刚石薄膜与基体之间附着性能较差时(MCD 薄膜),横向裂纹的扩展会较快,材料的脆性断裂冲蚀磨损会加剧,表现为稳态冲蚀磨损率的明显增加。即使 BDD 薄膜的附着性能较好,金刚石与基体之间的结合强度仍然比不上同种材料晶粒之间通过化学键连接达到的结合强度,因此厚度 12 μm 的 BDD 薄膜的稳态冲蚀磨损率也会明显高于其他厚度的 BDD 薄膜。

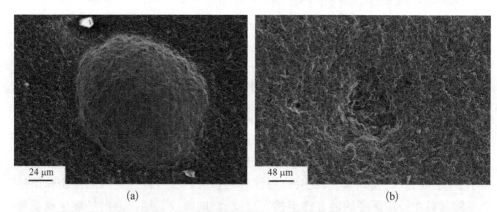

(a)　　　　　　　　　　　　　　　　(b)

图 3 - 20　冲蚀速度为 140 m/s 时不同厚度 BDD 薄膜稳态冲蚀前期的环状裂纹穿透形貌

(a) 6 μm;(b) 35 μm

(3) 薄膜厚度对薄膜寿命的影响。

如图 3 - 21 所示为当冲蚀速度为 140 m/s 时不同厚度的 BDD 和 MCD 薄膜的薄膜寿命(定义金刚石薄膜开始出现薄膜整体脱落现象的时间为薄膜寿命)对比,其中 BDD 薄膜的寿命会随薄膜厚度单调递增,而 MCD 薄膜也近似呈现出该趋势,只是厚度为 12 μm 的 MCD 薄膜的寿命反而略小于厚度为 6 μm 的 MCD 薄膜。在稳态冲蚀阶段,由于深层剪应力导致的横向裂纹与锥状裂纹相交是微小的材料剥落的主要诱因。此外,薄膜-基体交界面上的剪应力导致的横向裂纹持续扩展同样会造成金刚石薄膜大面积脱落,这则是金刚石薄膜在冲蚀磨损工况下失效的主要原因。

本节研究的金刚石薄膜冲蚀试样在 140 m/s 的冲蚀速度下最大剪应力深度 z 约为 13.93 μm。当薄膜厚度远大于 z 时(如 22 μm 和 35 μm),金刚石薄膜会给薄膜-基体交界面提供足够的保护,最大剪应力产生于薄膜中距离交界面较远的位置。由于该位置上金刚石同种材料之间的结合强度很好,因此横向裂纹扩展较慢,很难导致薄膜的大片分层剥落,只会产生局部微小的、深度尚未达到薄膜-基体交界面的材料剥落,如图 3 - 20(b)所示,此时较厚的薄膜处于稳态冲蚀磨损阶段。随着冲蚀过程的持续进行,已经出现材料剥落的位置受到进一步的冲蚀磨料冲击时,

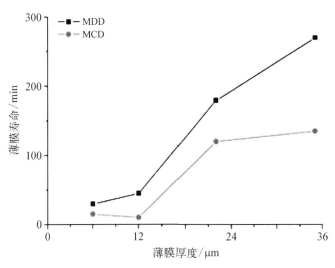

图 3 - 21　冲蚀速度为 140 m/s 时不同厚度
BDD 及 MCD 薄膜的薄膜寿命

会在更深的位置产生最大剪应力,形成横向裂纹,导致锥状的微小材料剥落持续向层深方向扩展,逐渐穿透整个薄膜,如图 3 - 18(c)所示。当横向裂纹发生位置接近薄膜-基体交界面时,由于金刚石薄膜与碳化硅基体材料之间的结合强度相对较弱,裂纹扩展速率会加快,材料剥落现象会更加明显。当横向裂纹或材料剥落位置逐渐连接在一起后,就会发生薄膜的大面积脱落,导致薄膜失效。一般而言,当薄膜厚度大于 z 时,薄膜越厚,表层金刚石材料磨损需要的时间以及最大剪应力出现在薄膜-基体交界面所需的冲蚀时间都会随之延长,薄膜寿命明显提高,BDD 薄膜就表现出明显的该特征。然而,对本节研究的 MCD 薄膜而言,厚度为 22 μm 的 MCD 薄膜寿命为 120 min,厚度为 35 μm 的 MCD 薄膜寿命也仅为 135 min,提高幅度并不明显,这主要是因为随着薄膜厚度增加,MCD 薄膜中的残余应力会迅速增大,薄膜附着力受到严重影响,即使最大剪应力没有发生在薄膜-基体交界面上,但是该交界面上也存在一个较小的剪应力,该应力同样有可能导致横向裂纹的生成与迅速扩展,致使薄膜大面积剥落失效。当薄膜厚度小于 z 时,最大剪应力会产生于基体内部,导致薄膜与基体材料同时磨损,一方面由于薄膜厚度较小,在稳态磨损情况下薄膜材料流失比率(磨损体积/薄膜总体积)也较高;另一方面,薄膜与基体材料同时磨损后,会有一部分薄膜-基体交界面不再有薄膜保护,而直接受到冲蚀磨料的冲击作用,也有可能导致薄膜从该位置开始剥落并大面积扩展。当薄膜厚度接近 z 时,横向裂纹产生于薄膜-基体交界面以及迅速扩展的概率大幅上升,因此当薄膜与基体的附着性能较差时(如 MCD 薄膜),薄膜在经过很短时间的稳态冲蚀磨损后就迅速进入大面积剥落失效阶段,这就是厚度为 12 μm 的 MCD 薄膜的寿命最短的原因。硼掺杂技术的采用有助于改进金刚石薄膜的附着性能,因此厚度为 12 μm 的 BDD 薄膜的寿命仍略高于厚度为 6 μm 的 BDD 薄膜。

(4) 冲蚀速度对不同厚度金刚石薄膜冲蚀磨损的影响。

本节所研究的不同厚度的 BDD 及 MCD 薄膜在不同冲蚀速度下的稳态磨损率以及据此拟合计算得到的八种金刚石薄膜的速度系数如表 3 - 4 所示。所有金刚石薄膜的稳态冲蚀磨损率均会随冲蚀速度的增加而增加,其中厚度为 12 μm 的 BDD 薄膜的速度系数较大,其余七种薄膜的速度系数非常接近,这主要是因为最大剪应力深度和薄膜附着性能的影响。如表 3 - 3 所示,在 100~140 m/s 的冲蚀速度范围内,最大剪应力深度均在 12 μm 左右。随着冲蚀速度的减小,最大剪应力数值会随之减小,因此对于附着性能较好的 BDD 薄膜而言,膜基交界面的附着性能对于横向裂纹扩展及稳态冲蚀磨损率的影响也会明显减小,薄膜的稳态冲蚀磨损率下降较快。当冲蚀速度为 140 m/s 时,厚度为 12 μm 的 BDD 薄膜的稳态冲蚀磨损率明显大于其他厚度的 BDD 薄膜。而当冲蚀速度为 100 m/s 时,厚度为 12 μm 的 BDD 薄膜的稳态冲蚀磨损率已经与其他厚度的 BDD 薄膜基本一致,因此该厚度的 BDD 薄膜具有较大的速度系数。而厚度为 12 μm 的 MCD 薄膜在任何冲蚀速度条件下的稳态冲蚀磨损率都明显大于其他厚度的 MCD 薄膜,这则是因为 MCD 薄膜附着性能较差,即使是在冲蚀速度较小的情况下,厚度为 12 μm 的 MCD 薄膜稳态冲蚀磨损率仍然受到膜基交界面附着性能的显著影响,正因为如此,不同厚度的 MCD 薄膜的速度系数基本一致。

表 3 - 4　不同厚度 BDD 及 MCD 薄膜在不同冲蚀速度下的稳态磨损率及速度系数

薄膜类型	稳态冲蚀磨损率/(mg/kg)			速度系数
	v_e = 100 m/s	v_e = 120 m/s	v_e = 140 m/s	
6 μm - BDD	0.18	0.33	0.56	3.37
12 μm - BDD	0.19	0.38	0.68	3.79
22 μm - BDD	0.18	0.33	0.54	3.27
35 μm - BDD	0.19	0.34	0.56	3.21
6 μm - MCD	0.17	0.31	0.5	3.21
12 μm - MCD	0.28	0.51	0.82	3.19
22 μm - MCD	0.16	0.29	0.48	3.27
35 μm - MCD	0.17	0.31	0.52	3.32

　　综上所述,在适当的厚度范围内,金刚石薄膜的冲蚀磨损性能大致表现出随薄膜厚度单调递增的趋势,但是当薄膜厚度过大时,由于残余应力的急剧增加,在冲蚀过程中 MCD 薄膜非常容易发生脱落。此外,当薄膜厚度接近最大剪应力深度时,金刚石薄膜的冲蚀磨损性能也会有所下降。因此,在抗冲蚀磨损器件内孔表面选用 BDD 或底层为 BDD 的复合薄膜作为耐磨涂层时,应根据实际工况选择薄膜厚度,首先要避开最大剪应力深度,其次则要在保证薄膜整体附着性能的基础上,尽量提高薄膜厚度。

3.3.5　高性能复合金刚石薄膜的冲蚀磨损性能及机理

　　BD-UCD 及 BD-UM-NCCD 薄膜的制备工艺在第 2 章中已经论述过,本节中通过等比例延长沉积时间的方法分别制备了总厚度约为 20 μm 的两种金刚石薄膜作为冲蚀试验的样品,以便与 3.3.1 节所述的单层 BDD、NCD 及 MCD 薄膜的冲蚀性能进行对比。根据前述研究可知,用于评价金刚石薄膜冲蚀磨损性能的两个最主要的指标为薄膜的稳态磨损率 ε_s 以及薄膜剥落时间(薄膜寿命)t_r。本节中所采用的冲蚀试验参数如下:采用的磨料是平均颗粒度为 45 μm 的碳化硅砂,磨料流量为 2.0 kg/h,冲蚀速度 $v_e=160$ m/s,冲蚀角度 $\alpha_e=15°\sim90°$。为了便于对比,在该参数下同样针对未涂层的碳化硅样品以及相同厚度的单层 BDD、NCD 和 MCD 薄膜样品(即图 3-6 中所述样品)进行冲蚀试验。在不同的冲蚀角度下,未涂层碳化硅样品、MCD 薄膜、BDD 薄膜、NCD 薄膜、BD-UCD 薄膜以及 BD-UM-NCCD 薄膜的稳态冲蚀磨损率 ε_s 以及薄膜剥落时间(薄膜寿命)t_r 均如图 3-22 所示。

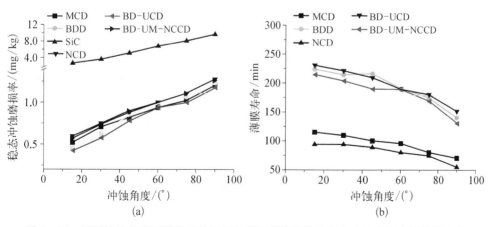

图 3-22　不同冲蚀角度下碳化硅及不同金刚石薄膜样品的稳态冲蚀磨损率及薄膜寿命

(a) 稳态冲蚀磨损率;(b) 薄膜寿命

整体来看,随着冲蚀角度的增大,法向速度及法向冲击力会随之增加,进而导致冲击活化能增加,裂纹的形成及扩展过程加快,各种材料的稳态冲蚀磨损率均会有所增加,而五种金刚石薄膜的稳态冲蚀磨损率均明显小于未涂层碳化硅的稳态冲蚀磨损率。此外,随着冲蚀角度的增大,五种金刚石薄膜的寿命均有明显下降。

MCD 薄膜与 BDD 薄膜稳态冲蚀磨损率随冲蚀角度的变化规律及其对比情况与 3.3.2 节第 2 小节所述一致,当冲蚀角度小于或等于 30°时,BDD 薄膜的稳态冲蚀磨损率略低于 MCD 薄膜,原因可能是 BDD 薄膜具有优于 MCD 薄膜的附着性能和断裂韧性。而当冲蚀角度大于或等于 45°时,BDD 薄膜的稳态冲蚀磨损率则略高于 MCD 薄膜,这则是因为在大角度冲蚀的条件下,薄膜硬度对于薄膜冲蚀性能的影响起到了主导作用,因此具有较高硬度的 MCD 薄膜的稳态冲蚀磨损性能略优于 BDD 薄膜。在所有冲蚀角度下,NCD 薄膜和 BD - UM - NCCD 薄膜的稳态冲蚀磨损率均略大于 MCD 薄膜和 BDD 薄膜,这则是因为在所有薄膜中,NCD 薄膜与基体之间的附着性能最差,NCD 薄膜的断裂韧性也较差。当冲蚀角度大于或等于 45°时,BD - UCD 薄膜的稳态冲蚀磨损率与 MCD 薄膜基本一致,这是因为该薄膜表面的 MCD 薄膜层具有与单层 MCD 薄膜类似的高硬度及耐磨性。然而当冲蚀角度小于或等于 30°时,BD - UCD 薄膜的稳态冲蚀磨损率则要略小于单层的 MCD 薄膜及 BDD 薄膜,这则是因为该薄膜底层 BDD 薄膜层与基体材料之间具有较好的附着性能,有效解决了单层 MCD 薄膜与基体附着性能较差的问题。对于同样厚度的金刚石薄膜冲蚀样品而言,薄膜的剥落时间(薄膜寿命)主要受附着性能的影响,因此 NCD 和 MCD 薄膜的寿命均明显短于其他薄膜,其中 NCD 薄膜寿命最短。由于硼掺杂技术可明显改善金刚石薄膜与基体之间的附着性能,因此相比于 MCD 及 NCD 薄膜,BDD、BD - UCD 和 BD - UM - NCCD 薄膜的寿命均会有明显延长。此外,因为 BD - UM - NCCD 薄膜表面的 NCD 薄膜层磨损较快,BD - UCD 薄膜表面的 MCD 薄膜层硬度较高、磨损较慢,因此从整体来看,BD - UM - NCCD 薄膜的寿命略短于 BDD 薄膜,而 BD - UCD 薄膜的薄膜寿命则要略长于 BDD 薄膜。以冲蚀速度 $v_e = 160$ m/s,冲蚀角度 $\alpha_e = 30°$为例,薄膜的稳态冲蚀磨损率和薄膜寿命分别为 MCD:0.71 mg/kg, 110 min;BDD:0.62 mg/kg, 215 min;NCD:0.74 mg/kg, 95 min;BD - UCD:0.57 mg/kg, 220min;BD - UM - NCCD:0.74 mg/kg, 205 min。

NCD 薄膜中金刚石成分的降低及附着性能的下降会导致其冲蚀磨损性能显著下降,而 BD - UM - NCCD 薄膜中底层 BDD 薄膜层与基体材料之间具有较好的附着性能,同时中间层的 MCD 薄膜也可有效补偿表层 NCD 薄膜的耐磨损性能,因此 BD - UM - NCCD 薄膜具有较好的冲蚀磨损性能。BD - UCD 薄膜很好地综合了 BDD 薄膜附着性能好和 MCD 薄膜硬度极高的优点,具有最佳的冲蚀磨损性能[101]。

3.3.6　碳源对微米金刚石薄膜冲蚀磨损性能的影响

2.2 节论述了碳源对 MCD 薄膜沉积的影响及机理,本节为了系统深入地研究碳源对 MCD 薄膜冲蚀磨损性能的影响[112],同样采用四类典型碳源(甲烷、丙酮、甲醇、乙醇),制备了两组 MCD 薄膜涂层样品:其中一组为相同沉积时间(15 h)的样品(GA);另一组为通过控制沉积时间获得的薄膜厚度近似(约 $16\sim18~\mu m$)的样品(甲烷 30 h,丙酮 15 h,甲醇 25 h,乙醇 15 h,GB)。金刚石薄膜的冲蚀磨损性能与其厚度、附着性能、硬度和断裂韧性相关,对于 GA 样品而言,厚度差异是影响其冲蚀磨损性能的主要因素;对于 GB 样品而言,残余应力、薄膜质量、附着性能、硬度和断裂韧性等性能是导致其冲蚀磨损性能存在差异的主要原因。根据与 2.2 节相同的表征方法估算得出的薄膜生长速率及性能表征结果(见表 3-5)。

表 3-5　采用不同碳源沉积的金刚石薄膜性能参数及冲蚀磨损试验结果

碳 源 种 类	甲 烷	丙 酮	甲 醇	乙 醇
GA 生长速率 R/(μm/h)	0.52	1.13	0.64	1.15
GB 生长速率 R/(μm/h)	0.58	1.13	0.69	1.15
GB 残余应力 σ/GPa	-1.547	-2.679	-3.511	-2.915
GB 薄膜质量 Q/%	87.18	35.46	11.25	26.76
GB 硬度 H/GPa	89	77	67	75
GB 弹性模量 E/GPa	828	807	709	772
GB 断裂韧性 K/(MPa·m$^{0.5}$)	1.002	0.923	0.666	0.886
GA 薄膜寿命 t_r/min	22	69	14	63
GA 单位薄膜寿命 t_{ru}/(min/h)	1.47	4.6	0.93	4.2
GB 稳态磨损率 ε_s/(mg/kg)	0.48	0.58	0.72	0.56
GB 薄膜寿命 t_r/min	75	69	22	63
GB 单位薄膜寿命 t_{ru}/(min/h)	2.5	4.6	0.88	4.2

本节研究中应用的冲蚀试验参数如下:磨料为平均颗粒度 45 μm 的碳化硅砂,磨料流量为 2.0 kg/h,冲蚀速度 $v_e=100$ m/s,冲蚀角度 $\alpha_e=90°$。本节中同样采用稳态冲蚀磨损率 ε_s 和薄膜寿命 t_r 两个参数以表征不同金刚石薄膜的冲蚀磨损性能,并近似定义单位沉积时间可获得的薄膜寿命为单位薄膜寿命 t_{ru},以进一步

评价针对冲蚀磨损应用条件采用不同碳源沉积金刚石薄膜的效率和经济性。冲蚀磨损试验结果同样列于表 3-5 中。厚度较薄的金刚石薄膜(GA 中采用甲烷和甲醇沉积的样品)磨损很快,无法测定其稳态磨损率,因此针对 GA 样品仅用 t_r 和 t_{ru} 来表征其冲蚀磨损性。明显地,采用甲烷和甲醇碳源沉积的两类较薄的金刚石薄膜的寿命明显低于采用乙醇和丙酮碳源沉积的两类较厚的薄膜。根据 GB 的试验结果可知,在同等厚度条件下,由于采用甲烷制备的 MCD 薄膜残余应力较小,薄膜质量、硬度和弹性模量和断裂韧性均较高,因此其稳态磨损率最小,薄膜寿命最长;相反地,采用甲醇制备的薄膜则表现出较大的稳态磨损率,并且因为其附着性能极差,所以薄膜寿命显著低于其他薄膜;在液体碳源中,丙酮可以尽量减小薄膜的残余应力,保证薄膜质量,因此采用该碳源制备的金刚石薄膜具有相对较高的硬度、弹性模量和断裂韧性,在冲蚀试验中表现出较小的稳态磨损率和较高的使用寿命。

综合来看,在冲蚀磨损试验条件下,采用丙酮和乙醇沉积的金刚石薄膜寿命略低于甲烷,而单位寿命均高于甲烷,即耗费相同的沉积时间成本可以获得相对较高的薄膜寿命,并且这两类液体碳源的价格低于甲烷,因此在工业应用中具有良好的经济性。此外,液体碳源与液体无毒硼掺杂源(硼酸三甲酯)更容易混合,因此更有利于无毒硼掺杂工艺的实现,便于开发各类基于硼掺杂的复合金刚石薄膜。就几类常用液体碳源对比来看,采用丙酮沉积的金刚石薄膜具有相对较好的冲蚀磨损性能,因此在本书涉及硼掺杂的内孔冲蚀磨损应用中均选取了丙酮作为碳源,在常规 MCD 薄膜的内孔冲蚀磨损应用中则优选了甲烷作为碳源。

3.4 热丝 CVD 金刚石薄膜的标准摩擦磨损性能及机理研究

标准摩擦磨损试验在西安交通大学研制的 PCR-T"球-盘"旋转式精密涂层摩擦磨损试验机上进行,试验机如图 3-23 所示。在本书研究中,CVD 金刚石薄膜在耐摩擦磨损领域的应用主要集中于各种拉拔模具产品,由于拉拔模具应用过程中管线材产品对模具的连续冲击作用很大,多数模具不适宜采用易碎的

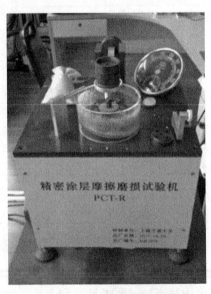

图 3-23 "球盘"旋转式摩擦磨损试验机外观

陶瓷材料作为基体,常用基体材料为硬质合金,因此摩擦磨损试验中采用的试样基体均为 YG6 硬质合金。在标准试验中,对磨球在法向载荷 F_{nf} 的作用下以转速 ω_f 沿 CVD 金刚石薄膜表面做恒定半径 r_f 的圆周运动,所有试验均在干摩擦条件(空气环境,环境温度约为 25℃,环境湿度约为 60% 相对湿度)下进行。每次试验前,金刚石薄膜试样以及摩擦配副材料均被浸泡在丙酮溶液中进行 30 min 的超声清洗以去除表面杂质。

3.4.1　高性能复合金刚石薄膜和金属材料配副的摩擦特性

该系列试验中采用的下试样分别为未涂层 YG6 硬质合金以及在该硬质合金基体上沉积的 MCD 薄膜、BDD 薄膜、NCD 薄膜、BD-UCD 薄膜和 BD-UM-NCCD 薄膜,配副材料分别为直径为 6 mm 的低碳钢球、高碳钢球、不锈钢球、铝球和铜球。该摩擦试验采用的试验参数为:法向载荷 $F_{nf}=3.0$ N,旋转半径 $r_f=4.0$ mm,转速 $\omega_f=600$ r/min,试验时间 $t_f=60$ min,据此计算可以得到对磨球和下试样之间相对运动的线速度约为 0.25 m/s,整个试验过程的摩擦路径总长度为 900 m。

如图 3-24 所示为六种不同的下试样与低碳钢球对磨的整个试验过程中摩擦系数的变化曲线,其中五种不同的金刚石薄膜的摩擦系数变化曲线表现出基本一致的变化趋势,都可以区分为三个典型阶段。

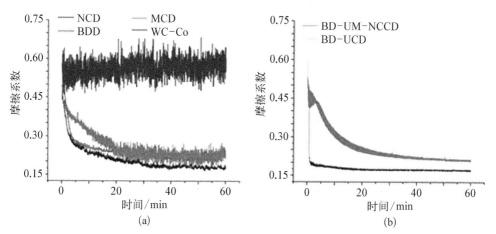

图 3-24　五种不同类型的金刚石薄膜及未涂层硬质合金与低碳钢球对磨的摩擦系数变化曲线
(a) NCD、BDD、MCD、WC-Co 与低碳钢球对磨;(b) BD-UM-NCCD、BD-UCD 与低碳钢球对磨

(1) 初始阶段。

不同金刚石薄膜均呈现出较高的摩擦系数,这主要是因为制备的金刚石薄膜表面具有微米级或纳米级的凹凸不平的金刚石晶粒,金刚石薄膜与对磨球的接触表面上的微凸体之间会存在机械锁合效应,同时金刚石晶粒的突出部分会在硬度

较低的对磨球表面上产生明显的犁削效应。

（2）摩擦系数逐渐下降的"磨合"阶段。

在该阶段中，硬度较高的金刚石颗粒通过犁削效应导致对磨球表面产生犁沟、撕裂或者磨屑碎片（两体磨粒磨损），同时硬度较低的对磨球材料通过剪切作用也会导致金刚石晶粒逐渐断裂或者碎裂，形成较小的金刚石晶粒碎片。这些碎片可能会在摩擦试验过程中被排出对磨表面，但是也有可能被夹在摩擦界面上形成新的磨粒，这些磨粒同样具有对硬度较低的对磨球材料的犁削效应（三体磨粒磨损）。随着试验过程的持续进行，对磨球表面材料经过大量磨损之后会形成足量的磨屑，磨屑向金刚石薄膜表面转移并黏附在其晶界区域形成转移膜，金刚石晶粒的破碎、金刚石薄膜表面逐渐趋于平整以及转移膜的形成均有可能导致金刚石薄膜与对磨球对磨的摩擦系数逐渐下降。经过一段时间的"磨合"阶段之后即可进入摩擦系数变化的第三阶段。

（3）稳定阶段。

经过磨合阶段的持续作用，金刚石薄膜与对磨球表面之间的相互作用趋于稳定，形成了一个相对比较稳定的新生摩擦界面，于是五种金刚石薄膜与低碳钢对磨球对磨的摩擦系数也进入了一个动态平衡的稳定阶段[106]。

相对于金刚石薄膜而言，硬质合金样品的摩擦系数变化曲线中不存在初始的高峰值和摩擦系数明显下降的"磨合"阶段，这主要是因为本试验中所采用的硬质合金样品表面已经经过了抛光处理，具有良好的表面光洁度。然而，硬质合金样品和低碳钢球对磨的摩擦系数数值（约 0.565）远大于金刚石薄膜与低碳钢球对磨的稳态摩擦系数数值（稳定摩擦阶段内摩擦系数的平均值 μ_s）。

由图 3-24(a)中亦可明显看出，BDD 和 NCD 薄膜的磨合阶段明显短于 MCD 薄膜，这是由于这两种薄膜具有较小的金刚石晶粒尺寸和表面粗糙度值，另外还具有较低的表面硬度，因此金刚石晶粒破碎和表面平整所需要的时间明显缩短。此外，BDD 薄膜的稳态摩擦系数 μ_s 数值（约 0.227）却与 MCD 薄膜的 μ_s 值（约 0.225）基本一致，而 NCD 薄膜的 μ_s 值则有明显的下降（约 0.182），这可以归因于纳米级金刚石颗粒与微米级金刚石颗粒对于摩擦过程的不同影响，纳米级晶粒更有利于降低摩擦。此外还因为 NCD 薄膜中存在比较多的石墨及无定形碳成分，这些成分对于摩擦界面会起到润滑作用。如图 3-24(b)所示，由于在摩擦试验过程中，对于摩擦过程及摩擦系数起主要作用的仅仅是其表面层，BD-UCD 薄膜的表面层为 MCD 薄膜层，因此 BD-UCD 薄膜的摩擦系数变化趋势与 MCD 薄膜基本一致，其 μ_s 值约为 0.222。而 BD-UM-NCCD 薄膜的表面则是一层晶粒度达到纳米级别的 NCD 薄膜层，因此它呈现出与 NCD 薄膜类似的摩擦系数变化趋势，其 μ_s 值仅为 0.173。

　　摩擦试验第一及第二阶段中的犁削效应会在对磨球表面产生犁沟,样品的表面形貌、晶粒尺寸及材料特性等均会给对磨球表面的犁削形貌造成影响。如图 3-25(a)所示,与硬质合金材料对磨的对磨球表面的犁沟非常明显,虽然硬质合金样品具有很好的表面光洁度,但是在摩擦试验过程中硬质合金材料中较软的黏结相钴很容易磨损,而剩余的碳化钨颗粒就会凸出来,同样给对磨球表面带来显著的犁削磨损。MCD、BDD 和 BD-UCD 薄膜表面的金刚石晶粒尺寸均为微米级,虽然 BDD 薄膜中的金刚石晶粒有所细化,硬度也有所降低,但是三者对于对磨球表面的犁削效应却没有明显差别,如图 3-25(b)~(d)所示,与微米晶粒度的金刚石薄膜对磨的对磨球表面均存在较深、较宽的比较明显的犁沟。NCD 及 BD-UM-NCCD 薄膜表面的金刚石晶粒均细化到了纳米尺度,其表面粗糙度也得到了明显降低,因此相对于微米晶粒度的金刚石薄膜,这两类薄膜在低碳钢球表面产生的犁削效应得到了明显降低,如图 3-25(e)和(f)所示,与这两类薄膜对磨的对磨球表面仅存在非常细窄、深度很浅的不明显的犁沟。

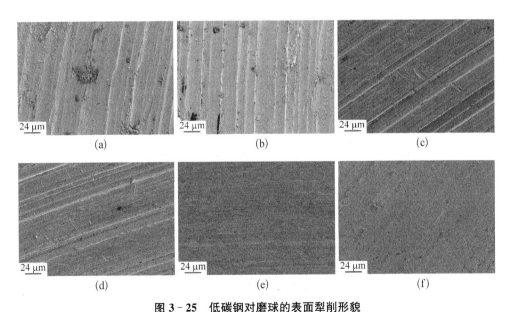

图 3-25　低碳钢对磨球的表面犁削形貌
(a) WC-Co;(b) MCD;(c) BDD;(d) BD-UCD;(e) NCD;(f) BD-UM-NCCD

　　其他金属材料(低碳钢、高碳钢、不锈钢、铝、铜)与金刚石薄膜对磨的摩擦学特性以及摩擦曲线的变化趋势各有不同,本研究中仅就其稳定(或亚稳定)阶段的摩擦系数进行对比研究。如图 3-26 所示为六种样品分别与模具绞线紧压或拉拔生产中常用的五种金属材料对磨的稳态摩擦系数数值。其中低碳钢与高碳钢的主要组分均为碳元素和铁元素，不锈钢的主要组分为碳、铁、锰、铬、镍等，硬质合金或金刚石薄膜与这三类铁基材料对磨的摩擦系数比较接近，其中与高碳钢及不锈钢对磨的摩擦系数略小于与低碳钢对磨的摩擦系数，而六种样品与铝球及铜球对磨的摩擦系数则显著高于低碳钢，这主要是受到对磨球材料的硬度影响（高碳钢及不锈钢的硬度高于低碳钢，铝和铜的硬度一般低于低碳钢），其中铜材料和铝材料的硬度很低，并且具有较强的黏着性能，因此与六种样品对磨的摩擦系数均有明显提升。整体来看，金刚石薄膜与五种金属材料对磨的摩擦系数均明显小于硬质合金材料，这进一步证明了金刚石材料良好的摩擦性能，就五种不同类型的金刚石薄膜而言，由于表面晶粒的细化、表面粗糙度的降低、薄膜中石墨成分的增加或者具有润滑作用的界面转移物质层的形成，表面晶粒为纳米级的金刚石薄膜（NCD 以及 BD－UM－NCCD 薄膜）在与五种金属材料对磨时的稳态摩擦系数相对于表面晶粒为微米级的金刚石薄膜（MCD、BDD 以及 BD－UCD 薄膜）均有所减小。

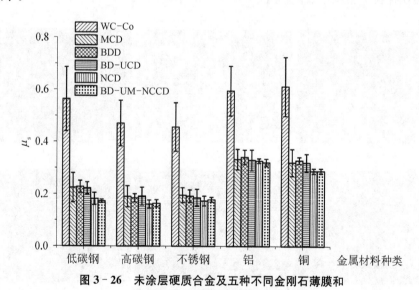

图 3－26　未涂层硬质合金及五种不同金刚石薄膜和常用金属对磨球对磨的稳态摩擦系数

3.4.2　高性能复合金刚石薄膜和氮化硅配副的磨损性能

相较于金刚石薄膜，金属材料的硬度很低，在摩擦试验中对磨球磨损非常严重，摩擦总路径达到 900 m 之后已经难以继续试验，而此时金刚石薄膜表面还不存在明显的磨损痕迹，难以对比不同金刚石薄膜之间磨损率的差异，因此本节中选择了硬度较高的、直径同样为 6 mm 的氮化硅陶瓷对磨球，在同样的环境条件下分别与五种不同类型的金刚石薄膜下试样进行对磨,以对比五种不同的金刚石薄膜在摩擦磨损试验条件下的磨损性能。该组试验所采用的试验参数为:法向载荷 $F_{nf} = 6.0$ N,旋转半径 $r_f = 4.0$ mm,转速 $\omega_f = 1\ 200$ r/min,试验时间 $t_f = 1\ 440$ min,据此计算可以得到对磨球和下试样之间相对运动的线速度约为 0.5 m/s,整个试验过程的摩擦路径总长度为 43 200 m。在该组试验中,五种不同类型的金刚石薄膜与氮化硅材料对磨的摩擦系数变化趋势类似于与低碳钢材料对磨的摩擦系数变化趋势,因此不再赘述,其稳态摩擦阶段的摩擦系数数值如下:MCD 薄膜约为 0.197,BDD 薄膜约为 0.185,BD - UCD 薄膜约为 0.199,NCD 薄膜约为 0.122,BD - UM - NCCD 薄膜约为 0.131。由于氮化硅陶瓷材料的硬度高于硬质合金,在长时间与氮化硅陶瓷球对磨的试验条件下硬质合金磨损非常严重,表面轮廓曲线及磨损率难以准确测量,明显可以判断其耐磨损性能要远逊色于各种金刚石薄膜。

经过总路径为 43 200 m 的摩擦磨损试验后,在金刚石薄膜表面可以获得比较明显的磨损痕迹,采用表面轮廓仪(Dektak 6M)可以获得磨痕及其附近位置的表面轮廓曲线,对该曲线进行高斯拟合并估算即可得到金刚石薄膜在摩擦磨损试验条件下的磨损率 I_d。具体的计算方法为:在每个样品上取四个样点测定其表面轮廓曲线并进行高斯拟合,从而得到四个样点上磨痕截面的面积。对四个结果求平均,然后乘以磨痕周长即可得到总磨损体积,磨损体积除以摩擦试验总路径及法向载荷为其磨损率。此外,通过测定对磨球磨损区域的半径同样可以估算氮化硅陶瓷材料对磨球的磨损率,对磨球磨损区域的形状近似为球缺,根据磨损区域半径及球缺体积公式即可得到其磨损体积,同样用磨损体积除以摩擦试验总路径及法向载荷即可得到对磨球的磨损率 I_b[69]。采用体视显微镜(Motic SMZ168)观测到的与五种不同的金刚石薄膜样品对磨后的氮化硅陶瓷球的磨损形貌、金刚石薄膜表面磨痕形貌及其对应的表面轮廓曲线如图 3 - 27 所示,对磨球及金刚石薄膜的磨损率数值如表 3 - 6 所示。

对磨球的磨损率 I_b 表征的是试验或应用过程中金刚石薄膜对于配副材料的磨损作用,表现在金刚石薄膜涂层模具的应用过程中,就是模具内孔表面沉积的金刚石薄膜对加工材料(不同材质的管材、线材或线束等)的磨损作用。如表 3 - 6 所示,与 MCD 及 BD - UCD 薄膜对磨的氮化硅对磨球的磨损率相对较大,与 BDD、NCD 及 BD - UM - NCCD 薄膜对磨的氮化硅球的磨损率则明显较小,其中与 BDD 薄膜对磨的氮化硅球磨损率较小可归因于硼掺杂作用导致的 BDD 薄膜硬度的降低,而与 NCD 和 BD - UM - NCCD 薄膜对磨的氮化硅球磨损率较小则是因为较低的摩擦系数。

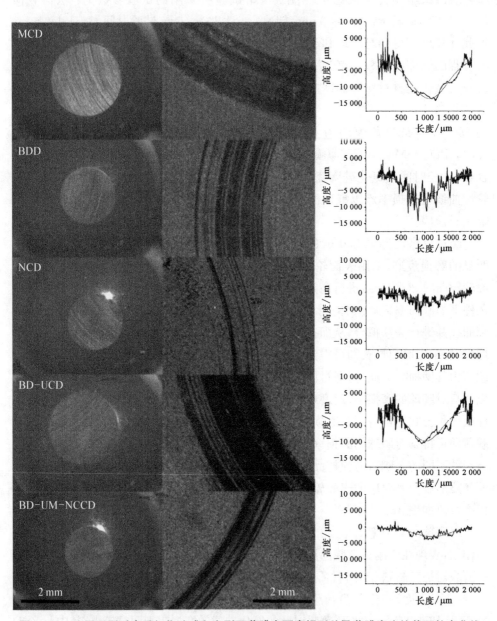

图 3-27　不同配副对磨后氮化硅球和金刚石薄膜表面磨损形貌及薄膜磨痕的截面轮廓曲线

表 3-6　不同配副对磨条件下金刚石薄膜及对磨球的磨损率

对　磨　副	摩擦系数	金刚石薄膜磨损率 I_d/ ($\times10^{-8}$ mm³/N·m)	对磨球磨损率 I_b/ ($\times10^{-6}$ mm³/N·m)
MCD-氮化硅	0.197	12	3.34
BDD-氮化硅	0.185	6.47	1.23
NCD-氮化硅	0.122	2.49	1.18
BD-UCD-氮化硅	0.199	7.83	3.50
BD-UM-NCCD-氮化硅	0.131	2.47	0.78

　　金刚石薄膜的磨损率 I_d 表征的是在试验或应用过程中金刚石薄膜自身的耐磨损性能,同样从表 3-6 中可以对比看出,MCD、BDD 及 BD-UCD 薄膜的磨损率都比较大,而 NCD 及 BD-UM-NCCD 薄膜的磨损率显著下降,这说明在摩擦磨损试验条件下,金刚石薄膜的磨损性能主要取决于其表面粗糙度以及由不同的表面粗糙度或其他各种因素导致的不同的摩擦特性(摩擦系数),对于表面金刚石晶粒为纳米级的两种薄膜而言,表面粗糙度较小,摩擦系数较小,因此在摩擦试验过程中,两种薄膜及其对应的配副材料的磨损率均会明显下降。

　　总而言之,硼掺杂技术可以细化金刚石颗粒,因此 BDD 薄膜的标准摩擦磨损性能略优于 MCD 薄膜。NCD 薄膜表面粗糙度大幅降低,因此表现出非常优异的标准摩擦磨损性能。BD-UM-NCCD 薄膜具有类似于 NCD 薄膜的标准摩擦磨损性能。由于表面 MCD 薄膜层的作用,BD-UCD 薄膜的标准摩擦磨损性能则与 MCD 薄膜类似,因此在要求工作表面具有较低摩擦系数和较好摩擦特性的内孔应用场合,应当选用 NCD 薄膜或 BD-UM-NCCD 薄膜作为其内孔表面耐磨减摩涂层。

3.5　热丝 CVD 金刚石薄膜的应用摩擦磨损性能研究

　　金刚石薄膜在摩擦磨损试验条件下表现出来的磨损性能与其在实际应用中的磨损性能往往存在差异,尤其可以从上面的研究结果中可以看出,在摩擦磨损试验中,金刚石薄膜附着性能的差异并没有对其磨损率产生明显的影响,而在实际应用中,附着性能却常常成为制约金刚石薄膜综合摩擦磨损性能的一个重要因素。本章对于金刚石薄膜摩擦磨损性能的研究主要是为金刚石薄膜在耐磨减摩器件,尤其是拉拔模具内孔表面的应用提供理论依据,因此本节根据拉拔模具的实际应用条件,采用内孔线抛光机作为试验设备,设计了一种新型的内孔金刚石薄膜应用摩擦磨损性能的检测方法,以评价不同类型的金刚石薄膜在近似应用环境下的摩擦磨损性能[106]。

应用摩擦磨损试验设备(内孔线抛光机)及原理图如图 3 - 28 所示。试验中采用的外试样分别为在内孔表面沉积了厚度约为 30 μm 的不同类型金刚石薄膜(基于丙酮碳源的 MCD、BDD、NCD、BD - UCD、BD - UM - NCCD 薄膜,采用不同碳源沉积的 MCD 薄膜)的定径带直径为 3.0 mm 的拉拔模具,以及同样尺寸参数的未涂层硬质合金模具。样品的表面形貌与摩擦磨损试验中采用的平片样品类似,在此不再赘述。内试样为直径 3.6 mm 的低碳钢丝。通过弹塑性静态仿真计算可知,在该过盈的初始状态下,内外试样之间的径向载荷约为 7 000 N。试验前,先将外试样浸泡在丙酮溶液中进行 30 min 的超声清洗以去除内孔试验表面的杂质,然后采用线拉拔机将内试样装配入外试样的定径带内孔中,内外试样呈过盈配合。试验过程中,内试样以 0.3 m/s 的线速度 v_a 沿模具轴向做往复运动,外试样则以 300 r/min 的转速 ω_a 做圆周运动,因此内外试样对磨表面会产生剧烈摩擦,同时外试样还有可能会对内试样压缩区和定径带的连接位置产生冲击作用。根据上述参数换算得到内外试样之间相对运动的线速度约为 0.303 7 m/s。

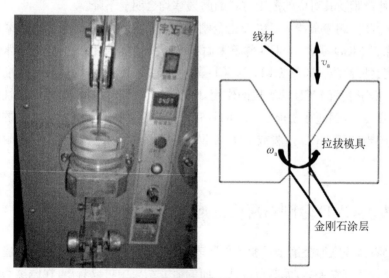

图 3 - 28　应用摩擦磨损试验设备及原理

在试验过程中每隔 3 min 采用计量精度为 ±0.01 mg 的精密电子天平测量外试样的失重,以此为依据可以计算不同金刚石薄膜或硬质合金材料在应用摩擦磨损条件下的磨损率 I_{da},每个采样时间点外试样的磨损率 I_{da} 定义为该时间点前 3 min 内的失重除以内外试样之间的径向载荷和该时间段内的相对运动距离

（mg/N·m）。假设不同外试样材料对于内试样的磨损完全一致，并假设在整个试验过程中，内外试样之间的径向载荷固定为 7 000 N，每次测量之前同样要将样品浸泡在丙酮溶液中进行 15 min 的超声清洗以去除表面黏附的破碎磨料或样品材料。同时采用体视显微镜观测外试样内孔表面的磨损形貌，以通过薄膜剥落等失效特征来综合评价不同金刚石薄膜的耐磨损性能。

硬质合金及五种不同金刚石薄膜涂层外试样模具在应用摩擦磨损试验条件下磨损率 I_{da} 随时间的变化曲线如图 3 - 29（a）所示，五种金刚石薄膜在应用摩擦磨损试验条件下的磨损性能与其在试验机摩擦磨损试验条件下的磨损性能存在一定的区别。首先可以看出，在应用摩擦磨损试验条件下，硬质合金的 I_{da} 仍然远高于各种金刚石薄膜在稳态磨损阶段（前半段）的 I_{da}，而五种金刚石薄膜涂层样品在经历了稳态磨损阶段之后，I_{da} 均会迅速上升，并且达到甚至超过硬质合金样品的 I_{da}，这主要是由金刚石薄膜的大面积脱落以及薄膜大面积脱落或全部磨损之后失去金刚石薄膜保护作用的硬质合金基体的持续磨损造成的。在金刚石薄膜涂层样品中，硬质合金基体是采用酸碱两步法进行过预处理的，其基体的耐磨损性能不及未涂层未处理硬质合金样品的耐磨损性能，因此曲线中后半段的 I_{da} 数值甚至会超过硬质合金。在五种金刚石薄膜中，NCD 薄膜的稳态磨损率显著高于其他四种薄膜，这主要是因为 NCD 薄膜中金刚石纯度的降低及晶粒细化导致的薄膜硬度的降低。然而，表层为 NCD 薄膜层的 BD - UM - NCCD 薄膜则表现出与 BD - UCD 薄膜几乎一致的稳态磨损率，这则是因为其表层的 NCD 薄膜层较薄，如图 3 - 16 所示，在应用摩擦磨损试验初期表层的一部分 NCD 薄膜层就会很快地磨损，而中间层的 MCD 薄膜极高的硬度特性和耐磨损性能就会体现出来，从而保证 BD - UM - NCCD 薄膜也具有较小的稳态磨损率和较好的耐磨损性能。

与金刚石薄膜的冲蚀磨损性能类似，薄膜脱落同样是评价其应用摩擦磨损性能的一个重要指标，并且薄膜脱落特性同样取决于不同金刚石薄膜与基体之间的附着性能。NCD 薄膜与基体之间的附着性能最差，因此在 9 min 之后其磨损率 I_{da} 就开始迅速上升，这意味着 NCD 薄膜已经开始出现大面积的脱落。对附着性能一般的 MCD 薄膜而言，薄膜大面积脱落的起始时间为 12 min。BDD、BD - UCD 以及 BD - UM - NCCD 薄膜的底层均为 BDD 薄膜，硼掺杂作用有利于改进基体与金刚石薄膜之间的附着性能，并且各层金刚石薄膜之间同样具有较高的结合强度，因此这三种薄膜开始出现大面积脱落的时间均在 21 min 左右，相比较于 NCD 及 MCD 薄膜，其应用摩擦磨损性能均有显著提升。五种不同金刚石薄膜不同的薄膜脱落特性同样可以从它们在应用摩擦磨损试验进行 12 min 时的表面磨损形貌中直观地观察到，如图 3 - 29（b）所示。

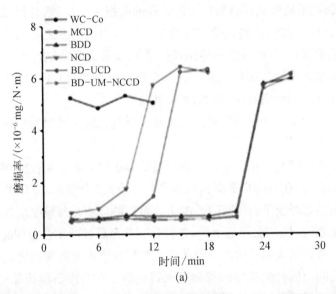

(a)

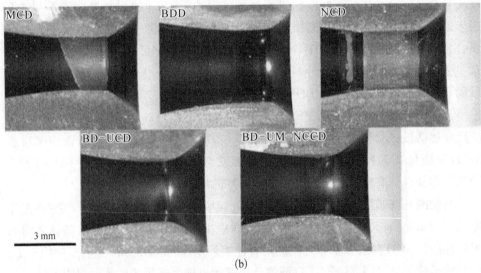

(b)

图 3-29　硬质合金及五种金刚石薄膜在应用摩擦磨损试验条件下磨损率随时间的变化曲线
及试验时间为 **12 min** 时五种不同金刚石薄膜的表面磨损形貌（**10 倍放大**）

(a) 磨损率变化曲线；(b) 磨损形貌

　　综上所述,硼掺杂技术可以显著提高金刚石薄膜的附着性能,因此 BDD 薄膜的应用摩擦磨损性能优于 MCD 薄膜。NCD 薄膜中金刚石成分的降低及附着性能的劣化对其应用摩擦磨损性能产生了不利影响。由于 MCD 薄膜层的作用, BD-UM-NCCD 薄膜具有较好的应用摩擦磨损性能。BD-UCD 综合了 BDD 薄膜附着性能好和 MCD 薄膜硬度高的优点,因此表现出最佳的应用摩擦磨损性能。结合标准摩擦磨损试验结果可知,在对工作表面摩擦磨损性能(包括摩擦系数、磨损、薄膜寿命)提出较高综合要求的内孔应用场合,BD - UM - NCCD 薄膜是最适用的内孔表面耐磨涂层。

3.6　碳源对微米金刚石薄膜摩擦磨损性能的影响

根据前文所述标准摩擦磨损试验和自行设计的应用摩擦磨损试验方法以及金刚石薄膜的实际应用工况(金刚石薄膜涂层拉丝模拉拔不锈钢丝以及金刚石薄膜涂层密封环),本节设计了两组试验,分别研究碳源对硬质合金基金刚石薄膜与不锈钢球对磨以及 SiC 基金刚石薄膜与 Si_3N_4 球对磨的摩擦磨损性能。

3.6.1　硬质合金基微米金刚石薄膜-不锈钢对磨的摩擦磨损性能

1) 试验方法

在金刚石薄膜涂层拉拔模具冷拉加工不锈钢的应用工况中,常用的模具基体材料是 WC - 6% Co(质量分数)(钨钴类硬质合金 K20),因此在本节研究中,分别采用甲烷、丙酮、甲醇和乙醇作为碳源在同种材料的平片基体(12 mm×12 mm×2.5 mm)表面和典型模具基体(ϕ22 mm×18 mm,定径带直径 3.0 mm)内孔表面沉积了 MCD 薄膜,然后采用标准摩擦磨损试验和自行设计的应用摩擦磨损试验对其摩擦磨损性能进行了对比研究。

采用硬质合金模具在沉积金刚石薄膜之前先对其内孔进行加工,使其定径带直径尺寸保持在公差带范围内(ϕ3.0 mm±0.02 mm),然后采用酸碱两步法对所有基体进行预处理,采用金刚石微粉研磨基体表面,最后分别用丙酮和去离子水超声清洗。

金刚石薄膜沉积过程中所采用的反应源为碳源和过量氢气,当所采用的碳源为液体时(丙酮、甲醇和乙醇),一部分氢气作为载流气体通过鼓泡法将碳源带入反应腔。为了保证对比试验中的总反应气体流量和碳源浓度参数保持一致,需要根据不同液体碳源的饱和蒸气压来确定载流氢气和纯氢气的流量。因为碳源对于金刚石薄膜的生长速率也有明显影响,为了保证后续摩擦磨损试验中薄膜厚度的一致性,在薄膜沉积过程中还需要控制不同碳源环境下的生长时间。具体的样品信息和共用的沉积参数分别如表 3 - 7 和表 3 - 8 所示。

标准摩擦磨损试验在 PCR - T 球盘旋转式摩擦磨损试验机上进行,试验条件为干摩擦(25℃,50%相对湿度),采用的盘试样为采用不同碳源制备的 MCD 薄膜涂层样品以及用作对比的未涂层硬质合金样品,球试样为直径 4 mm 的 304 不锈钢球,具体的摩擦磨损试验参数如表 3 - 9 所示[113]。

表 3-7 具体的样品信息

样品编号	样品类型	碳源类型	纯 H_2 流量/(mL/min)	载流 H_2 流量/(mL/min)	沉积时间/h	薄膜厚度/μm
A0	WC-Co 平片	—	—	—	—	
A1	MCD 平片	甲烷	900(形核) 840(生长)	0	0.5(形核) 16(生长)	8~9
A2	MCD 平片	丙酮 (0℃)	600(形核) 600(生长)	300(形核) 240(生长)	0.5(形核) 8(生长)	8~9
A3	MCD 平片	甲醇 (0℃)	564(形核) 570(生长)	336(形核) 270(生长)	0.5(形核) 14(生长)	8~9
A4	MCD 平片	乙醇 (26℃)	189(形核) 270(生长)	711(形核) 570(生长)	0.5(形核) 8(生长)	8~9
B0	WC-Co 模具					
B1	MCD 模具	甲烷	900(形核) 840(生长)	0	0.25(形核) 15(生长)	27~30
B2	MCD 模具	丙酮 (0℃)	600(形核) 600(生长)	300(形核) 240(生长)	0.25(形核) 9(生长)	27~30
B3	MCD 模具	甲醇 (0℃)	564(形核) 570(生长)	336(形核) 270(生长)	0.25(形核) 13(生长)	27~30
B4	MCD 模具	乙醇 (26℃)	189(形核) 270(生长)	711(形核) 570(生长)	0.25(形核) 9(生长)	27~30

表 3-8 采用不同碳源沉积 MCD 薄膜时的共用参数

	样品组 A		样品组 B	
	形核	生长	形核	生长
反应气体总流量/(mL/min)	928.8	863.1	928.8	863.1
碳源浓度/%	3.11	2.68	3.11	2.68
热丝根数/根	6	6	1	1
热丝直径/mm	0.55	0.55	0.36	0.36
热丝长度/mm	130	130	70	70
热丝间距/mm	26	26	—	—
热丝-基体间距/mm	12	12	1.32±0.01	1.32±0.01
反应压力/Pa	1 200	3 000	1 200	4 000
热丝温度/℃	2 200±50	2 200±50	2 150±50	2 150±50

（续表）

	样品组 A		样品组 B	
	形核	生长	形核	生长
基体温度/℃	850～900	800～850	850～900	800～850
偏压电流/A	3.0	2.0	2.0	1.5

表 3-9　标准摩擦磨损试验所采用的试验参数

参　　数	数　　值
法向载荷 F_n/N	3.0/5.0/7.0
旋转半径 r/mm	4.0
转速 n/(r/min)	600/800/1 000
试验时间 t/min	60
相对滑动速度 v/(m/s)	0.251/0.335/0.419
相对滑动距离 l/m	904/1 206/1 508

在标准摩擦磨损试验条件下,因为不锈钢球的硬度明显低于金刚石薄膜,磨损速度远远高于金刚石薄膜,金刚石薄膜-不锈钢对磨副中的金刚石薄膜很难产生磨损,因此本节研究中还采用自行设计的模拟实际拉拔工况的应用磨损试验[105]进一步研究碳源对金刚石薄膜磨损特性的影响,采用的试样是使用不同碳源制备的金刚石薄膜涂层模具样品。在试验初始阶段,直径为(3.2±0.02) mm 的不锈钢丝与模具内孔过盈配合,然后不锈钢丝沿内孔轴线以 0.3 m/s 的速度做往返运动,同时模具以 300 r/min 的转速转动,从而在模具和不锈钢丝之间形成 0.303 7 m/s 的相对线速度。因为在该试验过程中不锈钢丝很快就会压缩变细或磨损,因此每根不锈钢丝的试验时间设定为 6 min,在该试验条件下,通过拉拔过程仿真可以得到模具内孔表面金刚石薄膜与不锈钢丝之间的平均法向载荷约为 1 126 N。

2) 微米金刚石薄膜涂层硬质合金样品表征

如表 3-7 所示,甲醇碳源 MCD 薄膜的生长速率略高于甲烷碳源 MCD,而采用丙酮和乙醇作为碳源的生长速率更高,选取不同的生长时间可以获得具有类似厚度的薄膜。模具内孔表面薄膜生长速率要高于平片基体表面,这是因为内孔沉积时的热丝-基体间距非常小,因此活性基团会有更高概率移动到基体表面。不同样品的表面形貌及两个典型样品的截面形貌如图 3-30 所示,对平片基体而言,甲烷碳源 MCD 薄膜具有较小的晶粒尺寸,但是在模具内孔表面沉积的 MCD 薄膜晶

图 3 - 30　所有样品的表面形貌及两类典型样品的截面形貌

粒尺寸不存在明显差距。不同样品的表面粗糙度 R_a 值参见表 3 - 10 和表 3 - 11，采用不同碳源沉积的 MCD 薄膜的表面粗糙度与其表面晶粒度成正相关关系，而用作对比的抛光后硬质合金基体表面具有更低的表面粗糙度。

表 3 - 10　平片样品表征及摩擦磨损试验结果汇总 ($v=0.251$ m/s, $F_n=3.0$ N)

样品编号	A0	A1	A2	A3	A4
晶粒尺寸 G/μm	—	3～4	4～5	4～5	4～5
表面粗糙度 R_a/nm	42.17	243.51	307.22	335.49	301.14
薄膜质量 Q/%	—	94.44	66.01	22.77	58.62
石墨峰与所有峰强度比 I_G/I_T/%	—	0.21	13.29	24.26	14.80
硬度 H/GPa	23.06	88.16	75.93	61.15	74.21
弹性模量 E/GPa	637.37	832.34	816.29	773.42	781.02
断裂韧性 K/(MPa·m$^{0.5}$)	—	0.992	0.846	0.577	0.799
初始最高摩擦系数 MCOF	—	0.454	0.513	0.599	0.507
稳定阶段平均摩擦系数 SCOF	0.597	0.177	0.189	0.217	0.191
摩擦试验后 I_G/I_T/%	—	18.77	22.96	23.17	18.37
平片磨损率 I_{bw}/($\times10^{-4}$ mg/N·m)	6.68	8.52	8.52	13.8	8.77
球磨损率 I_{bw}/(mg/N·m)	5.79	8.42	8.17	13.52	8.69

表 3 - 11　模具样品表征及应用磨损试验结果汇总

样品编号	B0	B1	B2	B3	B4
晶粒尺寸 G/μm	—	6～8	6～8	6～8	6～8
表面粗糙度 R_a/nm	71.42	301.54	322.47	309.67	319.11
薄膜质量 Q/%	—	87.14	69.77	25.72	64.11
I_G/I_T/%	—	0.64	11.17	29.26	13.92
0.5 min 试验后 I_G/I_T/%	—	36.79	39.42	37.44	35.94
6 min 试验后 I_G/I_T/%	—	15.77	18.42	28.14	15.04
薄膜稳态磨损率 I_{da}/($\times10^{-7}$ mg/N·m)	—	1.09	3.02	5.72	3.41
薄膜脱落时间/min	—	34	26	16	28

在平片基体表面沉积的 MCD 薄膜的拉曼光谱如图 3 - 31 所示，其中 1 332.4 cm^{-1} 附近位置的峰是金刚石特征峰，为了对比采用不同碳源沉积的薄膜的成分构成，所有

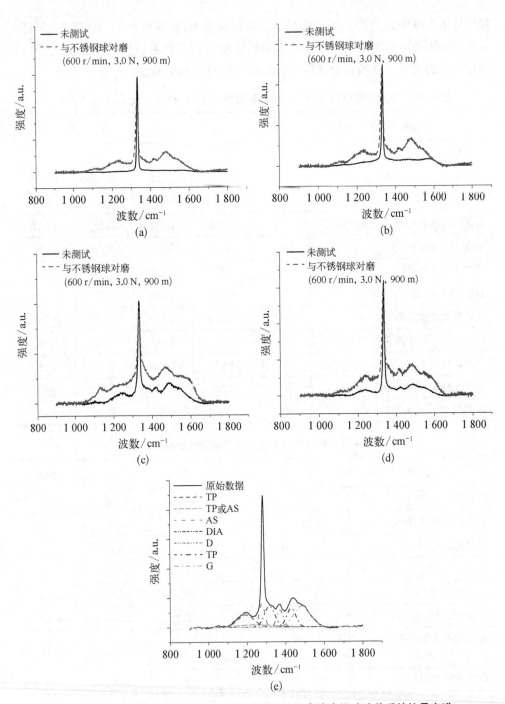

图 3-31 平片基体表面制备的 MCD 薄膜在标准摩擦磨损试验前后的拉曼光谱

(a) A1;(b) A2;(c) A3;(d) A4;(e) A3 样品在试验前的拉曼光谱分峰结果

拉曼光谱均作分峰处理,分峰后的典型实例如图 3-31(e)所示,其中 TP 指的是反式聚乙炔对应的拟合峰(大约在 1 150 cm⁻¹ 和 1 480 cm⁻¹ 附近位置),AS 指的是非晶 sp³ 相拟合峰(大约在 1 250 cm⁻¹ 附近位置),D 指的是无定形碳拟合峰(大约在 1 350 cm⁻¹ 附近位置),G 指的是石墨相拟合峰(大约在 1 580 cm⁻¹ 附近位置)。根据金刚石特征峰的峰移可以计算出不同金刚石薄膜内的残余应力,根据金刚石特征峰的积分强度和所有峰的积分强度可以粗略计算出不同薄膜的纯度 I_D/I_T,同理可以计算出石墨相成分的相对含量 I_G/I_T(不考虑拉曼信号对不同成分的敏感度,仅用作横向对比),相应的计算结果参见表 3-10 和表 3-11,其中采用甲烷作为碳源沉积的 MCD 薄膜具有较低的残余应力、较高的薄膜质量和较少的石墨相成分,但是采用 O/C 比最高的甲醇沉积的 MCD 薄膜则具有最高的残余应力、最差的薄膜质量和最多的石墨相成分,这主要跟氧元素导致二次形核增多和生长速率加快进而导致薄膜内缺陷增加有关。上述影响规律与前期研究中在 SiC 平片基体表面获得的碳源影响规律一致[103]。

采用纳米压痕试验可以获得平片样品的压入深度-载荷曲线,如图 3-32 所示,采用的最大压入载荷为 20 mN,根据该曲线可以计算得到不同样品的纳米硬度和弹性模量。由于纳米压痕对于表面粗糙度非常敏感,因此所有样品在测试前先采用机械抛光的方法将其表面粗糙度降低到 30 nm 以下。采用洛氏压痕试验(载荷 588 N)可获得不同 MCD 薄膜表面的压痕形貌,如图 3-33 所示,进而近似对比其附着性能及断裂韧性的差异。纳米硬度、弹性模量及断裂韧性的计算结果参见

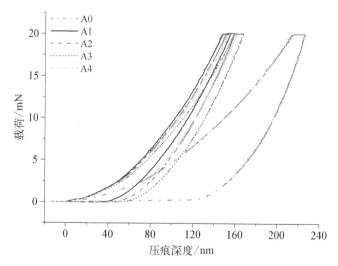

图 3-32　采用纳米压痕试验获得的不同平片样品的压入深度-载荷曲线

表3-10。采用甲烷作为碳源制备的 MCD 薄膜表现出最佳的附着性能(最高的断裂韧性)、最高的硬度和弹性模量,而在三种液体碳源中,丙酮可以提供最佳的附着性能、最高的硬度和弹性模量,与之相反的则是甲醇,这同样与采用不同碳源沉积的 MCD 薄膜的质量(薄膜内缺陷和杂质的数量等)相关。

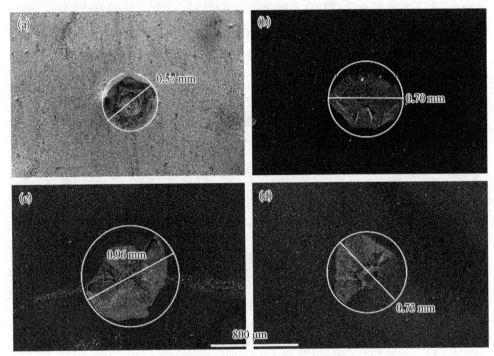

图3-33 采用洛氏压痕试验获得的不同平片样品的压痕形貌
(a) A1;(b) A2;(c) A3;(d) A4

3) 标准摩擦磨损试验结果与讨论

典型样品在不同法向载荷 F_n 或线速度 v 下与不锈钢球对磨的摩擦系数随时间的变化曲线如图3-34所示,大多数摩擦系数曲线都具有类似的变化规律,即在试验初始阶段存在初始峰值(阶段 I),然后迅速下降(阶段 II),最后进入一个动态平衡的相对稳定阶段(阶段 III)。一个例外情况是当载荷较高、滑动速度较低(F_n=7.0 N, v=0.251/0.335 m/s)时,采用甲醇碳源沉积的 MCD 薄膜的摩擦系数变化曲线的相对稳定阶段中会出现明显的周期性变化阶段(阶段 IV 和 V),如图3-34(c)所示。另外一个例外情况是在所有试验条件下硬质合金的摩擦系数曲线在整个试验过程中都表现出高频高幅度的振荡特性,如图3-34(d)所示。

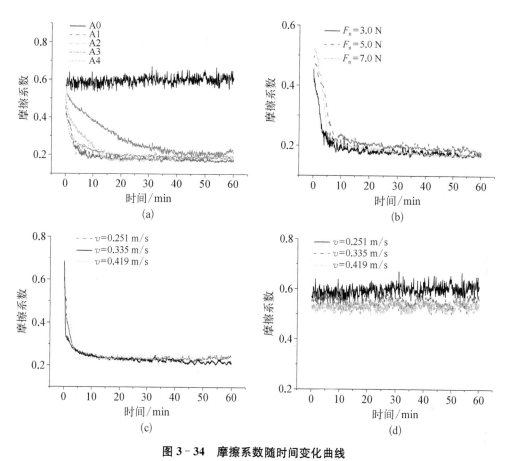

图 3 - 34　摩擦系数随时间变化曲线

（a）A0～A4（$F_n = 3.0$ N，$v = 0.251$ m/s）；（b）A1（$F_n = 3.0/5.0/7.0$ N，$v = 0.251$ m/s）；（c）A3（$F_n = 7.0$ N，$v = 0.251/0.335/0.419$ m/s）；（d）A0（$F_n = 3.0$ N，$v = 0.251/0.335/0.419$ m/s）

　　摩擦力的来源可以归结为附着作用和犁削作用,在球盘对磨系统中,犁削作用又可以区分为球体塑性变形压入盘体的宏观作用以及表面凸起的微观相互作用。该研究中采用的盘样品材料硬度要显著高于球样品,因此宏观作用只有在最初始阶段起到一定作用,此时球体发生塑性变形并在盘表面形成均衡的摩擦轨迹,而随后就不再有塑性变形发生。微观作用与球盘表面粗糙度息息相关,在整个试验过程中,尤其是在阶段 I 和 II 都会起到非常重要的作用。该研究中制备的 MCD 薄膜均具有相对比较粗糙的表面和明显的尖锐凸起,因此摩擦系数的初始峰值都可以归因于薄膜表面的尖锐凸起与球表面的机械锁合作用,尤其当金刚石尖锐凸起压入硬度较小的不锈钢球表面内并相对移动时会产生较大的阻力,这种作用可称之为犁削效应。犁削效应会在球体表面产生明显的划痕,如图 3 - 35 所示。同时在大气环境下,虽然是干摩擦,但是空气也存在一定湿度,并且摩擦试验过程中表面温度会升高,材料容易发生氧化反应,因此不锈钢球体表面的元素构成中除不锈钢原有成分外,还存在一定的氧。通过对比可知,由于采用甲烷沉积的 MCD 薄膜晶粒尺寸较小,因此在不锈钢球表面犁削产生的划痕深度和宽度也相对较小。但是预先抛光过的硬质合金基体虽然表面粗糙度很小,却可以在不锈钢球表面犁削产生较深的划痕,这是因为硬质合金中相对较软的钴黏结相较易磨损,因此在摩擦磨损试验中 WC 颗粒会逐渐凸出。

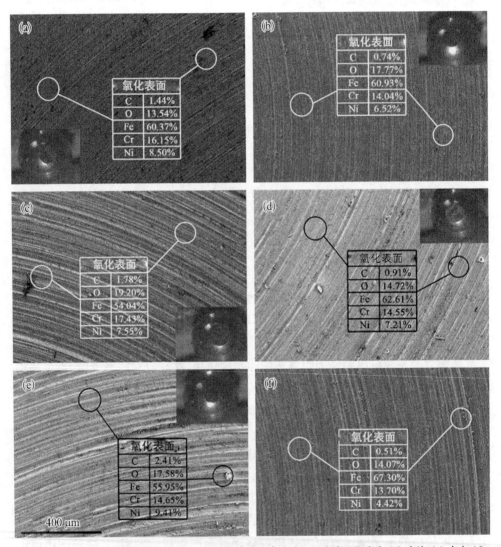

图 3-35　在 3.0 N 法向载荷、0.251 m/s 线速度下与(a) A1;(b) A2;(c) A3;(d) A4;(e) A0 对磨的不锈钢球的磨损表面形貌以及(f) 在 7.0 N 法向载荷、0.251 m/s 线速度下与 A2 对磨的不锈钢球的磨损表面形貌,包含磨损表面的元素构成(质量分数)

　　摩擦系数变化曲线中摩擦系数迅速下降的阶段可称之为"磨合"阶段,该阶段会发生三种主要的物理或化学反应。第一,金刚石薄膜表面的凸起会逐渐磨损,而金刚石薄膜或对磨球磨损产生的磨屑会逐渐填充金刚石晶粒间的凹陷区域;第二,在具有一定湿度的空气环境下,含有 C、Fe、Cr 和 Ni 元素的磨屑容易发生氧化反应生成 Fe_xO_y、Cr_xO_y 和 Ni_xO_y,这些氧化磨屑不但会填充金刚石晶粒间的凹陷,并且会在金刚石薄膜表面连续附着形成转移层,如图 3-36 所示;第三,在摩擦磨损试验中,金刚石薄膜与不锈钢球的对磨表面具有局部的高温和高接触压力,此外铁元素还具有催石墨化作用,因此金刚石薄膜表面比较容易发生石墨化,如图 3-31 和表 3-10 所示,摩擦磨损试验后所有的 MCD 薄膜中的石墨含量都会有不同程度的增加。I_G/I_T 的值和摩擦磨损试验时间之间的具体关系如图 3-37 所示,石墨化主要发生在磨合阶段,而在后续的试验过程中,由于金刚石薄膜表面覆盖了部分氧化转移层,不锈钢球表现也已经发生了明显的氧化反应,因此金刚石材料与具有催石墨化作用的铁单质元素不再有直接接触,石墨化程度也便趋于稳定。这也可以解释为什么虽然铁元素具有催石墨化作用,金刚石薄膜涂层拉拔模具却仍然可以用来拉拔不锈钢、低碳钢、中碳钢等材料。但是金刚石薄膜涂层刀具不能用于铁

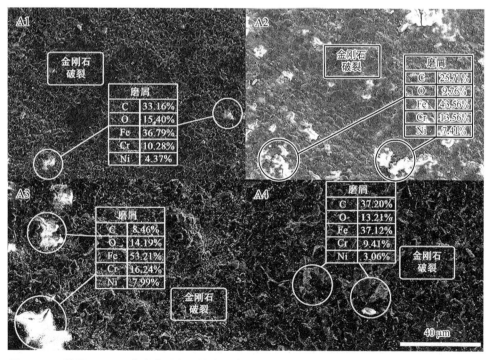

图 3-36　样品 A1～A4 在磨合阶段后的表面磨损形貌以及表面附着磨屑的元素构成(质量分数)

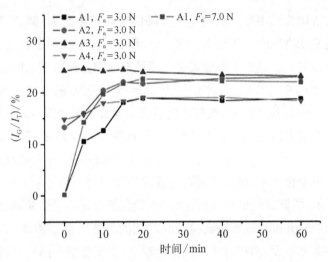

图 3 - 37 　样品 A1～A4 的 I_G/I_T 与试验时间之间的关系($v=0.251$ m/s)

基金属的加工,这是因为切削加工过程中工件材料会不断被去除,碳元素非常容易向新生表面的铁基金属中扩散。

在上述三种反应的综合作用下,摩擦系数会逐渐下降,然后由于 MCD 薄膜和不锈钢球之间的接触和交互作用,氧化反应及石墨化均逐渐趋于稳定,摩擦系数也会进入稳定阶段(阶段 III)。但是由于这些反应在该阶段里面也会有微小的变化,因此摩擦系数还是会出现高频小幅振荡,比如,由于在试验过程中覆盖在薄膜表面的磨屑还有可能被去除,而此时金刚石薄膜表面可能还没有被完全磨平,就会重新凸出,尤其是在较高的法向载荷和较低的相对滑动速度下($F_n=7.0$ N,$v=0.251/0.335$ m/s),采用甲醇碳源沉积的 MCD 薄膜的摩擦系数在相对稳定阶段表现出明显的周期变化趋势。其中阶段 IV 表征的是摩擦系数略微上升的阶段,这主要是由于较软的对磨球材料逐渐在薄膜表面堆积并形成转移层,该转移层与对磨球材质基本相同,因此二者相对滑动的阻力较大。阶段 V 表征摩擦系数略微下降的阶段,这则可能是因为较小而硬的金刚石磨屑会形成并存在于金刚石薄膜和不锈钢球的对磨表面,从而起到三体磨损的作用。转移层和金刚石磨屑的交替形成、附着和去除导致了摩擦系数的周期变化,这种变化在特定的情况下比较明显,这是因为只采用甲醇沉积的 MCD 薄膜表面存在较多的缺陷,并且该薄膜硬度较低,在较高的载荷下相对比较容易磨损并形成金刚石磨屑,较低的相对滑动速度有利于磨屑的积聚。

相比于金刚石薄膜,经过抛光的硬质合金中的黏结相比较容易磨损,然后凸出的 WC 颗粒同样起到犁削作用,从而导致在硬质合金的摩擦系数曲线中会出现比较高的峰值。而凸出的 WC 颗粒也会迅速磨损,从而导致摩擦系数在短时间内迅速下降到达较低的数值。这一作用的交替出现导致其摩擦系数曲线呈现出高频大幅的振动特性。

采用不同碳源沉积的 MCD 薄膜的摩擦系数曲线如图 3-34 所示($F_n=3.0$ N，$v=0.251$ m/s)，对应的摩擦系数最大值 MCOF 和稳定阶段平均摩擦系数 SCOF 如表 3-10 所示。虽然采用甲醇作为碳源沉积的 MCD 薄膜在摩擦磨损试验之前表现出明显更高的 I_G/I_T 值，在摩擦磨损试验之后也表现出略高的 I_G/I_T 值，并且石墨具有一定的润滑作用，但是该薄膜仍然表现出最高的 MCOF 和 SCOF 数值，这主要是因为在初始阶段，该薄膜表面存在的较多缺陷会导致更加明显的机械锁合作用，从而导致较高的 MCOF 值。而在相对稳定阶段，由于薄膜表面的石墨化作用，其他薄膜表面的石墨含量也已经非常接近采用甲醇沉积的 MCD 薄膜表面的石墨含量，因此石墨润滑作用的差异已经不是十分明显。此外，金刚石薄膜的表面质量、表面粗糙度和亚表面的结构缺陷同样会对稳定阶段的摩擦系数产生影响，因此采用甲醇沉积的 MCD 薄膜也表现出最高的 SCOF 值。相比之下，采用甲烷沉积的 MCD 薄膜具有较小的晶粒尺寸、较低的摩擦系数、良好的薄膜质量、较少的结构缺陷，因此 MCOF 和 SCOF 最低。此外，碳源对于薄膜磨合阶段的时间也有明显影响，甲醇碳源 MCD 磨合时间最长，而甲烷碳源 MCD 薄膜磨合时间最短。

在金刚石薄膜-不锈钢球对磨系统中，金刚石薄膜的磨损量很小，难以精确检测，但是不锈钢球的磨损量比较容易通过测量磨损体积或失重的方法得到。图 3-35 中给出了与不同 MCD 对磨的不锈钢球的宏观磨损形貌，基于该形貌可以计算得出不锈钢球的磨损量 I_{bv}，此外通过测量不锈钢球的失重同样可以计算出不锈钢球的磨损量 I_{bw}，二者具有较好的一致性。虽然甲醇碳源 MCD 薄膜硬度较低，却会导致较高的对磨球磨损，这是因为其表面粗糙度和摩擦系数较高。摩擦磨损试验中对磨球的磨损量可用来近似评估拉拔生产中不锈钢丝的磨损情况。也就是说，甲醇碳源 MCD 薄膜涂层模具可能会导致较高的金属材料浪费。

从图 3-34(b)可以看出，当相对滑动速度为 0.251 m/s 时，甲烷碳源 MCD 薄膜的 MCOF 和 SCOF 值均会随法向载荷的增加而增大。类似的变化趋势在其他滑动速度和其他样品中同样存在，包括硬质合金的总平均摩擦系数 TACOF，如图 3-38(a)所示。较高的法向载荷会导致较高的接触应力以及较大的金刚石薄膜(或表面凸起)和球体变形，因此滑动阻力会变大。当法向载荷从 3.0 N 增加到 5.0 N 时，MCOF 值会有 13.5%～19.5%的增大。相比之下，SCOF 值的增幅只有 5.0%～7.5%，这是因为与初始阶段相比，在稳定摩擦磨损阶段变得相对光滑的金刚石薄膜表面和增大的接触面积会分担增大的接触应力，缓解金刚石薄膜和球体变形。此外，由于在较大的载荷下转移物质层也比较容易被去除，因此金刚石薄膜更容易与新生的不锈钢表面接触,产生更为严重的石墨化,如图 3-37 所示,样品 A_1 在 7.0 N 载荷下稳定摩擦磨损阶段的 I_G/I_T 值约为 22%,明显高于在 3.0 N 载荷下的数值。更高的石墨化程度会提供更好的润滑条件,这也是 SOCF 随法向载荷增加而增大的幅度显著小于 MCOF 的原因。

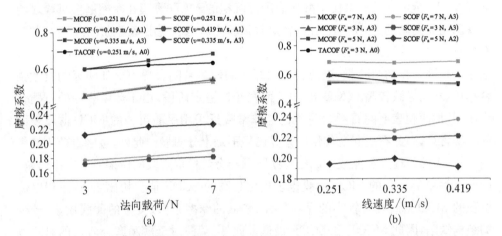

图 3-38 不同样品与不锈钢球对磨时的摩擦系数与(a) 法向载荷及(b) 线速度之间的关系

在本章研究的所有试验条件下,硬质合金样品的 TACOF 值都要高于采用不同碳源沉积的 MCD 薄膜的 SCOF 值,甚至接近相应的 MCOF 值,这说明金刚石薄膜具有显著优于硬质合金的本征摩擦磨损特性。但是随着法向载荷的增加,硬质合金 TACOF 值的增幅只有 5%,这主要跟其光滑的表面和较高的基数有关。

根据图 3-34(c)~(d) 及其他典型试验结果可得到不同样品摩擦系数与相对滑动速度之间的关系,如图 3-38(b)所示。当滑动速度从 0.251 m/s 增加到 0.419 m/s时,采用不同碳源沉积的 MCD 薄膜的 MCOF 和 SCOF 值基本没有变化,但是硬质合金的 TACOF 值却会逐渐下降。对于很多金属或非金属材料,增加相对滑动速度会导致剪切率的增加和表面强度的增强,因此有助于降低实际接触面积和干摩擦条件下的摩擦系数,这一理论可以用来解释具有相对较高韧性的硬质合金 TACOF 与滑动速度之间的关系,而金刚石薄膜具有极高的硬度和脆性,因此其摩擦系数与滑动速度不存在明显关系。

4) 应用磨损试验结果与讨论

在应用磨损试验条件下采用不同碳源制备的 MCD 薄膜涂层模具磨损率随时间的变化曲线如图 3-39 所示。对于硬质合金模具而言,在应用磨损试验中,随着模具内孔的逐渐磨损和孔径变大,不锈钢丝与模具内孔表面之间的实际法向载荷会逐渐减小,因此基于固定的法向载荷值计算得到的模具磨损率会急剧减小。当测试时间接近 14 min 时,模具内孔孔径已经接近 3.2 mm,因此磨损率会接近零。对于 MCD 薄膜涂层模具而言,试验初始一段时间内薄膜磨损很慢,因此模具磨损率会维持在一个相对较低的水平,随后磨损率的急剧增加是来自薄膜脱落,再随后磨损率的下降则是由于薄膜脱落后硬质合金基体的继续磨损。

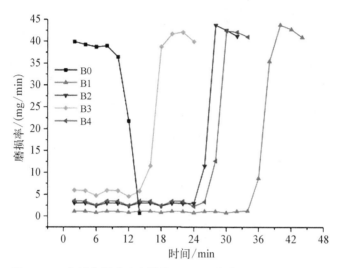

图 3‐39　应用磨损试验中样品 B0～B4 的磨损率随时间的变化

在应用磨损试验中,硬质合金模具的磨损率明显高于 MCD 薄膜涂层模具,这充分证明了沉积金刚石薄膜有助于提高模具的耐磨损性能。在采用不同碳源制备的 MCD 薄膜涂层模具中,甲醇碳源 MCD 薄膜涂层模具在应用磨损试验中表现出较高的磨损率,而甲烷碳源 MCD 薄膜涂层模具的磨损率最低。不同薄膜的磨损可以通过图 3‐40 进一步说明。在应用磨损试验 1 min 后,甲烷碳源 MCD 薄膜表面的金刚石晶粒依旧清晰可见,但是其他三种薄膜表面的晶粒破碎和表面光滑现象都更加明显,尤其是甲醇碳源 MCD 薄膜,整个表面的金刚石晶粒凸起几乎被完全磨平。

如表 3‐11 所示,采用不同碳源制备的 MCD 薄膜涂层模具样品在 0.5 min 的应用磨损试验后表面的石墨化程度会达到较高的水平,但是在 6 min 试验后石墨化程度反而会降低。这是因为在初始阶段,MCD 薄膜和不锈钢丝之间的直接接触会导致明显的石墨化,但是在后续的试验过程中,不锈钢表面会发生明显的氧化,并且氧化层会转移到模具内孔表面,如图 3‐40 中所列的元素构成所示。由于每根不锈钢丝的试验时间为 6 min,因此在该过程中,不锈钢丝和金刚石薄膜都会逐渐磨损,而氧化层和石墨化程度较高的金刚石薄膜也会交替形成和被去除,这被认为是该阶段的主要的材料去除机理。在 6 min 试验后,由于不锈钢丝的直径会逐

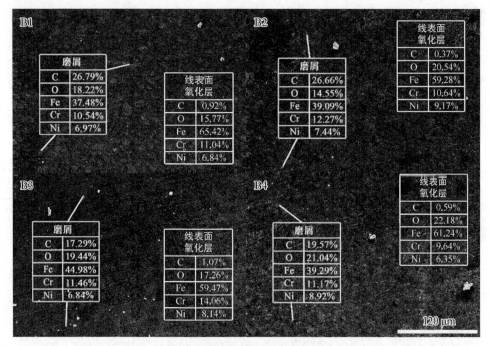

图 3－40   样品 B1～B4 在 1 min 应用磨损试验后的表面磨损形貌,包括对应的不锈钢丝表
          面氧化层的元素构成(质量分数,右侧表格)以及附着在薄膜表面的磨屑的元素
          构成(质量分数,左侧表格)

渐变小并接近模具内孔直径,因此线材的进一步磨损会减缓,表面氧化层会更容易
得到保留,从而导致金刚石薄膜表面的石墨化程度降低,并且如图 3－39 所示,在
$6N(N=1, 2, 3, 4, 5)$ min 时金刚石薄膜的磨损率也相对较低。在采用金刚石薄
膜涂层拉拔模具拉拔不锈钢丝的过程中,采用合适的拉拔参数和优化的模具孔型,
钢丝的压缩而非磨损占据主导地位,这与应用磨损试验 6 min 时的情况类似。因
此金刚石薄膜涂层拉拔模具可以用于含铁材料的拉拔加工,并且相比于硬质合金
模具还会具有明显延长的模具寿命。

模具内孔表面金刚石薄膜大面积脱落的时间如表 3－11 所示,这与薄膜的附
着性能直接相关,甲醇碳源 MCD 薄膜附着性能最差,因此薄膜脱落最快,其次是
乙醇碳源 MCD 和丙酮碳源 MCD,而甲烷碳源 MCD 薄膜脱落最慢。

3.6.2   碳化硅基微米金刚石-氮化硅对磨的摩擦磨损性能

SiC 和 Si_3N_4 陶瓷是常用的机械密封环材料,但是陶瓷材料在高速重载或者强
腐蚀工况下仍然不能满足密封环长期稳定运行的使用需求,并且陶瓷材料表面经
常存在缺陷,对于密封环的耐磨损性能和密封性有不利影响。在传统陶瓷密封环
表面沉积金刚石薄膜可以大幅提高密封环性能,并且在 SiC 或 Si_3N_4 陶瓷表面沉积

金刚石薄膜的工艺非常简单,陶瓷材料中不存在钴等对金刚石薄膜沉积不利的元素,只需要进行简单的研磨预处理即可沉积高质量的金刚石薄膜。并且由于陶瓷材料和金刚石的热膨胀系数比较接近,在陶瓷表面沉积的金刚石薄膜厚度也可以远远超过硬质合金基体表面可沉积的薄膜厚度。

　　本节中针对金刚石薄膜涂层陶瓷密封环的应用工况设计摩擦磨损试验以验证碳源对非硬质合金基表面 MCD 薄膜摩擦磨损性能的影响规律,选用的基体材料为 SiC 陶瓷平片(12 mm×12 mm×4 mm),对磨材料是 Si_3N_4 陶瓷球($\phi6.0$ mm)[114]。首先在基本的试验参数下对比未涂层 SiC 样品和采用不同碳源制备的 MCD 薄膜涂层 SiC 样品的摩擦系数变化规律,然后基于如表 3-12 所示的因素和水平设计正交试验,L32(4^3)试验设计表格如表 3-13 所示。采用不同碳源在 SiC 基体表面沉积的 MCD 薄膜的表面和截面形貌以及用作对比的粗抛光后的 SiC 样品的表面形貌如图 3-41 所示,碳源对于 SiC 基体上金刚石薄膜生长速率的影响规律和硬质合金基体一致。摩擦磨损试验前后样品的拉曼表征结果如图 3-42 所示,不同样品的对比表征结果详见表 3-14,碳源对于其中主要性能的影响规律同样类似于硬质合金基体上的研究结果。

表 3-12　用于正交摩擦磨损试验设计的因素和水平

因　素	水　平			
	1	2	3	4
C	甲　烷	丙　酮	甲　醇	乙　醇
F_n/N	3	5	7	9
v [m/s]	0.251 2	0.334 7	0.418 3	0.502 4

表 3-13　L32 (4^3) 正交试验设计表格及试验结果

序　号	因　素					结　果			
	C	F_n	v	e_1	e_2	MCOF	ACOF	I_d	I_b
								[$\times10^{-7}$ mm³/N · m]	
1	1	1	1	1	1	0.465	0.137	0.572	17.84
2	1	2	2	2	2	0.492	0.143	0.842	23.49
3	1	3	3	3	3	0.524	0.144	1.016	31.27
4	1	4	4	4	4	0.539	0.147	1.214	36.22
5	2	1	2	3	4	0.543	0.144	0.821	16.43

(续表)

序　号	因　素					结　果			
	C	F_n	v	e_1	e_2	MCOF	ACOF	I_d	I_b
								$[\times 10^{-7} \text{ mm}^3/\text{N} \cdot \text{m}]$	
6	2	2	1	4	3	0.567	0.151	1.023	23.89
7	2	3	4	1	2	0.583	0.148	1.181	31.49
8	2	4	3	2	1	0.600	0.157	1.492	37.79
9	3	1	3	4	2	0.599	0.142	0.993	15.10
10	3	2	4	3	1	0.629	0.142	1.312	19.46
11	3	3	1	2	4	0.665	0.159	1.442	27.95
12	3	4	2	1	3	0.698	0.164	1.695	32.22
13	4	1	4	2	3	0.551	0.141	0.814	18.01
14	4	2	3	1	4	0.576	0.150	0.972	24.32
15	4	3	2	4	1	0.582	0.154	1.191	32.07
16	4	4	1	3	2	0.605	0.163	1.397	37.66
R_j-MCOF	0.143	0.072	0.004	0.009	0.016	—	—	—	—
R_j-ACOF	0.009	0.017	0.009	0.002	0.002	—	—	—	—
R_j-I_d	0.450	0.650	0.028	0.042	0.039	—	—	—	—
R_j-I_b	4.332	19.13	1.067	0.615	0.705	—	—	—	—

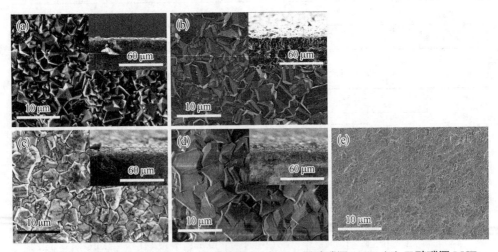

图 3 - 41　(a) 甲烷碳源 MCD,(b) 丙酮碳源 MCD,(c) 甲醇碳源 MCD,(d) 乙醇碳源 MCD
薄膜的表面和截面形貌,(e) 粗抛光的 SiC 样品表面形貌

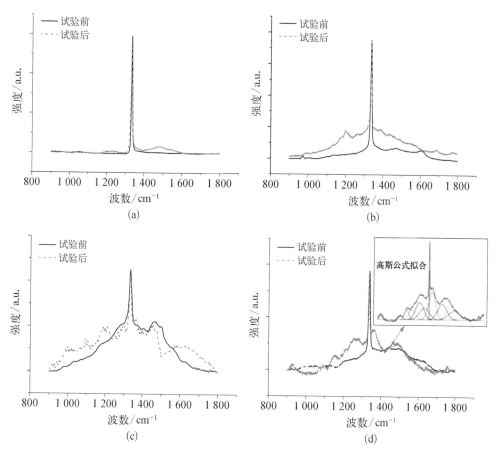

图 3-42　(a) 甲烷碳源 MCD, (b) 丙酮碳源 MCD, (c) 甲醇碳源 MCD, (d) 乙醇碳源 MCD 薄膜摩擦磨损试验前后拉曼光谱

表 3-14　采用不同碳源制备的 MCD 薄膜涂层 SiC 样品及粗抛光的 SiC 样品表征及摩擦磨损试验结果汇总

样　品	SiC	甲烷碳源 MCD	丙酮碳源 MCD	甲醇碳源 MCD	乙醇碳源 MCD
生长时间 t/h	—	30	15	25	15
涂层厚度 h/μm	—	16～18	—	—	—
生长速率 R/(μm/h)	—	0.57	1.13	0.68	1.13
平均晶粒尺寸 G/μm	—	3.33	5.47	5.36	6.08
表面粗糙度 R_a/nm	76.82	257.29	314.68	329.22	302.55
薄膜质量 Q/%	—	87.18	35.46	11.25	26.76

（续表）

样　品	SiC	甲烷碳源 MCD	丙酮碳源 MCD	甲醇碳源 MCD	乙醇碳源 MCD
$I_G/I_T/\%$	—	0	7.74	14.32	9.89
纳米硬度 H/GPa	32.71	88.97	77.09	66.96	75.37
弹性模量 E/GPa	381.24	827.87	806.64	708.76	771.85
裂纹长度/mm	—	0.56	0.61	0.84	0.66
断裂韧性 $K/(\text{MPa}\cdot\text{m}^{0.5})$	—	1.002	0.023	0.666	0.886
MCOF[1]	0.381	0.524	0.582	0.667	0.591
ACOF[1]	0.274	0.144	0.152	0.151	0.149
R_a 摩擦磨损实验后[1]/nm	71.47	117.27	136.51	144.26	132.44
I_G/I_T 摩擦磨损实验后[1]/%	—	6.42	11.31	22.64	12.75
$I_d^1/(\times10^{-7}\ \text{mm}^3/\text{N}\cdot\text{m})$	4.227	1.016	1.179	1.448	1.195
$I_b^1/(\times10^{-6}\ \text{mm}^3/\text{N}\cdot\text{m})$	1.492	3.127	3.153	2.845	3.161
MCOF[2]	—	0.506	0.573	0.648	0.579
ACOF[2]	—	0.143	0.150	0.152	0.152
$I_d^2/(\times10^{-7}\ \text{mm}^3/\text{N}\cdot\text{m})$	—	0.911	1.129	1.361	1.094
$I_b^2/(\times10^{-6}\ \text{mm}^3/\text{N}\cdot\text{m})$	—	2.721	2.740	2.368	2.802

注：1—摩擦磨损试验（$F_n=7\,\text{N}$, $v=0.418\,3\,\text{m/s}$）。
　　2—正交摩擦磨损实验结果平均值。

当 $F_n=7\,\text{N}$, $v=0.418\,3\,\text{m/s}$ 时，不同样品摩擦系数随时间变化的曲线如图 3-43 所示，首先如图所示，在长时间（7.2 h）的摩擦磨损试验过程中，样品的摩擦系数会在最初的 60 min 之内就达到基本稳定的状态，因此为了阐明不同样品的摩擦磨损阶段，尤其是摩擦系数初始阶段的高峰区域，该研究首先在上述试验参数下提取了五种样品在前 60 min 试验过程中的摩擦系数进行详细讨论。

在 SiC 基体上沉积的所有 MCD 薄膜的摩擦系数变化曲线也可以大致区分为三个阶段，即具有高峰值的初始阶段（阶段 I）、摩擦系数迅速下降的磨合阶段（阶段 II）和动态平衡的相对稳定阶段（阶段 III），但是未涂层 SiC 基体的摩擦系数曲线从头到尾都类似于 MCD 薄膜的第 III 阶段，摩擦系数呈现出动态平衡特征。

（1）阶段 I：与硬质合金基体表面 MCD 薄膜的初始阶段类似，在 SiC 基体表面沉积的 MCD 薄膜也具有相对比较粗糙的表面和明显的尖锐凸起，因此摩擦系

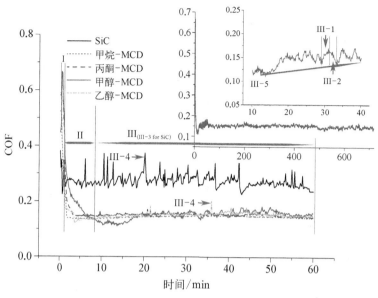

图 3 - 43　未涂层和不同 MCD 涂层 SiC 样品摩擦系数
随时间变化曲线($F_n = 7\ \mathrm{N}$, $v = 0.418\ 3\ \mathrm{m/s}$)

数的初始峰值都可以归因于薄膜表面的尖锐凸起与球表面的机械锁合作用,也称犁削作用。如图 3 - 44 所示,在对磨球表面会因为犁削作用而产生明显的划痕,因为晶粒尺寸变小的缘故,甲烷碳源 MCD 薄膜对应对磨球表面的划痕要略微浅和窄一些。EDX 检测可以证明,在对磨球表面存在少量的碳元素,这说明金刚石薄膜有轻微磨损并附着到对磨球表面。

（2）阶段 II：磨合阶段可能包括如下反应：① MCD 薄膜表面凸出点逐渐磨损,金刚石或氮化硅磨屑会逐渐填充 MCD 薄膜表面凹陷处,如图 3 - 44 所示;② SiC 或 Si_3N_4 陶瓷在具有一定湿度的环境中会发生氧化或氢化反应,反应生成的 SiO_2 和 $Si(OH)_4$ 表面层更容易发生磨损形成磨屑,并且还会附着在薄膜表面形成转移物质层,同样如图 3 - 44 所示,薄膜表面的 EDX 检测结果表明,表面转移物质层中确实存在氮元素,但是氧元素的含量并不高,这说明在该试验条件下摩擦表面的摩擦化学反应并不充分;③ 金刚石薄膜表面会发生轻微石墨化反应,如图 3 - 42 和表 3 - 14 所示。表面平整化和石墨化有利于摩擦系数逐渐减小,而转移物质层的具体作用则取决于其成分。

（3）阶段 III：经过磨合阶段后,摩擦系数进入动态平衡的相对稳定阶段。图 3 - 45 给出了甲烷碳源 MCD 薄膜和甲醇碳源 MCD 薄膜表面粗糙度和 I_G/I_T 值随试验时间的变化规律,它们均表现出和摩擦系数类似的变化规律。其中粗糙

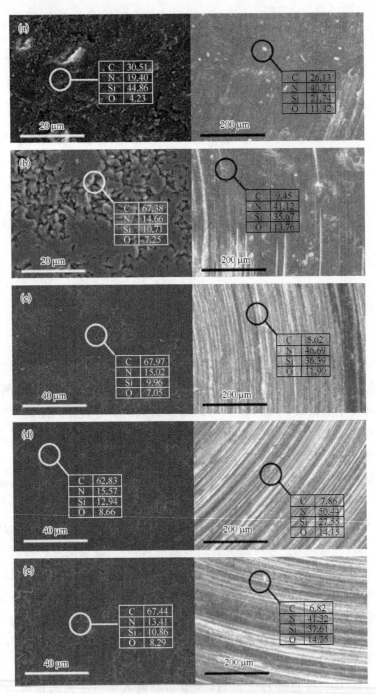

图 3 - 44   (a) 未涂层,(b) 甲烷碳源 MCD 涂层,(c) 丙酮碳源 MCD 涂层,(d) 甲醇
碳源 MCD 涂层,(e) 乙醇碳源 MCD 涂层 SiC 样品在磨合阶段后的表面磨
损形貌(左列)和对应对磨球的磨损形貌(右列)以及对应表面的元素构成
(原子百分比)

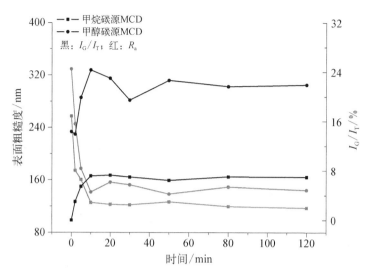

图 3 - 45　甲烷碳源 MCD 和甲醇碳源 MCD 薄膜磨损表面的表面粗糙度
R_a 值和 I_G/I_T 值(F_n=7 N, v=0.418 3 m/s)

度的下降和 I_G/I_T 值的上升对应摩擦系数的磨合阶段,而粗糙度和 I_G/I_T 值的逐渐稳定对应摩擦系数的动态平衡稳定阶段。但是对于不同的样品而言,该阶段中摩擦系数的具体变化趋势仍然存在区别。

① 阶段 III - 1:在动态平衡稳定阶段,某些情况下摩擦系数会有轻微上升,这是因为当对磨面的摩擦化学反应不充分时,转移物质层主要由未反应的 Si_3N_4 磨屑构成,同种材料之间的黏附性较高,因此在该情况下转移物质层会导致摩擦系数上升。

② 阶段 III - 2:在 III - 1 中的转移物质层形成后,随着摩擦磨损试验的继续,转移物质层还会被随之去除,导致摩擦系数轻微下降。此外,磨损产生的金刚石或 Si_3N_4 在对磨表面形成三体磨损也有可能导致摩擦系数轻微下降。类似地,三体磨屑的去除也会导致摩擦系数上升。总而言之,转移物质层和硬质磨粒的交替形成与去除是产生阶段 III - 1 和 III - 2 的主要原因。

③ 阶段 III - 3:SiC 摩擦系数的整个变化阶段都可以定义为类似于 MCD 的阶段 III,但是摩擦系数动态变化的频率和振幅更高。首先,在整个阶段,所有 MCD 薄膜的摩擦系数都要低于 SiC,这主要是因为二者的摩擦机理不同,金刚石薄膜具有优异的自润滑性能,薄膜表面与吸附氢生成的 C—H 薄膜有助于摩擦系数的降低,极高的热传导系数有利于摩擦能耗散。其次,SiC 的硬度要远低于金刚石,因此 SiC 的磨损以及因此而带来的转移物质层的形成和去除过程要更快,从而导致较高的摩擦系数变化频率和振幅。

④ 阶段 III-4：SiC 样品在摩擦磨损过程中摩擦系数会出现高峰值，这可归因为材料中的结构缺陷或者表面严重黏附。同理，这种峰值也会偶尔出现在某些 MCD 薄膜表面。

⑤ 阶段 III-5：在动态平衡的相对稳定阶段，摩擦系数整体都会表现出轻微增加的规律，因为随着摩擦磨损试验的进行，接触面积会逐渐增大。

不同样品的最大摩擦系数 MCOF、稳定阶段平均摩擦系数 ACOF、盘试样磨损率 I_d 和球试样磨损率 I_b 如图 3-46 所示，SiC 样品的 MCOF 可能出现在摩擦磨损试验的任一阶段而非初始阶段，该数值会明显小于采用不同碳源沉积的 MCD 薄膜的 MCOF 值，因为用作对比的 SiC 样品在试验前已经抛光到表面粗糙度 R_a 值小于 76.82 nm。但是经过磨合阶段后，MCD 薄膜的摩擦系数迅速下降到较低的水平。如前文所述，由于金刚石薄膜良好的自润滑特性、C—H 薄膜的作用以及摩擦能耗散速度快等原因，MCD 薄膜的 ACOF 值要远小于 SiC 样品。

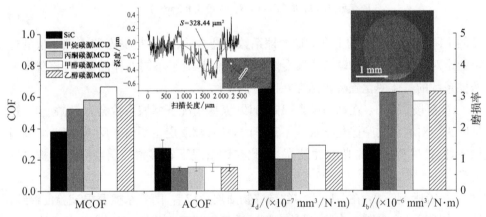

图 3-46　不同样品和对磨球在 $F_n=7$ N，$v=0.418\,3$ m/s
试验条件下的摩擦学特性（MCOF，ACOF，I_d 和 I_b）

MCOF 的产生主要来自机械锁合作用，由于甲醇碳源 MCD 薄膜存在较多表面缺陷和较高表面粗糙度，因此有最高的 MCOF 值，而甲烷碳源 MCD 薄膜具有较小的晶粒尺寸和略低的表面粗糙度，因此表现出最低的 MCOF。如图 3-45 所示，经过磨合阶段后，金刚石薄膜的表面粗糙度和石墨化程度也会逐渐趋于稳定，但是如表 3-14 所示，甲烷碳源 MCD 薄膜的表面粗糙度仍略低于其他薄膜，并且甲烷碳源 MCD 薄膜晶粒尺寸小、晶体结构更加致密，这均是导致其 ACOF 值同样最小的原因。但其他三种薄膜的 ACOF 值不存在明显区别，这是因为虽然甲醇碳源 MCD 薄膜中具有较多的缺陷和较高的表面粗糙度，但是在相对稳定阶段，该薄膜中的石墨化程度也较高,二者作用相互抵消。

对磨表面尖锐凸起的接触和相对滑动会导致球样品和盘样品表面产生一定程度的黏着磨损和磨粒磨损,接触区域的硬质磨料会导致球样品和盘样品的三体磨损,由于氧化或氢化反应球样品表面会发生一定程度的化学腐蚀磨损。对于硬质和超硬材料的黏着磨损和磨粒磨损而言,材料硬度和弹性模量均会影响磨损率,因此不同盘样品磨损率的对比规律如下:$I_{d SiC} > I_{d 甲醇碳源 MCD} > I_{d 丙酮碳源 MCD} \approx I_{d 乙醇碳源 MCD} > I_{d 甲烷碳源 MCD}$。对于球样品而言,与不同的盘样品对磨时,表面的化学腐蚀磨损情况不存在明显区别,同样是在磨粒磨损情况下,盘样品的硬度对于球的磨损率影响显著,因此与 SiC 对磨的球的磨损率仅有与 MCD 薄膜对磨的球的磨损率的一半,而与甲醇碳源 MCD 薄膜对磨的球的磨损率要略低于与其他 MCD 对磨球的磨损率。

在上述特定的摩擦磨损试验条件下获得的对比结果可能存在一定偶然性,因此我们又基于表 3-13 所述的正交试验进一步研究碳源类型、法向应力和相对滑动速度对于金刚石薄膜摩擦磨损特性的影响规律。

正交试验极差分析结果如图 3-47 和表 3-13 所示,进一步证明碳源对于金刚石薄膜摩擦磨损性能的四个指标均有明显影响。此外,法向载荷对于四个指标也均有明显影响,而相对滑动速度仅对 ACOF 有影响。方差分析结果如表 3-15 所示,碳源和法向载荷对于四个指标的影响都很显著,滑动速度对 ACOF 的影响也很显著。三个选定因素对于四个指标的影响规律如图 3-48 所示,碳源对于四个指标的基本影响规律和前文研究类似,可归纳如下:

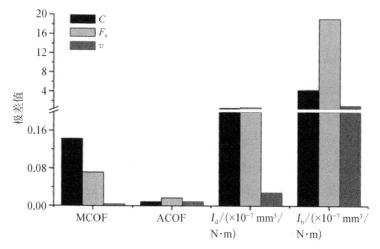

图 3-47　MCOF、ACOF、I_d 和 I_b 在选定的 C、F_n 和 v 范围内的极差值对比

表 3 - 15　正交试验方差分析结果

	因素	S_j	f_j	S_j'	F_j	$F_{0.05}(3,3)$	$F_{0.01}(3,3)$	显著性
MCOF	C	0.041 0	3	0.013 7	87.73	4.760	9.780	＊＊
	F_n	0.011 5	3	0.003 8	24.52	4.760	9.780	＊＊
	v	3.6×10^{-5}	3	1.2×10^{-5}	0.077	4.760	9.780	—
	e_1	1.7×10^{-4}	3	5.7×10^{-5}	—	—	—	—
	e_2	7.0×10^{-4}	3	2.5×10^{-4}	—	—	—	—
ACOF	C	2.2×10^{-4}	3	7.3×10^{-5}	16.22	4.760	9.780	＊＊
	F_n	6.3×10^{-4}	3	2.1×10^{-4}	46.81	4.760	9.780	＊＊
	v	1.8×10^{-4}	3	6.1×10^{-5}	13.63	4.760	9.780	＊＊
	e_1	1.6×10^{-5}	3	5.3×10^{-6}	—	—	—	—
	e_2	1.1×10^{-5}	3	3.7×10^{-6}	—	—	—	—
$I_d/$ $(\times10^{-7}$ mm³/ N·m)	C	0.410 0	3	0.136 7	82.10	4.760	9.780	＊＊
	F_n	0.903 5	3	0.301 2	181.0	4.760	9.780	＊＊
	v	0.001 9	3	0.000 6	0.373	4.760	9.780	—
	e_1	0.005 7	3	0.001 9	—	—	—	—
	e_2	0.004 3	3	0.001 4	—	—	—	—
$I_b/$ $(\times10^{-7}$ mm³/ N·m)	C	46.059	3	15.353	37.755	4.760	9.780	＊＊
	F_n	857.11	3	285.70	702.58	4.760	9.780	＊＊
	v	2.862 0	3	0.954 0	2.346 0	4.760	9.780	—
	e_1	1.054 4	3	0.351 5	—	—	—	—
	e_2	1.385 5	3	0.461 8	—	—	—	—

注：＊＊—具有明显显著性。

（1）甲醇碳源 MCD 薄膜具有最高的 MCOF、I_d 和最低的 I_b。

（2）甲烷碳源 MCD 薄膜具有最低的 MCOF、ACOF 和最高的 I_d。

（3）丙酮碳源 MCD 和乙醇碳源 MCD 薄膜具有类似的且适中的 MCOF 和 I_d。

（4）丙酮碳源 MCD、甲醇碳源 MCD 和乙醇碳源 MCD 薄膜的 ACOF 值不存在明显区别。

（5）甲烷碳源 MCD、丙酮碳源 MCD 和乙醇碳源 MCD 薄膜的 I_b 值不存在明显区别。

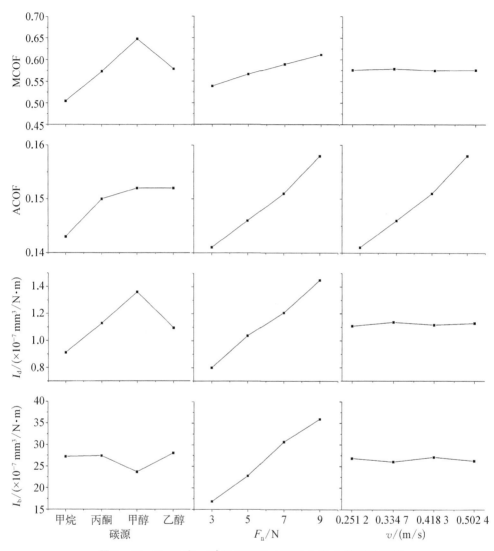

图 3-48　C、F_n 和 v 对于 MCOF、ACOF、I_d 和 I_h 的影响规律

法向载荷的增加会导致金刚石薄膜和对磨球之间产生更大的接触应力,同时金刚石薄膜和球表面的凸起会发生较大变形,因此摩擦阻力会增大,MCOF 和 ACOF 会增加。此外,ACOF 随法向载荷增加还有一个可能的原因,那就是在高载荷下,具有一定润滑作用的 SiO_2 或 $Si(OH)_4$ 层更容易被破坏,从而导致 Si_3N_4 球和金刚石薄膜表面的 Si_3N_4 转移物质层直接接触。MCD 薄膜和对磨球的磨损率均会随法向载荷增大而增加,这可以归因于法向载荷对于占主导地位的磨粒磨损(包括二体或三体磨损)的影响,对于典型的脆性材料而言,磨粒磨损主要以脆性断裂的形式发生,法向载荷的增加会大幅加快材料磨损。相对滑动速度的增加会导致温度上升,在较高的温度下会有更加明显的摩擦化学反应发生,因此具有润滑作用的摩擦化学膜的生成和石墨化均会加快加剧,如图 3 - 49 所示。

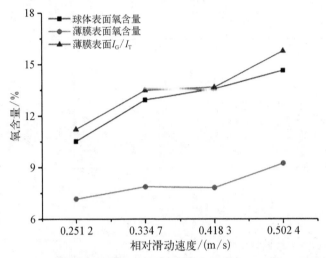

图 3 - 49　不同相对滑动速度情况下摩擦系数相对稳定阶段球体及薄膜
表面的氧含量(原子百分比)及薄膜表面的 I_G/I_T 值

3.7　水基润滑下金刚石薄膜的摩擦磨损性能

　　在金属拉拔加工及切削加工等领域,水基润滑得到日益普遍的推广应用,这主要是因为水基润滑可以有效减少石油消耗和环境污染、提高冷却和清洗效率。在铝或铝合金切削加工过程中,即使采用传统的硬质合金刀具,也可以搭配水基润滑达到良好的加工效果。在铜丝拉拔过程中,同样采用传统的硬质合金模具,也可以搭配水基润滑实现铜丝的高速拉拔,采用金刚石薄膜作为表面耐磨减摩涂层可以进一步提高模具性能和加工效果[115]。但是,在铝(合金)线的拉拔过程中,如果采用传统的硬质合金模具必须搭配油基润滑才能实现高速拉拔,这主要是因为铝(合金)相比于铜具有更显著的延展性,当润滑不足时极易发生磨损并黏附在模具内孔表面。水或水基乳化液的成膜性能较差,尤其是在硬质合金表面很难形成有效的润滑膜。此外铝(合金)抗氧化性很差,在一定的拉拔温度下极易氧化,影响产品表面质量。

　　金刚石薄膜具有显著优于硬质合金的摩擦磨损性能,与水的润湿性相对较好,在作者的前期研究中发现,当采用金刚石薄膜涂层拉管模低速(0.5 m/s)拉拔铝管时,纯水润滑即可满足需求[116]。但是在铝(合金)线高速拉拔过程中,纯水无法达到润滑要求,甚至传统拉拔工业中广泛用于铜丝高速拉拔的水基乳化液也无法达到润滑要求,因此本研究中针对金刚石薄膜涂层拉丝模高速拉拔铝(合金)线的应用工况开发了专用的水基乳化液,并深入研究了金刚石薄膜在该水基润滑条件下的摩擦学性能。

3.7.1　不同类型未抛光金刚石薄膜的摩擦学性能

1) 样品制备及表征

本节研究制备了 MCD、BDMCD、NCD、BDNCD 及 BDMC - NCCD(boron doped microcrystalline and nanocrystalline composite diamond)薄膜,具体沉积参数如表 3 - 16 所示,BDMC - NCCD 沉积过程中,BDMCD 和 NCD 层的沉积时间分别为 4 h 和 3.5 h。样品表面形貌如图 3 - 50 所示,其对比规律与第 2 章所述结果类似。金刚石薄膜涂层样品的截面形貌如图 3 - 51 所示,通过控制沉积时间获得了厚度均在 $9 \sim 10 \mu m$ 的金刚石薄膜。金刚石薄膜涂层样品的拉曼光谱如图 3 - 52(a)所示,典型的分峰结果如图 3 - 52(b)所示,根据不同金刚石薄膜拉曼的分峰结果可以得到薄膜中石墨峰强度与金刚石峰强度的比值,如表 3 - 17 所示,用于定性对比不同薄膜内石墨含量的差异。其中 BDMCD 中的石墨含量略高于 MCD,因为硼掺杂可以促进石墨薄片的形成、石墨相成分在晶界的堆积以及缺陷的形成,晶粒纳米化会产生更多的晶界,而石墨成分在晶界上更容易生成,因此所有具有纳米晶粒的金刚石薄膜的石墨含量都显著高于微米晶粒金刚石薄膜。不同类型金刚石薄膜抛光后再用纳米压痕测量其硬度和弹性模量,测量结果如表 3 - 17 所示,MCD 薄膜具有最高的硬度和弹性模量,而硼掺杂和晶粒纳米化会导致这两项指标的降低,其中晶粒纳米化的影响更为显著,但是由于底层 BDMCD 薄膜的增强作用,BDMC - NCCD 的硬度要略高于单层纳米晶粒金刚石薄膜。采用洛氏压痕试验可以定性评估金刚石薄膜的附着性能,不同金刚石薄膜在 980 N 载荷下的压痕形貌如图 3 - 53 所示,据此可以测量薄膜脱落的直径或裂纹扩展长度(取最大值)。计算薄膜的断裂韧性,结果如表 3 - 17 所示,硼掺杂可以改善薄膜的附着性能,微米晶粒与基体之间的机械结合要强于纳米晶粒,因此 BDMCD 和 BDMC - NCCD 薄膜表现出较好的附着性能和较高的断裂韧性。

表 3 - 16　用于沉积不同类型金刚石薄膜的沉积参数

	MCD	NCD	BDMCD	BDNCD
H_2 流量/(mL/min)	1 100	1 100	1 100	1 100
丙酮流量/(mL/min)	30	30	30	30
B/C 原子比/ppm	0	0	3 000	3 000

(续表)

	MCD	NCD	BDMCD	BDNCD
反应压力/Pa	4 000	1 300	4 000	1 300
热丝温度/℃	2 100±100	2 100±100	2 100±100	2 100±100
基体温度/℃	850±50	850±50	850±50	850±50
生长时间/h	10	5	9	5

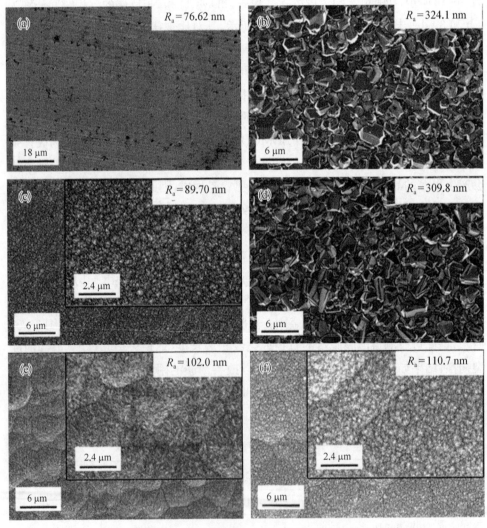

图 3 - 50   (a) WC - Co,(b) MCD,(c) NCD,(d) BDMCD,(e) BDNCD 和
(f) BDMC - NCCD 的表面形貌

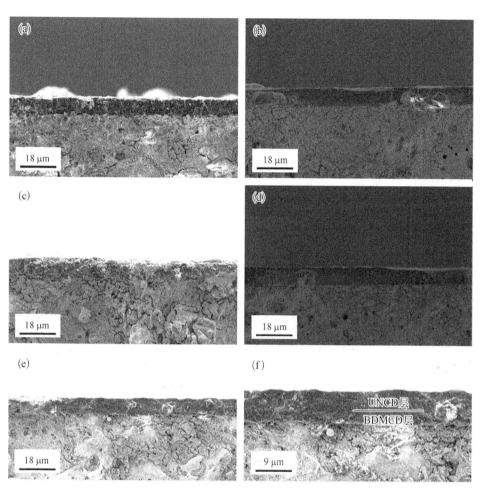

图 3－51 （a）MCD,（b）NCD,（c）BDMCD,（d）BDNCD 和（e）—（f）BDMC－NCCD 涂层
WC－Co样品的截面形貌,其中(f)为(e)的局部放大图

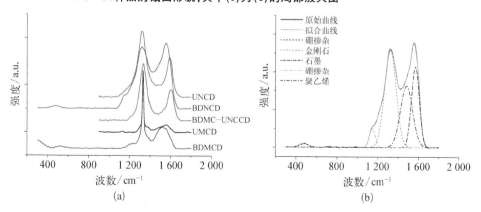

图 3－52 （a）不同金刚石薄膜的拉曼光谱及(b) BDNCD 的拉曼光谱分峰结果

表 3 - 17 不同类型金刚石薄膜的性能表征

	MCD	NCD	BDMCD	BDNCD	BDMC - NCCD
I_G/I_D	0.165±0.014	0.742±0.047	0.470±0.059	0.715±0.023	0.681±0.070
纳米硬度/GPa	77.71±1.42	66.21±0.91	74.96±2.39	67.74±1.53	69.40±1.83
弹性模量/GPa	687.9±11.7	513.8±14.5	662.4±17.2	579.3±12.7	562.7±10.2
裂纹扩展长度 L/mm	0.66±0.04	0.72±0.02	0.59±0.08	0.71±0.07	0.65±0.03
断裂韧性 M/ (MPa·m$^{0.5}$)	1.39	1.20	1.56	1.27	1.37

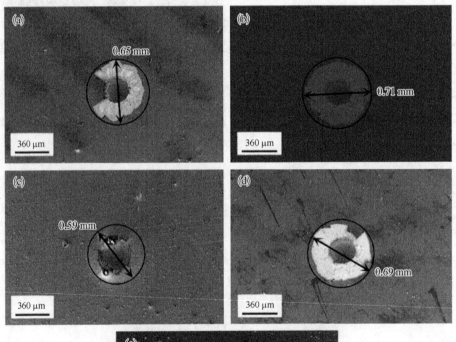

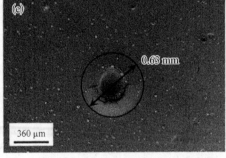

图 3 - 53 (a) MCD, (b) NCD, (c) BDMCD, (d) BDNCD 和
(e) BDMC - NCCD 涂层 WC - Co 样品的压痕形貌

2) 摩擦磨损试验结果与讨论

本节研究中的摩擦磨损试验在 CETR UMT-2 球盘往复式摩擦磨损试验机上完成,试验环境包括大气环境(25℃,50%相对湿度)、纯水润滑环境、纯乳化液原液润滑环境(类似于油润滑)、不同浓度的水基乳化液润滑环境。具体试验参数如表 3-18 所示。

表 3-18　用于标准摩擦磨损试验的试验参数

	与铝合金对磨	与 Si_3N_4 对磨
水基乳化液中的水体积分数 $W/\%$	0/50/80/95/100	0/50/80/95/100
法向载荷 F_n/N	4/6/8/10	4/6/8/10/10~120
初始最高接触应力/GPa	0.633/0.724/0.797/0.859	0.633/0.724/0.797/0.859~1.967
相对滑动速度 $v/(m/s)$	0.4/0.6/0.8/1.0	0.4/0.6/0.8/1.0
试验时间 T/h	0.5	48/32/24/19.2
相对滑动距离 l/m	720/1 080/1 440/1 800	69 120

本研究中所选用的特制的全合成乳化液原液的 FTIR 谱如图 3-54 所示,主要特征峰位置及对应官能团如表 3-19 所示,可见该原液具有复杂有机结构,主要包括 O—H、—CH_n、C=O、C=C 和 C—O 等官能团。

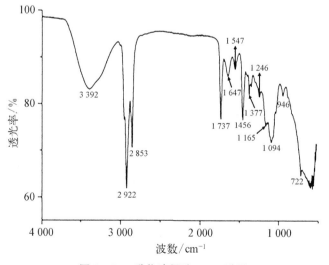

图 3-54　乳化液原液 FTIR 谱图

表 3-19　水基乳化液原液 FTIR 谱中的特征峰及对应官能团

波数/(cm^{-1})	对 应 官 能 团
3 392	O—H 伸缩振动
2 922	—CH_2 或—CH_3 伸缩振动
2 853	—CH_2 或—CH_3 伸缩振动
1 737	C=O 伸缩振动
1 647	C=C 或 C=O 伸缩振动
1 547	C=C 伸缩振动
1 456	—CH_3 或=CH_2 弯曲振动
1 377	—CH_3 弯曲振动
1 246	C—O 伸缩振动
1 165	C—O 伸缩振动
1 094	C—O 伸缩振动
946	—CH 面外弯曲振动
722	—CH 面外弯曲振动

乳化液中水的体积分数定义为 W,采用光学接触角测量仪(KRUSS GmbH DSA30)测量样品与液体之间的接触角,典型测量结果如图 3-55 右上角插图所示 (BDMC-NCCD 薄膜与 W=95%的乳化液),不同类型金刚石薄膜及硬质合金样品与工业用水(W=100%)、乳化液原液(W=0%)以及不同浓度的乳化液(W= 50%,80%,95%)的接触角测量结果见图 3-55。随着 W 的减小,乳化液中的油性成分逐渐增加,而油性成分与金刚石薄膜或硬质合金表面均具有较好的润湿性,因此所有样品的接触角都随之减小。与未涂层硬质合金样品相比,金刚石薄膜与水、原液以及不同浓度的乳化液之间均具有较好的润湿性,而其中纳米晶粒金刚石薄膜的润湿性更佳。石墨基面的表面能比金刚石 sp^3 相低,并且 sp^2 相的解理和柔化可以进一步降低表面能,纳米晶粒金刚石薄膜中的 sp^2 相成分更多,从该角度来讲纳米晶粒金刚石薄膜的接触角应该更大,这与本研究的测量结果恰恰相反,这种情况与碳源以及硼掺杂源中存在的氧元素的影响有关。由于碳源及硼掺杂源中存在氧元素,因此金刚石薄膜中也很容易有氧杂质存在,氢终止金刚石表面一般具有较大的接触角,而氧终止金刚石表面的接触角较小。金刚石薄膜表面氧原子含量的 EDX 结果如下：MCD 为 1.4%,NCD 为 4.9%,BDMCD 为 2.4%,BDNCD 为 4.8%,BDMC-NCCD 为 4.2%。硼源中具有更高的 O/C 值,因此 BDMCD 薄膜

的接触角略小于 MCD 薄膜,纳米晶粒薄膜表面氧含量更高,所以 NCD、BDNCD 和 BDMC‑NCCD 薄膜的接触角要比 MCD 和 BDMCD 更小。

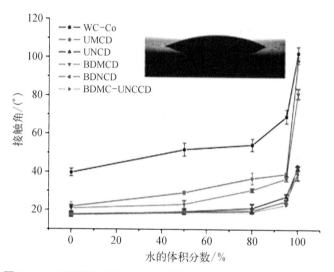

图 3‑55　不同样品与工业用水、原液及不同浓度乳化液的接触角

当 $W=80\%$, $F_n=8.0$ N, $v=0.8$ m/s 时,不同盘试样与 6201 铝合金球对磨的摩擦系数随时间变化曲线如图 3‑56 所示。五种不同类型金刚石薄膜的摩擦系数在试验开始阶段均存在一个峰值,然后在磨合阶段逐渐下降。在试验初始阶段

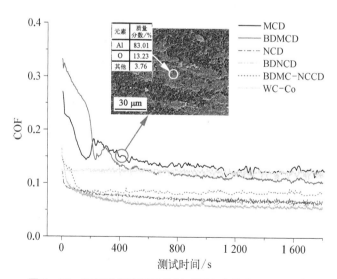

图 3‑56　不同样品摩擦系数随时间变化曲线($W=80\%$,
$F_n=8$ N, $v=0.8$ m/s)及典型样品表面形貌

润滑膜不稳定,金刚石薄膜表面的凸起很容易压入铝合金球表面并产生犁削效应,从而导致摩擦系数的初始峰值。未涂层硬质合金的摩擦系数不存在该阶段,这是因为它的初始表面粗糙度 R_a 值在 80 nm 以下,表面不存在明显凸起。摩擦系数的逐渐下降应该归因于稳定的球盘摩擦界面的形成,在该阶段中,铝合金磨屑会逐渐填充金刚石晶粒之间的空隙,甚至覆盖金刚石薄膜表面,如图 3－56 所示,并且润滑膜也会逐渐稳定。

    不同类型金刚石薄膜在不同试验条件下的摩擦系数初始峰值Ⅰ-COF 如图 3-57 所示。由于试验初始阶段的复杂性,Ⅰ-COF 值存在一定的偶然性,但是通过多次试验求平均值得到的结果之间对比规律依旧可见。如图 3-57(a)所示,同一样品在有润滑情况下的Ⅰ-COF 值小于在干摩擦环境下的Ⅰ-COF 值,这是因为有润滑的情况下会形成物理吸附膜,即便没有完全形成,也有助于避免对磨副表面之间的直接接触,降低局部接触应力和机械锁合作用[59]。在不同润滑环境下的Ⅰ-COF值不存在明显区别,因为在初始阶段润滑膜不能完全形成,润滑作用的差异还无法体现出来。金刚石薄膜的表面粗糙度对于初始阶段的机械锁合影响显著,因此两种微米晶粒金刚石薄膜的Ⅰ-COF 值要明显大于三种纳米晶粒金刚石薄膜。图 3-57(b)给出了法向载荷和相对滑动速度对于 BDMC - NCCD 薄膜Ⅰ-COF值的影响规律,Ⅰ-COF 与相对滑动速度的关系不大,但是会随着法向载荷的增加而增大,同样是因为法向载荷的增大会导致更高的局部接触应力。

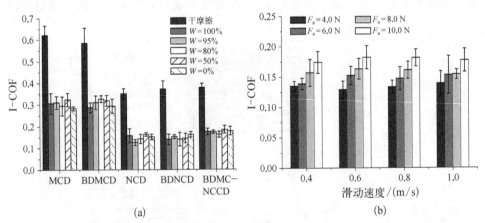

(a) (b)

图 3－57　(a) 不同类型金刚石薄膜的 Ⅰ- COF 值 $(F_n=8\ \mathrm{N},\ v=0.8\ \mathrm{m/s})$ 及 (b) BDMC - NCCD 薄膜在不同法向载荷和相对滑动速度下的 Ⅰ- COF 值 $(W=80\%)$

    将稳态阶段(10～30 min)采集到的摩擦系数数值求平均可以得到不同金刚石薄膜涂层样品的稳态平均摩擦系数 SA - COF,未涂层硬质合金在整个试验阶段的摩擦系数都会处在一个相对比较平稳的阶段,因此其 SA - COF 定义为整个阶段内摩擦系数数值的平均值,相应结果如图 3 - 58 所示。本研究中所测量得到的 SA - COF 数值是多次测量求得的平均值,并且体现的是比较长时间段内的平均状态,因此可以很好地反映不同样品和不同润滑条件下摩擦学特性的区别,尤其是表面特征和物理化学特性的具体影响。在不同润滑条件下未涂层硬质合金和不同金刚石薄膜的 SA - COF 对比结果如图 3 - 58(a)所示,在磨合阶段中不同金刚石薄膜样品的摩擦系数都会逐渐下降,因此其 SA - COF 值均接近或小于已抛光的硬质合金。在干摩擦条件下金刚石薄膜的 SA - COF 值小于硬质合金的原因如下:① 铝合金具有很高的延展性,并且其延展性还会随温度升高而变高,因此非常容易附着在硬质合金表面;② 金刚石薄膜具有极高的热传导系数,有助于降低摩擦界面的温度,因此金刚石薄膜与铝合金之间的黏附程度相对较低;③ 金刚石薄膜表面的悬键和少量的 sp^2 成分也有助于 SA - COF 值的降低。在纯水润滑条件下,根据图 3 - 55 可知,金刚石薄膜与工业用水之间的接触角要明显小于硬质合金,说明在硬质合金样品表面润滑膜较难形成,因此金刚石薄膜的 SA - COF 值同样要明显小于硬质合金。随着 W 的降低,金刚石薄膜与硬质合金 SA - COF 值之间的差异逐渐减小,这是因为油性成分的增加会显著降低硬质合金的接触角,改善其表面的润滑特性,并且硬质合金样品表面的表面粗糙度确实小于金刚石薄膜。

在不同润滑条件下,不同金刚石薄膜 SA - COF 值的对比规律基本一致。BDMCD 薄膜的 SA - COF 值要略小于 MCD 薄膜,这主要是因为 B—C 和 B—H 化学键的存在可以改变表面摩擦能耗散[21]。三种纳米晶粒金刚石薄膜的 SA - COF 值小于微米晶粒金刚石薄膜,首先是因为在磨合阶段形成的相对稳定的摩擦界面并不能完全覆盖薄膜表面,如图 3 - 56 所示,因此晶粒尺寸和表面粗糙度的差异仍然会影响稳态阶段的摩擦系数。此外,MCD 和 BDMCD 薄膜表面晶粒凸起明显,并且具有比纳米晶粒金刚石薄膜更高的硬度,因此对于对磨球的犁削作用更强,如图 3 - 58(a)所示。在不同的润滑条件下与不同金刚石薄膜对磨的铝合金球的磨损率 I_b 如图 3 - 58(b)所示,证明微米晶粒金刚石薄膜可以导致更严重的对磨球磨损。因为该试验条件下金刚石薄膜的硬度要显著高于铝合金球,因此金刚石薄膜的磨损十分缓慢,金刚石薄膜表面的转移物质层主要由铝合金材料构成。如图 3 - 56 所示为 MCD 薄膜表面的转移物质层形貌,图 3 - 58(a)则给出了 BDMC-NCCD 薄膜表面的转移物质层形貌,微米晶粒金刚石薄膜导致的对磨球磨损更严重,因此相应薄膜表面的转移物质层也会更多,转移物质层与铝合金球之间的黏附作用更明显,这也是导致微米晶粒金刚石薄膜 SA - COF 值高的原因之一。此外,纳米晶粒金刚石薄膜中具有更多的 sp^2 杂化碳,可以起到一定的润滑作用,并且纳米晶粒金刚石薄膜表面与纯水、原液和乳化液之间的接触角都要更小。

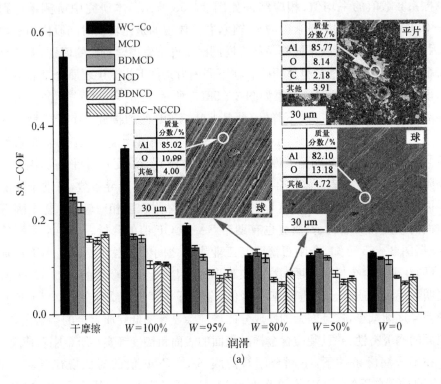

(a)

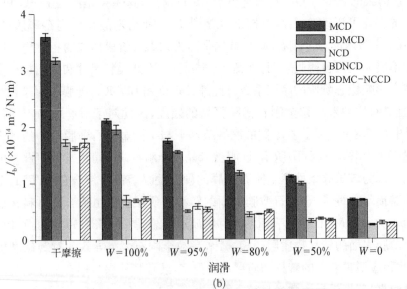

(b)

图 3-58　(a) 不同样品的 SA-COF 值以及典型样品的
表面形貌及(b) I_b 值(F_n=8 N, v=0.8 m/s)

如上所述,润滑对硬质合金 SA - COF 影响显著,同理润滑对金刚石薄膜 SA - COF 也有类似影响规律,但是影响相对较小。相比干摩擦,在水润滑条件下,金刚石薄膜表面悬键与氢离子或羟基离子的钝化可大幅降低金刚石薄膜的 SA - COF。金刚石薄膜的 SA - COF 值会随 W 减小而减小,但是当 W 降低到 80% 以下后,不同浓度的水基乳化液润滑条件下金刚石薄膜的 SA - COF 值不存在明显差异,这是因为金刚石薄膜在水润滑或者低浓度水基乳化液润滑条件下的表现已经很好,因此乳化液浓度继续提高带来的润滑作用改善十分有限。同理,相比干摩擦,水润滑可有效降低铝合金球的磨损率 I_b,但是随乳化液浓度的提高,I_b 值的继续下降并不明显,如图 3 - 58(b)所示。

以 BDMC - NCCD 薄膜为例($W=80\%$),法向载荷 F_n 和相对滑动速度 v 对于 SA - COF 和 I_b 的影响规律如图 3 - 59 所示,与 I - COF 不同,SA - COF 与 F_n 和 v 都有关系。法向载荷的提高可以增大局部接触压力,并且会减小润滑膜的厚度,甚至导致润滑膜破坏,因此 SA - COF 随之增大。在部分研究中发现水润滑条件下金刚石薄膜的摩擦系数会随相对滑动速度提高而增加,这与其试验条件有关。在这些试验研究中,用于润滑的水是逐渐滴落到摩擦表面的,在较低的滑动速度下,水分子经过每次滑动后有足够的时间重新吸附形成完整的润滑膜,但是在较高的滑动速度下,当达到稳定状态时,摩擦表面可能也只有部分区域被水分子覆盖。在本书研究中,球盘对磨副是浸泡在润滑液中的,在这种试验情况下,较高的相对滑动速度有利于润滑膜的形成,并且会导致摩擦表面温度上升,进而导致金刚石薄膜表面的石墨化和氧化程度随之上升。前者有利于提供更多的 sp² 相润滑成分,后者则有助于进一步减小金刚石薄膜的接触角。总而言之,金刚石薄膜的 SA - COF

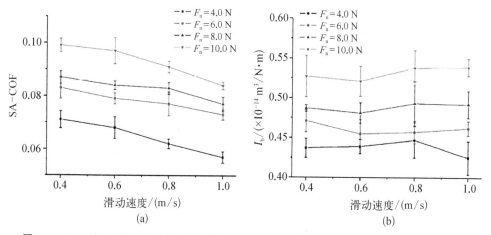

图 3 - 59　F_n 和 v 对 BDMC - NCCD 薄膜(a) SA - COF 和(b) I_b 值的影响规律($W=80\%$)

值会随 v 的提高而减小。对磨球的磨损率 I_b 受到 F_n 和摩擦系数的影响,较高的法向载荷和摩擦系数会在对磨球表面产生较大的法向和切向剪切应力以及在其亚表面产生较大的循环赫兹接触应力,I_b 随之增大。相对滑动速度对于 I_b 的影响不显著。

铝合金球很难在金刚石薄膜表面产生明显磨损,因此另外采用氮化硅球作为对磨球研究金刚石薄膜的磨损特性,据此得到的不同盘试样的磨损率 I_d 如图 3 - 60 所示。虽然与氮化硅材料对磨情况下金刚石薄膜的磨损不能完全反映拉拔铝合金丝过程中金刚石薄膜的磨损状态,但是至少可以用来评估薄膜磨损和薄膜自身机械性能之间的关系。首先需要说明的是,不同金刚石薄膜与氮化硅对磨的摩擦系数对比规律和图 3 - 58(a)类似。如图 3 - 60(a)所示,未涂层硬质合金的磨损率显著高于金刚石薄膜,说明金刚石薄膜可以有效起到耐磨减摩涂层的作用。虽然较低的摩擦系数有利于缓解磨损,但是本研究中纳米晶粒金刚石薄膜的磨损率要高于微米晶粒金刚石薄膜,这主要与其硬度的下降有关。同理,BDMC - NCCD 薄膜磨损率也略低于 NCD 和 BDNCD 薄膜。润滑条件会影响摩擦界面上的局部接触应力和摩擦系数,进而影响盘试样的磨损率,因此在干摩擦条件下盘试样的磨损率最高,其次是纯水润滑,再次是乳化液润滑,而原液润滑情况下磨损率最低。

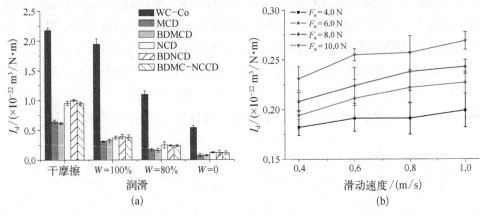

图 3 - 60　(a) 不同盘试样与 Si_3N_4 球在不同润滑条件下对磨的 I_d 值和
(b) F_n 和 v 对 BDMC - NCCD 薄膜 I_d 值的影响规律

F_n 和 v 对 BDMC - NCCD 薄膜 I_d 的影响如图 3 - 60(b)所示。BDMC - NCCD 薄膜与氮化硅球对磨的摩擦系数同样会随法向载荷的增加或相对滑动速度的减小而增加。法向载荷对于薄膜磨损率的影响规律与其对于 SA - COF 的影响规律一致,即薄膜磨损率会随法向载荷的增大而增加。而随着相对滑动速度的增加,虽然 SA - COF 下降,但是金刚石薄膜的磨损率反而会有所增大,这是因为较高的相对滑动速度会导致摩擦界面上温度升高,金刚石石墨化、氧化及其他化学反应都会加速,从而导致金刚石薄膜磨损加快。事实上在该研究中,氮化硅球的磨损率也会随相对滑动速度的增加而增大,这与金刚石薄膜-铝合金球对磨的情况存在差别,这是因为在水润滑或水基润滑条件下,氮化硅球表面非常容易发生氧化或氢化反应,生成 SiO_2 或 $Si(OH)_4$ 表面层,并且该表面层非常容易磨损去除,相对滑动速度越高、温度越高,反应磨损越剧烈。

　　上述讨论结果都没有涉及金刚石薄膜附着性能对于其水基润滑条件下摩擦磨损性能的影响,这是因为在法向载荷较小、难以影响到膜基界面的情况下,与氮化硅球对磨的金刚石薄膜只会逐渐磨损,而不会提前发生薄膜脱落。为了进一步了解薄膜结合强度对于其摩擦学性能的影响,本研究中采用了更高的法向载荷(10~120 N)进行摩擦学试验($W=80\%$, $v=0.8$ m/s)。当法向载荷提高到一定程度时,经过短时间的摩擦磨损试验后金刚石薄膜会没有任何征兆地发生明显脱落,如图 3-61 所示。当法向载荷适中时,金刚石薄膜在经过较长时间的摩擦磨损试验后也有可能发生薄膜脱落。金刚石薄膜在高载荷摩擦磨损试验下的脱落机理与冲蚀磨损试验中的脱落机理类似,均与薄膜表面及薄膜内微裂纹的生成与扩展,尤其是靠近膜基界面的微裂纹的形成与扩展有关,而这些微裂纹可能来自静态压入载荷(压痕试验)、冲击积累(固体粒子冲蚀试验)、法向载荷或循环摩擦累积(摩擦磨损试验)。在不同的法向载荷下,不同类型金刚石薄膜发生薄膜脱落所需要的具体时间如图 3-61 所示。当法向载荷小于 30 N 时,所有金刚石薄膜在充分长的试验时间里都只会发生逐渐磨损,而不会发生薄膜脱落。NCD 和 BDNCD 薄膜脱落的临界法向载荷大约为 30 N,而其他三种薄膜脱落的临界法向载荷大约为 60 N。对于同一种金刚石薄膜,法向载荷的增加意味着赫兹接触应力增加和循环摩擦作用的增强,也就意味着裂纹生成和扩展的加速,因此薄膜脱落所需时间随之缩短。在可引起所有薄膜脱落的法向载荷下,MCD、BDMCD 和 BDMC-NCCD 薄膜脱落所需的时间要长于 NCD 和 BDNCD 薄膜。总而言之,薄膜附着性能的改善可以避免薄膜脱落,即使是在法向载荷超过临界载荷的情况,也有利于延长薄膜寿命。

　　在金刚石薄膜涂层拉拔模具水基润滑拉拔合金线的过程中,实际的摩擦磨损环境会更加复杂,摩擦速度可能会或高或低,压缩载荷可能会或大或小,甚至还会发生附加的碰撞作用。但是从整体来看,金刚石薄膜具有显著优于未涂层硬质合金的摩擦磨损性能,并且在不同类型金刚石薄膜中,BDMCD-NCCD 薄膜具有纳米级金刚石晶粒、较低的摩擦系数、较好的附着性能、较低的 I-COF 和 SA-COF 值以及比单层纳米金刚石薄膜更低的磨损率,因此是最适用的模具内孔表面耐磨涂层。综合考虑水基润滑的效果及经济型,水基乳化液中最佳的水的体积分数为 80%。

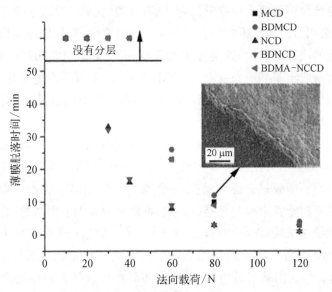

图 3‑61　不同法向载荷下金刚石薄膜脱落所需要的

时间及典型的脱落形貌

3.7.2　抛光金刚石薄膜的摩擦学性能

上述研究中对比了 MCD、BDMCD、NCD、BDNCD 和 BDMC‑NCCD 五种典型金刚石薄膜在水基润滑条件下的摩擦磨损特性，此外前文开发的 BD‑UM‑NCCD（或称为 BDMC‑MC‑NCCD）也具有类似 BDMC‑NCCD 的摩擦磨损特性。此外，在铝丝拉拔过程中，模具内孔表面沉积的金刚石薄膜必须经过抛光才能达到铝丝拉拔生产的要求，因此在本节中以 BDMC‑MC‑NCCD 薄膜作为研究对象，深入讨论了薄膜表面抛光对其水基润滑条件下摩擦磨损性能的影响规律。

本节研究中选择了四种样品作为盘试样，分别是未抛光的 BDMC‑MC‑NCCD 薄膜（表面粗糙度 R_a 值大于 120 nm）、部分抛光的 BDMC‑MC‑NCCD 薄膜（R_a 值分别为 120 nm、80 nm 左右）、完全抛光并且可以达到铝丝拉拔要求的表面光洁度的 BDMC‑MC‑NCCD 薄膜（R_a 值小于 40 nm）以及 R_a 值同样小于 40 nm 的未涂层硬质合金。球试样则包括 6201 铝合金球和 MCD 涂层硬质合金球，其中前者用于研究金刚石薄膜在水基润滑下的摩擦系数等特性，后者则用于研究金刚石薄膜的磨损率。润滑条件包括采用上文所述的特制水基乳化液原液（OF01）所配制的水基乳化液（$W=60\%，70\%，80\%，90\%，95\%$）润滑、采用用于铜丝拉拔的商用水基乳化液原液（OF02）所配制的水基乳化液润滑、油润滑（用于铝合金拉拔的商用润滑油）、水润滑和干摩擦。法向载荷 F_n 确定为 12 N，球盘之间相对往复运动的频率为 50 Hz,往复运动的行程约为 9 mm,因此相对滑动速度 v 大约为 0.9 m/s。

采用 OF01 配制的 $W=50\%$ 的水基乳化液与完全抛光的硬质合金和 BDMC-MC-NCCD 薄膜的接触角分别为 $49.7°\pm1.1°$ 和 $9.4°\pm0.7°$,说明金刚石薄膜具有更好的润湿性。此外,乳化液中的水体积分数 W 和表面粗糙度 R_a 值对于接触角的影响如图 3-62 所示。首先,在不同水体积分数情况下,具有类似表面粗糙度的 BDMC-MC-NCCD 薄膜的接触角都要明显小于硬质合金(WC-Co)样品,随着水体积分数的提高,由于乳化液中油性成分的减少,两种样品的接触角都会逐渐增大,尤其是当水体积分数提高到 100% 时,接触角迅速增大。采用机械抛光获得的较低的表面粗糙度有助于减小接触角。He 等人的研究指出,MPCVD 金刚石薄膜与水或二碘甲烷的接触角会随表面粗糙度降低而增加,但是该研究中不同的表面粗糙度是通过控制具有相同晶粒尺寸的金刚石晶粒密度而获得的,在这种情况下,较低的表面粗糙度意味着较少的缺陷和较高的金刚石晶粒密度,因此会具有较低的表面能和较大的接触角[117]。但是在本书研究中,不同的表面粗糙度是通过机械抛光不同时间获得的,机械抛光会导致薄膜表面温度升高,因此在大气环境中薄膜表面会发生轻微氧化。金刚石薄膜表面在抛光前后的氧原子含量分别为 3.1% 和 4.9%(XPS 检测结果),氧化金刚石表面一般具有较小的接触角,因此在本书研究中,接触角会随表面粗糙度降低而减小。

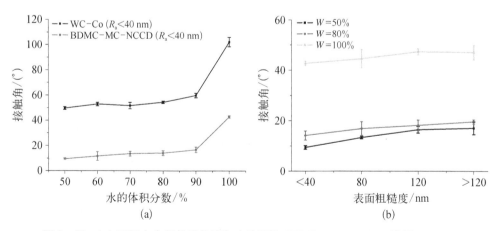

图 3-62　(a) 不同水含量的乳化液与未涂层和 BDMC-MC-NCCD 涂层 WC-Co 样品 ($R_a<40$ nm) 的接触角;(b) BDMC-MC-NCCD 涂层 WC-Co 样品表面粗糙度对其接触角的影响

完全抛光的 BDMC-MC-NCCD 薄膜在不同润滑条件下与铝合金球对磨的摩擦系数随时间变化曲线如图 3-63(a)所示,在所有情况下摩擦系数在 150 min

的试验实践中均保持相对稳定,不存在未抛光金刚石薄膜摩擦磨损试验中通常存在的初始峰值和磨合阶段,这是因为抛光金刚石薄膜与铝合金球对磨表面从试验开始时就处于相对稳定的状态。润滑条件对于薄膜摩擦系数的影响显而易见,干摩擦条件下表现出最高的摩擦系数,而油润滑可以最大限度地降低摩擦系数。与纯水润滑相比,水基乳化液中油性成分的存在可以显著降低润滑液在金刚石薄膜表面的接触角,更有利于润滑膜的形成,因此摩擦系数也会有明显下降,并且本书研究中特制的水基乳化液 OF01 相比于 OF02 具有更好的润滑作用。在相同的水基润滑下(OF01, $W=80\%$),不同表面粗糙度的 BDMC - MC - NCCD 薄膜以及用作对比的硬质合金样品($R_a<40\ \mathrm{nm}$)摩擦系数随时间变化曲线如图 3 - 63(b)所示,当金刚石薄膜表面粗糙度 R_a 值提高到 120 nm 及以上时,摩擦系数初始峰值和磨合阶段出现,并且摩擦系数会随表面粗糙度提高而上升,但始终低于对比硬质合金样品的摩擦系数,进一步证明了金刚石薄膜相比于硬质合金材料在水基润滑条件下具有更优异的减摩性能。

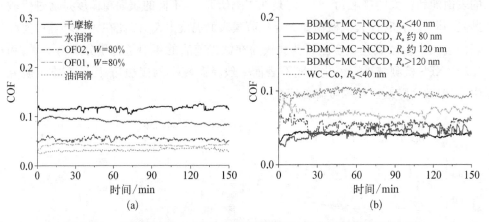

图 3 - 63   不同条件下 BDMC - NCCD 薄膜与铝合金球对磨的摩擦系数

(a) 完全抛光的 BDMC - MC - NCCD 薄膜在不同润滑条件下与铝合金球对磨的摩擦系数变化曲线;
(b) 不同表面粗糙度的 BDMC - MC - NCCD 薄膜及 $R_a<40\ \mathrm{nm}$ 的硬质合金样品在水基润滑条件(OF01,$W=80\%$)下与铝合金对磨的摩擦系数变化曲线

为了直观地研究不同情况下摩擦系数的对比规律,将所有曲线中摩擦系数基本稳定阶段(30~150 min)所采集到的摩擦系数数值求平均得到相对稳定阶段平均摩擦系数 a - COF,相应结果如图 3 - 64 所示。润滑条件对于所有样品摩擦系数的影响规律基本一致。在干摩擦和油润滑条件下,相比于硬质合金,金刚石薄膜的减摩作用有限,尤其是在油润滑条件下,硬质合金样品的摩擦系数甚至低于未抛光的金刚石薄膜。但是在水润滑或水基润滑条件下,不同表面粗糙度的金刚石薄膜

的摩擦系数均低于硬质合金。如图 3-64 所示,当 $W=0$ 时,即采用 OF01 原液作为润滑液时,不同样品的 a-COF 值均低于 0.04,接近于油润滑条件下的数值。对于同种原液,水含量的增加不利于润滑,因此摩擦系数会随水含量增加而上升。在相同的润滑条件下,完全抛光的 BDMC-MC-NCCD 薄膜的摩擦系数始终低于未抛光或部分抛光的金刚石薄膜。

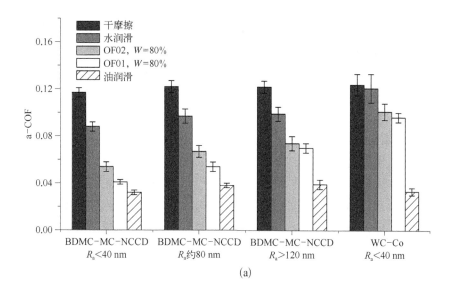

(a)

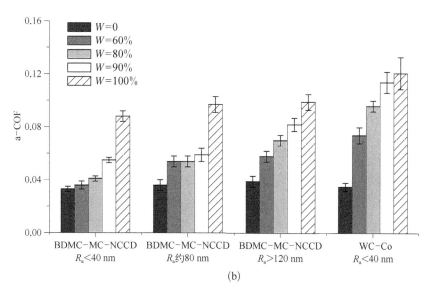

(b)

图 3-64　不同样品在(a) 不同润滑条件下以及(b) 不同水含量的 OF01 水基乳化液润滑条件下在相对稳定阶段的平均摩擦系数 a-COF

根据图 3-65(a)计算球冠磨损区域的体积可以计算得出铝合金球的磨损率,结果如图 3-65(b)和(c)所示。完全抛光薄膜的磨损率极小,尤其是在水基润滑和油润滑条件下,当试验长度达到 16 200 m 时对磨球仍然没有明显磨损,这是因为此时摩擦系数很低。对同种样品,对磨球磨损率与摩擦系数存在正相关,因此干摩擦条件下磨损率最高,其次为水润滑,再次为水基润滑,而油润滑条件下磨损率最低。此外,对磨球磨损率还会随薄膜表面粗糙度提高而增大。

与硬质合金样品在水基润滑条件下对磨的铝合金球仍然存在可见磨损,这是因为该条件下的摩擦系数甚至高于未抛光金刚石薄膜的摩擦系数。但是摩擦系数之间的差异不能够解释与硬质合金对磨的铝合金球磨损率小于与未抛光和部分抛光金刚石薄膜对磨的铝合金球磨损率的原因,这是因为薄膜表面凸出的金刚石晶粒(虽然是纳米晶粒)会在较软的铝合金球表面导致较高的局部压力,引起对磨球材料的去除、犁削以及对磨表面的氧化,如图 3-66 所示。需要注意的是,铝合金材料的表面氧化也会影响铝合金线拉拔过程中产品的表面质量和光泽度。润滑条件对铝合金球表面氧化的影响如图 3-66(b)所示,在油润滑条件下,铝合金球表面氧化程度很低,因为油润滑膜可以很好地隔离空气和对磨表面,并且润滑油中也不存在氧化性成分。虽然水润滑有利于散热降温,但是铝合金球表面氧化程度接近甚至要高于干摩擦条件下,这是因为工业用水中存在更多的氧化性成分。用于铜丝拉拔的商用水基乳化液中存在抑制铜丝氧化的成分,但是对铝合金的作用有限,而本书中特制的 OF01 乳化液原液中含有专门针对铝合金的防锈抗氧化成分,因此可以有效抑制对磨球表面的氧化。在 OF01 或 OF02 水基润滑条件下与硬质合金对磨的铝合金球表面的氧化程度要高于与金刚石薄膜对磨的情况,这是因为摩擦系数较高,局部温度也较高,因此会促进氧化。

采用 OF01 水基乳化液原液,水体积分数对于铝合金球磨损率的影响规律如图 3-65(c)所示。当水体积分数从 60% 提高到 90% 时,铝合金球磨损率变化不大。整体来看,乳化液润滑下铝合金球磨损率要低于纯水润滑,而 100% 原液润滑情况下铝合金球的磨损率接近于油润滑。在这些情况下,金刚石薄膜的表面粗糙度同样会对对磨球的磨损率产生显著影响,即粗糙度越高,对磨球磨损率越高。水体积分数对与完全抛光及未抛光金刚石薄膜对磨的铝合金球的磨损率的影响规律如图 3-66(b)所示,水体积分数的提高有利于散热降温,但是同时也意味着乳化液中油性成分和防锈抗氧化成分的减少,并且后者会占主导地位,因此对磨球表面的氧含量会随水体积分数增加而增加。对于完全抛光的金刚石薄膜,当水体积分数超过 80% 时,对磨球表面氧原子含量急剧上升。对于未抛光金刚石薄膜,当水体积分数超过 60% 时,对磨球表面氧原子含量急剧上升。

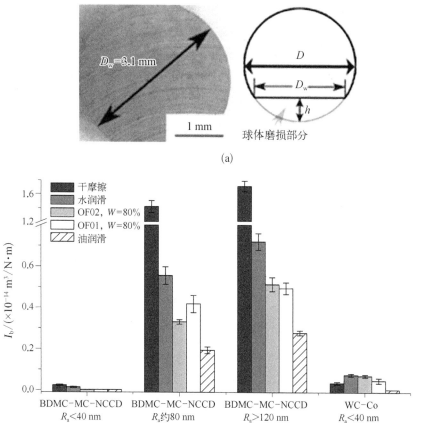

(a)

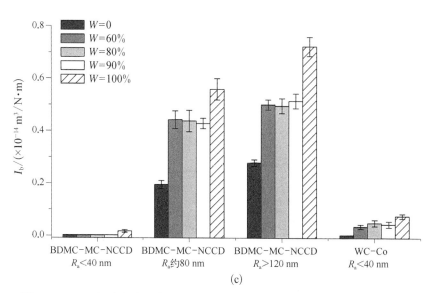

图 3 - 65 (a) 铝合金球与未抛光 BDMC - MC - NCCD 干摩擦 150 min 后的表
面磨损形貌及球磨损率计算示意与不同盘试样在(b) 不同润滑条件
及(c) 不同水含量的 OF01 水基润滑条件下对磨的球试样的磨损率

氧原子含量=3.77%　　　　　氧原子含量=6.91%

48 μm　　　　　48 μm

(a)

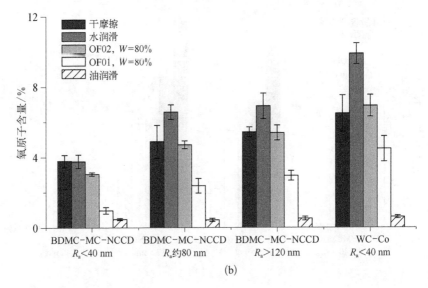

(b)

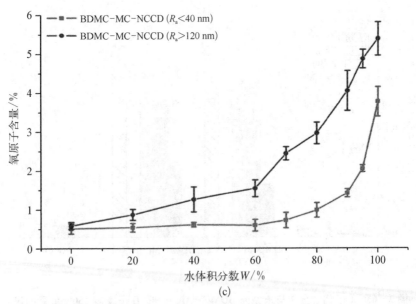

(c)

图 3 - 66 (a) 与完全抛光(左)和未抛光(右)**BDMC - MC - NCCD** 薄膜在水润滑条件下对磨的铝合金球的磨损形貌与不同盘试样对磨的铝合金球表面氧原子含量与 (b) 润滑条件和(c) **OF01** 润滑液中水体积分数的关系

　　摩擦磨损试验后典型的薄膜表面形貌如图 3-67 所示,在油润滑和水基润滑条件下完全抛光的金刚石薄膜表面仍然保持光滑且无磨损的表面形貌,如图 3-67(a)所示。与干摩擦和油润滑条件相比,水润滑和水基润滑具有更高的清洗效果,因此薄膜表面的磨屑黏附会较少,如图 3-67(b)至(d)所示,同样由于良好的清洗效果,虽然薄膜表面粗糙度提高会引起摩擦系数和对磨球磨损率的增加,但是并不会显著加剧表面黏附,如图 3-67(a)和(d)所示。

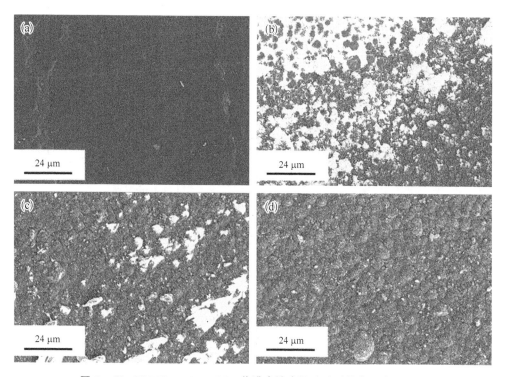

图 3-67　BDMC-MC-NCCD 薄膜摩擦磨损试验后的典型表面形貌

(a) 完全抛光薄膜与铝合金球在 OF01 水基润滑条件下对磨 150 min;(b) 未抛光薄膜与铝合金球干摩擦 30 min;(c) 未抛光薄膜与铝合金球在油润滑条件下对磨 30 min;(d) 未抛光薄膜与铝合金球在 OF01 水基润滑条件下对磨 30 min

　　与 MCD 薄膜涂层硬质合金球对磨的盘试样会发生明显磨损,根据如图 3-68(a) 所示的磨痕轮廓可估算盘试样表面磨损率,计算结果如图 3-68(b) 和(c)所示。与金刚石薄膜-铝合金球对磨情况类似,与完全抛光 BDMC-MC-NCCD 金刚石薄膜长时间对磨的 MCD 薄膜涂层硬质合金球也不存在明显磨损,BDMC-MC-NCCD 薄膜也不存在明显磨损,这是因为虽然 MCD 薄膜具有较高的表面粗糙度,但是超硬 MCD 薄膜与超硬且光滑的抛光薄膜之间很难产生足够的弹塑性应变,因此该对磨副表现出很低的摩擦系数(甚至低于金刚石薄膜-铝合金球的摩擦系数)。但是 MCD 薄膜表面凸起的金刚石晶粒非常容易压入硬质合金样品表面并引起盘试样的材料去除,因此抛光硬质合金样品的磨损率显著高于各种不同表面粗糙度的 BDMC - MC - NCCD 薄膜。润滑作用对于盘试样磨损率 I_d 的影响规律容易理解,干摩擦会导致最高的 I_d,其次为水润滑,再次为水基润滑,而油润滑条件下的 I_d 最低。乳化液中水含量对 I_d 的影响规律如图 3 - 68(c)所示,水含量的提高会导致润滑作用下降,因此同样会加速盘试样的磨损。

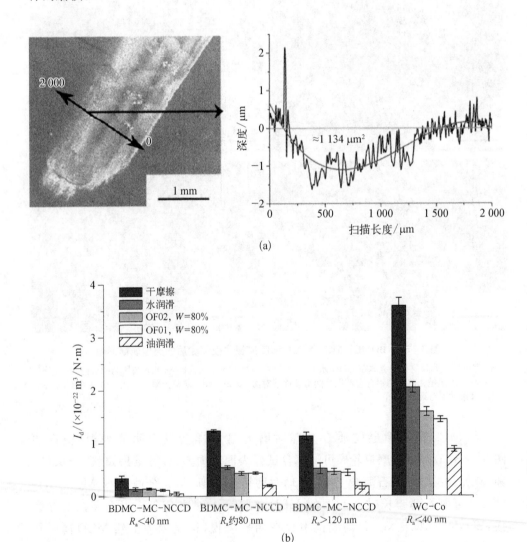

(a)

(b)

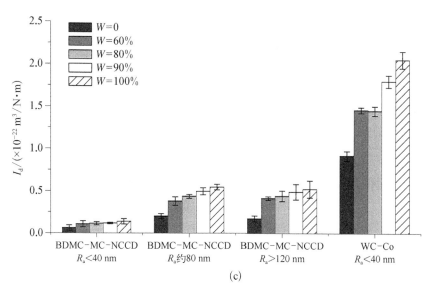

图 3 - 68　**(a)** 未抛光 **BDMC - MC - NCCD** 薄膜与 **MCD** 涂层球在 **OF01** 水基润滑 **(W=80%)** 下对磨 **360 min** 的磨痕及盘试样磨损率示意图;盘试样磨损率与**(b)** 润滑条件及**(c) OF01** 水基乳化液中水含量的关系

3.8　基于摩擦学试验的内孔金刚石薄膜沉积参数优化方法

正交试验设计是一种常用的研究关键沉积参数对于金刚石薄膜沉积过程及性能影响的试验设计方法,本节中将基于此方法,以直径为 4.0 mm 的圆孔拉拔模具内孔表面甲烷碳源非掺杂金刚石薄膜的沉积为例,深入研究主要的沉积参数(因素及水平参见表 3 - 20)对该薄膜生长速率、晶粒尺寸、残余应力、薄膜质量、附着性能和应用摩擦磨损性能的影响机理(其中应用摩擦磨损试验采用的内试样为直径 4.3 mm 的低碳钢丝),建立一种综合考虑内孔金刚石薄膜沉积效率、性能表征和摩擦学性能,适用于各类内孔表面不同类型金刚石薄膜沉积参数优化的正交试验方法[118]。

表 3 - 20　选取的 HFCVD 沉积参数(因素)及对应水平

因　素	水　平		
	1	2	3
A:基体温度 $T_s(\pm 10)$/℃	830	750	910
B:碳源浓度 C/%	3	1.5	4.5
C:反应压力 p_r/Torr	30	12	45
D:反应气体总流量 Q_{gm}/(mL/min)	800	600	1 000

　　在上述被影响参数中,薄膜的生长速率 R 可以通过四个不同采样点的
FESEM 截面形貌中体现出来的薄膜厚度均值除以沉积时间(5 h)得到。由于
金刚石薄膜的厚度会显著影响其他因素的评价,因此通过控制时间重新沉积
相同厚度(约 15 μm)的金刚石薄膜,再对它们的其他特征进行对比:晶粒尺寸
G 通过对四个不同采样点的 FESEM 表面形貌进行统计分析得到;残余应力 σ
通过拉曼光谱中 sp³金刚石特征峰的偏移估算得出(式 2 - 1);薄膜质量采用质
量因子 Q 进行表征,质量因子 Q 指的是 I_D/I_T,其中 I_D 指的是拉曼光谱中金刚
石特征峰的面积积分强度,I_T 是指拉曼光谱中所有峰的面积积分强度之和,通
过对拉曼光谱进行分峰和积分计算可以得到;薄膜的附着性能 AD 采用应用
磨损试验中的薄膜脱落时间进行表征;应用磨损性能采用应用磨损试验中稳
定磨损阶段的整体磨损率 I_{da}($\times 10^{-6}$ mg/N・m)进行表征。截面形貌如
图 3 - 69 所示,表面形貌如图 3 - 70 所示,拉曼表征结果如图 3 - 71 所示,根
据表征和试验结果得到的数据分析结果列于 L9 (3⁴)正交试验表中,如
表 3 - 21 所示,通过正交试验结果得到的各因素的效应曲线及极差则如图 3 - 72
所示。

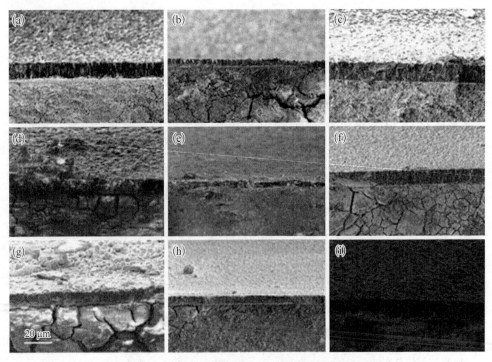

图 3 - 69　采用不同参数沉积的金刚石薄膜的截面形貌

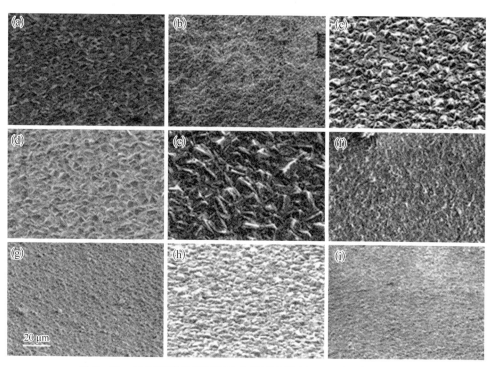

图 3-70 采用不同参数沉积的金刚石薄膜(相同厚度)的表面形貌

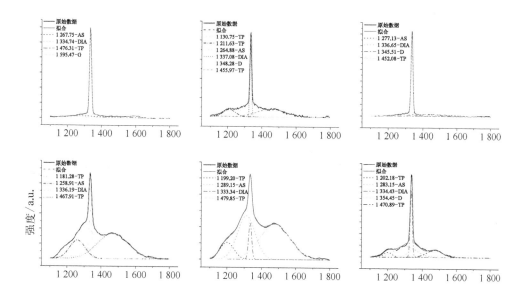

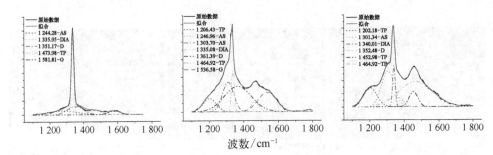

TP—反式聚乙炔；AS—无定形 sp³；DIA—金刚石；D—D 带；G—石墨 G 带。

图 3-71　采用不同参数沉积的金刚石薄膜(相同厚度)的拉曼光谱

表 3-21　L9(3⁴)正交试验表及分析结果

编号	试 验 参 数				试 验 结 果					
	T_s (±10)/ ℃	C/ %	p_r/ Torr	Q_{gm}/ (mL/ min)	R/ (μm/ h)	G/ μm	σ/ MPa	Q/ %	AD/ min	I_{da}
a	830	3	30	800	4.201	7.076	−1.327	44.17	20	2.72
b	830	1.5	12	600	2.026	2.887	−2.954	19.45	12	8.74
c	830	4.5	45	1 000	5.118	7.019	−2.411	47.25	18	2.54
d	750	3	12	1 000	4.628	8.148	−2.145	8.38	16	6.18
e	750	1.5	45	800	2.051	10.25	−0.533	7.11	30	6.86
f	750	4.5	30	600	4.353	3.975	−1.149	23.94	20	4.14
g	910	3	45	600	4.219	3.616	−2.012	16.57	18	4.92
h	910	1.5	30	1 000	2.324	6.342	−1.522	4.29	16	7.88
i	910	4.5	12	800	5.317	1.917	−4.315	9.61	2	10

　　May 等采用动态蒙特卡罗方法研究 CVD 金刚石薄膜生长过程，获得了金刚石薄膜生长速率与含碳基团、氢原子基团及基体温度之间关系的经验公式[5, 119-120]，如式 3-14 所述，生长速率和三个关键因素之间的关系曲线如图 3-73 所示，基于该式和曲线图可以对本节中各沉积参数对于金刚石薄膜生长速率的影响进行定性分析。

$$R = \frac{0.075 \times 3.8 \times 10^{-14} T_s^{0.5}[\mathrm{CH}_x]}{1 + 0.3\mathrm{e}^{3\,430/T_s} + 0.1\mathrm{e}^{(-4\,420/T_s)}} \frac{[\mathrm{H}_2]}{[\mathrm{H}]} \tag{3-14}$$

　　根据上述表征及分析结果可得到如下结论：

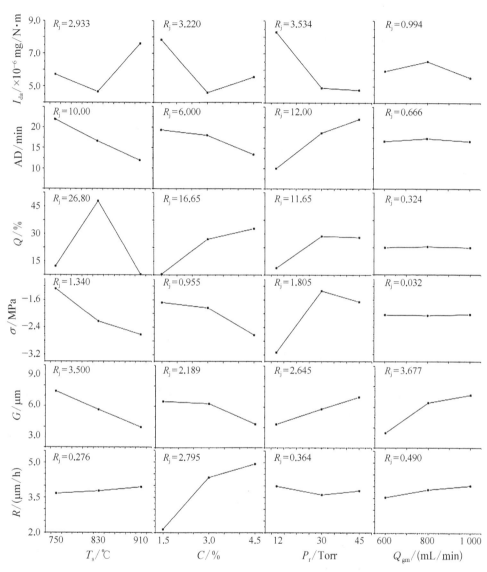

图 3-72　各因素的效应曲线及极差

1）T_s、C、p_r、Q_{gm} 对于 R 和 G 都存在显著影响

金刚石薄膜的生长速率主要受两类反应的影响,其一是含碳基团在基体表面的沉积,其二是氢原子对石墨相的刻蚀(即图 3-73 中含碳基团和氢原子基团的作用)。在该试验中,由于模具内孔条件的限制,基体温度是通过改变热丝温度间接调整的,热丝温度的升高有助于提高反应气体的分解速率。同时由于本书研究中的热丝-基体间距仅 1.75 mm,分解生成的 CH_3 等气体基团很容易无阻碍地到达基

体表面,提高金刚石薄膜的生长速率。此外,不考虑温度对基团浓度的影响,基体温度的升高也会增加基体表面的活化位置(图3-73中基体温度的作用),促进金刚石薄膜的生长。在其他研究者[6]及本书作者的其他试验(后文涉及的针对温度场仿真的沉积对照试验)研究中发现,在相同的沉积时间下,金刚石薄膜的晶粒尺寸会随基体温度的升高而增大,这主要是受到薄膜厚度(生长速率)的影响。但是对于相同厚度的金刚石薄膜而言,大量含碳基团和氢原子到达基体表面会促进金刚石晶粒的形核,大量晶核的竞争作用会相对抑制金刚石晶粒的长大,因此金刚石薄膜的晶粒尺寸会有所减小。

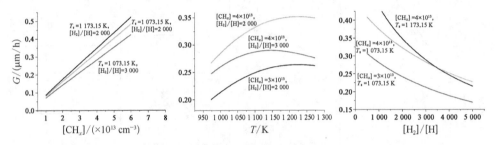

图3-73　生长速率与含碳基团、氢原子及基体温度之间的近似定性关系

已有研究认为当热丝-基体间距较小时金刚石薄膜生长速率会随碳源浓度增加而明显增大,而当热丝-基体间距较大时金刚石薄膜生长速率则对碳源浓度不敏感。在本书研究中,热丝-基体间距仅有1.75 mm,因此碳源浓度的提高同样会增加到达基体表面的CH_3基团的浓度(图3-73中含碳基团的作用),进而提高金刚石薄膜的生长速率。从图3-69中也可以明显对比看出,在较高的碳源浓度[4.5%,如图3-69(c)、(f)、(i)所示]下沉积的金刚石薄膜整体厚度明显大于在较低的碳源浓度[1.5%,如图(b)、(d)、(h)所示]下的沉积的金刚石薄膜。此外,对相同厚度的金刚石薄膜而言,同样由于形核的增加和大量晶核的竞争作用,碳源浓度的提高会减小金刚石的晶粒尺寸。

反应压力的提高会降低各种电子、分子和原子基团的平均自由程,从而提高热丝附近分解的活性基团在到达基体表面之前碰撞复合的概率,相对降低到达基体表面的活性基团的浓度,因此当反应压力从12 Torr提高到30 Torr时,金刚石薄膜的生长速率会下降,但是当反应压力继续提升时,金刚石薄膜的生长速率反而会略有上升,这可能跟较高的反应压力下反应腔内C_2基团(沉积金刚石薄膜的重要的前驱基团之一)或氢原子等其他气体基团的浓度提高有关(均体现为图3-73中含碳基团和氢原子基团的作用)。此外,当反应压力增加时,同样由于基体表面金刚石形核的减少,金刚石的晶粒尺寸则会明显增大。

内孔沉积时采用了强制对流的入气方式,即反应气体入口接近内孔孔口,在该情况下,总气体流量的增加会显著提高内孔区域反应气体流速,因此会为热丝周围反应气体的分解提供更充足的气源供应,同时起到增加 CH₃ 基团和氢原子的作用(图 3-73 中含碳基团和氢原子基团的作用),提高金刚石薄膜的生长速率。同时总气体流量的增加还会导致金刚石薄膜晶粒尺寸的增大,这是因为在较高的反应气体流量范围内,采用强对流入气,基体内孔表面附近的气体流速要明显高于通常情况下(反应气体在反应腔内自由扩散的情况)的气体流速,因此会带走部分分解后的活性基团,在保证金刚石薄膜厚度方向的生长速率基础上,也不会对晶粒的长大起到明显的抑制作用。

2) T_s、C 和 p_r 对于 σ 和 Q 均存在着显著影响

本节研究中制备的金刚石薄膜内存在的残余应力均为残余压应力,该残余应力主要由两部分组成,其一是金刚石与基体热膨胀系数的差异导致的残余热应力,其二是各种非金刚石成分和缺陷存在而导致的生长应力。基体温度主要影响金刚石薄膜内的残余热应力 σ_{th},如式 3-15 所示,其中金刚石材料的弹性模量 E_d、金刚石的泊松比 ν、室温 T_R 均为定值,因此基体温度越高,降温过程中产生的残余热应力越大。基体温度对薄膜质量的影响与对残余应力的影响略有差别,适宜的基体温度(830℃)有助于金刚石质量的提高。当基体温度/热丝温度较低时,非晶碳和石墨相容易在基体表面生成,并且氢气离解成为氢原子的效率较低,氢原子对石墨相的刻蚀作用不足,薄膜中会存在较多的类金刚石结构;当温度较高时也会促进非晶碳和石墨相的生成,另外还可能导致金刚石部分气化,因此在 750℃ 和 910℃ 的基体温度情况下金刚石薄膜的质量都相对较低。

$$\sigma_{th} = \frac{E}{(1-\nu)} \times (T_R - T_s) \times 5.2 \times 10^{-6} \qquad (3-15)$$

提高碳源浓度会促进二次形核、减小晶粒尺寸、增加晶界数量,因此可能会导致非金刚石成分、缺陷及生长应力的增加[6]。但是在本节所研究的碳源浓度范围内,随着碳源浓度的增加,金刚石薄膜的质量却逐渐提高,这主要是因为在较小的碳源浓度下,到达基体表面的含碳基团较少,在富含氢原子的气氛中很容易与氢原子反应重新生成碳氢化合物,不利于 C—C 键的生成。虽然晶界上不会存在过多的非金刚石成分,但是金刚石整体质量也相对较低。也有研究认为随着碳源浓度的升高,芳香类有机化合物的生成会污染薄膜表面,促进非晶碳的生成。此外,反应腔内氢原子相对浓度的降低会导致刻蚀石墨的效率减慢,这些原因均会导致金

刚石薄膜质量下降。造成这一差异性结论的原因可能还是内孔金刚石薄膜沉积条件的特殊性,在该特殊条件下,含量丰富的含碳基团与氢原子之间的反应成为影响金刚石薄膜结构质量的主要因素,在较高的碳源浓度下,虽然金刚石晶界上的非金刚石成分和缺陷会有所增加,但是整体来看金刚石晶粒质量及薄膜整体中金刚石成分所占的比例还是会有所提升。

在硬质合金基体内孔金刚石薄膜沉积过程中,当反应压力为 30 Torr 左右时可以获得最小的残余应力和最佳的薄膜质量。在 HFCVD 金刚石薄膜制备过程中,反应生成的活性基团的浓度与反应压力成正比,当反应压力过高时会有更多的活性基团,尤其是氢原子生成,虽然金刚石晶粒比较容易长大,但是在初始生长过程中基体表面还是会产生更多的活化位置,进而导致二次形核和金刚石薄膜中缺陷的增加。从图 3-70(c)、(e)和(g)中也可以看出,在较高的反应压力下,在晶界位置上也存在一些二次形核的金刚石小颗粒。当反应压力过低时,由于活性基团平均自由程的大幅增加,较多活性基团容易无阻碍地到达基体表面,金刚石晶粒尺寸整体均会显著减小,二次形核率会明显增加,金刚石薄膜晶界位置会生成较多量的石墨、非晶碳等非金刚石成分,金刚石薄膜中缺陷和非金刚石成分的增加均会导致残余应力提高和金刚石薄膜质量下降。

3) T_s、C 和 p_r 对于 AD 和 I_{da} 均存在显著影响

金刚石薄膜的附着性能与薄膜内的残余应力状态关系密切。此外,金刚石薄膜的附着性能还与其晶粒尺寸有关,较粗的金刚石晶粒有利于提高薄膜与基体之间的机械锁合强度。当基体温度提高时,薄膜内残余应力和金刚石晶粒尺寸均明显增大,前者对于其附着性能起到决定性的作用,因此其附着性能有所下降。当碳源浓度提高时,薄膜内残余应力增加,同时金刚石晶粒尺寸会减小,因此其附着性能随之下降。当反应压力提高时,薄膜内残余应力先减小后增大,而金刚石晶粒尺寸显著增大,后者对于其附着性能起到了更为明显的作用,因此其附着性能显著改善。金刚石薄膜的稳态磨损率主要受薄膜质量的影响,由于采用第九组参数沉积的金刚石薄膜附着性能很差,经过 2 min 的应用磨损试验便已经整体剥落,因此其稳态磨损率 I_{da} 难以精确测定,根据其他各组结果预估其数值为 10,该数值应该大于该薄膜在不发生脱落情况下的稳态磨损率,在此基础上 T_s、C 和 p_r 对于 I_{da} 的影响与其对 Q 的影响基本一致,只是由于第九组预估数值存在的误差导致与之相关的 $C=4.5\%$ 以及 $Q_{gm}=800$ mL/min 时的 I_{da} 数值略大于真实值。

为了能够获得较高的生长速率、较小的金刚石晶粒尺寸和残余应力、较好的金刚石薄膜质量和附着性能以及较低的稳态磨损率,定义本节沉积参数优化的优化目标因子 FOM(figure of merit)如式 3-16 所示。

$$\mathrm{FOM} = \frac{|R \times Q \times \mathrm{AD}|}{|G \times \sigma \times I_{\mathrm{da}}|} \qquad (3-16)$$

四个因素对于 FOM 的影响如图 3-74 所示,为获得具有最佳综合性能的金刚石薄膜所确定的优化沉积参数为: $T_s = 830℃$, $C = 4.5\%$, $p_r = 30$ Torr, $Q_{\mathrm{gm}} = 800$ mL/min,优化沉积参数下制备的金刚石薄膜确实表现出良好的综合性能: $R = 4.417\ \mu m/h$, $G = 4.855\ \mu m$, $\sigma = -1.644$ GPa, $Q = 48.22\%$, $\mathrm{AD} = 20$ min, $I_{\mathrm{da}} = 2.76 \times 10^{-6}$ mg/N·m, FOM=193.37。

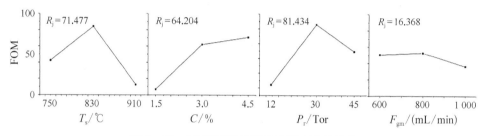

图 3-74　各因素对于 FOM 的影响及其极差

大量应用试验表明,上述试验设计及分析方法适用于采用不同碳源在不同孔径、不同孔型基体内孔表面沉积不同类型金刚石薄膜的沉积参数优化,在实际应用中还可根据应用条件对金刚石薄膜性能提出的偏重要求来定义不同的优化因子(比如用冲蚀磨损性能代替应用摩擦磨损性能),具有很高的实用价值。

3.9　本章小结

HFCVD 金刚石薄膜的摩擦学性能是决定其在耐磨减摩器件内孔中应用效果的最为关键的性能指标,本章设计了一种新型的内孔金刚石薄膜应用摩擦磨损性能检测方法,对各类金刚石薄膜的冲蚀磨损、标准摩擦磨损及应用摩擦磨损性能进行了系统研究。

本章首先对比了 MCD、BDD 及 NCD 薄膜的冲蚀磨损性能,硼掺杂技术可以有效改善金刚石薄膜的附着性能,并提高其断裂韧性,因此 BDD 薄膜具有比 MCD 和 NCD 薄膜更好的综合冲蚀磨损性能。基体对于 BDD 薄膜冲蚀磨损性能的影响主要取决于薄膜和不同基体材料之间附着性能的差异。在适当的厚度范围内,MCD 和 BDD 薄膜的冲蚀磨损性能(薄膜寿命)均表现出随薄膜厚度单调递增的趋势。但是当薄膜厚度过大时,由于残余应力的急剧增加,在冲蚀过程中 MCD 薄膜非常容易发生剥落。此外,当薄膜厚度接近赫兹最大剪应力深度时,薄膜稳态磨损率也会有所上升,薄膜寿命有所下降。该部分研究内容为内孔冲蚀磨损应用条件下耐磨涂层(或其基层)的类型、基体材料、薄膜厚度的优选提供了依据。

综合来看,硼掺杂技术可以显著提高金刚石薄膜的附着性能和断裂韧性,并细化金刚石颗粒,因此其冲蚀磨损、标准摩擦磨损和应用摩擦磨损性能均有所改善。而 NCD 薄膜中金刚石成分的降低会对其冲蚀磨损和应用摩擦磨损性能产生不利影响,但是由于表面粗糙度大幅降低,表现出非常优异的标准摩擦磨损性能。BD - UM - NCCD 薄膜具有类似 NCD 薄膜的优异的标准摩擦磨损性能,同时由于 BDD 和 MCD 薄膜层的作用,也具有较好的冲蚀磨损和应用摩擦磨损性能。BD - UCD 薄膜综合了 BDD 薄膜附着性能好和 MCD 薄膜硬度高的优点,具有最佳的冲蚀磨损和应用摩擦磨损性能,但标准摩擦磨损性能与 MCD 薄膜类似。从碳源种类的角度来看,甲烷碳源 MCD 薄膜具有更高的金刚石纯度和较少的缺陷,因此相对于采用其他碳源沉积的 MCD 薄膜表现出较好的冲蚀磨损和摩擦磨损性能。该部分研究内容为内孔冲蚀及摩擦磨损应用条件下金刚石薄膜类型的最终选择奠定了理论基础。

本章还在应用摩擦磨损试验基础上,采用正交试验法研究了主要的沉积参数对甲烷气氛下内孔非掺杂金刚石薄膜生长及综合性能的影响,并提出了优化目标因子的概念,建立了一种综合考虑内孔金刚石薄膜沉积效率、性能表征和摩擦学性能,适用于各类内孔表面不同类型金刚石薄膜沉积参数优化的正交试验方法。

第 4 章　内孔沉积热丝 CVD 金刚石薄膜的物理场仿真研究

4.1　引言

在各种各样的 CVD 金刚石薄膜制备方法中,HFCVD 法最适用于批量化制备内孔金刚石薄膜涂层耐磨减摩器件,采用该方法沉积金刚石薄膜的基本反应原理是:反应气体在高温热丝的作用下分解成各种自由粒子(含碳气体基团、氢原子等),自由粒子运动到基体表面并在一定温度下发生化学反应,形成金刚石薄膜。在这一反应过程中,基体温度的高低和均匀性、反应腔内的气体密度场和流场分布等对金刚石薄膜的质量和生长速率具有显著的影响。对于内孔,尤其是复杂形状内孔而言,要在金刚石薄膜沉积过程中获得均匀分布的基体温度场和气场非常困难,因此,系统研究内孔沉积 HFCVD 金刚石薄膜的物理场分布,对于深入理解内孔沉积的沉积原理和反应过程、设计大容量内孔金刚石薄膜沉积装置、针对复杂的内孔形状优化沉积参数等都具有重要的意义。目前国内外学者对于 HFCVD 金刚石薄膜反应过程中温度场和气场的仿真或试验研究主要着眼于平面沉积或外表面沉积,并且对于计算模型的简化较为严重,更有很多研究仅考虑了其中部分的热效应,研究结果与实际的偏差较大,因此有必要深入探索与实际状况更接近的、兼具理论性和实用性的计算机仿真计算方法及物理模型,建立一套完整的用于内孔金刚石薄膜沉积过程中温度场和气场分布研究的研究方法。

本章首先构建了与实际模型非常接近的仿真计算模型,考虑了 HFCVD 金刚石薄膜内孔沉积反应过程中的热传导、热对流和热辐射三种热传递方式的综合效应,采用基于 FVM 的计算机仿真方法及软件(Fluent),提出了内孔金刚石薄膜沉积过程的热流耦合仿真模型,系统研究了主要的沉积参数、支承冷却和换热条件对于温度场和气场分布的影响,并将仿真计算的结果与测温及沉积试验结果进行了对比,验证了仿真方法的可行性和仿真结果的准确性。在理论研究的基础上,本章进一步对比研究了根据经验设计的、采用不同基体排布方式的产业化沉积装置内批量化基体内孔表面温度场分布状况,为内孔 HFCVD 金刚石薄膜产业化沉积装置中基体排布方式的优化提供了充足的理论依据。

4.2　内孔热丝 CVD 设备及金刚石薄膜沉积原理

内孔 HFCVD 金刚石薄膜沉积的反应设备示意图如图 4-1(a)所示。HFCVD 金刚石薄膜沉积的全部反应过程在钟罩形真空反应腔内进行,反应气体入口接气源(氢气、丙酮、氩气等),反应气体出口外接旋转真空泵以构成真空系统。基体放置于水冷工作台上,水冷工作台内部以及钟罩外壁内部通循环水进行冷却。热丝采用单根钽丝或者多根钽丝绞制的绞丝,根据不同的内孔形状选择不同的热丝长度、直径、根数和排布方式等。对普通圆孔而言,热丝置于圆孔的圆心位置,一端固定,另外一端用高温弹簧拉直,对特殊孔型的内孔而言则要对其排布方式进行优化。通过热丝电源为热丝提供一定的发热功率,将热丝加热到足够的温度,在热丝与基体之间施加一偏压电流,以推动在热丝附近离解后的正离子基团从热丝附近流向基体表面,以增加金刚石薄膜的成核密度。

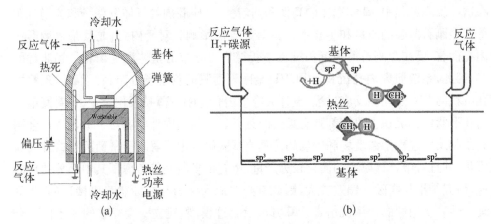

图 4-1　内孔 HFCVD 金刚石薄膜沉积的反应设备示意图及反应原理

(a) 反应设备示意图;(b) 反应原理图

内孔 HFCVD 金刚石薄膜沉积的反应原理如图 4-1(b)所示。HFCVD 金刚石薄膜沉积过程中通常采用的反应气体是大量的氢气和少量的碳源气体(如甲烷、丙酮、甲醇、乙醇、乙炔等)。具有金刚石结构的甲基(—CH₃)和大量的氢原子对 CVD 金刚石薄膜的沉积具有非常关键的作用。甲基可以通过与基体表面的相互作用或者通过甲基之间的相互作用形成 C—C 共价键,进而在基体表面成核形成金刚石晶核,在高能粒子的持续作用下,用活性的甲基逐步取代晶核中的氢,就能逐渐连接形成金刚石薄膜,因此选择具有类似金刚石结构、可非常容易地离解出甲基原子团的碳源气体(如甲烷、丙酮、甲醇等)更有利于金刚石薄膜的沉积[8, 121-122]。大量氢气的作用主要有三个:一是分解出的氢原子有助于产生活性的甲基基团;二是超平衡氢原子的存在有利于金刚石 sp^3 键的稳定,不利于生成石墨的 sp^2 键;三是原子态的氢对生成的石墨可起到选择性刻蚀的作用,去掉反应过程中生成的石墨相成分,保留金刚石相成分。在 HFCVD 金刚石薄膜沉积过程中会同时并持续进行下述反应:一是分解反应,即分解碳源及氢气形成含碳的活性基团或氢原子的反应。在 HFCVD 方法中主要通过高温热丝热解的方式实现,其中 H—H 键的键能要大于其他键的键能,因此在热解反应中,要求热丝温度能够达到分解 H—H 键的要求,即被加热到 2 000 ℃ 以上。常用的热丝材料主要是钽丝或钨丝,钽丝具有更高的熔点和高温状态下较好的热力学稳定性,因此本书中采用钽丝作为热丝。二是 C—C 键的成键反应。常温常压下碳呈石墨相,只有在高温高压下的金刚石才是热学稳定相,在低压条件和 500~1 000 ℃ 有一金刚石的亚稳定区,这就是适合低压气相沉积金刚石薄膜的反应温度范围。如果基体温度过高,沉积物中会含有较多石墨成分;基体温度过低,沉积物中出现无定形碳或类金刚石成分。在本书研究中一般需要将基体温度控制在 800~900 ℃,这一严格的温度范围仍然属于石墨的稳定区,在这一范围内 C—C 成键反应形成的既有石墨 sp^2 相成分,也有金刚石 sp^3 相成分。三是原子态的氢对石墨的刻蚀作用,该反应有助于有效减少基体表面的石墨 sp^2 相成分,增加金刚石 sp^3 相成分,最终形成 sp^3 相占主导的金刚石薄膜[123]。

在 HFCVD 金刚石薄膜沉积过程中存在两个关键的温度数值,其一是热丝温度必须被加热到 2 000 ℃ 以上,才能进行比较有效率的碳源和氢气分解反应,并且分解效率随温度上升而增加;其二是基体温度要控制在 800~900 ℃ 的温度范围内(或者较为宽泛的温度范围,如 500~1 000 ℃),这一温度相对于热丝温度而言较低。在平面沉积或者外表面复杂形状沉积的过程中,由于热丝的可调空间较大,因此在热丝与基体表面之间形成 800~2 000 ℃ 的温度梯度比较容易。但是对于内孔沉积而言,内孔尺寸已经将热丝-基体间距以及热丝的排布方式严格限制在一定范围内,因此如何通过辅助的换热手段或其他措施解决"热丝温度要求尽量高"和"基体温度要求相对较低"这两点之间的矛盾,在保证热丝高温的前提下将基体温度控制在适宜的范围内,也是本书对于内孔沉积 HFCVD 金刚石薄膜过程中的温度场分布进行理论研究的主要目的之一。此外,基体表面温度分布的不均匀会显著影响基体表面附近的反应气体密度和活性粒子的分布均匀性,进而在温度场和气场双重不均匀性的作用下导致沉积得到的金刚石晶粒大小不一,金刚石薄膜表面凸凹不平,使得金刚石薄膜表面粗糙度下降,影响金刚石薄膜的应用。在 HFCVD 反应腔内,尤其是小孔径沉积时内孔区域气体的流动状态也会影响待沉积内孔表面附近的反应气体和活性粒子含量,进而影响金刚石薄膜的沉积。在批量化内孔金刚石薄膜沉积过程中,多根热丝、多个基体及反应腔内的其他部件之间会存在复杂的相互影响,多个基体之间的温度分布差异性更加明显,而这些差异会显著影响批量化产品质量的均一性和稳定性,这些因素都促使我们系统地研究内孔沉积金刚石薄膜过程中的温度场和气场的分布状况。

4.3　内孔沉积热丝 CVD 金刚石薄膜的温度场和气场分布研究

4.3.1　温度场和气场分布的仿真理论

在 HFCVD 金刚石薄膜内孔沉积的过程中,基体及空间温度场的分布取决于热传导、热对流和热辐射三种常见热效应的综合作用,具体包括:反应气体和各种固体部件的热传导作用、反应气体流动及冷却水循环流动的热对流作用、各固体部件表面的交互辐射作用及气体的辐射作用。而空间气场(气体密度场和流场)的分布则受到温度场分布的影响,另外还与反应气体的流动直接相关。因此,要精确地研究 HFCVD 金刚石薄膜内孔沉积过程中的温度场和气场分布状态,必须综合考虑热传导、热对流和热辐射三种不同的热传递效应以及流场作用。

热传导基本定律为傅里叶冷却定律,其三维偏微分方程形式如式 4-1 所示,其中 $u=u(t, x, y, z)$ 表示温度,它是时间变量 t 与空间变量 (x, y, z) 的函数;$\partial u/\partial t$ 表示空间中任意一点的温度对时间的变化率,u_{xx},u_{yy} 和 u_{zz} 表示温度对三个空间坐标轴的二次导数,k 取决于材料的热传导系数、密度与热容。

$$\frac{\partial u}{\partial t} = k\left(\frac{\partial^2 u}{\partial x^2} + \frac{\partial^2 u}{\partial y^2} + \frac{\partial^2 u}{\partial z^2}\right) = k(u_{xx} + u_{yy} + u_{zz}) \tag{4-1}$$

热对流基本定律为牛顿冷却定律(式 4-2),其中 Q 表示单位时间内的热通量,h 表示表面对流换热系数,Δt 表示对流面和环境温度的温差。

$$Q = hA\Delta t \tag{4-2}$$

热辐射(黑体辐射)三个基本定律分别为普朗克定律(见式 4-3)、斯特藩-玻尔兹曼定律(见式 4-4)和 Lambert 定律(见式 4-5)。其中 λ 为波长,T 为黑体温度,c_1 和 c_2 分别为第一辐射常数及第二辐射常数,σ 为斯特藩-玻尔兹曼常数,L 为定向辐射强度,$d\Omega$ 为立体角,θ 为天顶角。

$$E_{b\lambda} = \frac{c_1 \lambda^{-5}}{e^{c_2/(\lambda T)} - 1} \tag{4-3}$$

$$E_{\mathrm{b}} = \int_0^\infty E_{\mathrm{b}\lambda} \, \mathrm{d}\lambda = \int_0^\infty \frac{c_1 \lambda^{-5}}{\mathrm{e}^{c2/(\lambda T)} - 1} \, \mathrm{d}\lambda = \sigma T^4 \qquad (4-4)$$

$$\frac{\mathrm{d}\Phi(\theta,\varphi)}{\mathrm{d}A \, \mathrm{d}\Omega} = L \cos\theta \qquad (4-5)$$

综合考虑上述三种热传递效应的基本定律及其他用于各种不同模型的特殊定律，可确定用于计算热传递的能量方程（见式 4-6～式 4-9），其中 ρ 为密度；$\vec{v}$ 为速度矢量；p 为压力；∇T 为温度差；$\overline{\overline{\tau_{\mathrm{eff}}}}$ 为黏性耗散系数；$c_{p,j}$ 为热容；$T_{\mathrm{ref}} = 298.15\ \mathrm{K}$；$k_{\mathrm{eff}}$ 为有效导热率（$k+k_{\mathrm{t}}$，其中 k_{t} 为湍流引致的导热率，由模型中使用的湍流模型确定）；Y_j，J_j，h_j 分别为组分 j 的质量分数，扩散通量以及生成焓；S_{h} 在此为辐射传热源项，是根据不同辐射模型采用不同公式计算出来的。

$$\frac{\partial}{\partial t}(\rho E) + \nabla \cdot [\vec{v}(\rho E + p)] = \nabla \cdot \left[k_{\mathrm{eff}} \nabla T - \sum_j h_j \vec{J_j} + (\overline{\overline{\tau_{\mathrm{eff}}}} \cdot \vec{v}) \right] + S_{\mathrm{h}}$$

$$(4-6)$$

$$E = h - \frac{p}{\rho} + \frac{v^2}{2} \qquad (4-7)$$

$$h = \sum_j Y_j h_j + \frac{p}{\rho} \qquad (4-8)$$

$$h_j = \int_{T_{\mathrm{ref}}}^T c_{p,j} \, \mathrm{d}T \qquad (4-9)$$

本书研究中采用了面对面辐射模型计算辐射源项，其计算公式为式 4-10，其中，Q_i 为表面 i 的传热率；σ 为斯特藩-玻尔兹曼常数；ε_i 为有效热辐射率；A_i 为表面 i 的面积；T_i 和 T_j 分别为表面 i 和表面 j 的绝对温度值；F_{ij} 为角系数。角系数可由式 4-11 计算得出，其中 A_i 和 A_j 分别为表面 i 和 j 的面积；r 为面单元 $\mathrm{d}A_i$ 和面单元 $\mathrm{d}A_j$ 之间的距离；θ_i 表示面单元 $\mathrm{d}A_i$ 的法线 N_i 与两面单元连线的夹角；θ_j 表示面单元 $\mathrm{d}A_j$ 的法线 N_j 与两面单元连线的夹角。

$$Q_i = \sigma \varepsilon_i F_{ij} A_i (T_i^2 + T_j^2)(T_i + T_j)(T_i - T_j) \qquad (4-10)$$

$$F_{ij} = \frac{1}{A_i} \int_{A_i} \int_{A_j} \frac{\cos\theta_i \cos\theta_j}{\pi r^2} \, \mathrm{d}A_j \, \mathrm{d}A_i \qquad (4-11)$$

在处理流场问题中还需要用到的下述控制方程：连续性方程（见式 4-12）、动量方程（见式 4-13）和气体状态方程（见式 4-14）。其中 u_i 为流体在 i 方向上的流速；源项 S_{m} 是从分散的二级相中加入连续相的质量（比方由于液滴的蒸发），也可以是任何的自定义源项;p 为静压;τ_{ij} 为应力张量;g_i 和 F_i 分别为 i 方向上的重力体积力和外部体积力(如离散相相互作用产生的升力);P 为理想气体压强;V 为理想气体体积;n 为物质的量;T 为理想气体的热力学温度;R 为气体常数。

$$\frac{\partial \rho}{\partial t} + \frac{\partial}{\partial x_i}(\rho u_i) = S_m \qquad (4-12)$$

$$\frac{\partial}{\partial t}(\rho u_i) + \frac{\partial}{\partial x_j}(\rho u_i u_j) = -\frac{\partial p}{\partial x_i} + \frac{\partial \tau_{ij}}{\partial x_j} + \rho g_i + F_i \qquad (4-13)$$

$$PV = nRT \qquad (4-14)$$

4.3.2　仿真计算模型的构建

单基体内孔沉积 HFCVD 金刚石薄膜是内孔沉积中最为简单和基础的理论情况,主要用于整体体积较大的基体内孔金刚石薄膜的制备。双基体沉积条件则是试验研究中应用最普遍的沉积条件,适用于同时对一对基体进行内孔金刚石薄膜的制备,并且也便于扩展成为批量化的沉积条件。

单基体仿真计算模型如图 4-2(a)所示,采用外形尺寸 $\phi15\ mm \times 17\ mm$ 空心圆柱作为基体,石墨工作台尺寸为 $\phi116\ mm \times 16\ mm$,长方体红铜支承冷却块置于石墨台中央,沿水平方向在红铜块中间位置开一个 $\phi15\ mm$ 的通孔,内置基体,采用钽丝作为热丝并置于基体内孔轴线上。反应气体从反应腔正上方的进气口进入反应腔内,从左下方的出气口流出。石墨台下接冷却水台座(冷却水 B),反应腔侧面同样接冷却水(冷却水 A)。所有冷却水区域的壁面材料均为不锈钢,壁厚 5 mm。

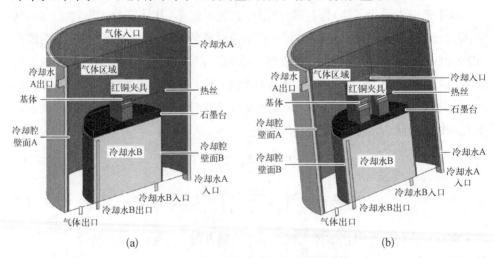

(a)　　　　　　　　　　　　　(b)

图 4-2　HFCVD 反应腔的仿真计算模型

(a) 单基体;(b) 双基体

双基体仿真计算模型如图 4-2(b)所示。该模型与单基体模型的主要差别在于：使用的红铜支承冷却块为立方体(50 mm×50 mm×50 mm)，同样沿水平方向在其中心开一圆柱形通孔(ϕ15 mm)，另外沿竖直方向开一长方体通孔(30 mm×16 mm)，长方体通孔将圆柱形通孔平分为两段(各 17 mm)，两段内分别放置一硬质合金空心圆柱基体。反应气体入口直接通到红铜支承冷却块上方的开口附近，便于反应气体以流动或扩散的方式进入基体内孔(强制对流)，从而为沉积反应提供更充足的气源。热丝长度固定为 90 mm，冷却水流量 Q_w 固定为 10 mL/s。

4.3.3　材料定义及边界条件设定

为了提高计算效率，首先针对材料定义和边界条件设定做如下合理简化：

（1）实际的反应气体为碳源气体、掺杂成分和过量氢气的混合气体，在混合气体中，碳源气体和掺杂成分的含量仅为 1%～4%，因此可以忽略其作用，仿真模型中的气体设为纯氢气。氢气是分子结构对称的双原子气体，因此氢气可以视为热辐射的透明气体，不参与辐射过程的计算，所有固体部件都设置为辐射的不透明体，即不考虑固体内部的辐射效应。

（2）金刚石薄膜试验沉积过程中反应气体的流量约为 1 000～1 200 mL/min，仿真中涉及的最大流量约为 2 300 mL/min，反应气体进出气口的直径约为 10 mm，反应压力约为 2 000～5 000 Pa，根据理想气体状态方程和连续性方程计算得到的反应腔内气体最高流速约为 24.5 m/s，据此计算马赫数最大值约为 0.072，远小于 0.3，因此仿真中的反应气体可作为不可压缩气体处理。

（3）忽略沉积过程中的各种反应，比如氢气分解为氢原子的反应、碳源裂解成为含碳的活性基团的反应、基体表面的碳碳成键反应、基体表面氢原子对石墨的刻蚀作用、活化氢原子或含碳基团重新聚合的反应等。其中活化氢原子在基体表面附近的重新聚合会导致基体表面温度的明显升高，氢原子对基体的加热作用大约为热丝辐射加热作用的 10%，可以占到基体总热量的 5% 左右，即对 800～900℃ 的基体表面而言，氢原子加热作用产生的温升约为 40～45℃。

在上述简化基础上对各部分的材料进行定义，如表 4-1 所示。其中 T_R 为室温，由于在仿真过程中同一材料可能处于不同的温度下，因此将主要的材料参数定义为随温度变化的数值。其中材料的密度对于热力学仿真计算结果影响很小，因此忽略其随温度变化的特性，硬质合金、碳化硅陶瓷、石墨和不锈钢的材料参数与其制造工艺及产品质量直接相关，表 4-1 中所采用的均为经验参数，所有材料的表面辐射率值也是经验参数。反应气体入口设为速度入口，入口速度数值根据反应气体的实际流量确定，反应气体出口设为自由出流出口，固体和液体的接触面设为流固耦合面，其余表面均设为墙面。

表 4-1　用于仿真的材料参数

材料名称	密度/(kg/m³)	热导率/[W/(m·K)]	比热容/[J/(kg·K)]	表面辐射率
氢　气	不可压缩理想气体	$0.196[T_R]$ $1.09[2\,400℃]$	$14\,385[T_R]$ $17\,794[2\,400℃]$	—
水	$997.1[T_R]$ $965[90℃]$	$6.05[T_R]$ $6.752[90℃]$	$4\,181[T_R]$ $4\,208[90℃]$	—
钽	$16\,650[T_R]$	$57.56[T_R]$ $63.5[2\,400℃]$	$135.3[T_R]$ $205.9[2\,400℃]$	0.38
YG6 硬质合金	14 600	80	130	0.90
反应烧结碳化硅	3 200	40	703	0.90
红　铜	$8\,940[T_R]$	$401[T_R]$ $347[1\,000℃]$	$385[T_R]$ $520.9[1\,000℃]$	0.59
石　墨	2 060	128	710	0.90
不锈钢	7 750	17	502	0.70

4.3.4　单基体仿真结果分析

1) 对照组参数及测温试验

本研究中首先根据实际经验确定了作为对照组(控制组)的沉积参数、支承冷却和换热条件：热丝温度 $T_f=2\,200℃$,热丝直径 $d_f=0.64$ mm,热丝长度 $l_f=130$ mm,基体孔径 $D_s=6$ mm,反应气体流量 $Q_{gm}=1\,150$ mL/min,反应压力 $p_r=5\,000$ Pa,红铜块支承方式 BL 为环绕式,红铜块尺寸 $BL_l=50$ mm×50 mm×17 mm,出气口排布方式 A_{out} 为单个,基体材料为 YG6 硬质合金,基体材料的热传导系数 $k_s=80$ W/(m·K),冷却水流量 $Q_w=10$ mL/s。在该参数下详细研究了单基体仿真模型中基体表面的温度场分布、基体内孔区域内反应气体的温度场分布、密度场分布、流场分布以及反应腔内的气体流场分布,然后以该参数为对照组,采用控制变量法进一步研究了各种沉积参数、支承冷却和换热条件对于反应腔内温度场或气场分布的影响[124]。

针对仿真分析中的部分控制变量各取一组实验组参数进行了测温对照试验。用于测温试验的实验组参数如表 4-2 所示。在试验用 HFCVD 沉积装置中,热丝温度是通过电源功率调控的,在每组测温试验中,首先采用 Raytek MR1SCSF 双色集成式高温高精度红外测温仪(测量范围为 600～3 000℃)测量热丝的温度,同时调整电源功率使热丝温度稳定在恒定值(2 200 或 2 300℃)。为了便于测量基体内表面的温度,从红铜支承冷却块外壁面向基体内表面钻孔,然后将铠装式 K 型热电偶(测量范围为 -200～1 300℃)置于孔中,使其顶端测量位置与基体内表面平直,铠装式 K 型热电偶密封引出反应腔,外接数据采集卡及数据处理系统。为了减小测量误差,当采集数据稳定 30 min 之后记录各个测量点的温度,每组试验重复三次取平均值。在模具上方[如图 4 - 4(a)所示直线 AB]平均取五个测量点,在采用参数 i 的情况下测得的温度变化曲线如图 4 - 3 所示(三次重复试验中的一次),采集数据稳定 30 min 之后记录的五个测量点的温度数值分别为 853℃、840℃、833℃、838℃ 和 855℃。

表 4 - 2　用于基体测温试验的实验组参数

编号	T_f/℃	d_f/mm	l_f/mm	D_s/mm	Q_{gm}/(mL/min)	p_r/Pa	A_{out}	BL
1	2 200	0.64	130	6	1 150	5 000	单个	环绕式
2	2 300	0.64	130	6	1 150	5 000	单个	环绕式
3	2 200	0.75	130	6	1 150	5 000	单个	环绕式
4	2 200	0.64	70	6	1 150	5 000	单个	环绕式
5	2 200	0.64	130	8	1 150	5 000	单个	环绕式
6	2 200	0.64	130	6	2 300	5 000	单个	环绕式
7	2 200	0.64	130	6	1 150	2 000	单个	环绕式
8	2 200	0.64	130	6	1 150	5 000	双口对称	环绕式
9	2 200	0.64	130	6	1 150	5 000	单个	半包式

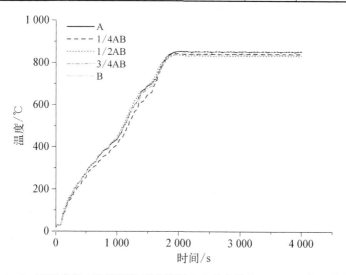

图 4 - 3　采用参数 i 进行测温试验的温度变化曲线图(A～B 五个测量点)

2) 对照组参数下温度场及气场分布规律

基体内孔表面的温度场分布是金刚石薄膜内孔沉积过程中最为关注的问题之一,各个点的温度数值会直接影响沉积的金刚石薄膜的质量,而内孔表面整体温度分布的均匀性则会影响沉积的金刚石薄膜的整体质量均匀性。如图 4-4(a)所示,采用对照组参数进行 HFCVD 金刚石薄膜沉积时,在基体内孔表面沿 x 方向存在明显的温度梯度,两端出口位置的温度较高,在同一 yz 坐标位置上沿 x 方向的最大温差 ΔT_x 约为 16.08℃,这主要受热丝向基体内孔表面和端面的辐射作用的影响,尤其是伸出孔外的热丝对基体端面及内孔两端出口位置的辐射作用较强,导致内孔两端出口位置温升较大。此外,基体内孔沿周向方向也存在一个温度梯度,上部温度要略高于下部,在同一 x 坐标位置上沿周向方向最大温差 ΔT_z 约为 3.12℃,这主要是因为基体内孔表面不同位置与冷却水台间距不同,因此热传导效率存在差异。

热丝向基体表面的热辐射作用是基体表面温升的主要能量来源。如图 4-4(b)所示,在基体内孔区域内,从热丝位置到基体表面形成了一个明显的温度梯度,热丝温度为 2 200℃,基体温度在 815～835℃ 的温度范围内,这说明采用该沉积参数、支承冷却(主要是采用红铜支承块扩大了整体对外辐射散热的面积,起到冷却块的作用)和换气条件可以使得整个基体内孔表面的温度均保持在适宜金刚石薄膜生长的范围内。

反应腔内反应气体的密度场分布与气体流动、气体扩散及气体温度等因素均有关系,基体内孔表面附近的气体密度场分布会影响 HFCVD 金刚石薄膜的形核和生长。如图 4-4(c)所示,在基体内孔区域内,气体密度场分布主要受气体温度的影响,根据理想气体状态方程可知,气体密度基本与气体温度成反比,气体密度从热丝位置到基体表面也形成了一个从低到高的梯度,因此基体表面附近气体密度场分布的均匀性与基体表面温度场分布的均匀性直接相关。

反应腔内气体的流动可以起到强制对流换热以及向热丝附近及基体表面输送充足反应气体的作用。如图 4-4(d)所示,基体内孔区域内的反应气体流场分布比较平均,大部分区域的反应气体流速都很小,只有靠近两端出口的位置流速较大,并且远端出口的气体流速略大于近端出口(近端指靠近反应气体出口的一端),这主要是受反应腔内整体的气体流动状态影响。如图 4-4(e)和(f)所示,反应腔内的气体在有出口一侧呈现出从入口到出口的整体流动趋势,在无出口一侧形成绕流,基体内孔区域两端出口附近的流速差异比较明显。但是,由于热辐射的作用要远强于稀薄反应气体的对流换热作用,因此反应气体流速的差异对于温度场分布的影响并不明显,基体两端出口位置的温度非常接近,没有明显的温差存在。

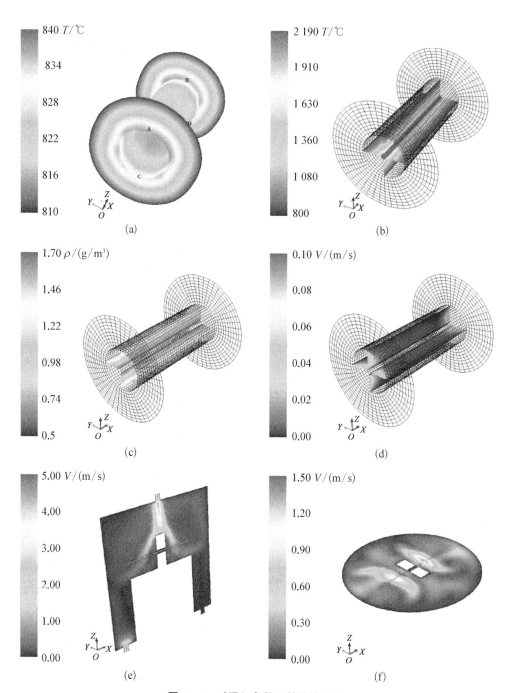

图 4 - 4　对照组参数下的仿真结果

（a）基体表面的温度场分布云图；（b）基体内孔反应气体温度场分布云图；（c）基体内孔反应气体密度场分布云图；（d）基体内孔反应气体流场分布云图；（e）反应腔内的气体流场分布云图（y 轴截面）；（f）反应腔内的气体流场分布云图（z 轴截面）

3) 沉积参数、支承冷却和换热条件对温度场或气场分布的影响

热丝温度 T_f、热丝直径 d_f、热丝长度 l_f、基体孔径 D_s、反应气体流量 Q_{gm} 和反应压力 p_r 对基体内孔表面温度场分布的影响分别如图 4-5(a)～(f)所示,其中零点对应基体内孔中间位置,x 轴负方向为靠近反应气体出口的一侧,实心点对应基体内孔上部(AB),空心点对应基体内孔下部(CD),各子图标题后标注的数值为其左上示意云图中的温度区间。如图 4-5(a)所示为在不同的热丝温度 T_f 时,基体内孔表面上部和下部的温度分布曲线。在上部和下部分别取等间距的五个点作为测温点,图中的散点即对应测温值 MT,$T_f = 2\,200℃$ 的温度分布曲线即对应图 4-4(a)中的基体温度分布云图,仿真得到的温度分布趋势和测温试验得到的温度分布趋势基本吻合,仿真和测温得到的温度数值的差距大约为 10～25℃,氢原子在基体表面附近的聚合反应会导致反应腔内实际的基体温度比仿真结果高 40～45℃。此外由于测温试验中基体钻孔和热电偶导热作用的影响,测得的基体表面温度相对于实际沉积温度(即与仿真条件保持一致同时考虑氢原子在基体表面附近的聚合反应对于基体温度的贡献,没有对基体进行钻孔,也没有添加热电偶的情况下的温度)又会有所降低,因此仿真与测温的温差约为 10～25℃,基体温度会随着热丝温度的上升呈现出显著的上升趋势。同时热丝向基体内孔表面和端面辐射作用的差异以及基体内孔表面不同位置向冷却水台传递热量的差异也会随之有所增加,因此 ΔT_x 和 ΔT_z 均略有上升。当热丝温度 $T_f = 2\,400℃$ 时,基体温度最大值、温差 ΔT_x 和 ΔT_z 分别上升到 948.4℃、19.22℃ 和 3.33℃,测温结果也显示出一致的变化趋势。

热丝直径 d_f 对于基体温度数值和分布趋势的影响和 T_f 类似,如图 4-5(b)所示,当 d_f 增大时,基体温度会显著上升,ΔT_x 和 ΔT_z 也略有上升,这主要是两方面的原因,其一是热丝表面与基体表面的距离略有减小;其二是热丝表面的有效辐射面积大幅增加。当 $d_f = 0.75\,mm$ 时,基体温度最大值、温差 ΔT_x 和 ΔT_z 分别上升到 937.33℃、17.71℃ 和 3.74℃。热丝长度 l_f 的变化对基体内孔中间部分的温度数值影响很小,但是会对基体内孔两端出口位置的温度和温差 ΔT_x 产生显著的影响,随着 l_f 的缩短,基体内孔两端出口位置的温度会明显下降,ΔT_x 随之减小,如图 4-5(c)所示,当 $l_f = 70\,mm$ 时,ΔT_x 减小到 6.29℃,这主要是因为伸出孔外的热丝对基体端面及内孔两端出口位置的辐射作用明显减弱。但是出于热丝装夹和整体结构的考虑,l_f 也不能过短,因此实际试验中经常采用双基体的模型,以间接缩短超出内孔区域的热丝长度,这在 4.3.5 节中会有进一步的论述。

图 4-5(d)表征了基体温度随基体孔径 D_s 的变化趋势,D_s 对基体温度的影响主要是通过改变热丝-基体间距实现的,随着 D_s 的增加,热丝-基体间距会随之增大,因此基体温度会随之下降,基体表面的温差也略有下降(当 $D_s = 8\,mm$ 时基体

温度最大值、温差 ΔT_x 和 ΔT_z 分别约为 794.1℃、15.2℃ 和 2.9℃）。但是需要注意的一点是,虽然热丝-基体间距的增加可以提高基体表面温度场分布的均匀性。但是对于超大孔径的基体而言,当该间距过大时,即使通过加温或者加粗热丝的方法可以使得基体表面的温度满足沉积金刚石的需要,在热丝附近分解的含碳活性基团和氢原子在还没有运动到基体表面的时候可能就发生了重新聚合反应,因此仍然难以保证金刚石薄膜的正常形核和生长。如图 4-5(e) 所示,反应气体流量 Q_{gm} 对基体温度的影响比较小,随着 Q_{gm} 的增大,基体温度减小的幅度非常有限,这也印证了前面"稀薄气体的对流换热效果远弱于热辐射效果"的结论。

　　反应压力 p_r 同样会影响基体温度。p_r 的减小意味着整个反应腔内气体含量的减少,在仿真过程中,反应气体被视为热传导系数恒定的热辐射的透明气体,因此在不影响热传导和热辐射效应的基础上,气体含量的减少可能会导致基体对流散热效果的减弱,进而造成基体表面温度的上升。如图 4-5(f) 所示,测温结果中 p_r 对于基体温度的影响更加明显,这主要是因为实际的反应过程中,p_r 的减小还会增加气源分子的电离率,并且会造成反应气体分子数的减少,减小电子碰撞各种气体基团的机会,使得气体基团在到达基体表面前碰撞复合的概率减小,因此就会有较多的气体基团在基体表面发生聚合反应,造成基体表面温度明显上升。此外,p_r 对于 CVD 金刚石薄膜的成核密度、生长速率都有显著的影响,比如 NCD 的生长就需要较小的反应压力,因此在实际应用中,p_r 并不能单纯作为基体温度的一个调控因素来随意调整。上述六个因素对应的实验组参数下的测温结果均与仿真结果吻合,并且测温结果中的温度数值与仿真结果中温度数值之间的误差均不超过 5%,并且均体现出仿真温度数值略小于实测温度数值的趋势,这都可以归因于仿真计算当中省略了氢原子在基体表面附近的聚合反应以及测温试验中基体钻孔和热电偶导热作用的综合影响。

　　主要的支承冷却和换热条件,包括红铜块支承方式 BL、红铜块尺寸 BL₁、出气口排布方式 A_{out}、基体材料的热传导系数 k_s、冷却水流量 Q_w,对基体内孔表面温度场分布的影响如图 4-6 所示。在 CVD 金刚石薄膜的内孔沉积过程中,由于大部分基体的形状是圆柱体,因此需要选用合适的支承配件去安放基体。最初选用的是拱形半包式的红铜块(即如图 4-2 所示模型中红铜块的下面一半),但是在试验过程中出现了明显的内孔薄膜厚度不均的现象,于是换用了如图 4-2 所示的环绕式红铜支承块,很好地解决了这一问题。造成明显的内孔薄膜厚度不均的主要原因可能是半包式 BL 导致基体上下的散热条件差异过大,进而导致 ΔT_z 较大,这一推断可以从图 4-6(a) 中得到明显验证,当采用半包式 BL 时基体内孔上部的温度会明显上升,ΔT_z 高达 88.73℃,基体内孔上部的温度分布趋势因为外部导热和辐射条件(红铜支承块)的变化也会发生改变。

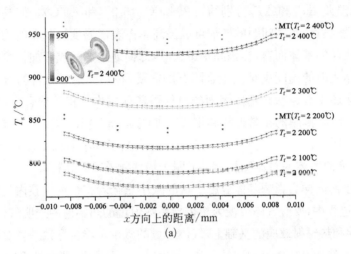

(a)

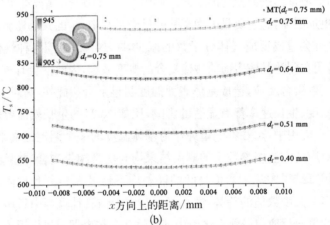

(b)

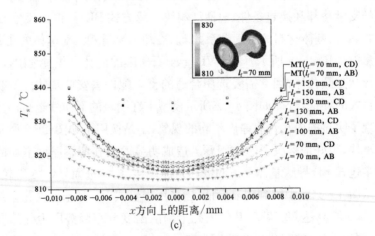

(c)

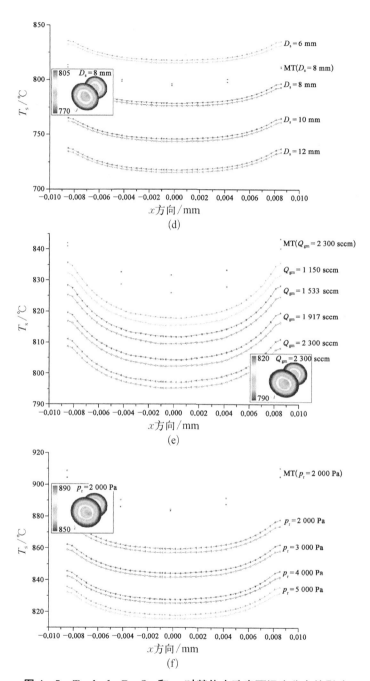

图 4 - 5　T_f、d_f、l_f、D_s、Q_{gm} 和 p_r 对基体内孔表面温度分布的影响
（各子图标题后标注的数值为典型云图中的温度区间）

（a）不同 T_f 下的温度分布曲线（900～950℃）；（b）不同 d_f 下的温度分布曲线（905～945℃）；（c）不同 l_f 下的温度分布曲线（810～830℃）；（d）不同 D_s 下的温度分布曲线（770～805℃）；（e）不同 Q_{gm} 下的温度分布曲线（790～820℃）；（f）不同 p_r 下的温度分布曲线（850～890℃）

　　BL_l对于基体内孔表面温度场分布的影响如图 4 - 6(b)所示，BL_l的增加会起到两方面的作用：其一，基体到冷却水台的距离会线性增加，因此通过热传导—冷却水强制对流散发的热量会减少；其二，红铜支承块的辐射散热面积会指数增加，因此通过红铜支承块向水冷壁面辐射散热会增加，由图中可见，基体温度会随着BL_l的增加而逐渐减小，这说明第二种影响起到主导作用。

　　如图 4 - 6(c)所示，在单基体仿真计算模型中 A_{out} 不会对基体温度场分布产生太明显的影响，但是 A_{out} 会明显影响反应腔内气体流场的均匀性，如图 4 - 6(d)所示为当出气口排布方式 A_{out} 为双口对称形式时反应腔内的气体流场分布云图，与图 4 - 4(e)相比，在该情况下反应腔内的气体流动状态趋于对称，这有利于保证基体内孔表面附近，尤其是内孔两端附近气体流场的均匀性。在后面的双基体模型中，A_{out}将会体现出对基体温度场更为明显的影响作用。

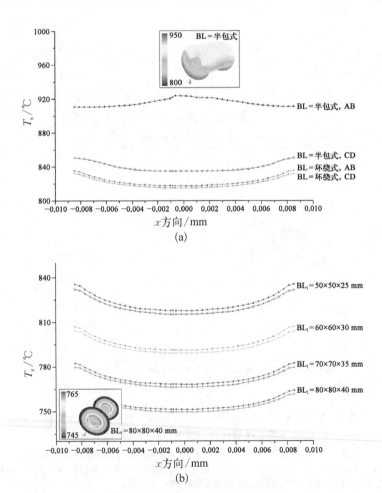

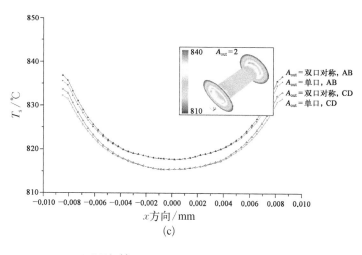

(c)

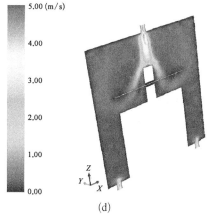

(d)

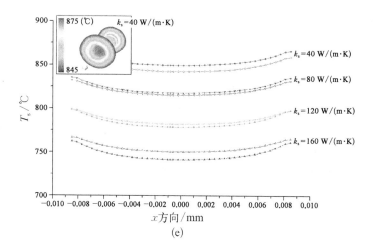

(e)

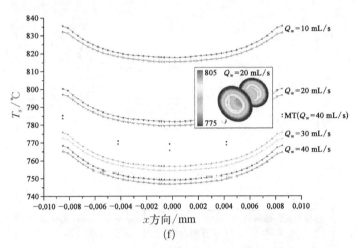

图 4 - 6 BL、BL_1、A_{out}、k_s 和 Q_w 对基体内孔表面温度分布的影响
（各子图标题后标注的数值为典例云图中的温度区间）

（a）不同 BL 下的温度分布曲线（800～950℃）；（b）不同 BL_1 下的温度分
布曲线（745～765℃）；（c）不同 A_{out} 下的温度分布曲线（810～840℃）；
（d）A_{out} 为双口对称时反应腔内的气体流场分布；（e）不同 k_s 下的温度分
布曲线（845～875℃）；（f）不同 Q_w 下的温度分布曲线（775～805℃）

  在耐磨减摩及耐冲蚀器件领域常用的，也是适合 CVD 金刚石薄膜沉积的基体
材料主要是硬质合金和碳化硅陶瓷。其中 YG6 硬质合金的热传导系数约为
80 W/(m·K)，反应烧结碳化硅陶瓷因其存在的各种空洞和缺陷，热传导系数一
般在 40 W/(m·K)左右甚至更低，二者的热传导系数存在明显差异，因此本书研究
了基体本身的热传导系数 k_s 对于基体内孔表面温度场分布的影响。如图 4 - 6(e)所
示，基体内孔表面温度和 k_s 之间呈单调递减的关系，这是因为随着 k_s 的增加，基体
内孔表面的热量向基体外侧及红铜支承冷却块传递的效率会随之增加，对碳化硅
基体[k_s=40 W/(m·K)]而言，在完全相同的参数下，其内孔表面的温度大约要
比硬质合金高 30～40℃，因此在采用碳化硅作为 HFCVD 金刚石薄膜沉积的基体
时应该选取较低的热丝温度或者较小直径的热丝，以避免基体内孔表面温度过高。

  冷却水流量 Q_w 对于基体内孔表面温度的影响如图 4 - 6(f)所示，随着 Q_w 的增
加，基体温度会随之下降。此外，将仿真模型中的冷却水去除，将所有冷却壁面设
定为对流面，当表面对流系数设定为 h_w=55 W/(m²·K)时，仿真计算得到的温度
分布和温度数值结果与 Q_w=10 mL/s 时的计算结果非常吻合。Q_w=10 mL/s 是
实际试验中常用的冷却水流量，由于冷却水与冷却壁面之间的对流耦合计算会大
幅提高计算成本，并且增加了计算收敛的难度，因此在后文针对特定的耐磨减摩器
件，尤其是具有复杂内孔形状的耐磨减摩器件的沉积参数优化仿真中直接采用了

表面对流换热系数 h_w 来替代冷却水,以提高计算效率和计算的收敛性。

4.3.5　双基体仿真结果分析及沉积对照试验

针对双基体模型我们同样对其温度场和气场分布状况进行了研究,探讨热丝温度 T_f、热丝直径 d_f、基体孔径 D_s、反应气体流量 Q_{gm}、反应压力 p_r、出气口排布方式 A_{out} 和红铜块支承方式 BL 对基体温度场的影响,并针对孔径为 6 mm 和 8 mm 的硬质合金基体完成了与温度分布相关的沉积参数的优化,分别与测温试验和沉积试验的结果进行了对比。此外,针对该模型还进一步研究了反应气体流量 Q_g 和出气口排布方式 A_{out} 对于反应气体流场的影响[125]。

1) 主要沉积参数对内孔表面温度场分布的影响

与双基体控制变量法研究相关的对照组参数设定为: T_f＝2 200℃, d_f＝0.64 mm, D_s＝6 mm, Q_{gm}＝1 150 mL/min, p_r＝5 000 Pa, A_{out} 为单个,BL 为环绕式。对照组参数下计算得到的基体温度分布云图如图 4-7(b)所示,内孔表面温度场分布云图的展开图如图 4-7(c)所示,根据内孔表面测温结果绘制的温度分布云图如图 4-7(d)所示。由于温度分布的对称性,仅截取了一半的温度分布云图进行分析。整体来看,测温结果和仿真结果中的温度分布趋势表现出良好的一致性,测温结果比仿真结果高 15℃左右,造成这一差距的主要原因仍然是实际反应过程中发生的、仿真中被简化掉的氢原子在基体表面附近的聚合反应。对其中的单个基体(如 $ABB'A'$)而言,同样存在两个方向的温度梯度,其中 ΔT_x＝7.3℃, ΔT_z＝3.3℃。但是与单基体恰好相反的一点是,在 x 方向上单个基体内孔表面的温度呈现出"中间高、两端低"的趋势,这可能是受双基体模型中伸出内孔区域的热丝长度、红铜支承块的形状和强制对流反应气体的对流冷却条件的综合影响。此外,双基体模型中还存在第三类温差,即两个基体内表面的温差,靠近出气口一侧的基体内孔表面温度相对较低,对应位置的温差最大约为 3.3℃(ΔT_s),这一温差主要是由出气口排布的不对称性导致的两个基体内孔表面附近的反应气体对流效应的不对称性。

如图 4-8 所示为在不同的沉积参数下,沿 $AB-EF$ 和 $A'B'-E'F'$ 的温度分布曲线图及对应实验组的测温结果(MT)图(实心标记对应 $AB-EF$)。对热丝温度 T_f、热丝直径 d_f、基体孔径 D_s 和反应压力 p_r 而言,它们在双基体模型中对基体温度场分布的影响与其在单基体模型中的影响完全一致。反应气体流量 Q_{gm} 的增加会导致两个基体内孔表面附近的反应气体对流效应的不对称性更加明显,因此 ΔT_s 会随之上升,当 Q_g 增加到 2 300 mL/min 时, ΔT_s 会上升到 4.7℃左右。出气口排布方式 A_{out} 对于双基体上温差 ΔT_s 的影响效果非常明显,当 A_{out} 更改为双口对称分布的形式后,基体内孔表面附近气体对流效应的不对称性会随之消失, ΔT_s 下降到 0.39℃。

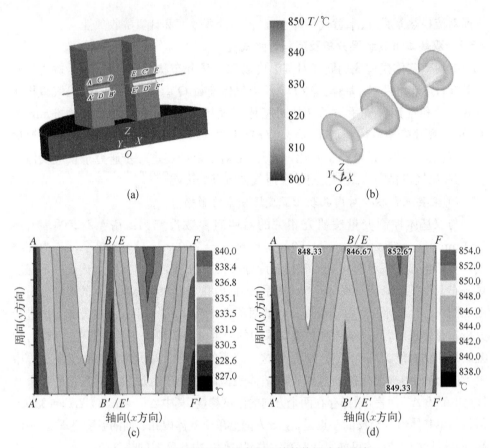

图 4 - 7　双基体对照组参数下的基体温度场分布

(a) 关键点及坐标标记；(b) 仿真得到的基体温度分布云图；(c) 仿真得到的基体内孔温度
分布云图展开图；(d) 测温得到的基体内孔温度分布云图展开图

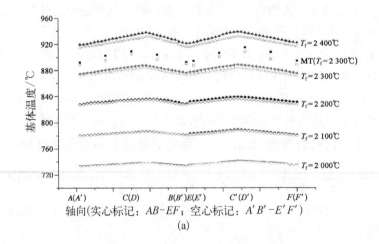

(a)

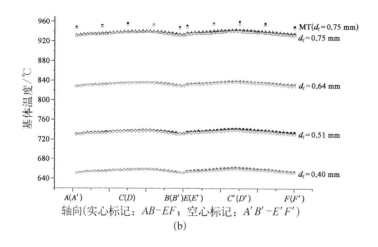

(b)

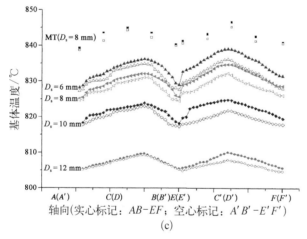

(c)

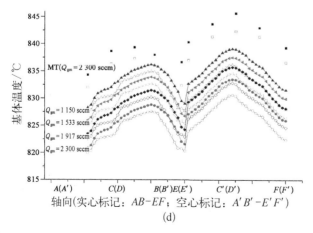

(d)

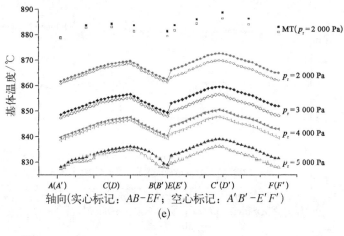

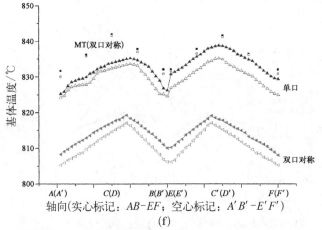

图 4 - 8   主要的沉积参数对双基体内孔表面温度场分布的影响

(a) 不同 T_f 下的温度分布曲线;(b) 不同 d_f 下的温度分布曲线;(c) 不同 D_s 下的温度分布曲线;(d) 不同 Q_{gm} 下的温度分布曲线;(e) 不同 p_r 下的温度分布曲线;(f) 不同 A_{out} 下的温度分布曲线

采用半包式 BL 进行双基体沉积的基体温度沿 AB-EF 和 $A'B'$-$E'F'$的分布及对应实验组的测温结果如图 4 - 9 所示。与单基体状况类似,由于半包式红铜块的结构不对称性,基体裸露的半边向外部散热只能通过基体本身的传导作用和裸露的外表面向其他固体表面的辐射作用,导致基体自下而上的温度梯度增加,ΔT_y迅速增加到 20.9℃,这一温差会严重影响基体内孔表面 HFCVD 金刚石薄膜沉积速率的均匀性。针对上述七个因素对应的实验组参数进行的测温试验所得到的温度分布趋势和温度随参数的变化趋势与仿真结果同样具有良好的一致性,测温与仿真得到的温度数值之间的误差均不超过 5%。

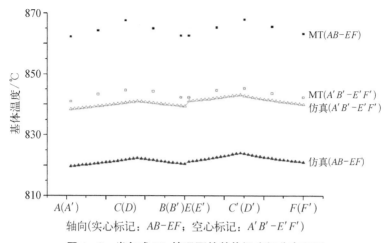

图 4-9 半包式 *BL* 情况下的基体温度场分布云图

2) 反应气体流量和出气口排布方式对于反应气体流场的影响

反应气体的入口流速可以根据反应气体流量 Q_{gm}、理想气体状态方程、连续性方程以及反应气体的入口面积换算得出,HFCVD 反应腔内其他位置的反应气体流速也会受到 Q_{gm} 的直接影响。以双基体模型为研究对象,当 A_{out} 分别为单个和双口对称形式时,入口流速、出口流速和两个基体内孔区域内的平均流速随 Q_{gm} 的变化曲线图如图 4-10(a)和(b)所示。由图 4-10(a)中可以看出,进出口速度比较一致,这说明整个仿真计算的过程满足连续性方程的要求,计算收敛性较好。当反应气体出口只有一个时,靠近气体出口的基体内孔区域内的反应气体平均流速要略大,因此该基体内孔表面附近的对流换热效应会相对比较明显,随着 Q_{gm} 的增大,这种平均流速的差异也会随之增大,这就是造成如图 4-8(e)中所示靠近气体出口的基体内孔表面温度略小,并且 ΔT_s 会随 Q_{gm} 的增大而略有上升的原因。将 A_{out} 更改为双口对称形式[见图 4-10(b)]可以很好地消除两个基体内孔区域内平均流速的差异性,进而使两个基体内孔表面附近的对流换热效应趋于一致,使得 ΔT_s 减小到可以忽略的程度。

如图 4-10(c)和(d)所示分别为当 A_{out} 为单个和双口对称形式、$Q_{gm} =$ 1 150 mL/min 时内孔区域的流场分布云图。从图中可以看出,当 A_{out} 为单个时,两个基体内孔区域中的流线存在差异,红铜支承块中空区域($B'E'$ 下方区域)内的流线更是表现出非常显著的不对称性,这与如图 4-10(a)所示的两个基体内孔中平均流速的差异性是吻合的。而当 A_{out} 更改为双口对称形式时,两个基体内孔中的流线分布几乎完全一致,红铜支承块中空区域内的流线对称性也得到了明显的改善。

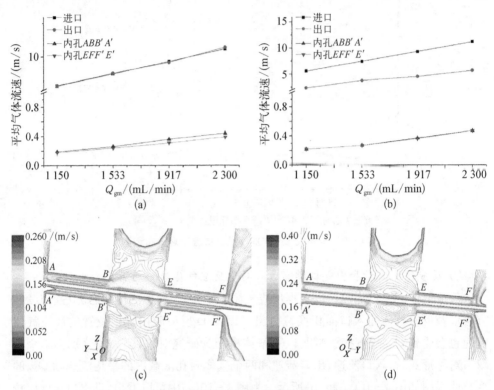

图 4 - 10 反应腔内不同位置气体流速随 Q_{gm} 的变化趋势及
$Q_{gm} = 1\ 150\ mL/min$ 时内孔流场分布云图

(a) A_{out} 为单个;(b) A_{out} 为双口对称;(c) A_{out} 为单个,$Q_{gm} = 1\ 150\ mL/min$;
(d) A_{out} 为双口对称,$Q_{gm} = 1\ 150\ mL/min$

在上述仿真及测温数据的基础上,大致确定了内孔直径为 6 mm 和 8 mm 的硬质合金基体的优化沉积参数,对 ϕ6 mm 硬质合金基体而言,参数为:$T_f =$ 2 200℃,$d_f = 0.64$ mm,$Q_{gm} = 1\ 150$ mL/min,$p_r = 5\ 000$ Pa,A_{out} 为双口对称,BL 为环绕式。对 ϕ8 mm 的硬质合金基体而言,分别针对 T_f 和 d_f 进行了参数修正,以弥补孔径增大导致的基体表面温度的降低,优化后的沉积参数分别为:① $T_f =$ 2 250℃,$d_f = 0.64$ mm,$Q_{gm} = 1\ 150$ mL/min,$p_r = 5\ 000$ Pa,A_{out} 为双口对称,BL 为环绕式;② $T_f = 2\ 200$℃,$d_f = 0.70$ mm,$Q_{gm} = 1\ 150$ mL/min,$p_r = 5\ 000$ Pa,A_{out} 为双口对称,BL 为环绕式。

3) 沉积对照试验

本节中还采用了与双基体仿真模型类似的试验用 HFCVD 沉积装置进行了初步的沉积对照试验,试验目的是进一步验证 T_f、d_f、D_s 和 BL 这四个主要因素的影响效果以及基于仿真的与温度分布相关的沉积参数的优化方法（即在 3.6 节确定基本的沉积参数后,通过仿真分析优化确定与这些沉积参数尤其是基体温度相关的热丝、夹具等参数)的可行性。用于沉积对照试验的参数组如表 4-3 所示,其中参数组 1、6 和 7 分别对应优化后的三组沉积参数,2~5 则是为了分别验证 T_f、d_f、D_s 和 BL 四个因素的作用根据对照组参数 1 设定的实验组参数。所有沉积对照试验中的基体均选用经过酸碱两步法预处理的硬质合金材料,酸碱两步法预处理的步骤为: ① 在 Murakami 试剂(10 g $K_3[Fe(CN)]_6 + 10$ g $KOH + 100$ mL H_2O)中超声清洗 20 min; ② 酸溶液(30 mL $H_2SO_4 + 70$ mL H_2O_2)刻蚀去钴 1 min。Murakami 试剂的主要作用是粗化基体表面,提高成核密度;酸溶液的主要作用是降低基体表面的钴含量。选用的碳源为丙酮,丙酮和氢气的体积比均为 2% 左右,沉积时间均为 5 h。所有样品均用慢走丝线切割并沿轴线切开,采用 FESEM 观测其不同位置[A、A'、C、C',具体位置参见图 4-7(a)]的表面形貌及截面厚度,采用拉曼表征其结构成分和表面质量。

表 4-3　用于沉积对照试验的参数组

编号	$T_f/℃$	d_f/mm	D_s/mm	$Q_{gm}/$ (mL/min)	p_r/Pa	A_{out}	BL
1	2 200	0.64	6	1 150	5 000	双口对称	环绕式
2	2 300	0.64	6	1 150	5 000	双口对称	环绕式
3	2 200	0.75	6	1 150	5 000	双口对称	环绕式
4	2 200	0.64	8	1 150	5 000	双口对称	环绕式
5	2 200	0.64	6	1 150	5 000	双口对称	半包式
6	2 250	0.64	8	1 150	5 000	双口对称	环绕式
7	2 200	0.70	6	1 150	5 000	双口对称	环绕式

采用优化的沉积参数在 $\phi 6$ mm 的硬质合金基体内孔表面制备的 HFCVD 金刚石薄膜的表面及截面形貌如图 4-11 所示。根据图中的表面形貌 FESEM 图可以统计出四个不同位置上的金刚石平均晶粒尺寸分别为 2.98 μm、3.15 μm、3.30 μm 和 2.96 μm。薄膜厚度则可根据截面形貌 FESEM 图获得,分别为 3.909 μm、3.979 μm、3.853 μm 和 4.101 μm。由此可见,采用优化后的沉积参数制备的金刚石薄膜厚度及晶粒度分布比较均匀,这主要是因为在经过仿真优化的均匀的温度场内,基体表面不同位置的金刚石薄膜的生长速率比较均一。对 $\phi 8$ mm 的硬质合金基体而言,采用两组优化的沉积参数在内孔表面制备的金刚石薄膜也

具有类似的厚度及晶粒度均匀性,其厚度和晶粒尺寸在不同位置的分布直方图及取样点的表面和截面形貌如图 4 - 12 所示。

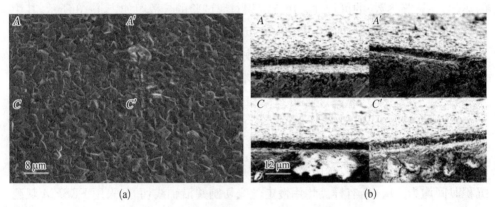

(a)   (b)

图 4 - 11   采用优化参数 1 在 φ6 mm 基体表面不同位置制备的金刚石薄膜的表面及截面形貌

(a) 不同位置的表面形貌图;(b) 不同位置的截面形貌图

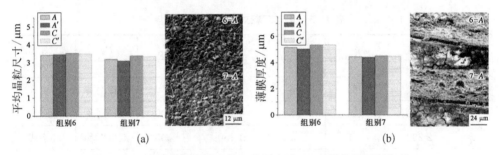

(a)   (b)

图 4 - 12   采用优化参数 6 和 7 分别在 φ8 mm 基体表面制备的
金刚石薄膜的晶粒尺寸和薄膜厚度分布直方图

(a) 晶粒尺寸分布直方图及 A 点表面;(b) 薄膜厚度分布直方图及 A 点截面

图 4 - 13 分别列出了采用沉积参数 1～4 制备的 CVD 金刚石薄膜的晶粒尺寸和厚度分布直方图。从图中可以直观地看出,在对照组参数下制备的 CVD 金刚石薄膜在四个取样点位置汇总计算后的平均晶粒尺寸和薄膜厚度分别为 3.10 μm 和 3.961 μm。在其他参数不变的情况下,当热丝温度 T_f 从 2 200℃增加到 2 300℃时,平均晶粒尺寸和薄膜厚度会明显增加到 3.97 μm 和 5.622 μm。而当热丝直径 d_f 从 0.64 mm 增加到 0.75 mm 时,平均晶粒尺寸和薄膜厚度的增加会更加显著,分别达到了 5.61 μm 和 7.655 μm。当基体孔径 D_s 从 6 mm 增加到 8 mm 时,平均晶粒尺寸和薄膜厚度则小幅减小到 2.88 μm 和 3.642 μm。在适宜的温度范围内,金刚石薄膜的生长速率会随基体温度单调递增,进而导致金刚石薄膜厚度增大,在相同的沉积时间下较厚的金刚石薄膜对应的表面晶粒度也会增大。因此根据该沉积试验的结果

可以反向推测,热丝温度和热丝直径的增加均会导致基体温度的迅速上升,而基体孔径的增加则会导致基体温度略微下降,这一推测与仿真分析结果非常吻合。

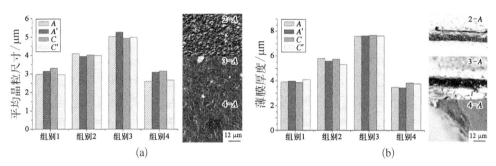

(a)　　　　　　　　　　　　　　　　(b)

图 4‑13　采用沉积参数 1~4 制备获得的金刚,石薄膜的晶粒尺寸和薄膜厚度分布直方图

(a) 晶粒尺寸分布直方图及 C 点表面;(b) 薄膜厚度分布直方图及 C 点截面

采用半包式 BL(沉积参数 5)制备的内孔 CVD 金刚石薄膜在 C、D 两个取样点的表面和截面形貌图如图 4‑14 所示。从仿真和测温结果可知,C 点和 D 点之间存在明显的温差(约 20~25℃),而从两点的金刚石薄膜的形貌图来看,表面形貌及晶粒尺寸的差距虽然不大,但是薄膜厚度存在显著差异(C 点比 D 点厚约 1.4 μm),这也很好地佐证了红铜块支承方式对于基体温度分布的影响。

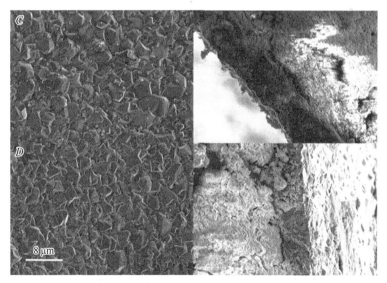

图 4‑14　采用半包式 BL 制备的金刚石薄膜在 C、D 两点的表面和截面形貌

上述样品的拉曼光谱如图 4‑15 所示,其中采用优化后的沉积参数(1、6 和 7)和 D_s 的实验组参数(4)制备的金刚石薄膜以及采用半包式 BL(V)制备的样品 D

点的金刚石薄膜仅在 1 333.7～1 337.6 cm^{-1} 范围内存在一个特征峰,即金刚石 sp^3 成分的特征峰,该峰的半峰宽约为 16～20 cm^{-1},相对于无应力的天然金刚石,金刚石特征峰从 1 332.4 cm^{-1} 位置向右偏移的主要原因是残余应力的存在,而半峰宽的增加则可以归因于金刚石薄膜内的晶体缺陷或各向异性的应力分布状态。而对采用 T_f 和 d_f 的实验组参数(2/3)制备的金刚石薄膜以及采用半包式 BL(5)制备的样品 C 点的金刚石薄膜而言,金刚石特征峰半峰宽的增加更加明显,并且在 1 580 cm^{-1} 附近位置出现了石墨 G 带的特征峰,造成这一现象的原因可能是过高的基体温度导致的非金刚石成分的增加。沉积试验的表征结果与仿真分析中得出的结论具有很好的一致性,采用仿真优化后的沉积参数在内孔表面不同位置沉积的 HFCVD 金刚石薄膜均具有良好的薄膜质量,晶粒尺寸和薄膜厚度均匀。

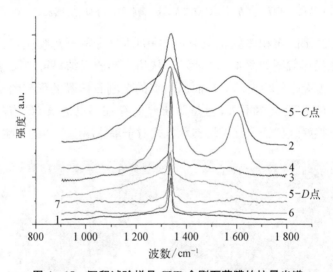

图 4 - 15　沉积试验样品 CVD 金刚石薄膜的拉曼光谱

本节系统研究了单基体及双基体模型中关键沉积参数、支承冷却和换热条件对温度场及气场分布的影响,并通过测温对照试验和沉积对照试验进一步验证了仿真方法的可行性和仿真结果的准确性,该部分研究结果可以为内孔金刚石薄膜沉积的参数优化及产业化设备的结构优化设计提供理论依据。

4.4　产业化沉积装置中基体排布方式的优化

在双基体模型的基础上,根据前述理论分析的结果,在可批量沉积多个样品的产业化沉积装置的设计过程中,首先确定了反应气体进气口采用"与红铜支承块一一对应"的分布形式,即在每个红铜支承块正上方位置接一个进气口。出气口同样采用"与红铜支承块——对应"的分布形式,并且在各个方向上都尽量呈对称分布。在前文所述的沉积参数、支承冷却和换热条件可以确定或者在应用过程中可进行优化的前提下,产业化沉积装置中批量沉积的多个样品内孔表面的温度分布均匀性主要受到基体排布方式的影响,因此本节主要针对批量化样品的排布方式进行建模及仿真对比[126]。

　　本节研究中选用了外形尺寸为 $\phi 22$ mm×18 mm、定径带直径为 6 mm 的硬质合金模具作为基体,该模具的剖面图如图 4-16(a)所示。本节所设计研究的产业化沉积装置中的基本单元为双基体模具组,其具体结构如图 4-16(b)所示,其中支承块材料为红铜,支承方式 BL 为环绕式,支承块外形尺寸 BL_l=50 mm×50 mm×50 mm,支承孔孔径为 22 mm,上下通孔尺寸为 30 mm×14 mm。热丝材料为钽,热丝温度 T_f=2 200℃,热丝直径 d_f=0.64 mm,热丝长度 l_f=100 mm。本节研究中设计的材料参数均参见表 4-1。

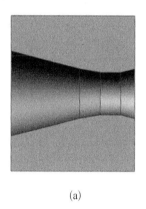 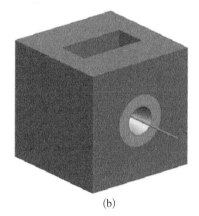

(a)　　　　　　　　　　　　　　　　(b)

图 4-16　用于产业化沉积装置温度场分布研究的基体剖面图及双基体模具组模型

(a)基体模具剖面图;(b)双基体模具组

　　根据试验及生产经验初步设计的批量化基体排布方式分为两大类,第一类为在双基体模型组基础上的直线阵列排布方式,按照采用的辅助均热装置的不同又可细分为如下六种。① A1:双基体模具组直接沿直线阵列扩展,不采用辅助均热装置。② A2:在直线阵列 A1 的基础上,在不同模具组之间增加石墨隔板结构。③ A3:在直线阵列 A1 基础上,在不同模具组之间以及模具组和水冷壁面之间均增加石墨隔板结构。④ A4:在直线阵列 A1 基础上,在不同模具组之间以及模具组和水冷壁面之间均增加绝热隔板结构。⑤ A5:在直线阵列 A1 基础上,在不同模具组之间增加水冷隔板结构。⑥ A6:在直线阵列 A1 基础上,在外侧及次外侧双基体模具组下方增加隔热块结构。第二类为双基体模型基础上的圆周阵列排布方式。

　　如图 4-17(a)所示为不采用辅助均热装置的直线阵列基体排布方式(A1)仿真模型示意图。六种不同的直线阵列排布方式中反应腔尺寸均为 $\phi440$ mm×200 mm,石墨工作台尺寸为 370 mm×100 mm×10 mm。六组模具等间距(10 mm)置于石墨工作台上,每组模具正上方对应一个进气口,每组模具两侧分别对应一对对称分布的出气口,进出气口的截面直径均为 10 mm。反应腔的外壳材料为不锈钢,在仿真计算过程中设置为厚度 5 mm 的不锈钢壁面,壁面外侧为循环水冷,石墨工作台下方同样是循坏水冷室,根据前述理论研究的结果,水冷壁面的表面对流系数均设置为 $h_w=55$ W/(m²·K)。

　　如图 4-17(b)所示,在不采用辅助均热装置的情况下,工作台中间位置会存在热量积聚作用,致使中间模具组的温度较高,此外,两端模具组更加靠近水冷壁面,向水冷壁面的辐射散热效率也会高于中间的模具组,因此沿直线阵列 A1 排布的模具组会呈现出明显的"中间高、两侧低"的整体温度分布趋势,模具基体内孔表面的最大温差达到 24.6℃,这就会导致批量化内孔 CVD 金刚石薄膜涂层制品厚度和质量的不均匀,中间两组基体内孔沉积的 CVD 金刚石薄膜的厚度和金刚石晶粒尺寸会大于两侧基体,并且无法保证所有基体内孔表面的温度都处在最适宜 CVD 金刚石薄膜生长的温度范围内。

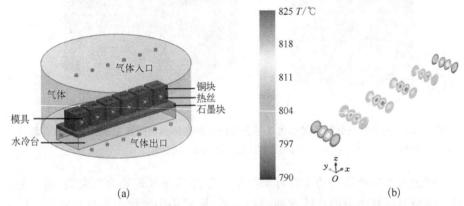

(a)　　　　　　　　　　　　　　(b)

图 4-17　A1 基体排布方式仿真计算示意图及基体内孔表面温度场分布

(a) A1 基体排布方式仿真模型示意图;(b) 基体内孔表面温度场分布云图

　　A2 基体排布方式的仿真模型示意图如图 4-18(a)所示,其中石墨隔板的尺寸为 100 mm×60 mm×4 mm,热传导系数为 128 W/(m·K),表面辐射率为 0.9,在直线阵列基础上增加石墨隔板可起到隔绝热丝辐射的作用,稍微减弱热量的积聚作用,中间两组基体和两侧基体的温差会略有下降(从 24.6℃小幅下降到 23.2℃)。

但是由于石墨材料自身的导热作用较好,隔热效果有限,并且仅在不同组模具之间设置的石墨隔板不会影响两端模具组向水冷壁面的辐射散热效率,因此整体的温度分布趋势基本没有变化,中间区域基体温度仍然明显高于两侧基体。具体仿真结果如图 4 - 18(b)所示。

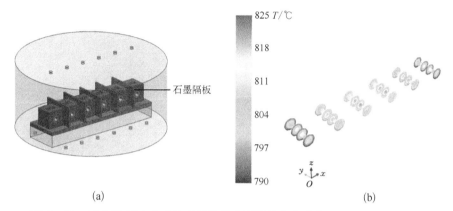

图 4 - 18　A2 基体排布方式仿真计算示意图及基体内孔表面温度场分布

(a) A2 基体排布方式仿真模型示意图;(b) 基体内孔表面温度场分布云图

在 A2 基体排布方式的基础上,在石墨工作台两端增加两块同样尺寸的石墨隔板即构成了如 A3 所述的基体排布方式,其仿真模型示意图如图 4 - 19(a)所示。两端的石墨隔板可以起到减少两侧模具对水冷壁面辐射散热的作用,因此温差继续下降(约为 18.6℃)。此外,两端的石墨隔板也具有减少六组模具整体对水冷壁面辐射散热的作用,因此六组模具的温度均有所上升,整体最高温度从 823.6℃上升到 827℃,模具内孔表面的温度分布云图如图 4 - 19(b)所示。

将 A3 基体排布方式中的石墨隔板全部替换为热传导系数为 10 W/(m·K) 的"绝热"隔板(表面辐射率同样设置为 0.9)即为 A4 所述的基体排布方式,因此其仿真模型示意图与图 4 - 19(a)所示完全一致。该排布方式下模具内孔表面的温度分布云图如图 4 - 19(c)所示,绝热隔板可更加有效地减少两侧模具组对内侧模具组的辐射作用,同时也更加有效地减少了两侧模具组对水冷壁面的辐射散热作用,因此相对于 A3 而言,整体温差会继续下降(约为 16.1℃)。此外,绝热隔板也更有效地起到了隔绝六组模具整体对水冷壁面的辐射散热作用,六组模具的整体温度明显上升,整体最高温度上升到 836.5℃。

将 A2 中的石墨隔板设置为中空水冷,将其内壁水冷壁面的表面对流系数也设置为 $h_w = 55$ W/(m²·K),即可构成如 A5 所述的基体排布方式,该排布方式仿真计算示意图如图 4 - 20(a)所示。在该排布方式下,各组模具之间的水冷隔板和

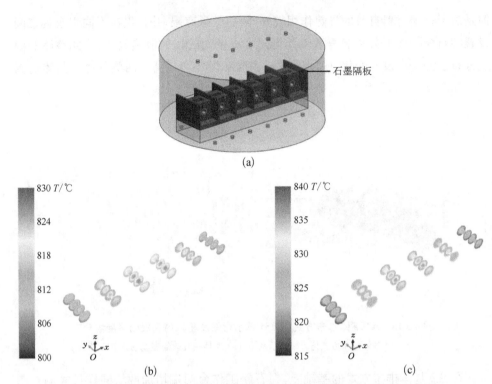

图 4-19　A3 及 A4 基体排布方式仿真计算示意图及基体内孔表面温度场分布

(a) A3 及 A4 基体排布方式仿真模型示意图；(b) A3 基体内孔表面温度场分布云图；
(c) A4 基体内孔表面温度场分布云图

冷却水壁将每个模具组分离成一个独立的水冷空间，空间之间几乎不相互影响，并且各自的环境条件也比较接近，通过仿真计算得到的不同模具内孔表面的温度场分布云图如图 4-20(b) 所示，可见在该基体排布方式下整体温差较小（约为 9.4℃）。同时由于水冷边界增加，整体温度迅速下降（最高温度下降到 614.4℃），因此采用该基体排布方式会导致更多的热量通过水冷系统排出反应腔，整体热效率较低。实际应用过程中要达到所需要的热丝温度数值，可能需要大幅提高热丝功率或热丝直径，导致生产成本急剧增加，甚至会因为功率过大而频繁断丝。

　　A6 所述的采用隔热块的基体排布方式示意图如图 4-21(a) 所示，在直线阵列 A1 基础上，在外侧及次外侧双基体模具组下方增加热传导系数较小的隔热块结构（表面辐射率同样设定为 0.9），可以有效减小外侧及次外侧模具组向水冷工作台的热传递效率，从而提高外侧及次外侧基体内孔表面的温度。采用该基体排布方式时，隔热块的厚度和热传导系数会直接影响不同组基体内孔表面温度分布的均匀性，如图 4-21(b) 所示，当隔热块的厚度为 30/15 mm（即最外侧 A 模具组下方隔

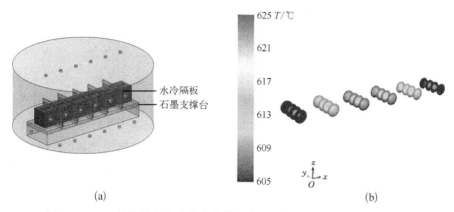

图 4 - 20　A5 基体排布方式仿真计算示意图及基体内孔表面温度场分布

（a）A5 基体排布方式仿真模型示意图；（b）基体内孔表面温度场分布云图

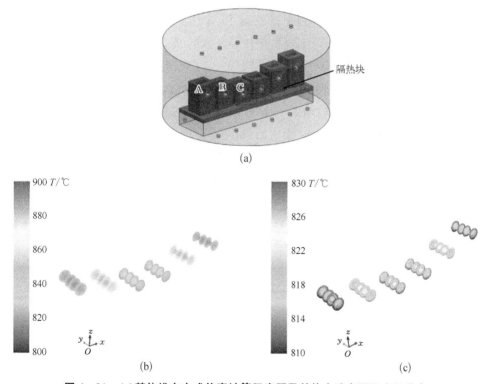

图 4 - 21　A6 基体排布方式仿真计算示意图及基体内孔表面温度场分布

（a）A6 基体排布方式仿真模型示意图；（b）隔热块厚度为 30/15 mm、热传导系数为 10 W/(m·K)时基体内孔表面温度场分布云图；（c）隔热块厚度为 30/15 mm、热传导系数为 130 W/(m·K)时基体内孔表面温度场分布云图

热块厚度为 30 mm,次外侧 B 模具组下方隔热块厚度为 15 mm)、热传导系数低至 10 W/(m·K)时,带隔热块的模具组向水冷工作台的热传递会显著减小,基体内孔表面温度迅速上升,整体温度分布趋势变为"两侧高、中间低",温差高达 66.6℃。

平行排布的六组模具具有对称性,因此我们取其中的 A、B、C 三组模具来研究隔热块的厚度和热传导系数对整体温度分布的影响,其中 A 模具组下方隔热块的厚度固定为 B 模具组下方隔热块厚度的两倍,研究结果如图 4-22 所示。当 B 模具组下方隔热块的厚度固定为 15 mm 时,如前文所述,如果隔热块的热传导系数很小[10 W/(m·K)],A 和 B 模具组的温度会明显上升,该温度变化同样会影响到 C 模具组的温度数值,因此在该情况下所有模具内孔表面的平均温度均明显高于其他隔热块热传导系数较大的情况以及不采用隔热块的情况。随着隔热块热传导系数的增加,模具组 A 和 B 的温度均会显著下降,由于 B 模具组下方隔热块的厚度仅有 A 的一半,因此热传导系数变化对于其传热效率的影响也较小,在热传导系数增加到 130 W/(m·K)以上的情况下,A 模具组的温度会小于 B 模具组。当热传导系数超过 50 W/(m·K)后,热传导系数的继续变化对于 C 模具组温度的影响很小,但是相对于无隔热块的基体排布方式,在如图 4-22 所示的几种热传导系数情况下,由于 A 和 B 模具组温度的提升,C 模具组的温度均略有增加。当热传导系数从 10 W/(m·K)增加到 130 W/(m·K)时,整体温差会从 66.6℃明显下降到 12℃,但是当热传导系数继续增加到 170 W/(m·K)时,整体温差反而会有所提高(约为 12.8℃),这说明在厚度确定的情况下,合理选取隔热块的热传导系数,可以获得较为平均的整体温度分布,其中热传导系数为 130 W/(m·K)时基体

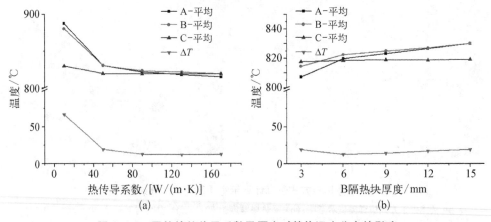

图 4-22　隔热块热传导系数及厚度对整体温度分布的影响

(a) 隔热块 B 厚度为 15 mm 时其热传导系数对整体温度分布的影响;(b) 隔热块热
传导系数为 50 W/(m·K)时其厚度对整体温度分布的影响

内孔表面温度场分布云图如图 4-21(c)所示。当隔热块的热传导系数固定为 50 W/(m·K)时,隔热块厚度对于三组模具内孔表面的平均温度及整体最大温差的影响趋势如图 4-22(b)所示。隔热块厚度增加的作用类似于其热传导系数的减小,当热传导系数固定时,合理选取隔热块的厚度(B 隔热块厚度为 6 mm),也可以获得较为平均的整体温度分布(12.5℃)。此外,合理搭配隔热块的热传导系数和厚度可以进一步减小整体温差,但是寻找导热系数适宜、在 HFCVD 真空反应腔内高温条件下工作又不会污染反应腔的隔热块材料非常困难。

　　除直线阵列的基体排布方式外,本节中研究的另一类基体排布方式为双基体模型基础上的圆周阵列排布方式,具体可分为如下三类。① B1:辐射状排布。② B2:六边形排布。③ B3:三角形排布。如图 4-23(a)所示为 B1 基体排布方式仿真计算示意图。在三类圆周阵列排布方式中,反应腔尺寸为 $\phi 440$ mm× 200 mm,工作台尺寸为 $\phi 360$ mm×10 mm,工作台中间孔直径为 $\phi 100$ mm,模具组和一一对应的进气口均布在 $\phi 210$ mm 的圆周上,一一对应的出气口均布在底座 $\phi 340$ mm 的圆周上。另外在中间区域还设置一条环形的出气通道,以保证模具组内外两侧气流分布的均匀性,出气通道分布在 $\phi 80$ mm 的圆周上,宽度为 5 mm。如图 4-23(b)所示,辐射状的排布形式可以很好地保证各模具组相互之间温度分布的一致性,虽然热丝在内侧的分布比较集中,会导致内侧模具的温度略高于外侧模模,但是由于模具组分布较为分散,因此该温差也很小,该基体排布方式下整体最大温差仅为 10.8℃,但是采用该基体排布方式时,热丝在圆周内侧的装夹不便,耗时费力,不容易保证热丝的平直性和对中性。六边形(B2)的基体排布方式仿真

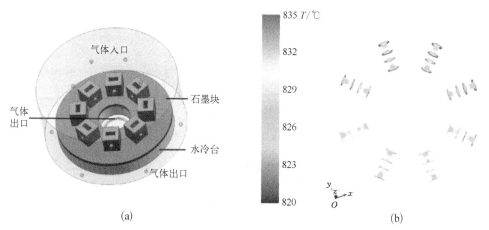

(a) (b)

图 4-23　B1 基体排布方式仿真计算示意图及基体内孔表面温度场分布

(a) B1 基体排布方式仿真模型示意图;(b) 基体内孔表面温度场分布云图

计算示意图如图 4 - 24(a)所示,三角形(B3)的基体排布方式则是在此基础上去掉一半的模具组,两种情况下的仿真结果分别如图 4 - 24(b)和(c)所示。由于 B3 中整体热源减少了一半,因此温度数值相对于 B2 会有明显减小。在两种排布方式下均获得了非常均匀的整体温度分布,整体最大温差分别为 9.2℃ 和 9.6℃。相比于辐射状(B1)的基体排布方式,采用这两种排布方式的热丝装夹较为便利,并且很容易扩展成为具有更大生产批量的产业化沉积装置,即采用正 N 边形的基体排布方式同时沉积 $2N$ 或者 $4N$ 只模具,同样可以保证各组基体内孔表面温度分布的均匀性。

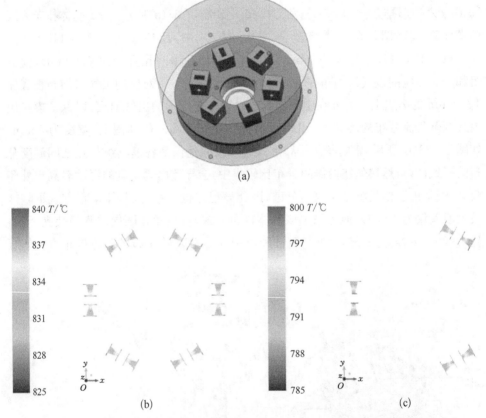

图 4 - 24　B2 基体排布方式仿真计算示意图及 B2、B3 情况下基体内孔表面温度场分布

(a) B2 基体排布方式仿真计算示意图;(b) B2 基体内孔表面温度场分布云图;
(c) B3 基体内孔表面温度场分布云图

本节中将三角形(B3)和隔板形式(A2/A4)的基体排布方案结合在一起试制了可批量生产六个金刚石薄膜涂层模具的产业化沉积装置,最终设计方案的仿真计算示意图及基体内孔表面温度场分布云图如图 4-25 所示,采用该方案获得的整体最高温差仅为 8.8℃,而分离式排布方式也可以进一步提高热丝装夹的便利性。

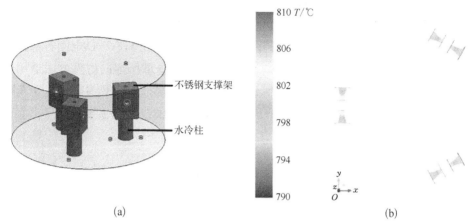

(a) (b)

图 4-25 最终设计方案的仿真计算示意图及基体内孔表面温度场分布

(a) 最终设计方案的仿真计算示意图;(b) 基体内孔表面温度分布云图

4.5 本章小结

HFCVD 金刚石薄膜在内孔表面沉积的工艺比较复杂,稳定及批量生产困难,这主要是内孔沉积环境下热丝-基体距离的限制和内孔形状的特殊性及复杂性导致的温度场和气场的不均匀性造成的。在 HFCVD 金刚石薄膜内孔沉积过程中,如何保证温度场和气场分布的均匀性,是决定 HFCVD 金刚石薄膜在内孔领域产业化应用的一大关键问题。本章针对这一关键问题,提出了内孔金刚石薄膜沉积过程的热流耦合仿真模型,首先对单基体理论模型和双基体试验模型的温度场和气场分布进行了系统的理论研究,详细考察了主要的沉积参数、支承冷却和换热条件对其温度场和气场分布的影响作用,并通过测温对照试验和沉积对照试验进一步验证了仿真方法的可行性和仿真结果的准确性。理论研究结果表明:在两种模型中,红铜块支承方式 BL 对于基体上下两侧的温差都有非常显著的影响,采用全包式的红铜支承块可以很好地避免基体上下两侧温差过大的情况。在单基体模型中,出气口排布方式 A_{out} 对反应腔内流场的对称性起着决定性的作用,但是对基体温度分布的均匀性影响很小。在双基体模型中,出气口排布方式 A_{out} 对双基体内孔中流场的均匀性及基体温度的分布均有明显的影响作用,双口对称的出气口排布方式可有效改善流场和温度场分布的对称性。

在理论研究的基础上,本章还对比研究了根据经验设计的、采用不同基体排布方式的产业化沉积装置内批量化基体内孔表面温度场分布状况,最终确定采用三角形和隔板形式相结合的基体排布方案作为试制的产业化沉积装置的基体排布方案,以达到改善批量化基体内孔表面温度分布均匀性的目的。

本章研究内容分别从理论和实用两个角度解决了保证 HFCVD 金刚石薄膜内孔沉积过程中温度场和气场分布均匀性的关键问题,本章所述的仿真方法适用于不同内孔表面金刚石薄膜沉积过程中温度场分布相关热丝及夹具参数的优化及产业化沉积装置的结构优化设计,为 HFCVD 金刚石薄膜在内孔领域的批量化生产和产业化应用创造了必要条件。

第5章 热丝CVD金刚石薄膜涂层
拉拔模具的孔型设计

5.1 引言

　　金属管线材拉拔加工生产当中,要求拉拔模具的工作表面应具有较高的硬度和耐磨性,同时设计要合理,能满足变形需求,拉拔力小、拉拔稳定、变形均匀、减少模具磨损。HFCVD金刚石薄膜可以增强模具内孔表面的硬度,金刚石薄膜涂层拉拔模具被制造出来之后,在使用过程当中涂层会一直保持完整,直至寿命终了,涂层发生脱落。此时,金刚石薄膜涂层拉拔模具被报废,无法通过修模进行进一步使用。而去除拉拔模具表面的金刚石薄膜、对模具进行修整再次沉积金刚石薄膜的工作成本非常高,难以实现。因此在沉积金刚石薄膜之前,对拉拔模具的孔型进行优化设计更具有必要性。传统的拉拔模具设计思路往往依赖于设计人员的经验或参照配模表来进行,无论是针对性还是准确性都十分不足,设计思路也以延长模具工作寿命为主要的考量,尤其是在压缩区和定径区的设计上,在满足拉拔条件的前提下尽量留出足够大的长度,以满足多次抛光修模的需求,而不是以满足拉拔产品质量、减小应力为第一优化目标,制约了产品质量的进一步提高。设计合理的金刚石薄膜涂层拉拔模具可以充分发挥涂层模具和拉拔设备的性能,尤其是对于高速自动化的拉拔生产线而言,不仅极大延长了模具寿命,还减少了更换维护模具的时间,生产效率得到大幅提高,对提高整个金属管线材拉拔行业的经济效益十分重要。

　　线材拉拔过程中金属的变形分析十分复杂,属于多重非线性耦合问题。最近几年,有限元仿真模拟成为拉拔模具优化设计的重要手段。有限元仿真模拟能够准确地模拟金属管线材拉拔过程当中的应力应变变化,观察拉拔力和产品尺寸,通过对拉拔模具设计参数的控制,从而研究这些因素对拉拔过程的影响。但到目前为止,针对金刚石薄膜涂层拉拔模具有限元仿真优化的研究仍比较缺乏。

　　本章利用通用有限元软件 ANSYS Workbench,分别针对采用金刚石薄膜涂层拉拔模具进行不同金属线材(包括铜丝、铝丝、不锈钢丝、低碳钢丝)和管材(无芯头拉拔、固定芯头拉拔、游动芯头拉拔)的拉拔过程进行了仿真模拟,得到管线材和涂层模具的应力分布及拉拔力的大小,阐述了管材无芯头拉拔过程中的缩径缺陷,然后根据 Box-Behnken 试验设计设置不同的模具典型几何参数,利用有限元仿真的结果分析金刚石薄膜涂层拉丝模具的几何参数对管线材拉拔过程的影响,得到最优的模具几何参数。此外还特别针对异型铝线材拉拔过程进行了有限元仿真,对其拉拔道次进行了优化。仿真分析结果对改善线材拉拔质量、提高拉拔效率都有重要指导作用。

5.2 拉拔模具孔型优化设计的理论和方法

5.2.1 拉拔过程有限元仿真

1) 仿真软件

随着有限元分析技术的发展,它可为金属塑性成形过程提供重要信息,以确定最佳的成型工艺。目前,专业的有限元分析软件公司有几十家,其中,ANSYS 公司于 1970 年由 John Swanson 博士在美国匹兹堡创办,目前该公司在全球拥有最大的用户群,是国际上最主流的有限元软件公司之一。由于传统 CAE 软件在设计研发中存在对分析人员要求过高、数据接口与共享不方便以及处理模型的功能相对较弱等不足,ANSYS 公司开发了 ANSYS Workbench 平台。ANSYS Workbench 是 ANSYS 新一代客户化及行业化定制平台,提供开放性和先进性的集成框架,能够满足用户在该开放环境下快速实现工具及应用集成的需要。在 ANSYS Workbench 环境中,用户可以完整地建立、求解和后处理。它还提供了单一后处理工具,不但仅需花费很短的时间即可解决复杂多物理场问题,也扩展了有限元仿真的应用领域。Workbench 把 ANSYS 系列产品融合到统一的仿真平台中,使数据实现传递及共享,为有限元仿真模拟和设计提供了全新平台,提高了仿真效率,很大程度上保证了仿真模拟的通用性和精确性。此外,ANSYS Workbench 具有强大的参数化功能,可自动实现有限元分析的全过程。在参数化的分析过程当中可以简单地修改其中的参数达到分析各种尺寸参数的设计方案,极大地提高了分析效率,减少了分析成本。由于 ANSYS 具有强大的分析能力以及 Workbench 提供的参数功能,因此本书选择 ANSYS Workbench 作为有限元分析软件。

2) 基本假设

在管线材拉拔过程中,一根管线材利用拉拔设备进行拉制,理论上其长度可达无限长,一次生产的材料往往可达数吨,对整个的拉拔过程进行有限元仿真需要极大的运算量和存储空间,是难以实现的。在实际拉拔过程中,除头尾较小范围内为非稳态的拉拔外,整根管线材的其余部分均为稳态的变形过程,管线材沿长度方向上不同部位所经历的拉拔工艺完全一致。在这样的前提下,为了实现金属管线材的拉拔过程有限元仿真,只模拟部分管线材与金刚石薄膜涂层拉丝模具接接触、变形的过程,即可反映出整个拉丝过程中稳态的拉制过程。金属管线材拉拔过程的有限元仿真的主要简化及假设如下:

(1) 材料是均匀及各向同性材料,金属管线材被设置为理想弹塑性模型,金刚石薄膜涂层拉拔模具设置为理想线弹性材料。

(2) 不考虑金属线材偏心,采用轴对称模型对金属管线材和拉拔模具进行建模。

(3) 金属管线材同拉拔模具之间的接触采用库仑(Coulomb)摩擦模型进行描述。

(4) 忽略在加工过程中的温度变化带来的热效应及惯性力的影响。

3) 有限元模型

管线材拉拔过程中的金属的变形分析十分复杂,其中有两类数据在有限元模拟中十分重要,其准确性直接决定着有限元模拟的结果是否有效。一是金属材料同抛光金刚石薄膜涂层之间的摩擦系数,具体摩擦系数数值通过类似 3.4 节的标准摩擦磨损试验获得;二是金属材料的应力应变曲线,用于描述金属材料的弹塑性行为,本书将通过金属拉伸试验得到。采用 Zwick T1 - FR020.A50 型电子万能材料试验机,在室温条件下进行圆管试样的拉伸试验,如图 5 - 1 所示。表 5 - 1 给出了各个试样的尺寸。引伸计的原始标距为 50 mm。

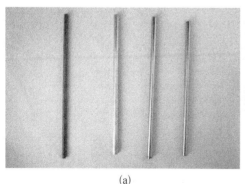

(a)　　　　　　　　　　　　　(b)

图 5 - 1　拉伸试验试样及拉伸试验机

(a) 拉伸样件;(b) 万能试验机

表 5-1　拉伸试样尺寸

试验材料	铜　管	铝　管	低碳钢管	不锈钢管
外径/mm	6	8	8	8
壁厚/mm	1	1	1	0.75
长度/mm	200	200	200	200

拉伸试验过程中的拉拔力和引伸计的位移直接被万能试验机记录,并根据式(5-1)及式(5-2)计算其工程应力 S 和工程应变 e。

$$S = P/A_0 \tag{5-1}$$

$$e = (L - L_0)/L_0 \tag{5-2}$$

式中,P 为拉拔力;A_0 为试样的原始截面积;L 为拉伸过程中引伸计的长度;L_0 为引伸计的原始标距。由于在拉伸过程中试样的长度和截面积都在不断变化,工程应力 S 和工程应变 e 已经不能精确地反映真实的应力和应变,因此必须考虑使用真实应力 σ 和真实应变 ε,由式(5-3)及(5-4)可得。图 5-2 是详细的应力应变曲线。

$$\varepsilon = \ln(1 + e) \tag{5-3}$$

$$\sigma = S(1 + e) \tag{5-4}$$

拉拔过程仿真中的模具及管线材的几何模型可直接在 ANSYS Workbench 的前处理模块中建立。然后将通过实验获得的摩擦系数和金属材料的应力应变数据加载到模型当中,划分网格即可得到拉拔过程仿真的有限元模型,如图 5-3 所示。在仿真过程中,金刚石薄膜涂层拉拔模具的底部被施加固定约束,在管线材的前端施加-60 mm 的轴向位移载荷,用于模拟施加的拉拔力,拉拔速度设定为 3 m/s,仿真时间为 0.02 s。

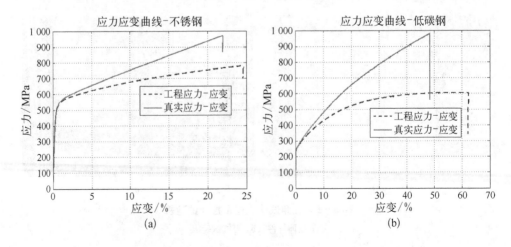

(a)　　　　　　　　　　　　　(b)

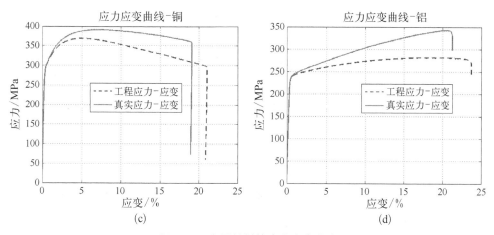

图 5-2　金属材料的应力应变曲线

(a) 不锈钢；(b) 低碳钢；(c) 铜；(d) 铝

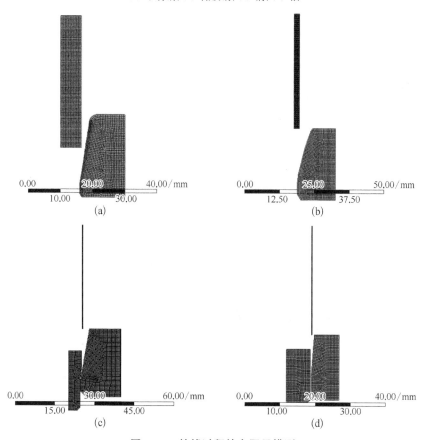

图 5-3　拉拔过程的有限元模型

(a) 线拉；(b) 无芯头拉拔；(c) 游动芯头拉拔；(d) 固定芯头拉拔

5.2.2　基于响应面法的多目标优化设计

1）试验设计

要确定设计参数对拉拔过程的影响，必须进行试验设计，使得计算的结果适用于科学分析，从而得出有效和客观的结论。CVD 金刚石薄膜涂层拉拔模具需要设计的几何参数主要包括压缩区工作半角 α、过渡圆弧 R 和定径区长度 L。可以进行响应面分析的试验设计方法有很多种，其中最常用的为中心复合设计和响应面优化分析。

中心复合设计（central composite design, CCD）也称为星点设计。图 5-4(a)给出了其样本采集点的分布。通常来讲，CCD 是由 2^k 的析因设计、$2k$ 个坐标试验点和一定数量的中心试验点组成，试验设计安排表见表 5-2。

表 5-2　CCD 和 BBD 试验次数比较

试验设计方法	因子个数					
	2	3	4	5	6	7
CCD	13	20	31	52	90	—
BBD	—	15	27	46	54	62

响应面优化分析（Box-Behnken design, BBD）也是响应面优化法常用的试验设计方法，其样本采集点如图 5-4(b)所示。在相同因子数条件下，一般 BBD 试验设计比 CCD 试验设计的试验点数目少，如表 5-2 所示，效率更高，且所有的影响因素不会同时处于高水平。本书采用 BBD 试验设计方法选取采样点。

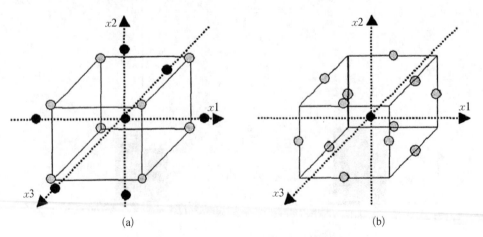

(a)　(b)

图 5-4　CCD 和 BBD 的样本采集点

(a) CCD；(b) BBD

2）响应面法

响应面法（response surface methodology，RSM）是数学方法和统计方法相结合，针对多个变量和响应的分析方法，通过近似的思想、实验设计及拟合等手段对工程问题进行优化设计。模具几何参数优化中，目标函数与设计变量之间的关系通常很难用精确的数学函数来表达。因此，采用响应面法近似表达变量与目标之间的关系，非常适用于金刚石薄膜涂层拉拔模具的优化设计。

响应面法可用来对响应受到多个变量影响的问题进行建模和分析，其目的是优化该响应。按照统计学术语，设计变量为以因子，设计目标和约束称为响应。响应面是指响应 y 与一组输入之间存在函数关系式

$$y(x) = f(x_1, x_2, x_3, \cdots, x_n) \tag{5-5}$$

由式（5-6）所表示的曲面称为响应面。广泛采用响应和一组因子 x 相关的低阶多项式作为响应面近似函数。本书选择二阶响应曲面模型来预测不同设计变量组合下的响应值，其表达式为

$$y = \beta_0 + \sum_{i=1}^{n} \beta_i x_i + \sum_{i=1}^{n} \beta_{ii} x_i^2 + \sum \sum_{p<i} \beta_{pi} x_p x_i + \varepsilon \tag{5-6}$$

式中，x_i 为设计变量；ε 为残余误差；β_0、β_i、β_{ii}、β_{pi} 均为待定系数。

可将上式转换成多元线性回归模型，即

$$y = \beta_0 + \sum_{i=1}^{k} \beta_i x_i + \varepsilon \tag{5-7}$$

为了估计参数 β_0，β_1，$\cdots$，β_k，采用最小二乘法，设 b_0，b_1，$\cdots$，b_k 分别是参数 β_0，β_1，$\cdots$，β_k 的最小二乘估计，则回归方程为

$$\tilde{y} = b_0 + b_1 x_1 + b_2 x_2 + \cdots + b_k x_k \tag{5-8}$$

由最小二乘法可知，b_0，b_1，$\cdots$，b_k 应使全部观测值 y_i 与回归值 $\tilde{y}_i$ 之间的偏差平方和 Q 达到最小，即

$$Q = \sum_{i=1}^{n} (y_i - \tilde{y}_i)^2$$
$$= \sum_{i=1}^{n} (y_i - b_0 - b_1 x_1 - b_2 x_2 - \cdots - b_k x_k)^2 = Q_{min} \tag{5-9}$$

根据微积分学的极值定理知 b_0，b_1，$\cdots$，b_k 应是下列方程组的解

$$\begin{cases} \dfrac{\partial Q}{\partial b_0} = -2\sum_{i=1}^{n}(y_i - \widetilde{y}_i) = 0, \\[2mm] \dfrac{\partial Q}{\partial b_j} = -2\sum_{i=1}^{n}(y_i - \widetilde{y}_i)\,x_{ij} = 0 \end{cases} \qquad j=1,\,2,\,\cdots,\,k \qquad (5-10)$$

解以上方程组可得系数向量 β 的无偏差估计为

$$b = (\boldsymbol{X}^T\boldsymbol{X})^{-1}\boldsymbol{X}^T\boldsymbol{Y} \qquad (5-11)$$

3) 满意度函数法多目标优化

金刚石薄膜涂层拉拔模具优化设计问题是一个多目标优化问题，通常多个目标之间是相互矛盾的，因此需要权衡多个目标并得到折中最优解。为解决这一多目标问题，本书采用的方法是使用满意度函数法将多目标优化问题转化为单一目标的优化问题。

满意度函数法是一种简便易行、应用广泛的多目标优化的方法。其总体思想是将所有的优化目标的值转化为 0 到 1 之间的数，即 $d(Y_i)(i=1,\,2,\,\cdots,\,q)$，且 $d(Y_i)$ 随着优化目标的满意度增大而增大，将这些 $d(Y_i)$ 的几何平均定义为多目标优化问题的总体满意度函数，从而可实现从多目标优化问题转化为单目标优化问题。

对于望大特征的响应，其满意度函数为

$$\begin{cases} d(Y_i) = 0,\ Y_i \leqslant Low_i \\[2mm] d(Y_i) = \left[\dfrac{Y_i - Low_i}{High_i - Low_i}\right]^{wt_i},\ Low_i < Y_i < High_i \\[2mm] d(Y_i) = 1,\ Y_i \geqslant High_i \end{cases} \qquad (5-12)$$

对于望小特征的响应，其满意度函数为

$$\begin{cases} d(Y_i) = 1,\ Y_i \leqslant Low_i \\[2mm] d(Y_i) = \left[\dfrac{High_i - Y_i}{High_i - Low_i}\right]^{wt_i},\ Low_i < Y_i < High_i \\[2mm] d(Y_i) = 0,\ Y_i \geqslant High_i \end{cases} \qquad (5-13)$$

对于望目特征的响应，其满意度函数为

$$\begin{cases} \mathrm{d}(Y_i) = 0,\ Y_i \leqslant Low_i \\[2mm] \mathrm{d}(Y_i) = \left[\dfrac{Y_i - Low_i}{T_i - Low_i}\right]^{wt_i},\ Low_i < Y_i < T_i \\[4mm] \mathrm{d}(Y_i) = 1,\ Y_i \leqslant T_i \\[2mm] \mathrm{d}(Y_i) = \left[\dfrac{High_i - Y_i}{High_i - T_i}\right]^{wt_i},\ T_i < Y_i < High_i \\[4mm] \mathrm{d}(Y_i) = 0,\ Y_i \geqslant High_i \end{cases} \tag{5-14}$$

式中，Y_i 为第 i 个响应的预测值，Low_i 为响应 i 的下限，$High_i$ 为响应 i 的上限，t_i 为响应 i 的目标值，wt_i 为常数，决定满意度函数的形状。图 5-5 展示了不同常数下的满意度函数曲线。

多目标优化问题的总满意度函数为

$$D = \Big[\prod_{i=1}^{q} \mathrm{d}(Y_i)^{r_i} \Big]^{\frac{1}{\sum r_i}} \tag{5-15}$$

式中，r_i 为响应 i 的权重，$\sum r_i = 1$，q 为响应个数。

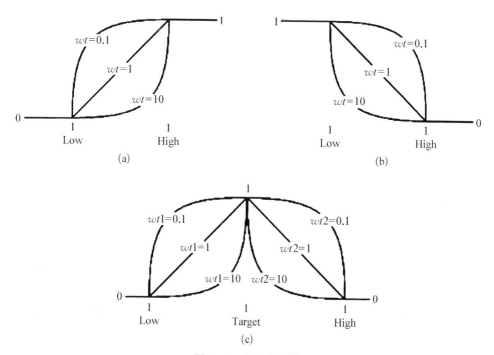

图 5-5　满意度函数

(a) 望大特征；(b) 望小特征；(c) 望目特征

5.3　金刚石薄膜涂层拉丝模优化设计

图 5-6 为线材拉拔过程的示意图,其中模具的压缩区与定径区同金属线材直接接触,压缩区的半角 α、压缩区与定径区的过渡圆弧半径 R 以及定径区的长度 L 就成为影响拉拔过程的重要几何参数。线材在拉拔力的作用下与模具发生接触,在压缩区的挤压下产生变形,直径减小;进入定径区之后,由于弹性恢复的作用,线材同定径区之间仍存在压力和摩擦力的作用。线材的初始长度设定为 40 mm,线材的初始直径 D_0、模孔直径 D 以及模具的几何参数如表 5-3 所示。

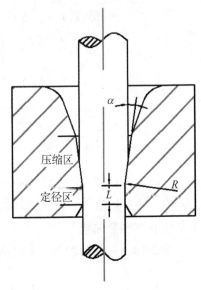

图 5-6　金属线材拉拔过程示意

表 5-3　金属线材拉拔有限元模型的关键几何参数

	D_0/mm	D/mm	$\alpha/(°)$	R/mm	L/mm
铜　丝	12.54	10.80	7	3	3
铝　丝	9.5	8.3	7	2	3
不锈钢丝	4.35	4	7	3	3
低碳钢丝	13	11.87	9	3	3

5.3.1　线材拉拔有限元结果分析

1) 线材应力分析

如图 5-7 所示为拉拔过程中的线材的轴向应力分布云图。测量线材上距离轴心不同位置上的点,即得到轴向应力随时间变化的曲线,如图 5-8 所示(R 为线材的外径,r 为观测点所在位置距轴心的距离,r/R 从 0 到 1 表示从轴心到外表不同的点)。在线材与模具压缩区接触之后,由于受到压缩区的挤压,线材的外表面处于轴向压应力的状态,内部产生轴向的拉应力。进入定径区之后,线材在拉拔力的作用下,轴向应力沿着直径方向出现不均匀的分布,最大的拉应力出现在线材的外表面,向内逐渐减小,达到线材中心处产生较大的轴向压应力。当定径区线材外表面的轴向应力过大时,线材表面容易产生横向的裂纹,影响产品的质量,严重时甚至会出现"断丝"的现象,不仅会造成材料的浪费,而且会极大地降低金属线材生产的效率。

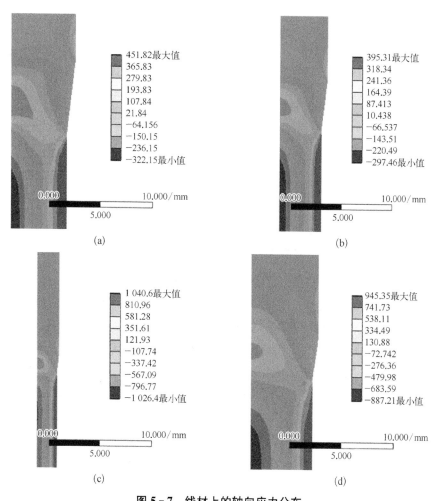

图 5-7 线材上的轴向应力分布

(a) 铜；(b) 铝；(c) 不锈钢；(d) 低碳钢

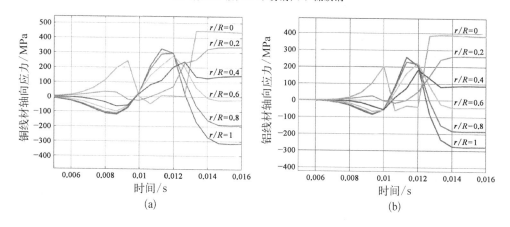

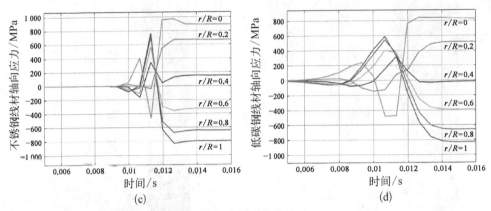

图 5 - 8　线材上不同位置的轴向应力随时间变化的比较

(a) 铜；(b) 铝；(c) 不锈钢；(d) 低碳钢

如图 5 - 9 所示为线材拉拔过程中的径向应力分布，测量线材上距离轴心不同位置上的点，即得到径向应力随时间变化的曲线，如图 5 - 10 所示。由于受到模具压缩区的挤压，线材处于压应力的状态。进入定径区之后，线材的外表面的应力值比较小，内部为压应力的状态，径向应力在线材截面上的分布是不均匀的。

如图 5 - 11 所示为拉拔过程中的线材的环向应力分布。测量线材上距离轴心不同位置上的点即得到环向应力随时间变化的曲线，如图 5 - 12 所示。在线材与模具压缩区接触之后，由于受到压缩区的挤压，线材处于压应力的状态，外表面的压应力的值最大。进入定径区之后，线材在金属弹性回复的作用下，环向应力沿着直径方向出现不均匀的分布，最大的拉应力出现在线材的外表面，向内逐渐减小，

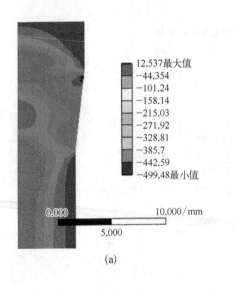

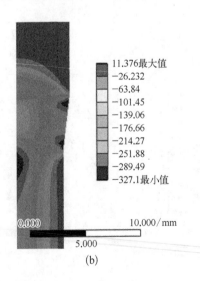

(a)　　　　　　　　　　　　(b)

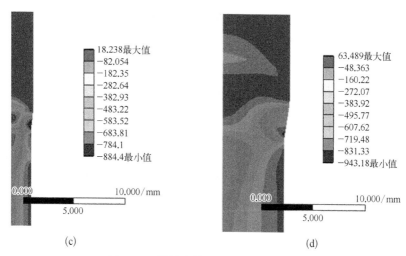

图 5-9　线材上的径向应力分布

(a) 铜；(b) 铝；(c) 不锈钢；(d) 低碳钢

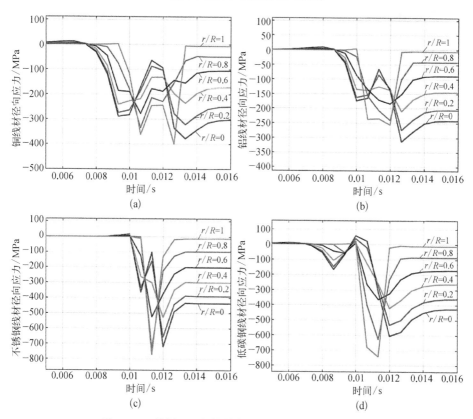

图 5-10　线材不同位置的径向应力随时间变化的比较

(a) 铜；(b) 铝；(c) 不锈钢；(d) 低碳钢

达到线材中心处产生环向压应力。当定径区线材外表面的环向应力过大时,线材表面容易产生纵向的裂纹,影响产品的质量。

如图 5 - 13 所示为拉拔过程中的线材及金刚石薄膜涂层拉丝模具的 von - Mises 等效应力分布。测量线材上距离轴心不同位置上的点即得到 von - Mises 等效应力随时间变化的曲线,如图 5 - 14 所示。当线材进入压缩区之后,线材上的 von - Mises 等效应力逐渐增大,在达到压缩区末端,即进入定径区之前,应力值达到最大。进入定径区之后,线材中心处的 von - Mises 应力值开始减小,而外表面的 von - Mises 应力值减小的幅度则相对比较小,在径向方向上,von - Mises 应力的分布呈现出不均匀的状态。

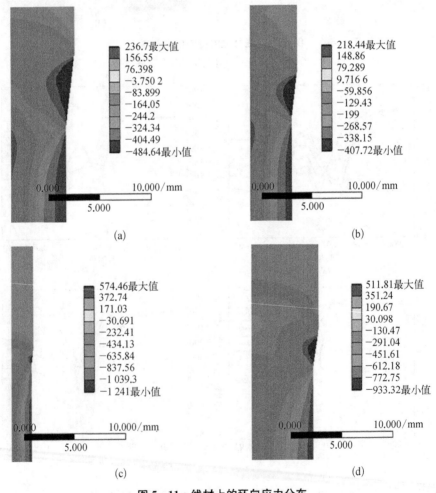

图 5 - 11　线材上的环向应力分布

(a) 铜;(b) 铝;(c) 不锈钢;(d) 低碳钢

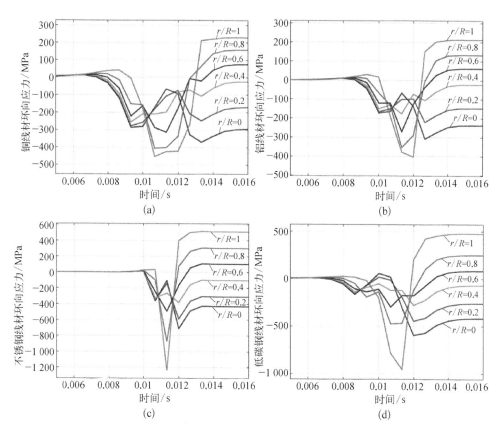

图 5-12　线材不同位置的环向应力随时间变化的比较

(a) 铜；(b) 铝；(c) 不锈钢；(d) 低碳钢

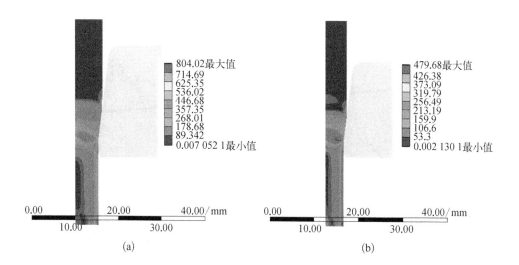

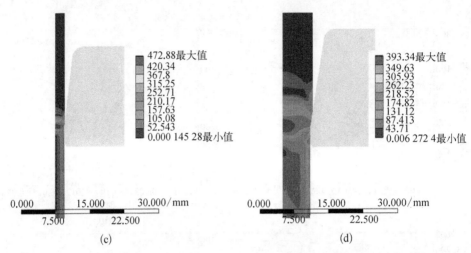

(c)　　　　　　　　　　　　　　(d)

图 5 - 13　线材上的 von - Mises 等效应力分布

(a) 铜；(b) 铝；(c) 不锈钢；(d) 低碳钢

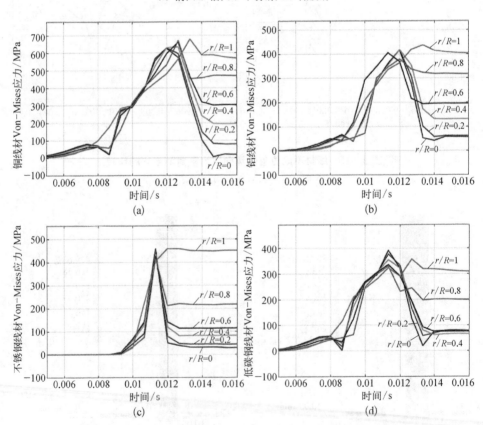

图 5 - 14　线材不同位置的 von - Mises 等效应力随时间变化的比较

(a) 铜；(b) 铝；(c) 不锈钢；(d) 低碳钢

2）模具应力分析

如图 5-15 所示为金刚石薄膜涂层拉丝模具在线材拉拔过程中所受的 von-Mises 等效应力分布云图。从图上可以观察到，在模具的压缩区末端，即压缩区与定径区过渡圆弧的位置上出现应力集中的现象。如果此处的应力值过大，会引起金刚石薄膜涂层过早剥落，导致金刚石薄膜涂层拉丝模具失效，缩短工作寿命。

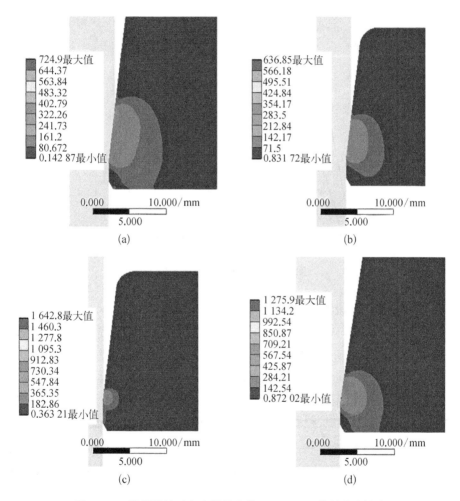

图 5-15　线材拉拔过程中模具上的 von-Mises 等效应力分布

(a) 铜；(b) 铝；(c) 不锈钢；(d) 低碳钢

3）拉拔力分析

将拉拔力提取出来得到拉拔力与时间的关系如图 5-16 所示。从图中可以看出在拉拔过程中,拉拔力是不断变化的。拉拔过程可以大致分为初始接触阶段、稳定拉拔阶段、脱模阶段。在初始接触阶段,当金属线材刚与压缩区接触时,开始发生变形,随着接触面积的增加,变形量也开始增加,拉拔力就随之增加。进入稳定拉拔阶段,金属的流动趋于稳定,变形量也逐渐稳定,拉拔力的变化也趋于减弱,可以把这个阶段的拉拔力的平均值作为此次拉拔过程的拉拔力。在脱模阶段,拉拔力逐渐减小。

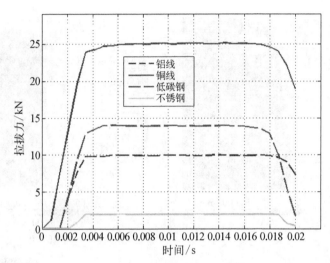

图 5‑16   拉拔力随时间变化

5.3.2   拉丝模具优化设计

在传统金属拉拔行业中,模具几何参数的确定往往依赖工程人员的经验,而且由于传统的硬质合金模具磨损速度比较快,在使用过程中往往需要反复抛光,几何参数难以保持一致,因此拉丝模具几何参数的设计未能得到足够的重视,难以保证线材拉拔生产所使用的模具是最优的几何参数。金刚石薄膜涂层拉丝模具在使用过程中涂层的磨损量非常小,可以认为几何参数没有发生改变,而且金刚石薄膜涂层一旦被涂覆在模具表面,将其去除进行修模、重新涂覆的成本很高,因此在制造金刚石薄膜涂层拉丝模具之前,需要对其几何参数进行充分的设计,以提高拉拔生产的效率。

金刚石薄膜涂层拉丝模具需要设计的几何参数主要包括压缩区工作半角 α、过渡圆弧 R 和定径区长度 L。在实际生产当中,如何正确地选择金刚石薄膜涂层拉丝模具几何参数对于线材的产品质量和生产效率、减小残余应力以及延长模具工作寿命具有十分重要的作用。因此,有必要研究金刚石薄膜涂层拉丝模具的几何参数对金属线材的拉拔过程的影响规律,并对其进行优化设计,以提高线材产品的质量和拉拔过程的生产效率。

1) 设计变量的选择和优化目标的确定

为了获得最优的线材拉拔模具的几何参数,以图 5-6 所示的线材拉拔模具的压缩区半角 α、压缩区与定径区的过渡圆弧 R 以及定径区长度 L 作为设计变量。结合实际生产经验,各个变量的具体取值范围见表 5-4。

表 5-4　设计变量及取值范围

设 计 参 数	取 值 范 围
压缩区半角 α/(°)	4~10
过渡圆弧 R/mm	2~20
定径区长度 L/mm	2~6

首先,本节以拉拔过程中的线材表面的轴向应力作为第一个优化目标,以保证线材表面不会产生横向的裂纹。线材表面的径向和环向应力的数值远小于轴向应力,因此不作为优化目标来考虑。

作为本节所选取的第二个优化目标,模具上的 von-Mises 等效应力是线材拉拔模具设计当中需要考虑的重要参数。通常,较大的 von-Mises 等效应力会导致模具的磨损加剧,造成模具寿命减短。因此,为了延长模具寿命的角度,模具的 von-Mises 等效应力应该越小越好。

在线材拉拔生产过程当中,过大的拉拔力会导致"断丝"现象的产生,严重影响生产效率,浪费原材料。此外为了节约能源,拉拔力也应该越小越好。因此,线材拉拔生产中的拉拔力是本节所选取的第三个优化目标。

2) Box-Behnken 试验设计

Box-Behnken 实验设计是一种基于三水平的二阶实验设计方法,是响应面法常用的实验设计方法之一。本节基于 Box-Behnken 实验设计方法,针对所选的三个设计变量进行搭配组合,共得到 17 组实验方案,如表 5-5 所示。对于得到的每一组实验方案,重新构建几何模型,利用有限元软件 ANSYS Workbench 进行数值计算,得到相应的产品直径 D、线材轴向应力 S_1、模具 von-Mises 等效应力 S_2 及拉拔力 F,模拟结果如表 5-6 至表 5-9 所示。从表中的结果可以看出,在金属线材拉拔生产中,产品的直径十分稳定,可以不作为优化设计时需要考察的目标。

表 5 - 5　根据 Box - Behnken 中心组合设计确定实验点

编　号	A-压缩区半角/(°)	B-过渡圆弧/mm	C-定径区长度/mm
1	4	2	4
2	10	11	6
3	10	11	2
4	7	20	2
5	10	20	4
6	7	20	6
7	4	11	2
8	4	20	4
9	7	11	4
10	7	11	4
11	7	2	2
12	10	2	4
13	7	2	6
14	7	11	4
15	7	11	4
16	7	11	4
17	4	11	6

表 5 - 6　铜丝拉拔有限元仿真结果

编号	铜　丝			
	直径/mm	轴向应力/MPa	模具应力/MPa	拉拔力/kN
1	10.812	640.138	3 249.280	24.528
2	10.812	591.805	943.544	23.432
3	10.812	689.891	882.453	21.671
4	10.815	657.555	795.134	21.807
5	10.814	571.790	793.008	22.858
6	10.814	541.070	825.177	24.006

（续表）

编号	铜　丝			
	直径/mm	轴向应力/MPa	模具应力/MPa	拉拔力/kN
7	10.813	658.788	1 199.188	24.244
8	10.812	573.061	970.297	25.103
9	10.812	571.039	1 093.085	22.599
10	10.812	571.039	1 093.085	22.599
11	10.808	703.206	2 473.235	21.168
12	10.806	734.563	2 248.309	21.743
13	10.810	700.650	2 674.914	22.145
14	10.812	571.039	1 093.085	22.599
15	10.812	571.039	1 093.085	22.599
16	10.812	571.039	1 093.085	22.599
17	10.813	602.399	1 239.644	25.678

表 5-7　铝丝拉拔有限元仿真结果

编号	铝　丝			
	直径/mm	轴向应力/MPa	模具应力/MPa	拉拔力/kN
1	8.305	395.240	2 077.900	9.956
2	8.301	393.720	622.330	8.497
3	8.302	393.400	597.810	8.431
4	8.309	378.890	660.130	8.927
5	8.305	354.880	632.160	8.946
6	8.305	342.020	571.690	9.565
7	8.308	390.220	755.800	10.056
8	8.308	360.700	589.120	10.404
9	8.306	376.910	660.470	8.892
10	8.306	376.910	660.470	8.892
11	8.294	396.840	1 207.700	8.649
12	8.283	396.450	918.130	8.481

（续表）

编号	铝 丝			
	直径/mm	轴向应力/MPa	模具应力/MPa	拉拔力/kN
13	8.298	397.200	1 344.500	8.638
14	8.306	376.910	660.470	8.892
15	8.306	376.910	660.470	8.892
16	8.306	376.910	660.470	8.892
17	8.306	382.790	770.800	10.414

表 5 - 8 低碳钢丝拉拔有限元仿真结果

编号	低碳钢丝			
	直径/mm	轴向应力/MPa	模具应力/MPa	拉拔力/kN
1	11.883	684.550	3 518.000	25.657
2	11.875	809.470	1 200.100	24.629
3	11.878	813.080	1 525.400	23.687
4	11.880	764.680	956.470	23.313
5	11.878	759.510	1 060.300	24.602
6	11.879	630.840	1 025.300	25.714
7	11.884	703.030	1 310.500	24.776
8	11.881	596.130	1 074.300	26.358
9	11.878	709.540	1 223.300	24.029
10	11.878	709.540	1 223.300	24.029
11	11.878	807.670	2 702.600	22.730
12	11.872	878.920	2 100.700	24.169
13	11.878	806.740	2 552.800	23.684
14	11.878	709.540	1 223.300	24.029
15	11.878	709.540	1 223.300	24.029
16	11.878	709.540	1 223.300	24.029
17	11.884	644.800	1 362.000	27.784

表 5-9　不锈钢钢丝拉拔有限元仿真结果

编号	不锈钢丝			
	直径/mm	轴向应力/MPa	模具应力/MPa	拉拔力/kN
1	4.009	458.991	2 143.711	5.089
2	4.008	446.382	1 453.066	5.276
3	4.009	510.807	1 527.681	4.132
4	4.011	458.027	1 304.318	4.373
5	4.011	408.731	1 436.022	5.079
6	4.010	386.834	1 337.923	6.091
7	4.009	446.723	1 224.204	4.559
8	4.010	390.271	1 110.668	5.560
9	4.008	439.540	1 335.756	4.808
10	4.008	439.540	1 335.756	4.808
11	4.006	538.182	2 288.052	3.839
12	4.002	583.815	1 844.922	3.700
13	4.006	513.570	2 227.111	4.576
14	4.008	439.540	1 335.756	4.808
15	4.008	439.540	1 335.756	4.808
16	4.008	439.540	1 335.756	4.808
17	4.009	412.233	1 259.871	5.897

3) 响应面模型拟合

将多因子试验中的因素与试验结果(响应值)的关系用多项式近似,把因子与试验结果的关系函数化,依次可对函数进行曲面分析,定量地分析各因素及其交互作用对响应值的影响。本节选择二阶响应曲面模型来预测不同设计变量组合下的响应值,其表达式为

$$y = \beta_0 + \sum_{i=1}^{n} \beta_i x_i + \sum_{i=1}^{n} \beta_{ii} x_i^2 + \sum \sum_{p<i} \beta_{pi} x_p x_i + \varepsilon \quad (5-16)$$

式中,x_i 为设计变量;ε 为残余误差;β_0、β_i、β_{ii}、β_{pi} 均为待定系数。

根据表 5-6 中的数据,以铜丝拉拔为例,利用最小二乘法拟合响应面,得到线材轴向应力 S_1、模具 von-Mises 等效应力 S_2 及拉拔力 F 与拉拔模具各设计变量的响应模型如下:

$$S_1 = 831.79 - 12.75 \times \alpha - 3.53 \times R - 72.94 \times L - 0.89 \times \alpha \times R - 1.74 \times$$
$$\alpha \times L - 1.58 \times R \times L + 2.44 \times \alpha^2 + 0.46 \times R^2 + 10.68 \times L^2 \quad (5-17)$$

$$S_2 = 4\,116.96 - 236.81 \times \alpha - 327.78 \times R + 191.02 \times L + 7.63 \times \alpha \times R +$$
$$0.86 \times \alpha \times L - 2.38 \times R \times L + 5.34 \times \alpha^2 + 8.32 \times R^2 - 18.75 \times L^2$$
$$(5-18)$$

$$F = 30.75 - 2.41 \times \alpha + 0.03 \times R + 0.24 \times L + 0.005 \times \alpha \times R + 0.014 \times \alpha \times$$
$$L + 0.017 \times R \times L + 0.14 \times \alpha^2 - 0.003 \times R^2 - 0.015 \times L^2 \quad (5-19)$$

以上三个响应面模型可以用来预测不同的设计变量下的线材轴向应力 S_1、模具 von-Mises 等效应力 S_2 及拉拔力 F。如图 5-17(a)、(b)和(c)所示分别是不同响应的通过响应面模型的预测值和有限元模拟的实际值的对比,可以看出,预测值和模拟结果基本一致,说明回归模型的预测结果较为准确。

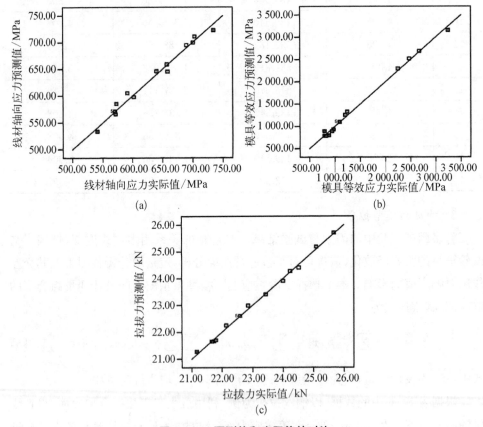

图 5-17 预测值和实际值的对比

(a) 线材轴向应力;(b) 模具等效应力;(c) 拉拔力

4）方差分析

为了进一步定量地分析各个设计变量对模拟结果的影响以及评价实验结果的可靠性及数学模型的可信度,需要对模拟的结果进行方差分析。如表 5 - 10 所示为铜丝轴向应力的方差分析结果,当 P 值小于 0.05 时说明回归模型对响应值的影响极为显著。模型的校正系数为 0.965 2,说明模型能够解释 96.52% 的响应值变化,仅有 6.69% 的变异不能通过此模型来解释。相关系数为 0.984 8,说明模型的拟合程度良好,误差较小。模型的信噪比为 21.807,大于 4,说明模型具有足够的分辨能力。从表 5 - 10 中可以看到,其中 A、B、C、AB、BC、A^2、B^2 和 C^2 是铜丝轴向应力响应模型的显著项。如表 5 - 11 所示为模具应力响应模型的方差分析结果,由表可知,模型的拟合程度良好,误差较小。模型中,A、B、AB 和 B^2 是关于模具应力响应模型的显著项,而其余项对模具应力的影响是非显著的。如表 5 - 12 所示为拉拔力响应模型的方差分析结果。由表可知,模型的拟合程度良好,误差较小。模型中,A、B、C、AB、BC 和 A^2 是关于拉拔力响应模型的显著项,而其余项对模具应力的影响是非显著的。

表 5 - 10　铜丝轴向应力的方差分析

因　素	自由度	平方和	均方值	F 值	P 值	显著性
模　型	9	57 689.87	6 409.985	50.280 85	<0.000 1	显著
A -压缩区半角	1	1 614.937	1 614.937	12.667 8	0.009 2	显著
B -过渡圆弧	1	23 661.92	23 661.92	185.607 5	<0.000 1	显著
C -定径区长度	1	9 351.312	9 351.312	73.353 05	<0.000 1	显著
AB	1	2 289.404	2 289.404	17.958 42	0.003 9	显著
AC	1	434.640 5	434.640 5	3.409 383	0.107 3	—
BC	1	3 244.955	3 244.955	25.453 89	0.001 5	显著
A^2	1	2 033.24	2 033.24	15.949 03	0.005 2	显著
B^2	1	5 725.102	5 725.102	44.908 53	0.000 3	显著
C^2	1	7 679.512	7 679.512	60.239 21	0.000 1	显著
相关系数 R^2=0.984 8		校正系数 k^2=0.965 2			信噪比=21.807	

表 5 - 11　模具 von - Mises 应力的方差分析

因　素	自由度	平方和	均方值	F 值	P 值	显著性
模　型	9	9 131 796	1 014 644	149.814 2	<0.000 1	显著
A -压缩区半角	1	401 002.8	401 002.8	59.208 87	0.000 1	显著

因　素	自由度	平方和	均方值	F 值	P 值	显著性
B-过渡圆弧	1	6 592 301	6 592 301	973.366 4	<0.000 1	显著
C-定径区长度	1	13 883.54	13 883.54	2.049 933	0.195 3	—
AB	1	169 612.6	169 612.6	25.043 64	0.001 6	显著
AC	1	106.453 2	106.453 2	0.015 718	0.903 8	—
BC	1	7 364.69	7 364.69	1.087 411	0.331 7	—
A^2	1	9 747.634	9 747.634	1.439 258	0.269 3	—
B^2	1	1 912 872	1 912 872	282.439 4	<0.000 1	显著
C^2	1	23 680.03	23 680.03	3.496 404	0.103 7	—
相关系数 R^2 =0.994 8		校正系数 k^2 =0.988 2			信噪比=37.544	

表 5 - 12　铜丝拉拔拉拔力的方差分析

因　素	自由度	平方和	均方值	F 值	P 值	显著性
模　型	9	26.267 61	2.918 624	233.983 8	<0.000 1	显著
A-压缩区半角	1	12.127 46	12.127 46	972.249 3	<0.000 1	显著
B-过渡圆弧	1	2.195 822	2.195 822	176.037 4	<0.000 1	显著
C-定径区长度	1	5.076 567	5.076 567	406.984 5	<0.000 1	显著
AB	1	0.072 899	0.072 899	5.844 271	0.046 3	显著
AC	1	0.026 776	0.026 776	2.146 645	0.186 3	—
BC	1	0.373 506	0.373 506	29.943 68	0.000 9	显著
A^2	1	6.235 975	6.235 975	499.933 3	<0.000 1	显著
B^2	1	0.279 768	0.279 768	22.428 79	0.002 1	—
C^2	1	0.014 881	0.014 881	1.193 017	0.310 9	—
相关系数 R^2 =0.996 7		校正系数 k^2 =0.992 4			信噪比=51.783	

5) 响应面分析

为了更加直观地体现设计变量和优化目标之间的关系,本节借助二阶响应曲面研究了模具几何参数对优化目标的影响。

图 5 - 18(a)和(b)给出了当 L =4 mm 时,R 、α 对线材轴向应力交互作用的响

应面及等高线图。由图中可知,随之压缩区半角 α 的减小、过渡圆弧 R 的增大,线材的轴向应力逐渐减小。当过渡圆弧比较大时,轴向应力随压缩区半角变化的幅度比较小。图 5-18(c)和(d)给出了当 $\alpha = 7°$ 时,R、L 对线材轴向应力交互作用的响应面及等高线图。由图中可知,当过渡圆弧比较大时,轴向应力随定径区长度增大而减小;当过渡圆弧比较小时,轴向应力随定径区长度的变化存在极小值。

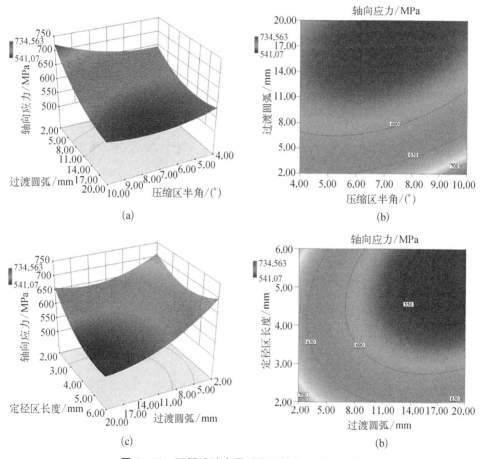

图 5-18　不同设计变量对线材轴向应力的影响

(a) R 和 α 的交互作用响应面;(b) R 和 α 的交互作用等高线;
(c) R 和 L 的交互作用响应面;(d) R 和 L 的交互作用等高线

图 5-19 给出了当 $L = 4$ mm 时,R、α 对模具应力交互作用的响应面及等高线图。由图中可知,随着压缩区半角的增大、过渡圆弧的增大,模具应力随之减小。当过渡圆弧较大时,模具应力随压缩区半角变化的幅度比较小。

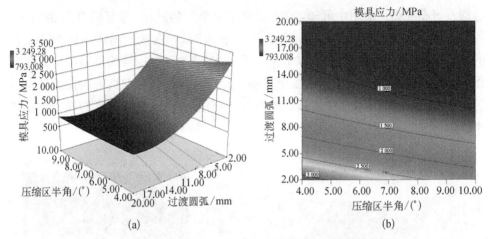

图 5‑19　不同设计变量对模具应力的影响

(a) α 和 R 的交互作用响应面；(b) α 和 R 交互作用等高线

图 5‑20(a)和(b)给出了当 $L=4$ mm 时，R、α 对拉拔力交互作用的响应面和等高线图，随压缩区半角增大和过渡圆弧减小，拉拔力减小。图 5‑20(c)和(d)给出了 $\alpha=7°$ 时，R、L 对拉拔力交互作用的响应面和等高线图，随着定径区长度减小和过渡圆弧减小，拉拔力减小。当定径区长度比较小时，拉拔力随过渡圆弧变化的幅度较小。

6）多目标优化

为了保证线材产品的质量，提高模具寿命，减小拉拔力，本节以线材轴向应力、模具应力和拉拔力的综合影响最小为优化目标，使用满意度函数法将多目标优化问题转化为单一目标优化问题，对拉丝模具的几何参数进行优化。整个优化问题可以通过以下数学模型进行描述：

Find：α, R, L

Minimize：$f[S_1(\alpha, R, L), S_2(\alpha, R, L), F(\alpha, R, L)]$

Within ranges：$4° \leqslant \alpha \leqslant 10°$, $2\,\text{mm} \leqslant R \leqslant 20\,\text{mm}$, $2\,\text{mm} \leqslant L \leqslant 6\,\text{mm}$

采用前几节所建立的各个优化目标同设计变量之间的响应模型，得到最优的铜丝金刚石薄膜涂层拉丝模具的几何参数。用同样的方法可获得最优的铝丝、低碳钢丝及不锈钢丝的金刚石薄膜涂层拉丝模具的几何参数。对得到的优化参数进行进一步的有限元模拟分析，优化参数和模拟结果如表 5‑13 所示。结果表明采用满意度函数法对金刚石薄膜涂层拉丝模具多目标优化问题进行优化得到的结果比较可靠。

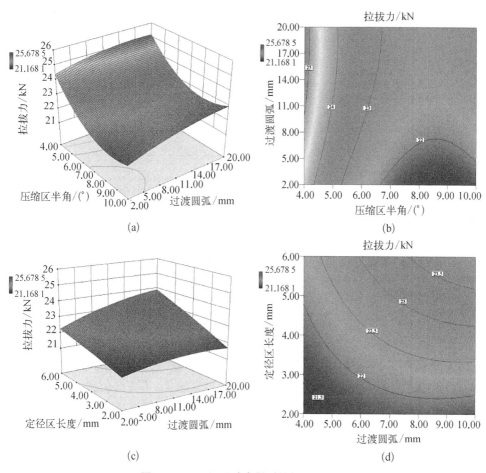

图 5‑20　不同设计变量对拉拔力的影响

(a) α 和 R 交互作用响应面；(b) α 和 R 交互作用等高线；(c) R 和 L 交互
作用响应面；(d) R 和 L 交互作用等高线

表 5‑13　优化参数、预测值及有限元模拟结果

	铜	铝	低碳钢	不锈钢
优化参数				
压缩区半角/(°)	8.15	8.55	6.34	4.00
过渡圆弧/mm	16.73	20.00	18.60	18.29
定径区长度/mm	3.92	5.11	3.27	2.00
预测值				
轴向应力/MPa	556.471	348.422	683.648	439.508

（续表）

	铜	铝	低碳钢	不锈钢
模具应力/MPa	759.14	644.003	899.351	1 036.94
拉拔力/N	22 527.4	9 080.2	24 138.1	4 612.71
有限元结果				
轴向应力/MPa	547.78	344.67	657.37	425.7
模具应力/MPa	798.06	623.33	953.28	1 167.8
拉拔力/N	21 736	9 202.9	25 547	4 349.8

5.4 金刚石薄膜涂层异型拉丝模优化设计

非圆形截面的金属线材称为异型线，是金属制品的一个重要分支。异型线被广泛地应用在航空航天、机械、能源、通信等领域，因其具有较高的附加值、利润而逐渐受到金属线材制品企业的重视。使用拉拔的方式进行异型线生产的过程中，线材变形不均匀，同等减面率下与圆线相比所需拉拔力更大，而且拉丝模具上所受压力会集中在局部，传统的硬质合金模具非常容易磨损，不仅会使线材表面划伤，而且增大了拉拔力，会导致线材断裂。因此，传统的异型线生产需要两道工序，先将母线经过轧制减小其面积并改变其截面至相近的形状，然后通过拉拔进一步精确地控制线材的截面变形到所需形状且提高表面光洁度。金刚石薄膜涂层拉丝模具因其良好的耐磨性解决了拉丝模具在异型线拉拔中容易磨损的问题，使得利用多道次拉丝机直接将母线通过异型拉丝模具拉拔加工成所需形状，不仅省掉了轧制的工序，大幅提高了生产效率，同轧制相比，拉拔生产的异型线在表面质量和尺寸精度上也有极大的提升。因此，金刚石薄膜涂层异型拉丝模具在异型线制品生产领域有着广阔的应用前景。

目前，金刚石薄膜涂层异型拉丝模具在同心绞架空导线及电磁线的拉拔生产中已有十分广泛的应用。本节以瓦形绞架空导线为例，研究了异型线有限元仿真及金刚石薄膜涂层异型拉丝模具的优化设计[127]。

5.4.1 金刚石薄膜涂层异型拉丝模具计算机辅助设计

随着智能电网的发展和城市、农村电网改造的不断深化，电线电缆行业市场更加广阔，面临着巨大的商机，但同时也存在着激烈的市场竞争。目前市场上的电缆大多采用圆形紧压结构，为保证自身的回整度，采用圆形导线绞制的电缆需要大量的填充材料,造成成缆后线芯外径增大,其外层材料用量也会相应增加。采用瓦形铝导线进行绞制,电缆的直径可以大幅减小,不仅减少了填充材料及内外护层材料的用量,经济效益明显,而且电缆成品重量减轻,为客户安装敷设带来便利,降低了运输和敷设费用。同时,相对于圆线绞架空线,瓦形等型线同心绞架空线具有更大的导体截面利用率,相同的有效截面下能减少电缆直径约 10%,等直径下可增大有效截面 20%～25%。此外,瓦形等型线同心绞架空导线还具有降低导线弧垂率、防腐性能好、断线损害小、自阻尼性能强、减小风载、降低架空导线舞动发生概率等优点。异型电缆是最适用于我国电网建设的架空导线,随着国家电网的升级改造,型线同心绞架空线将替代传统圆形绞架空导线成为主导线种。在智能电网升级改造时,使用型线同心绞架空线在原有的线路基础上进行架设,充分利用原有线路走廊,使其最大限度发挥作用,提高输电能力和土地资源利用率,不增加线路走廊用地,提高输电能力和土地资源利用效率。

　　将圆形铝线经过拉拔生产成瓦形铝导线时,由于金属材料塑性变形极限的限制,线材拉拔往往需要经过多个道次的拉拔才能实现。这一过程通常是使用多道次拉丝机来完成,图 5-21 给出了拉拔过程的示意图。使用直径为 9.5 mm 的圆线作为母线,经过数个道次的拉拔,铝线材逐渐变形到所要求的截面形状。在这个过程当中,异型拉丝模具的设计是一个十分关键的问题,如果拉丝模具的设计不当,会导致拉拔过程中产生剧烈的变形,拉拔力过大会引发断丝的现象。本书提出一种"直纹面分割法"的设计方法,设计出既符合金属流动规律,又满足拉丝机速比参数的金刚石薄膜涂层异型拉丝模具。"直纹面分割法"的思路是利用母线和成品线的截面形状来构造直纹面,用以表示线材的整个变形过程,通过将直纹面进行分割,可以得到各个道次拉拔模具的压缩区形状及定径区的截面,如图 5-22 所示。通过改变截面的位置,可以得到任意想要的截面面积。这个方法的关键就是根据设计好的模具道次来确定合适的截面位置,从而确定模具截面形状。具体的步骤如下:

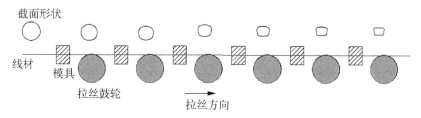

图 5-21　瓦形铝导线拉拔生产示意

　(1) 根据母线和成品线的形状构建直纹面。

　(2) 如图 5-22(b)所示将直纹面从中间进行分割,测量所得截面的面积 $S_{L/2}$。

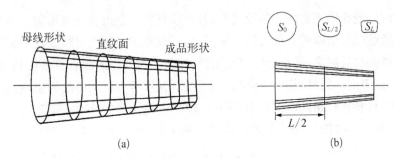

图 5‑22　直纹面分割法

(a) 构造直纹面;(b) 分割直纹面

(3) 根据直纹面的特点,直纹面任意位置 l 处的截面面积 $S(l)$ 可以由以下公式进行描述:

$$S(l) = S_0 + al + bl^2 \qquad (5-20)$$

其系数 a 和 b 可以由下式算得:

$$a = (4S_{L/2} - S_L - 3S_0)/(3L) \qquad (5-21)$$

$$b = 2(S_L - 2S_{L/2} + S_0)/L \qquad (5-22)$$

式中,S_0 为母线的截面面积;S_L 为成品线的截面面积;L 为所构造的直纹面的高度。

(4) 确定拉拔道次的数目。通常,圆线的压缩率为 $10\% \sim 40\%$。由于变形的不均匀性,在同等压缩率下,拉拔异型线所需的拉拔力大于拉拔圆形线所需的拉拔力。因此,为了减小断丝的风险,在设计异型拉丝模具时往往会采用比圆形拉丝模具略小的压缩率。表 5‑14 给出了同样的成品线尺寸设计成 5 道次、6 道次及 7 道次拉丝模具每个道次的压缩率及截面面积。

表 5‑14　多道次拉拔的压缩率及截面积

道 次		1	2	3	4	5	6	7
5 道次拉拔	压缩率/%	23.7	23.7	23.1	23.1	22.5	—	—
	面积/mm²	54.11	41.3	31.77	24.44	18.93	—	—
6 道次拉拔	压缩率/%	20	20	20	20	20	18.5	—
	面积/mm²	56.7	45.36	36.29	29.03	23.23	18.93	—
7 道次拉拔	压缩率/%	17.4	17.4	17.4	17.4	17.4	17	16.5
	面积/mm²	58.58	48.41	40	33.07	27.33	22.68	18.93

注：母线直径 9.5 mm。

（5）根据式(5-13)及计算所得的截面面积,可以算出每个截面的高度。由此,将整个直纹面进行分割可以得到所需的异型拉丝模具的压缩区形状及定径区截面形状。

图 5-23 给出了 6 道次异型拉丝模具各个道次的孔型。按照直纹面分割法设计的异型拉丝模具不仅设计流程简单,所设计的截面面积准确,而且每个道次模具的压缩区是由同一个直纹面截取所得,保证了线材进入压缩区时外表面同时与模具发生接触,不会由于线材表面某一点先与模具接触导致线材表面质量不好。

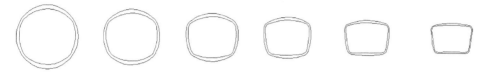

图 5-23　六道次异型拉丝模具各道次的孔型

5.4.2　金刚石薄膜涂层异型拉丝模具的有限元仿真

为了研究异型线多道次拉拔过程当中道次数目对拉拔过程的影响,本书采用有限元仿真的方法对瓦形铝导线的多道次拉拔过程进行了研究,对拉拔道次进行了优化。关于拉拔过程有限元仿真的基本假设已经在之前的章节中介绍过了,异型线拉拔与圆形线拉拔仿真基本相同,只是模型由二维轴对称仿真改为三维模型。瓦形铝导线 6 道次拉拔过程的有限元模型如图 5-24 所示。铝线初始的直径为 9.5 mm,最终产品的面积是 18.93 mm^2。线材的网格划分采用 8 节点六面体单元,模具简化为刚体,使用 4 节点面单元来建模接触面,网格大小设置为 1 mm。对称面被施加无摩擦支撑进行模拟。在实际的拉拔过程当中,线材通过其与拉丝鼓轮之间的摩擦力带动通过拉丝模具的内孔。在有限元仿真当中,在线材的末端施加位移载荷进行仿真。拉拔速度设为 10 m/s。

图 5-25 给出了瓦形铝导线 6 道次拉拔的 von-Mises 应力分布的结果,从结

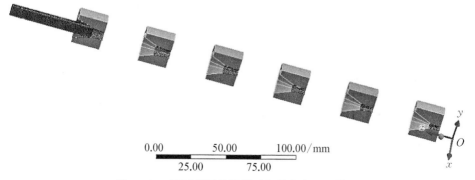

图 5-24　瓦形铝导线拉拔过程仿真有限元模型

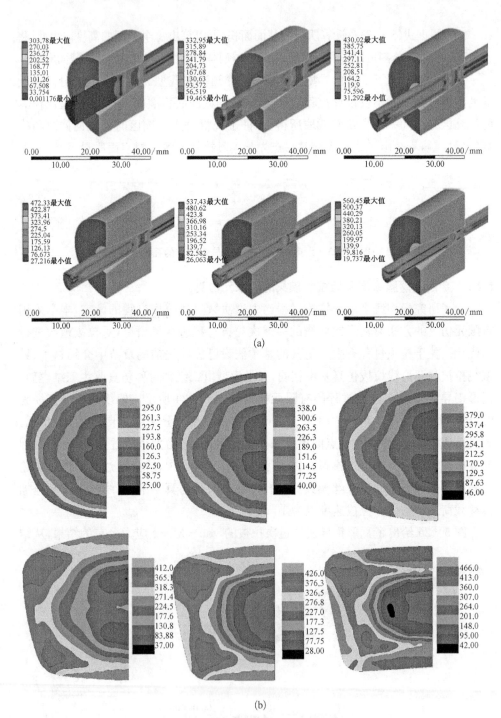

图 5－25　瓦形铝导线六道次拉拔过程 von－Mises 应力分布

（a）整体；（b）截面

果中可以看出铝线的截面逐渐从圆形过渡到瓦形。von‑Mises 应力在线材截面上的分布是不均匀的,中间的应力值比较小,而转角处的应力值比较大。每道次的最大应力值是 115 MPa、137 MPa、154 MPa、169 MPa、188 MPa 和 201 MPa,最大应力值逐渐增大。

　　瓦形铝导线 5 道次拉拔和 7 道次拉拔的过程同样也使用有限元仿真进行了研究,图 5‑26 给出了瓦形铝导线使用 5 道次、6 道次及 7 道次拉拔时各个道次最大应力值的变化曲线。从图中可以看出,随着道次数的增加,应力值是随之减小的。图 5‑27 给出了瓦形铝导线使用 5 道次、6 道次及 7 道次拉拔时各个道次拉拔力的变化曲线。在同样的道次下,虽然 von‑Mises 应力值是逐渐增大的,但由于线材的

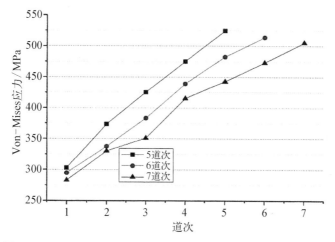

图 5‑26　瓦形铝导线多道次拉拔中每道次最大 von‑Mises 应力

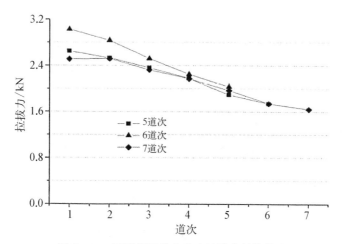

图 5‑27　瓦形铝导线多道次拉拔中的拉拔力

截面逐渐减小,各个道次的拉拔力呈下降趋势。从图中可以看出,随着道次数的增加,拉拔力随之减小。这说明了增加异型拉丝模具道次的措施降低了断丝的风险。

5.4.3　拉拔试验验证

为了验证上述孔型设计及仿真分析的可靠性,制备了基本的 MCD 薄膜涂层瓦形孔异型拉丝模进行初步的应用试验和模拟拉拔试验验证。表 5-15 给出了六道次金刚石薄膜涂层异型拉丝模具的沉积工艺。由于异型拉丝模内孔不对称,无法使用圆孔抛光的设备及工艺进行抛光,因此使用磨料流体抛光机进行抛光,设备如图 5-28(a)所示,抛光参数如下:工作压力为 1 200 MPa,抛光时间为 8 h。抛光好的涂层模具使用 Conoptica 轮廓检测仪对模孔的尺寸进行检验,设备如图 5-28(b)所示,以保证模具的尺寸精度。制备所得的异型拉丝模具如图 5-29 所示,表面及截面微观形貌如图 5-30 所示。

表 5-15　HFCVD 金刚石薄膜涂层异型拉丝模具相关参数

拉拔道次	第 1 道次	第 2 道次	第 3 道次	第 4 道次	第 5 道次	第 6 道次
绞丝直径/mm	0.5	0.5	0.5	0.5	0.8	0.5
绞丝根数/根	2	2	2	2	1	1
生长阶段热丝功率/W	900	900	900	700	700	700
生长阶段沉积时间/h	6	6	6	5	5	5

(a)

(b)

图 5-28　磨料流体抛光机和轮廓检测仪

(a) 磨料流体抛光机;(b) Conoptica 轮廓检测仪

图 5‑29　六道次异型拉丝模具

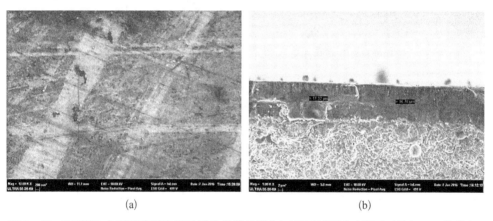

(a)　　　　　　　　　　　　　　　(b)

图 5‑30　HFCVD 金刚石薄膜涂层异型拉丝模具的(a)表面形貌及(b)截面形貌(1 000 倍放大)

　　由于多道次拉拔时存在断丝的风险,传统的异型金属丝生产需要通过轧制和拉拔两道工序来完成,不仅成本高、工时长,而且轧制的金属丝表面光洁度不高,导致最终产品的表面存在毛刺,难以充分满足市场需求。而使用 CVD 金刚石薄膜涂层异型拉丝模具,一方面由于金刚石薄膜涂层优异的摩擦学性能显著降低了拉拔力;另一方面采用"直纹面分割法"设计的异型拉丝模具截面面积分布均匀,变形合理,杜绝了断丝的现象,使得采用拉拔一步将母材拉制成最终产品的设想得以实现,不仅省掉了轧制的工序,大幅度提高了生产效率,同轧制相比,拉拔生产得到的异型线在表面质量和尺寸精度上也有极大的提升。作者所在课题组研发了 CVD 金刚石薄膜涂层异型拉丝模具,对 5 道次、6 道次及 7 道次的金刚石薄膜涂层异型拉丝模具展开了实际的拉拔试验,试验设备如图 5‑31 所示。铝线被缠绕在拉丝鼓轮上,用于产生摩擦力来带动线材穿过鼓轮之间的拉丝模具。整个拉拔系统(铝线、鼓轮及拉丝模具)都浸润在油润滑的环境当中。拉丝速度为 10 m/s。拉拔试验的结果为:使用 5 道次进行拉拔时,出现了断丝的现象;使用 6 道次及 7 道次进行拉拔时,拉拔过程十分顺利。为了减少模具数量,节约成本,最终采用了 6 道次拉拔的方案。

图 5-31　瓦形铝导线拉拔生产设备

图 5-32　瓦形铝导线的成品照片及其
截面的光学显微镜的照片

　　拉拔所得的最终产品如图 5-32 所示。从图中可以看到铝线表面光亮、完好。使用 Keyence VHX-500F 型数字光学显微镜对成品线的截面尺寸及面积进行测量。将测量结果[见图 5-33(a)]与原始设计[见图 5-33(b)]进行比较,拉拔生产所得的成品线尺寸同设计尺寸十分接近,测量面积与设计面积之间的误差为 3%。使用直纹面分割法设计制造的金刚石薄膜涂层异型拉丝模可以很好地用于异型线的拉拔生产。生产所得的异型线产品具有很好的表面质量及尺寸精度,有利于提高铝电缆的质量。使用传统的硬质合金模具进行生产时,每生产一段时间之后就需要对模具进行抛光,一组模具生产 30 km 左右的导线即会报废,所生产的异型铝导线表面会出现很多明显的划痕。而使用金刚石薄膜涂层异型拉丝模具生产的产量约为 330 km,提高了 11 倍,且生产过程中异型线的尺寸精度始终保持不变,表面光洁度良好,无明显的划痕。这说明金刚石薄膜涂层可以很好地提高模具的耐磨性,模具工作寿命的延长保证了异型线长时间的稳定生产,避免了模具频繁的检测和更换,采用金刚石薄膜涂层异型拉拔模具能够提高异型线生产的效率、减少硬质合金和金属材料的浪费,具有重要的经济意义和社会意义。

　　使用万能拉拔试验机对瓦形铝导线 6 道次过程中产生的拉拔力进行测量。万能拉拔试验机无法直接固定拉丝模具,因此首先设计了相应的拉丝模具夹具,如图 5-34(a)所示,这样设计的夹具既能方便地装载模具和铝线,也保证了铝线有一段

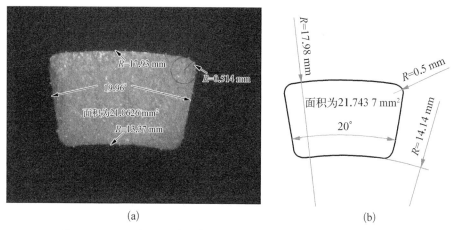

图 5‑33　瓦形铝导线成品截面尺寸测量结果(30 倍放大)及设计值

(a) 成品；(b) 设计

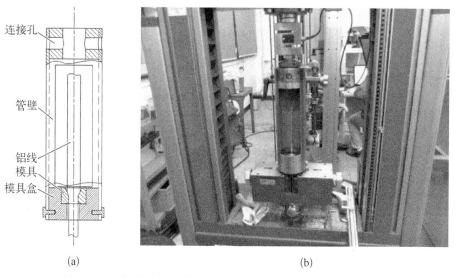

图 5‑34　模拟拉拔试验所采用的(a) 夹具和(b) 万能拉伸试验机

足够的拉拔行程。图 5‑34(b)给出了拉拔试验的现场照片,万能拉伸试验机和夹具通过一个销钉穿过连接孔固定在一起。试样采用 $\phi 9.5$ mm 的铝线作为母线,每拉拔一次试样需要进行一次轧头以保证能够穿过下一道模具与万能拉伸试验机的下夹具相连接。在每一只模具的模孔内滴入润滑油以模拟油润滑的环境。拉伸速度为 500 mm/min。测量结果同有限元结果进行比较,结果如图 5‑35 所示。从图中可以看到,试验结果和仿真结果都显示出拉拔力逐渐下降的趋势,最大的误差发生在第一道次时,误差大小约为 9%。会产生这样的误差的原因是在有限元模型中,母线被假设为直径均匀的圆柱体,而实际的母线是轧制而成的,整个直径不均匀且略大于 9.5 mm,因此实际测量的拉拔力略大于仿真模拟结果。将通过有限元仿真模拟计算的拉拔力与拉拔试验测量的拉拔力进行对比分析,结果基本一致,这表明了异型线拉丝过程的有限元仿真模型的准确可靠。

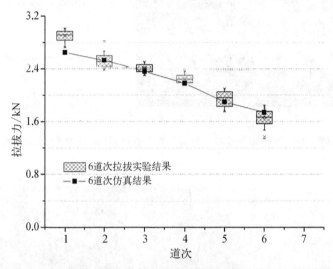

图 5-35　瓦形铝导线 6 道次拉拔过程中拉拔力实验结果和仿真结果的比较

5.5　金刚石薄膜涂层拉管模优化设计

5.5.1　无芯头拉管模有限元仿真及优化设计

1) 管材无芯头拉拔过程中的缩径缺陷

管材无芯头拉拔示意图如图 5-36 所示,其中模具压缩区与定径区同管材直接接触。传统无芯头拉管模具采用的是锥形压缩区,压缩区的半角 α、压缩区与定径区的过渡圆弧半径 R 以及定径区的长度 L 成为影响拉拔过程的重要几何参数。在变形过程中,管材与模具压缩区的内壁接触,受压力作用下直径逐渐收缩。管材在无芯头拉拔过程中会产生缩径的质量缺陷。所谓缩径是指无芯头拉拔后的管子外径比其所通过的模孔直径值小的现象。传统的锥形模无芯头拉拔时缩径现象非常普遍,严重的缩径会造成管材的尺寸不合格,导致报废。传统

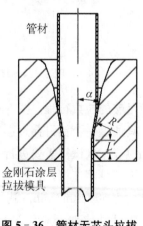

图 5-36　管材无芯头拉拔过程示意

的硬质合金无芯头拉管模具可以通过修模的手段来扩大模具的孔径,减小拉拔产品实际直径同设计要求的差距。而金刚石薄膜一旦涂覆到模具表面,修模会破坏金刚石薄膜涂层,成本太高。因此,需要在沉积金刚石薄膜涂层之前设计好无芯头拉管模具,减小管材的缩径。本节以低碳钢管的拉拔过程为例,研究了金刚石薄膜涂层无芯头拉管模具拉拔过程的有限元仿真及优化设计,金属材料的力学性质在前文中通过拉伸试验得到,金属材料同抛光的金刚石薄膜之间的摩擦系数通过如 3.4 节所述的标准摩擦磨损试验测量而得。管材的初始直径为 14.00 mm,壁厚 2.00 mm,拉管模具的内孔直径为 12.60 mm。

　　为了解释缩径现象产生的机理,本节采用有限元仿真分析的方法对管材无芯头拉拔过程进行模拟,以便直观的观测金属管材在变形过程中的流动规律。如图 5-37 所示为压缩区半角 α 为 12°、过渡圆弧 R 为 3 mm、定径区长度 L 为 3 mm 时,低碳钢管材无芯头拉拔的有限元模拟结果。从图 5-37(a) 中可以看出,当管材进入定径区之后,塑形应变仍然继续增大,这说明管材仍然发生塑形变形。同样的结论可以从金属流动的速度的规律中可以得到,如图 5-37(b) 所示,随着管材进入压缩区,模具的截面面积逐渐缩小,管材流动的速度逐渐增大。而其沿径向方向的分量也随之增大,在压缩区的末端时达到最大值,如图 5-37(c) 所示。当管材进入定径区之后,金属流动速度沿径向方向的分量无法立刻降为 0,管材还会继续收缩一段距离,由此产生了缩径现象。最终管材的直径为 12.331 mm。通常金属管材产品允许的公差带为 ±0.02 mm,由当前设计的无芯头拉管模具生产出来的低碳钢管尺寸超出了公差带的范围,属于不合格产品。

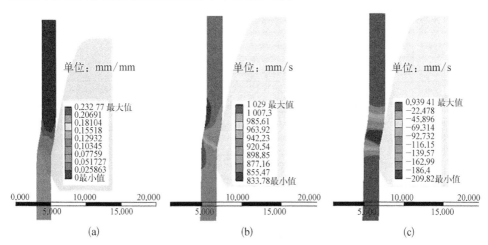

图 5-37　使用传统拉拔模具进行低碳钢管无芯头拉拔有限元结果

(a) 塑形应变;(b) 金属流动速度;(c) 金属流动速度沿径向的分量

为了对比不同设计参数无芯头拉管模具的缩径情况,改变锥形无芯头拉管模具的设计参数(压缩区半角 α、压缩区与定径区的过渡圆弧 R 以及定径区长度 L)进行有限元仿真分析,实验方案如表 5-16 所示。图 5-38 给出了仿真结果同公差带的比较,从图中可知传统的锥形无芯头拉管模具的缩径现象十分严重,难以作为金刚石薄膜涂层无芯头拉管模具的设计。

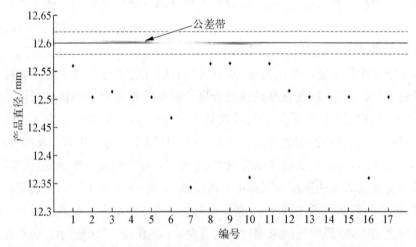

图 5-38 使用传统锥形无芯头拉管模具拉拔生产的管材直径同公差带的比较

表 5-16 使用不同设计参数的锥形无芯头拉管模具拉拔所得的管材直径

编号	压缩区半角 $\alpha/(°)$	过渡圆弧 R/mm	定径区长度 L/mm	产品直径 D_0/mm
1	8	20	4	12.560
2	14	11	4	12.504
3	8	11	2	12.514
4	14	11	4	12.504
5	20	11	2	12.504
6	8	2	4	12.467
7	20	2	4	12.343
8	20	20	4	12.563
9	14	20	6	12.564
10	14	2	6	12.361
11	14	20	2	12.563

（续表）

编号	压缩区半角 $\alpha/(°)$	过渡圆弧 R/mm	定径区长度 L/mm	产品直径 D_0/mm
12	8	11	6	12.515
13	14	11	4	12.504
14	20	11	6	12.504
15	14	11	4	12.504
16	14	2	2	12.360
17	14	11	4	12.504

2）改进型无芯头拉管模具

为了解决金属管材无芯头拉拔过程当中的缩径问题，本节提出一种改进型的无芯头拉管模具设计，如图 5-39 所示为其示意图。相比传统的锥形无芯头拉管模具，改进型的无芯头拉管模具的压缩区由两个锥面组成。通过增加一个次压缩区，改善了金属管材在压缩区的流动情况。改进型的无芯头拉管模具的主要设计参数包括定径区长度 L_1、模具主压缩区半角 α_1、次压缩区半角 α_2 及次压缩区的长度 L_2，比

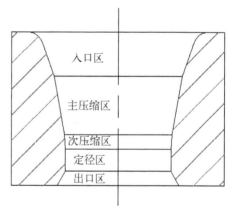

图 5-39　改进型无芯头拉管模具示意

传统的锥形无芯头拉管模具多一个设计变量，通过优化模具的几何参数，达到减小缩径的目的。

本节对改进型无芯头拉管模具的拉拔过程进行了有限元仿真分析，以研究应用改进型无芯头拉管模具时金属管材流动的情况。初始的设计参数定径区长度 L 设定为 3 mm，主压缩区半角 α_1 为 12°，次压缩区半角 α_2 为 5°，次压缩区长度 L_2 为 4 mm。仿真结果如图 5-40 所示。从图 5-40(a) 中可以看出，当管材进入定径区后，塑形应变基本就稳定下来，不再增长。同使用锥形无芯头拉管模具时一样，随着管材进入压缩区，模具的截面面积逐渐缩小，管材流动的速度逐渐增大。而金属流动速度沿径向分量的变化情况则有所不同。如图 5-40(c) 所示，当管材达到主压缩区的末端时，金属流动速度沿径向的分量达到最大值；但当管材进入次压缩区时，虽然金属流动的速度仍然增大，但由于金属流动的方向发生改变，因此其沿径向分量反而逐渐减小。当管材进入定径区时，其值降到很小，管材收缩的量大幅减

少。使用当前设计参数的改进型无芯头拉管模具仿真计算所得的管材直径为12.558 mm。由此可见改进型无芯头拉管模具设计能够大幅度改善金属管材无芯头拉拔过程中的缩径现象。

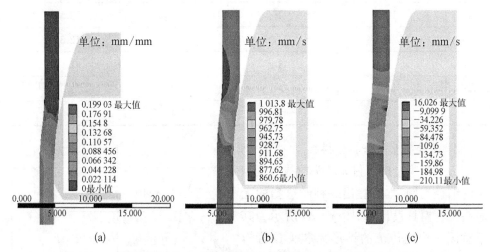

图 5 - 40　使用改进型无芯头拉管模具的低碳钢管无芯头拉拔有限元结果

(a) 塑形应变;(b) 金属流动速度;(c) 金属流动速度沿径向的分量

3) 改进型模具无芯头拉拔有限元仿真结果分析

如图 5 - 41(a)所示为低碳钢管无芯头拉拔过程中管材的轴向应力分布云图。测量管材上距离内壁不同位置上的点,得到轴向应力随时间变化的曲线如图 5 - 41(b)所示(T 为管材壁厚,t 为观测点所在位置距内壁的距离,t/T 从 0 到 1 表示了从轴心到外表不同的点)。在无芯头拉拔过程中,管材的内表面处于自由运动的状态,而外表面与模具接触,由于摩擦力的作用,使得管材的外表面比内表面承受了更大的流动阻力,造成管材断面上金属流动的不均匀。从应力分析的结果中可以看出,管材在无芯头拉拔过程中的轴向应力大致经历了三个变化的过程。在进入压缩区之前,管材由于受到前方收缩的金属的作用,管材发生向内的弯曲,使得管材的外表面产生轴向拉应力,而内表面产生轴向压应力。在进入压缩区之后,管材外表面与模具内孔发生接触,由于模具压缩区的挤压作用,使管材的轴向应力产生与进入压缩区之前完全相反的应力模式,外表面为轴向压应力,内表面为轴向拉应力。管材进入定径区之后,发生向外的弯曲,变形过程与定径区内的变形相反,其外表面产生较大的拉应力,内表面产生较大的压应力。如果管材轴向的拉应力过大,管材表面容易产生横向的裂纹,影响产品的质量,严重时甚至会造成管材的断裂,不仅浪费金属材料,而且极大地降低了管材生产的效率。

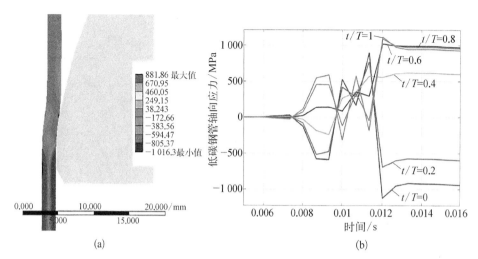

图 5 - 41　低碳钢管无芯头拉拔过程中的轴向应力

（a）低碳钢管无芯头拉拔过程中的轴向应力云图；（b）低碳钢管无芯头拉拔过程中
管材上不同位置的轴向应力随时间变化的比较

如图 5 - 42(a)所示为低碳钢管无芯头拉拔过程中的径向应力云图,测量管材上距离内表面不同位置上的点,即可得到径向应力随时间变化的曲线,如图 5 - 42(b)所示。由于受到模具压缩区的挤压,管材处于压应力的状态。进入定径区之后,管材的内表面和外表面的应力值比较小,而管材中心部位处于压应力状态,径向应力在管材截面上的分布是不均匀的。

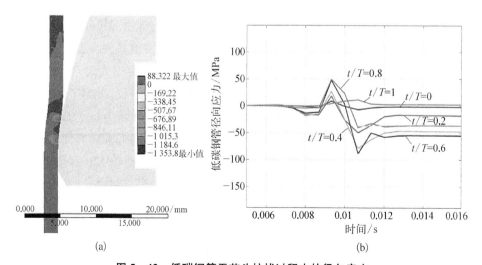

图 5 - 42　低碳钢管无芯头拉拔过程中的径向应力

（a）低碳钢管无芯头拉拔过程中的径向应力云图；（b）低碳钢管无芯头拉拔过程中
管材上不同位置的径向应力随时间变化的比较

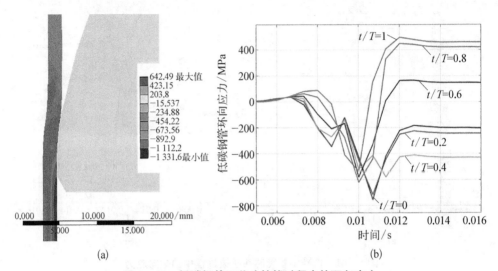

(a)

(b)

图 5‑43 低碳钢管无芯头拉拔过程中的环向应力

(a) 低碳钢管无芯头拉拔过程中的环向应力云图；(b) 低碳钢管无芯头拉拔过程中
管材上不同位置的环向应力随时间变化的比较

如图 5‑43(a)所示为低碳钢管无芯头拉拔过程中的管材的环向应力云图。测量管材上距离内表面不同距离的点，即可得到环向应力随时间变化的曲线，如图 5‑43(b) 所示。在管材与模具压缩区接触之后，由于受到压缩区的挤压，管材处于压应力的状态，外表面的压应力值最大。进入定径区之后，管材在金属弹性回复的作用下，环向应力沿着直径方向出现不均匀的分布，最大的压应力值出现在管材的外表面，内部呈现压应力值状态，中心位置的压应力值最大。当定径区管材外表面的环向应力过大时，管材外表面容易产生纵向的裂纹，影响产品的质量。

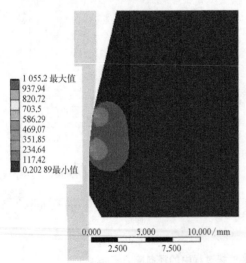

如图 5‑44 所示为金刚石薄膜涂层无芯头拉管模具在低碳钢管无芯头拉拔过程中所产生的 von‑Mise 等效应力分布云图，从图中可以观察到，在管材和模具开始接触的地方和压缩区的末端出现了应力集中的现象。如果这两处的应力值过大，会引起金刚石薄膜涂层剥落，导致金刚石薄膜涂层拉丝模具失效，缩短工作寿命。

图 5‑44 低碳钢管无芯头拉拔过程中模具上的 von‑Mises 等效应力

4）无芯头拉管模具优化设计

改进型金刚石薄膜涂层无芯头拉管模具需要设计的几何参数主要包括定径区长度 L_1、模具主压缩区半角 α_1、次压缩区半角 α_2 及次压缩区的长度 L_2。在实际生产当中，如何正确地选择金刚石薄膜涂层无芯头拉管模具的几何参数对于提高无芯头拉拔生产管材的产品质量和生产效率、减小残余应力以及延长模具工作寿命具有十分重要的作用。因此，有必要研究金刚石薄膜涂层无芯头拉管模具的几何参数对金属管材的拉拔过程的影响规律，以提高管材产品的质量和拉拔过程的生产效率。本节采用有限元仿真的方法研究了金刚石薄膜涂层无芯头拉管模具几何参数对金属管材无芯头拉拔过程的影响规律，并采用响应面法对无芯头拉管模具的几何参数进行了优化设计[128]。

为了获得最有的管材无芯头拉管模具的几何参数，以改进型无芯头拉管模具的定径区长度 L_1、模具主压缩区半角 α_1、次压缩区半角 α_2 及次压缩区的长度 L_2 作为设计变量。结合实际生产经验，各个变量的具体取值范围见表 5 - 17。

表 5 - 17　设计变量及其取值范围

设 计 参 数	取 值 范 围
A-定径区长度 L_1/mm	2～6
B-主压缩区半角 α_1/(°)	10～18
C-次压缩区半角 α_2/(°)	4～8
D-次压缩区长度 L_2/mm	1～5

管材无芯头拉拔过程中的缩径缺陷十分普遍，严重的缩径会导致产品不合格而报废。因此，将拉拔后的产品管径作为优化问题的约束条件。然后，本节以无芯头拉拔过程中管材表面的轴向应力、模具上的 von - Mises 等效应力以及拉拔力作为优化问题所需要进行优化的目标。通常，管材表面轴向应力过大会导致横向裂纹的产生，而较大的 von - Mises 等效应力会导致模具的磨损加剧，造成模具寿命的减短，因此优化设计的目标是这两个应力值越小越好。在管材无芯头拉拔生产过程当中，过大的拉拔力会导致管材断裂，严重影响生产效率，浪费原材料，因此拉拔力也应该越小越好。

基于 Box - Behnken 实验设计方法，针对所选的四个设计变量进行搭配组合，共 29 组实验方案，相应的设计数据如表 5 - 18 所示。对于得到的每一组实验方案，重新构建几何模型，利用有限元软件 ANSYS Workbench 进行数值计算，得到相应的产品直径 D、线材轴向应力 S_1、模具 von - Mises 等效应力 S_2 及拉拔力 F，模拟结果如表 5 - 19 所示。

表 5 - 18 根据 Box - Behnken 中心组合设计确定实验点

编号	定径区长度 L_1/mm	主压缩区半角 α_1/(°)	次压缩区半角 α_2/(°)	次压缩区长度 L_2/mm	编号	定径区长度 L_1/mm	主压缩区半角 α_1/(°)	次压缩区半角 α_2/(°)	次压缩区长度 L_2/mm
1	4	14	8	5	16	4	14	6	3
2	4	14	6	3	17	4	18	4	3
3	4	14	4	5	18	4	10	8	3
4	2	14	6	1	19	4	14	8	1
5	6	14	6	5	20	6	18	6	3
6	4	14	6	3	21	2	18	6	3
7	4	18	6	5	22	4	14	6	3
8	4	14	4	1	23	2	10	6	3
9	2	14	6	5	24	4	10	6	5
10	4	18	6	1	25	4	14	6	3
11	4	10	6	1	26	2	14	4	3
12	6	14	6	1	27	4	10	4	3
13	6	14	8	3	28	6	14	4	3
14	2	14	8	3	29	4	18	8	3
15	6	10	6	3					

表 5 - 19 有限元仿真结果

编号	D/mm	S_1/MPa	S_2/MPa	F/N	编号	D/mm	S_1/MPa	S_2/MPa	F/N
1	12.468	757	727	8 638	9	12.512	726	746	8 288
2	12.546	842	1 057	9 765	10	12.475	915	1 356	12 097
3	12.588	875	1 122	10 813	11	12.478	752	732	8 740
4	12.473	805	1 001	10 316	12	12.473	801	1 037	10 294
5	12.513	723	760	8 294	13	12.467	773	806	8 994
6	12.546	842	1 057	9 765	14	12.467	773	767	9 009
7	12.513	726	749	8 294	15	12.542	762	870	8 792
8	12.482	815	978	10 565	16	12.546	842	1 057	9 765

（续表）

编号	$D/$ mm	$S_1/$ MPa	$S_2/$ MPa	F/N	编号	$D/$ mm	$S_1/$ MPa	$S_2/$ MPa	F/N
17	12.600	968	1 315	11 683	24	12.512	720	749	8 279
18	12.468	761	757	8 852	25	12.546	842	1 057	9 765
19	12.425	809	1 070	10 247	26	12.599	829	1 109	10 211
20	12.548	978	1 221	10 805	27	12.598	747	870	8 699
21	12.547	979	1 213	10 809	28	12.600	827	1 099	10 265
22	12.546	842	1 057	9 765	29	12.466	825	775	9 182
23	12.542	761	830	8 784					

根据表 5 - 19 中的数据，利用最小二乘法拟合响应面，得到管材无芯头拉拔时产品直径 D、轴向应力 S_1、模具 von - Mises 等效应力 S_2 及拉拔力 F 与拉拔模具各设计变量的响应模型如下：

$$D = 12.380 + 5.011\mathrm{e}^{-3} \times L_1 + 3.802\mathrm{e}^{-3} \times \alpha_1 + 0.012 \times \alpha_2 + 0.108 \times L_2 +$$
$$1.049\mathrm{e}^{-6} \times L_1 \times \alpha_1 + 1.533\mathrm{e}^{-6} \times L_1 \times \alpha_2 + 3.766\mathrm{e}^{-6} \times L_1 \times L_2 -$$
$$1.053\mathrm{e}^{-4} \times \alpha_1 \times \alpha_2 + 1.115\mathrm{e}^{-4} \times \alpha_1 \times L_2 - 3.948 \times \alpha_2 \times L_2 -$$
$$6.190\mathrm{e}^{-4} \times L_1^2 - 1.180\mathrm{e}^{-4} \times \alpha_1^2 - 2.331\mathrm{e}^{-3} \times \alpha_2^{\ 2} - 0.012 \times L_2^2 \qquad (5-23)$$

$$S_1 = -193.63 + 24.586 \times L_1 + 50.638 \times \alpha_1 + 104.441 \times \alpha_2 + 172.488 \times L_2 -$$
$$0.046 \times L_1 \times \alpha_1 + 0.101 \times L_1 \times \alpha_2 + 0.089 \times L_1 \times L_2 - 4.899 \times$$
$$\alpha_1 \times \alpha_2 - 4.889 \times \alpha_1 \times L_2 - 7.056 \times \alpha_2 \times L_2 - 3.148 \times L_1^2 + 0.432 \times$$
$$\alpha_1^2 - 2.517 \times \alpha_2^2 - 12.913 \times L_2^2 \qquad (5-24)$$

$$S_2 = -2\,760.257 + 85.880 \times L_1 + 256.400 \times \alpha_1 + 344.931 \times \alpha_2 + 547.772 \times L_2 -$$
$$1.008 \times L_1 \times \alpha_1 + 3.066 \times L_1 \times \alpha_2 - 1.388 \times L_1 \times L_2 - 13.355 \times \alpha_1 \times$$
$$\alpha_2 - 19.523 \times \alpha_1 \times L_2 - 30.383 \times \alpha_2 \times L_2 - 10.086 \times L_1^2 - 2.704 \times$$
$$\alpha_1^2 - 12.116 \times \alpha_2^2 - 23.607 \times L_2^2 \qquad (5-25)$$

$$F = -5\,119.107 + 322.789 \times L_1 + 1\,260.406 \times \alpha_1 + 803.967 \times \alpha_2 + 1\,970.176 \times$$
$$L_2 - 0.378 \times L_1 \times \alpha_1 - 4.342 \times L_1 \times \alpha_2 + 1.695 \times L_1 \times L_2 - 82.957 \times$$
$$\alpha_1 \times \alpha_2 - 104.414 \times \alpha_1 \times L_2 - 116.061 \times \alpha_2 \times L_2 - 36.931 \times L_1^2 -$$
$$8.019 \times \alpha_1^2 + 34.855 \times \alpha_2^2 - 36.825 \times L_2^2 \qquad (5-26)$$

以上四个响应面模型可以用来预测不同设计变量下的无芯头拉拔管材产品直径 D、轴向应力 S_1、模具 von - Mises 等效应力 S_2 及拉拔力 F。图 5 - 45(a)、(b)、 （c）和（d）分别是不同响应通过响应面模型的预测值和有限元模拟的实际值的对比，可以看出，预测值和模拟结果基本一致，说明回归模型的预测结果较为准确。

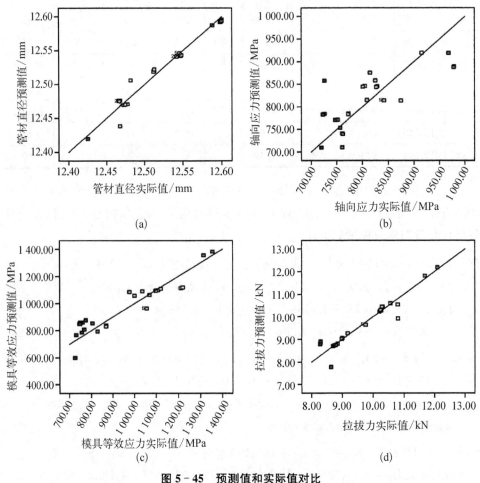

图 5 - 45　预测值和实际值对比

（a）管材直径；（b）管材轴向应力；（c）模具应力；（d）拉拔力

　　为了进一步定量地分析各个设计变量对模拟结果的影响以及评价实验结果的可靠性及数学模型的可信度，需要对模拟的结果进行方差分析。如表 5 - 20 所示为低碳钢管直径的方差分析结果，模型的校正系数为 0.931 2，说明模型能够解释 93.12% 的响应值变化，仅有 6.88% 的变异不能通过此模型来解释。相关系数为 0.965 6，说明模型的拟合程度良好，误差较小。模型的信噪比为 18.806，大于 4，说明模型具有足够的分辨能力。从表 5 - 20 中可以看出其中 C、D、CD 及 D^2 是低碳钢丝直径响应模型的显著项。

表 5-20　低碳钢管直径的方差分析

因　素	自由度	平方和	均方值	F 值	P 值	显著性
模　型	14	0.066 164 801	0.004 726 057	28.054 316 12	<0.000 1	显著
A-定径区长度	1	$4.204\ 84\times10^{-7}$	$4.204\ 84\times10^{-7}$	0.002 496 033	0.960 9	—
B-主压缩区半角	1	$8.112\ 92\times10^{-6}$	$8.112\ 92\times10^{-6}$	0.048 159 061	0.829 5	—
C-次压缩区半角	1	0.041 465 11	0.041 465 11	246.140 757 7	<0.000 1	显著
D-次压缩区长度	1	0.007 494 598	0.007 494 598	44.488 629 53	<0.000 1	显著
AB	1	$2.868\ 28\times10^{-10}$	$2.868\ 28\times10^{-10}$	$1.702\ 64\times10^{-6}$	0.999 0	—
AC	1	$1.504\ 18\times10^{-10}$	$1.504\ 18\times10^{-10}$	$8.928\ 95\times10^{-7}$	0.999 3	—
AD	1	$9.076\ 66\times10^{-10}$	$9.076\ 66\times10^{-10}$	$5.387\ 99\times10^{-6}$	0.998 2	—
BC	1	$2.838\ 57\times10^{-6}$	$2.838\ 57\times10^{-6}$	0.016 850 024	0.898 6	—
BD	1	$3.182\ 94\times10^{-6}$	$3.182\ 94\times10^{-6}$	0.018 894 248	0.892 6	—
CD	1	0.000 997 651	0.000 997 651	5.922 148 467	0.028 9	显著
A^2	1	$3.977\ 04\times10^{-5}$	$3.977\ 04\times10^{-5}$	0.236 080 95	0.634 6	—
B^2	1	$2.311\ 57\times10^{-5}$	$2.311\ 57\times10^{-5}$	0.137 217 009	0.716 6	—
C^2	1	0.000 564 048	0.000 564 048	3.348 241 323	0.088 6	—
D^2	1	0.015 579 869	0.015 579 869	92.483 556 53	<0.000 1	显著
相关系数 $R^2=0.965\ 6$		校正系数 $k^2=0.931\ 2$			信噪比=18.806	

如表 5-21 所示为低碳钢管轴向应力响应模型的方差分析结果。由表可知,模型的拟合程度良好,误差较小。模型中 B,C,D 和 D^2 是管材轴向应力响应模型的显著项。如表 5-22 所示为模具应力响应模型的方差分析结果。由表可知,模型的拟合程度良好,误差较小。模型中 B、C、D、BC、BD、CD 和 D^2 是模具应力响应模型的显著项。如表 5-23 所示为拉拔力的响应模型的方差分析结果。由表可知,模型的拟合程度良好,误差较小。模型中 B、C、D、BC、BD、CD 和 D^2 是拉拔力响应模型的显著项。

表 5-21　低碳钢管轴向应力的方差分析

因　素	自由度	平方和	均方值	F 值	P 值	显著性
模　型	14	122 993.123 2	8 785.223 086	4.197 501 957	0.005 6	显著
A-定径区长度	1	6.552 137 068	6.552 137 068	0.003 130 553	0.956 2	—
B-主压缩区半角	1	65 714.722 66	65 714.722 66	31.397 913 77	<0.000 1	显著
C-次压缩区半角	1	10 977.128 9	10 977.128 9	5.244 775 186	0.038 1	显著
D-次压缩区长度	1	11 420.355 47	11 420.355 47	5.456 544 925	0.034 9	显著

因　素	自由度	平方和	均方值	F 值	P 值	显著性
AB	1	0.537 257 865	0.537 257 865	0.000 256 697	0.987 4	—
AC	1	0.651 531 878	0.651 531 878	0.000 311 296	0.986 2	—
AD	1	0.507 586 43	0.507 586 43	0.000 242 52	0.987 8	—
BC	1	6 144.584 717	6 144.584 717	2.935 828 279	0.108 7	—
BD	1	6 120.886 836	6 120.886 836	2.924 505 641	0.109 3	—
CD	1	3 186.167 626	3 186.167 626	1.522 322 736	0.237 6	—
A^2	1	1 028.673 692	1 028.673 692	0.491 491 2	0.494 8	—
B^2	1	310.591 741 3	310.591 741 3	0.148 397 989	0.705 9	—
C^2	1	657.776 110 9	657.776 110 9	0.314 279 613	0.583 9	—
D^2	1	17 305.588 04	17 305.588 04	8.268 457 039	0.012 2	显著
相关系数 $R^2 = 0.807\ 6$		校正系数 $k^2 = 0.615\ 2$			信噪比=8.854	

表 5 - 22　模具应力的方差分析

因　素	自由度	平方和	均方值	F 值	P 值	显著性
模　型	14	906 161.486 1	64 725.82	9.624 473 776	<0.000 1	显著
A-定径区长度	1	1 352.213 698	1 352.214	0.201 068 834	0.660 7	—
B-主压缩区半角	1	276 389.119 6	276 389.1	41.097 970 11	<0.000 1	显著
C-次压缩区半角	1	211 114.9	211 114.9	31.391 951 54	<0.000 1	显著
D-次压缩区长度	1	145 419.284 3	145 419.3	21.623 273 05	0.000 4	显著
AB	1	260.284 477 5	260.284 5	0.038 703 273	0.846 9	—
AC	1	601.650 961 4	601.651	0.089 463 121	0.769 3	—
AD	1	123.351 281 2	123.351 3	0.018 341 848	0.894 2	—
BC	1	45 660.338 89	45 660.34	6.789 511 995	0.020 7	显著
BD	1	97 573.170 29	97 573.17	14.508 744 92	0.001 9	显著
CD	1	59 079.571 69	59 079.57	8.784 898 895	0.010 3	显著
A^2	1	10 557.558 2	1 057.56	1.569 871 93	0.230 8	—
B^2	1	12 145.771 12	12 145.77	1.806 028 18	0.200 4	—
C^2	1	15 235.451 59	15 235.45	2.265 451 459	0.154 5	—
D^2	1	57 837.825 63	57 837.83	8.600 256 161	0.010 9	显著
相关系数 $R^2 = 0.807\ 6$		校正系数 $k^2 = 0.615\ 2$			信噪比=8.854	

表 5 - 23　拉拔力的方差分析

因　　素	自由度	平方和	均方值	F 值	P 值	显著性
模　　型	14	27 773 880.73	1 983 848.623	10.961 472 22	<0.000 1	显著
A-定径区长度	1	55.777 919 99	55.777 919 99	0.000 308 193	0.986 2	—
B-主压缩区半角	1	9 580 273.376	9 580 273.376	52.934 432 19	<0.000 1	显著
C-次压缩区半角	1	4 456 974.379	4 456 974.379	24.626 375 34	0.000 2	显著
D-次压缩区长度	1	7 762 796.202	7 762 796.202	42.892 221 66	<0.000 1	显著
AB	1	36.588 818 36	36.588 818 36	0.000 202 166	0.988 9	—
AC	1	1 206.839 101	1 206.839 101	0.006 668 217	0.936 1	—
AD	1	183.937 068 4	183.937 068 4	0.001 016 318	0.975 0	—
BC	1	1 761 754.852	1 761 754.852	9.734 324 806	0.007 5	显著
BD	1	2 790 976.993	2 790 976.993	15.421 144 74	0.001 5	显著
CD	1	862 084.286 5	862 084.286 5	4.763 323 594	0.046 6	显著
A^2	1	141 551.660 8	141 551.660 8	0.782 123 484	0.391 4	—
B^2	1	106 781.915 8	106 781.915 8	0.590 008 224	0.455 2	—
C^2	1	126 085.546 3	126 085.546 3	0.696 667 677	0.417 9	—
D^2	1	140 739.549 4	140 739.549 4	0.777 636 279	0.392 8	—
相关系数 R^2=0.916 4		校正系数 k^2=0.832 8			信噪比=13.542	

　　本节借助二阶响应面研究了无芯头拉管模具的几何参数对优化目标的影响。图 5 - 46(a)和(b)给出了 L_1=4 mm、α_1=14°时,α_2 和 L_2 对低碳钢管直径的交互作用的响应面及等高线图。从图中可知随着次压缩区半角的增大,低碳钢管的直径逐渐减小;当次压缩区半角固定时,管材直径随次压缩区长度的变化存在极大值;而当次压缩区半角比较小时,管材直径随次压缩区长度变化的幅度比较大。

　　图 5 - 47 给出了 α_1、α_2 和 L_2 对低碳钢管轴向应力的影响。从图中可以看出,管材的轴向应力随着主压缩区半角的增大而增大,随着次压缩区半角的增大而减小。当其他设计变量固定不变时,管材轴向应力随着次压缩区长度变化存在极大值。

　　图 5 - 48 给出了 α_1、α_2 和 L_2 及其之间的交互作用对模具应力的影响。图 5 - 48(a)和(b)给出了 α_1 和 α_2 对模具应力的交互作用的响应面及等高线。从图中可以看出轴向应力随着主压缩区半角的增大而增大,随着压缩区半角的增大而减小。当主压缩区半角较大时,轴向应力随次压缩区半角变化的幅度较大;当次压缩

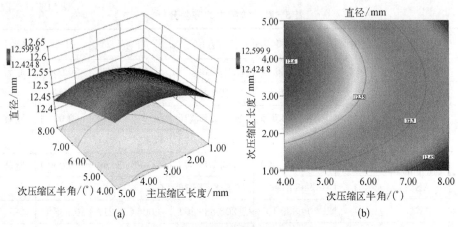

图 5－46   不同设计变量对低碳钢管直径的影响

（a）次压缩区半角和次压缩区长度的交互作用响应面；
（b）次压缩区半角和次压缩区长度的交互作用等高线

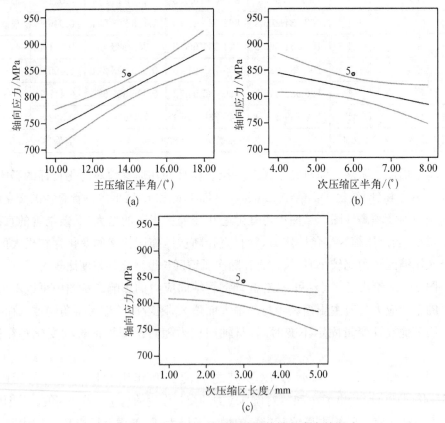

图 5－47   不同设计变量对低碳钢管轴向应力的影响

（a）主压缩区半角；（b）次压缩区半角；（c）次压缩区长度

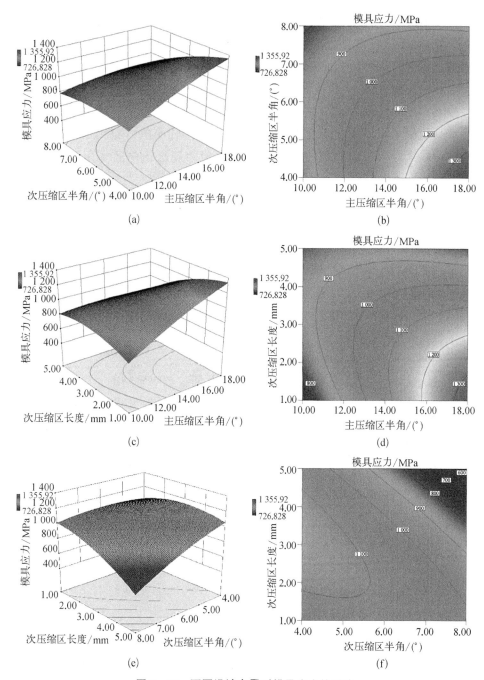

图 5 - 48　不同设计变量对模具应力的影响

(a) 主压缩区半角和次压缩区半角的交互作用响应面；(b) 主压缩区半角和次压缩区半角的交互作用等高线；
(c) 主压缩区半角和次压缩区长度的交互作用响应面；(d) 主压缩区半角和次压缩区长度的交互作用等高线；
(e) 次压缩区半角和次压缩区长度的交互作用响应面；(f) 次压缩区半角和次压缩区长度的交互作用等高线

区半角较小时,轴向应力随主压缩区半角变化的幅度较大。图 5-48(c)和(d)给出了 α_1 和 L_2 对模具应力的交互作用的响应面及等高线。从图中可以看出轴向应力随着压缩区长度的增大而减小;当主压缩区半角较大时,轴向应力随次压缩区长度变化的幅度较大;当次压缩区长度较小时,轴向应力随主压缩区半角变化的幅度较大。图 5-48(e)和(f)给出了 α_2 和 L_2 对模具应力的交互作用的响应面及等高线。从图中可以看出当次压缩区半角较大时,轴向应力随次压缩区长度变化的幅度较大;当次压缩区长度较大时,轴向应力随次压缩区半角变化的幅度较大。

如图 5-49 所示为 α_1、α_2 和 L_2 及其之间的交互作用对拉拔力的影响。拉拔力随着主压缩区半角的增大而增大,随着压缩区半角的增大而减小。当主压缩区半角较大时,拉拔力随次压缩区半角变化的幅度较大;当次压缩区半角较小时,拉拔力随主压缩区半角变化的幅度较大。拉拔力随着压缩区长度的增大而减小。当主压缩区半角较大时,拉拔力随次压缩区长度变化的幅度较大;当次压缩区长度较小时,拉拔力随主压缩区半角变化的幅度较大。当次压缩区半角较大时,拉拔力随次压缩区长度变化的幅度较大;当次压缩区长度较大时,拉拔力随次压缩区半角变化的幅度较大。

通过以上分析,可以看出无芯头拉管模具几何参数对管材的直径、轴向应力、模具应力及拉拔力的影响十分显著。为了保证管材产品的尺寸和质量,提高模具寿命,减小拉拔力,本节以管材直径落在公差带范围内($\pm 0.02\ \mathrm{mm}$)为约束条件,以管材轴向应力、模具应力和拉拔力的综合影响最小为优化目标,使用满意度函数法将多目标优化问题转化为单一目标优化问题,对无芯头拉管模具的几何参数进行优化。整个优化问题可以通过以下数学模型进行描述:

Find:L_1,α_1,α_2,L_2

Minimize:$f(S_1(L_1,\alpha_1,\alpha_2,L_2),S_2(L_1,\alpha_1,\alpha_2,L_2),$
$$F(L_1,\alpha_1,\alpha_2,L_2))$$

Subject to constraints:$12.58\ \mathrm{mm} \leqslant D(L_1,\alpha_1,\alpha_2,L_2) \leqslant 12.62\ \mathrm{mm}$

Within ranges:$2\ \mathrm{mm} \leqslant L_1 \leqslant 5\ \mathrm{mm}$, $10° \leqslant \alpha_1 \leqslant 18°$,
$$4° \leqslant \alpha_2 \leqslant 8°,\ 1\ \mathrm{mm} \leqslant L_2 \leqslant 5\ \mathrm{mm}$$

根据满意度函数法,利用之前所建立的各个优化目标与设计变量之间的响应模型,得到最优的低碳钢管金刚石薄膜涂层无芯头拉管模具的几何参数。对得到的优化参数进行进一步的有限元模拟分析,优化参数和模拟结果如表 5-24 所示。

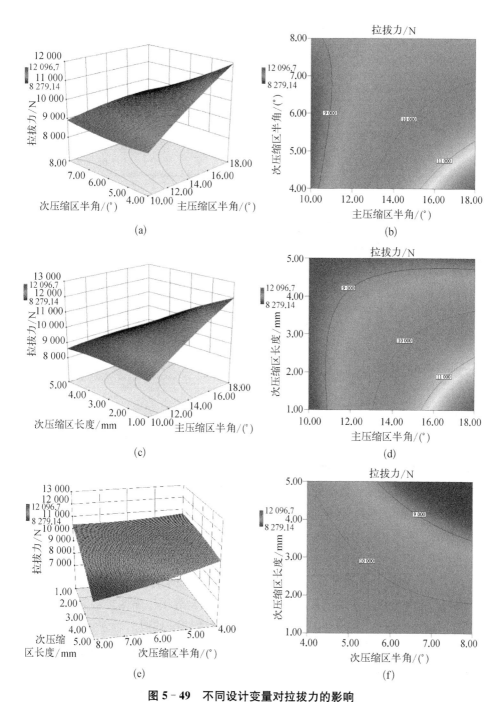

图 5 - 49　不同设计变量对拉拔力的影响

(a) 主压缩区半角和次压缩区半角的交互作用响应面；(b) 主压缩区半角和次压缩区半角的交互作用等高线；
(c) 主压缩区半角和次压缩区长度的交互作用响应面；(d) 主压缩区半角和次压缩区长度的交互作用等高线；
(e) 次压缩区半角和次压缩区长度的交互作用响应面；(f) 次压缩区半角和次压缩区长度的交互作用等高线

表 5‑24　优化参数及其有限元模拟结果

优　化　参　数	数　　值
定径区长度/mm	2
主压缩区半角/(°)	10
次压缩区半角/(°)	4
次压缩区长度/mm	2.65
预　测　值	数　　值
直径/mm	12.581
轴向应力/MPa	736
模具应力/MPa	760
拉拔力/N	8 568
有 限 元 模 拟 值	数　　值
直径/mm	12.59
轴向应力/MPa	744.24
模具应力/MPa	778.9
拉拔力/N	8 556.2

5.5.2　固定芯头拉管模有限元仿真及优化设计

如图 5‑50(a)所示为不锈钢管固定芯头拉拔过程中管材的轴向应力分布云图。测量管材上距离内壁不同位置上的点,得到轴向应力随时间变化的曲线如图 5‑50(b)所示。在固定芯头拉拔过程当中,由于内芯头的存在,不锈钢管的内表面也受到挤压。管材刚进入拉拔模具外模压缩区前,同无芯头拉拔时类似,管材由于受到前方收缩的金属的作用,管材发生向内的弯曲,使得管材的外表面产生轴向拉应力,而内表面产生轴向压应力。管材刚开始与外模压缩区接触时,其内表面尚没有与内芯头接触,应力分布与无芯头拉拔时的情况类似。而管材内表面开始与内芯头发生接触后,由于管材内外表面同时受到了压力与摩擦力的作用,与无芯头拉拔管材相比,固定芯头拉拔的管材应力分布更为均匀,管材的轴向应力处于拉应力状态下。如果管材的轴向应力过大,管材表面容易产生横向的裂纹,影响产品的质量,严重时甚至会造成管材的断裂,不仅浪费金属材料,而且极大地降低了管材生产的效率。

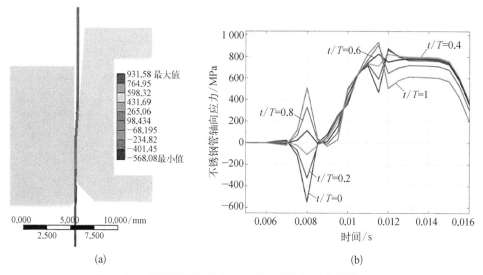

(a)   (b)

图 5-50 不锈钢管固定芯头拉拔过程中管材上的轴向应力

(a) 轴向应力云图;(b) 不同位置上的轴向应力随时间变化的趋势

如图 5-51(a)所示为不锈钢管固定芯头拉拔过程当中的径向应力云图。测量管材上距离内表面不同位置上的点,即可得到径向应力随时间变化的曲线,如图 5-51(b) 所示。由于受到模具外模及固定芯头同时的挤压,固定芯头拉拔时,管材的径向应力分布比较均匀,从外表面到内表面的径向应力值基本一致。当管材离开定径区后,径向应力值降为零。

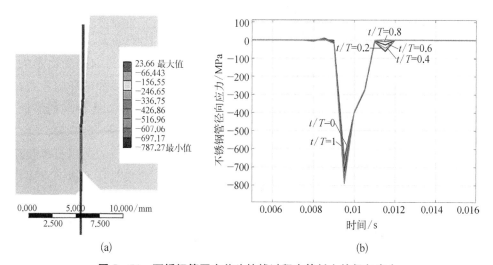

(a)   (b)

图 5-51 不锈钢管固定芯头拉拔过程中管材上的径向应力

(a) 径向应力云图;(b) 不同位置上的径向应力随时间变化的趋势

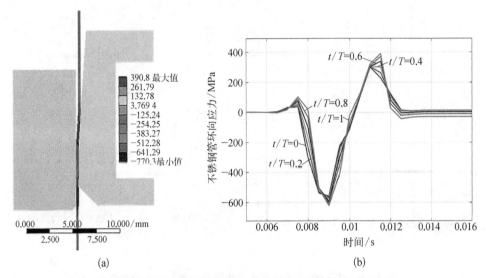

(a)　　　　　　　　　　　　(b)

图 5 - 52　不锈钢管固定芯头拉拔过程中管材上的环向应力

(a) 环向应力云图；(b) 不同位置上的环向应力随时间变化的趋势

如图 5 - 52(a) 所示为不锈钢管固定芯头拉拔过程中的管材的环向应力云图。测量管材上距离内表面不同距离的点，即可得到环向应力随时间变化的曲线，如图 5 - 52(b) 所示。在管材与模具压缩区接触之后，由于受到拉拔模具外模和固定芯头的挤压，管材处于压应力的状态。进入定径区之后，管材在金属弹性回复的作用下，环向应力的状态逐渐由压应力转化为拉应力。当管材到达定径区末端时，应力值达到最大，在此过程中，管材的环向应力沿径向的变化不大。如果定径区管材外表面的环向应力过大，管材外表面容易产生纵向的裂纹，影响产品的质量。

如图 5 - 53 所示的金刚石薄膜涂层固定芯头拉管模具在不锈钢管固定芯头拉拔过程当中所产生的 von - Mise 等效应力分布云图。从图中可以观察到拉拔模具外模和固定芯头均在压缩区的末端出现了应力集中的现象。如果模具上的应力值过大，会引

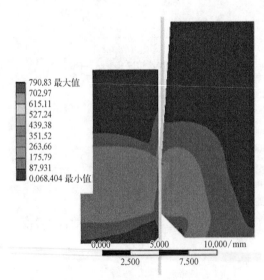

图 5 - 53　不锈钢管固定芯头拉拔过程中
模具上的 von - Mises 等效应力

起金刚石薄膜涂层剥落,导致金刚石薄膜涂层拉拔模具失效,缩短工作寿命。

采用前文所述的模具优化设计方法同样可以完成固定芯头拉拔用拉管模具的几何参数优化,优化结果、预测值及有限元仿真结果如表 5-25 所示。

表 5-25 固定芯头拉拔优化参数及其有限元模拟结果

优 化 参 数	数 值
压缩区半角/(°)	9.92
过渡圆弧/mm	2
定径区长度/mm	2
预 测 值	数 值
轴向应力/MPa	875.629
模具应力/MPa	485.799
拉拔力/N	5 847.36
有 限 元 结 果	数 值
轴向应力/MPa	824.66
模具应力/MPa	492.92
拉拔力/N	5 838.5

5.5.3 游动芯头拉管模有限元仿真及优化设计

如图 5-54(a)所示为铜管游动芯头拉拔过程中管材的轴向应力分布云图。测量管材上距离内壁不同位置上的点,得到轴向应力随时间变化的曲线,如图 5-54(b)所示(T 为管材壁厚,t 为观测点所在位置距内壁的距离,t/T 从 0 到 1 表示了从轴心到外表不同的点)。在游动芯头拉拔过程当中,由于内芯头的存在,铜管的内表面也受到挤压。铜管刚进入拉拔模具外模压缩区时,同无芯头拉拔时类似,管材由于受到前方收缩的金属的作用,管材发生向内的弯曲,使得管材的外表面产生轴向拉应力,而内表面产生轴向压应力。管材刚开始与外模压缩区接触时,其内表面尚没有与游动芯头接触,应力分布与无芯头拉拔时的情况类似。而管材内表面开始与游动芯头发生接触后,游动芯头同时受到管材内表面的压力和摩擦力的作用,自适应地、动态地平衡在拉拔模具压缩区内部。由于管材内外表面同时受到了压力与摩擦力的作用,与无芯头拉拔管材相比,游动芯头拉拔的管材应力分布更为均匀,管材的轴向应力处于拉应力状态下。进入定径区之后,管材从外表面到内表面的轴向应力值基本一致。如果管材的轴向应力过大,管材表面容易产生横向的裂

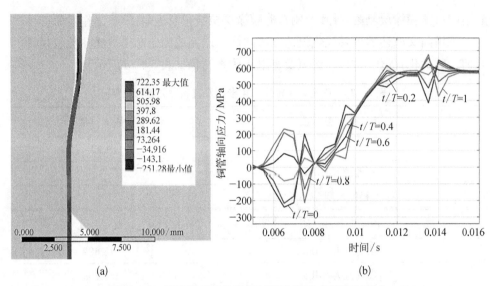

(a)   (b)

图 5 - 54 铜管游动芯头拉拔过程中管材上的轴向应力

(a) 轴向应力云图；(b) 不同位置上的轴向应力随时间变化的趋势

纹,影响产品的质量,严重时甚至会造成管材的断裂,不仅浪费金属材料,而且极大地降低了管材生产的效率。

如图 5 - 55(a)所示为铜管游动芯头拉拔过程当中的径向应力云图,测量管材上距离内表面不同位置上的点,即可得到径向应力随时间变化的曲线,如图 5 - 55(b)所

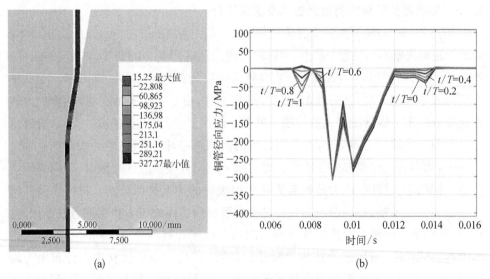

(a)   (b)

图 5 - 55 铜管游动芯头拉拔过程中管材上的径向应力

(a) 径向应力云图；(b) 不同位置上的径向应力随时间变化的趋势

示。由于受到模具外模及游动芯头同时的挤压,游动芯头拉拔时,管材的径向应力分布比较均匀,从外表面到内表面的径向应力值基本一致。当管材离开定径区之后,径向应力值降为零。

　　如图 5-56(a)所示为铜管游动芯头拉拔过程中的管材的环向应力云图。测量管材上距离内表面不同距离的点,即可得到环向应力随时间变化的曲线,如图 5-56(b)所示。在管材与模具压缩区接触之后,由于受到拉拔模具外模和游动芯头的挤压,管材处于压应力的状态,外表面的压应力值最大。进入定径区之后,管材在金属弹性回复的作用下,环向应力的状态逐渐由压应力转化为拉应力。当管材到达定径区末端时,应力值达到最大,在此过程中,管材的环向应力沿径向的变化不大。如果定径区管材外表面的环向应力过大,管材外表面容易产生纵向的裂纹,影响产品的质量。

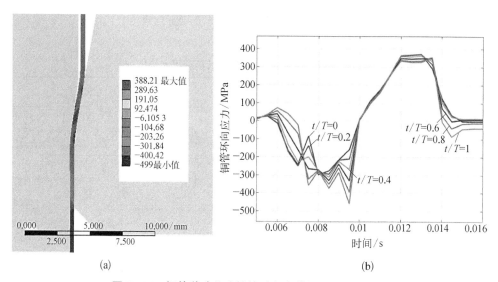

(a)　　　　　　　　　　　　　　(b)

图 5-56　铜管游动芯头拉拔过程中管材上的环向应力

(a) 环向应力云图;(b) 不同位置上的环向应力随时间变化的趋势

　　如图 5-57 所示为金刚石薄膜涂层游动芯头拉管模具在铜管游动芯头拉拔过程当中所产生的 von-Mise 等效应力分布云图。从图中可以观察到拉拔模具外模和游动芯头均在压缩区的末端出现了应力集中的现象。如果模具上的应力值过大,会引起金刚石薄膜涂层剥落,导致金刚石薄膜涂层游动芯头拉管模具失效,缩短工作寿命。

　　采用前文所述的模具优化设计方法同样可以完成游动芯头拉拔用拉管模具的几何参数优化,优化结果、预测值及有限元仿真结果如表 5-26 所示。

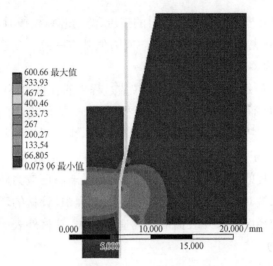

**图 5 - 57　铜管游动芯头拉拔过程中模具上的
von‐Mises 等效应力**

表 5 - 26　游动芯头拉拔优化参数及其有限元模拟结果

优 化 参 数	数　值
压缩区半角/(°)	13.04
过渡圆弧/mm	2
定径区长度/mm	2
预 测 值	数　值
轴向应力/MPa	609.154
模具应力/MPa	531.94
拉拔力/N	2 856.24
有 限 元 结 果	数　值
轴向应力/MPa	615.01
模具应力/MPa	538.8
拉拔力/N	2 877.8

5.6　本章小结

　　本章利用有限元法对金属线、管材拉拔过程建立了有限元模型,针对圆形线拉拔和异型线拉拔,无芯头、固定芯头及游动芯头管拉拔过程进行了仿真模拟。针对管材无芯头拉拔过程中的缩径缺陷,将传统的锥形模的模孔形状改进为两个锥形组合起来的形状,改善了金属管材在模具压缩区中的流动情况,大幅改善了管材无芯头拉拔过程中的缩径缺陷。针对金刚石薄膜涂层异型拉丝模具,提出了"直纹面分割法"设计思路解决了异型拉丝模具的设计问题,然后利用有限元仿真对拉拔道次进行了优化,并利用万能试验机进行了拉拔实验与有限元结果进行对比。采用响应面法研究了金刚石薄膜涂层拉丝模和拉管模的几何参数对拉拔过程的影响,并应用满意度函数法进行多目标优化,得到了最优的金刚石薄膜涂层拉丝模和拉管模的几何参数。通过分析,具体的结论如下:

(1) 通过方差分析可知,定径区长度、过渡圆弧、压缩区半角、定径区长度和过渡圆弧的交互作用及压缩区半角和过渡圆弧的交互作用对拉拔过程中的线材的轴向应力具有显著的影响,过渡圆弧、压缩区半角及其之间的交互作用对模具上的等效应力具有显著的影响,定径区长度、过渡圆弧、压缩区半角、定径区长度和过渡圆弧的交互作用及压缩区半角和过渡圆弧的交互作用对拉拔力具有显著的影响。

(2) 通过满意度函数法对金刚石薄膜涂层圆形线拉丝模具进行多目标优化,得到了最优的铝丝、低碳钢丝及不锈钢丝的金刚石薄膜涂层拉丝模具的几何参数,有限元仿真结果与响应面模型计算结果十分接近,结果表明优化算法所得的模具几何参数能够有效地综合降低圆形线材拉拔过程中的线材轴向应力、模具应力及拉拔力。

(3) 利用直纹面分割法可以快速有效地设计出既符合金属流动规律,又满足拉丝机速比参数的金刚石薄膜涂层异型拉丝模具每一道次的截面形状。通过有限元模拟仿真的方法及实际的拉拔试验,研究了六道次的异型线拉拔过程,仿真所得的拉拔力与实验结果比较十分接近,反映了有限元仿真的有效性。同时利用有限元仿真研究了不同道次的异型线拉拔过程,仿真结果表明,随着道次数的增加,拉拔力随之减小。这说明增加异型拉丝模具的道次可以降低断丝的风险。制备了金刚石薄膜涂层异型拉丝模具,并进行了实际的应用试验。试验结果表明五道次拉拔过程出现断丝现象,无法顺利进行,六道次及七道次拉拔过程十分顺利。为了节约成本,最终采用了六道次拉拔的方案进行实际生产。

(4) 采用改进型的无芯头拉管模具可以降低金属管材进入定径区时收缩的速度,达到减少管材缩径的目的。

(5) 通过方差分析可知,改进型无芯头拉管模具的次压缩区半角、次压缩区长度及其之间的交互作用对拉拔后的管材直径具有显著影响,主压缩区半角、次压缩区半角及次压缩区长度对管材的轴向应力具有显著的影响,主压缩区半角、次压缩

区半角、次压缩区长度及其之间的交互作用对模具上的等效应力和拉拔力具有显著的影响。

（6）通过满意度函数法对改进型的金刚石薄膜涂层无芯头拉管模具进行多目标优化，得到了最优的金刚石薄膜涂层无芯头拉管模具的几何参数，有限元仿真结果与响应面模型计算结果比较十分接近，结果表明优化算法所得的模具几何参数能够保证被拉产品的直径在公差范围内，且能有效地综合降低管材无芯头拉拔过程中的管材轴向应力、模具应力及拉拔力。

（7）固定芯头拉拔和游动芯头拉拔在拉拔方式及应力分布上十分接近，过渡圆弧及定径区长度对管材的轴向应力具有十分显著的影响；过渡圆弧、定径区长度及压缩区半角对模具上的等效应力具有显著的影响；过渡圆弧、定径区长度及其之间的交互作用对拉拔力具有显著的影响。利用多目标优化得到了最优的金刚石薄膜涂层固定芯头拉拔模具及游动芯头拉拔模具的几何参数，有限元仿真结果与响应面模型计算结果表明优化算法所得的模具几何参数能够有效地综合降低管材拉拔过程中的管材轴向应力、模具应力及拉拔力。

第6章 热丝 CVD 金刚石薄膜涂层
拉拔模具的制备及应用

6.1 引言

金属冷拔加工行业(包括金属线材、管材的拉拔、金属线缆的绞线紧压等)是我国主要的传统产业之一,拉拔模具是金属冷拔加工行业中应用非常广泛的关键部件和易消耗品,拉拔模具种类繁多、内孔尺寸不一,比如用于电线电缆绞线紧压生产的孔径较大的紧压模、用于各种金属管材拉拔生产的孔径适中的拉管模、用于各种金属线材拉拔生产的孔径较小的拉丝模、用于各种异型线材生产的异型拉拔模等。

传统拉拔模具材料主要是钨钴硬质合金。硬质合金具有较高的硬度,但是硬质合金模具的耐磨性依旧较差,模具寿命较短,在实际生产过程中频繁的停机换模严重影响了生产效率,模具磨损非常容易导致内孔孔径增大,在影响产品精度的同时还会造成材料浪费。此外,硬质合金中的主要成分钨又是一种重要的战略资源,随着钨资源的日益贫乏,国家对钨资源的管理日益加强,硬质合金的价格也在不断上升。聚晶金刚石复合体也可以用来制造模具,其主要成分也是金刚石,具有高硬度、高弹性模量、低摩擦系数、优异的耐磨损性能和良好的化学稳定性等优异性能,适用于小孔径模具的生产。但其加工工艺复杂、成本高,难以用于大孔径模具和异型模的制造,而且聚晶金刚石复合体通过采用钴等催化剂与金刚石应用高温高压方法合成,在拉丝过程中硬度较低的钴等结合剂容易磨损,导致剩余的金刚石颗粒凸出,需要对模具内孔进行多次修磨,影响拉丝尺寸精度、表面质量和生产效率,同时造成原材料的浪费。CVD 厚膜金刚石也可用于小孔径拉丝模的制备,但质量稳定性还有待提高,生产成本很高。

采用 HFCVD 法制备的金刚石薄膜具有类似于天然金刚石的高硬度、高弹性模量、低摩擦系数、极高的耐磨性以及良好的化学稳定性等优异性能,因此在传统的钨钴硬质合金模具内孔工作表面沉积一层高质量的金刚石薄膜可以提高模具的耐磨性及使用寿命,有助于减少钨资源的消耗,同时还可以有效改善产品质量。随着钨资源的日益贫乏和国家资源管理政策的转变,硬质合金的价格不断上升,无论是出于成本控制还是建设资源节约型社会的考虑,均应在金属加工行业中推广应用金刚石薄膜涂层模具产品,以提高模具的耐磨性及使用寿命,提高生产效率。此外还可以充分发挥金刚石薄膜涂层良好的摩擦和润滑性能,采用水润滑等新型的绿色生产工艺替代传统生产工艺,避免润滑油的大量使用导致的资源浪费或生产环境恶化,以达到保护环境、节约资源的目的。此外,紧压模、焊接套、拉拔套等拉拔模具产品还可以金刚石薄膜涂层碳化硅模具的形式加工成型,具有更低的成本,但是由于大部分拉拔过程中拉拔力较大,韧性较差的碳化硅陶瓷基体并不适用,因此本书研究中针对所有拉拔模具产品选用的基体材料均为 YG6 硬质合金。

作者所在课题组在国际上首次将 CVD 金刚石薄膜制备技术应用于各类电缆线芯的拉拔模具内孔表面,并成功实现了金刚石薄膜涂层模具的产业化生产。随着金刚石薄膜涂层模具产品种类的扩展,对模具内孔金刚石薄膜沉积技术提出了越来越高的要求:其一,为了获得批量化、薄膜厚度及晶粒尺寸均匀的高质量金刚石薄膜涂层模具,在制备过程中需要保证模具内孔表面温度场和流场分布的均匀性,这一问题已经通过本书第 4 章的研究得以解决。其二,为了最大限度提高模具的使用寿命和优化应用效果,满足某些严苛的工况下模具的应用需求,需要制备得到既具有良好的附着性能,又具有较低的表面粗糙度,同时还要具有良好的耐磨损性能的金刚石薄膜,在某些特殊工况下还对金刚石薄膜的特性提出了不同的要求,需要根据这些特殊需求对薄膜类型及内孔薄膜沉积的基本参数进行优化,这一问题已通过第 2 章和第 3 章的研究得以解决。对普通圆孔拉拔模具而言,采用常规金刚石薄膜即可使其性能得到显著提升,采用新型沉积工艺制备的硼掺杂-常规微米-细晶粒复合金刚石薄膜(BD-UM-NCCD薄膜)可以更好地满足这一要求。对于异型拉拔模而言,由于其内孔形状比较复杂,并且内孔中存在不平滑结构,在其内孔表面沉积的薄膜在这些特殊位置的应力集中现象会非常显著,对金刚石薄膜的附着性能提出了更高的要求,因此考虑选用应力较小的 BDD 薄膜作为其内孔表面的耐磨涂层。其三,针对内孔尺寸比较特殊的模具,比如小孔径和超大孔径模具,需要对金刚石薄膜的沉积工艺做出改进,从而保证在特殊尺寸的模具内孔表面也能获得均匀的高质量金刚石薄膜。本章在将第 2 章开发的 BD-UM-NCCD 和 BDD 薄膜、第 3 章所述的摩擦磨损性能研究结果及内孔沉积参数优化方法、第 4 章所述的基于仿真的温度场分布相关的热丝及夹具参数优化方法应用到具体模具产品的基础上,进一步针对第三个问题进行了深入研究,很好地解决了金刚石薄膜在具有小孔径、超大孔径和复杂形状孔型的模具内孔工作表面的制备难题。采用优化的沉积参数和工艺方法在各类模具内孔表面沉积的金刚石薄膜很好地起到了延长模具使用寿命、提高模具性能的作用,金刚石薄膜涂层模具产品在应用中均表现出了良好的效果。

6.2　常规金刚石薄膜涂层模具的制备及应用

以 5.5.1 节设计的无芯头拉管模为例,采用自行研制的 HFCVD 设备在其内孔表面沉积金刚石薄膜。沉积之前,采用酸碱两步法对模具内表面进行预处理。沉积过程中所用绞丝和沉积参数如表 6-1 所示。经过 7.5 h 的沉积过程,在硬质合金模具的内孔表面成功制备出完整的金刚石薄膜。对模具内孔进行粗抛之后,继续精抛半小时,再进行修椭圆度的工序,即可完成金刚石薄膜涂层模具的制备。将制备所得的金刚石薄膜涂层无芯头拉管模具使用 SEM 对其进行表征,观测所得的涂层照片如图 6-1 所示,放大倍数为 1 000 倍。

表 6-1　CVD 金刚石薄膜沉积参数

沉 积 参 数	形核阶段	生长阶段	细化阶段
绞丝直径/mm	0.5	0.5	0.5
绞丝根数/根	3	3	3
气体压力/kPa	−99.7	−98	−98.5/−99.3
热丝温度/℃	2 000~2 200	2 000~2 200	2 000~2 200
衬底温度/℃	750~850	750~850	750~850
偏压电流/A	2	2	−0.15
氢气流量/(mL/min)	240	240	240
碳源流量/(mL/min)	100	80	130
热丝功率/W	1 200	1 200	1 200
沉积时间/h	0.5	6	1

 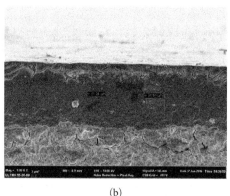

(a)　　　　　　　　　　　(b)

图 6-1　无芯头拉管模具表面金刚石薄膜 SEM 照片(a) 表面形貌及(b) 截面形貌

图 6-2 低碳钢管无芯头拉拔生产现场

CVD 金刚石薄膜涂层无芯头拉管模具在低碳钢管拉拔现场进行了应用实验,表现出良好的应用效果,产品质量和拉拔模具寿命得到极大的提高。生产现场如图 6-2 所示。经实际测量,拉拔后的管材的直径为 12.589 mm,管材的合格范围为 12.58～12.62 mm,因此,优化设计并沉积金刚石薄膜的无芯头拉管模具完全符合低碳钢管尺寸的要求。同时,在同样的生产条件下,硬质合金模具生产的低碳钢管的产量为 40 t,而金刚石薄膜涂层模具的产量为 500 t。因此,同硬质合金模具相比,金刚石薄膜涂层模具的产量提高了 12 倍以上。在大幅度提高拉拔模具寿命的同时,使用金刚石薄膜涂层模具生产的管材的表面光洁度和尺寸精度的稳定性也得到了提高,减少了模具库存及管理的费用,对金刚石薄膜涂层无芯头拉管模具的推广应用具有十分重要的意义。

6.3 硼掺杂-微米-纳米金刚石复合薄膜涂层圆孔拉拔模具的制备及应用

拉拔模具(包括拉管模、拉丝模、绞线紧压模、异型拉拔模等)内孔主要分为入口区(入口锥)、压缩区(工作锥)、定径带和出口区(出口锥)四个部分,拉拔模具应用过程中主要承受摩擦磨损的位置是定径带以及压缩区靠近定径带的部分。此外,原料线材进入模孔与压缩区初始接触的位置还会受到比较剧烈的冲击作用,因此在拉拔模具内孔金刚石薄膜沉积过程中,重点是要保证这些区域上沉积的薄膜质量。受入口区角度和压缩区半角的影响,入口区及压缩区靠近入口区部分的直径较大,在金刚石薄膜沉积过程中基体表面温度相对较低。但是这些区域并非我们重点关心的区域,定径带以及压缩区靠近定径带的部分直径非常接近,因此,在拉拔模具内孔金刚石薄膜沉积过程中,完全可以将待沉积表面近似看作直径均一的圆形通孔内表面,在涂层类型优选及内孔沉积基本参数正交优化的基础上,采用第 4 章的理论研究结果,即可针对具有不同定径带直径 D_c 的圆孔模具完成其温度分布相关的热丝及夹具参数的优化,并采用优化的参数完成高质量均匀金刚石薄膜的内孔沉积。本节中首先以普通孔径(D_c＝8.0 mm)的 YG6 硬质合金铝塑复合管拉拔模为例,研究 BD‐UM‐NCCD 薄膜在拉拔模具内孔工作表面的制备、表征及应用。

6.3.1　硼掺杂‐微米‐纳米金刚石复合薄膜涂层铝塑复合管拉拔模的制备及表征

以 YG6 硬质合金铝塑复合管拉拔模作为基体材料制备 BD‐UM‐NCCD 薄膜[129-130],在薄膜沉积之前需要先对基体进行预处理,预处理主要包括以下三个方面:

第一,首先采用慢走丝线切割对硬质合金模具内孔进行粗加工,然后采用内孔抛光机对硬质合金基体内孔进行抛光精加工,一方面使其内孔尺寸保持在预定公差范围内,另一方面保证其内孔表面具有良好的表面平整度,从而避免金刚石薄膜沉积过程中的"复刻效应"(即当基体表面凹凸不平时,沉积的金刚石薄膜表面会继承基体表面形貌),影响后续抛光加工。

第二,酸碱两步法预处理。首先将硬质合金模具入口区向上完全浸入 Murakami 试剂(10 g $K_3[Fe(CN)]_6$＋10 g KOH＋100 mL H_2O)中超声清洗 20 min,清水冲洗后再将其浸入酸溶液(30 mL HCl:70 mL H_2O_2)中刻蚀去钴 1 min。Murakami 试剂的主要作用是粗化基体表面,提高成核密度;酸溶液的主要作用是降低基体表面的钴含量。

第三,采用 0.5～1.0 μm 的金刚石微粉对经过酸碱两步法预处理后的内孔表面进行研磨布晶以进一步提高金刚石薄膜沉积过程中的形核密度。上述预处理工艺适用于各种以内孔表面为待沉积表面的 YG6 硬质合金基体耐磨器件,包括后文涉及的小孔径和超大孔径模具、异型模以及煤液化减压阀阀座等。

针对普通孔径(D_c＝8.0 mm)的模具基体所采用的热源热丝为多根钽丝绞制而成的绞丝,热丝从内孔中心对中穿过,一端用耐高温弹簧片拉直,另一端用耐高温压片压紧。沉积装置示意图如图 4‐1 所示,采用如 3.8 节所述的内孔沉积参数正交优化方法及第 4 章所述仿真方法综合确定的用于该模具基体内孔表面 BD‐UM‐NCCD 薄膜沉积的最佳沉积参数如表 6‐2 所示(优化过程略),该参数下单只模具内孔表面的温度场分布云图如图 6‐3 所示。由于模具靠近端面的入口区位置直径较大,因此表面温度会明显小于压缩区、定径带以及出口区部分,但在模具实际使用过程中受摩擦磨损比较严重的部位多集中于压缩区和定径带,在这两个重点关心的区域,表面温度分布相对比较均匀,并且温度数值可以满足沉积高质量金刚石薄膜的要求。

表 6-2　用于普通孔径($D_c=8.0$ mm)模具内孔
BD-UM-NCCD 薄膜沉积的优化参数

沉 积 参 数	形核阶段	硼掺杂生长阶段	常规生长阶段	细晶粒生长阶段
气体流量 Q_{gm}/(mL/min)	1 200	1 100	1 100	3 600
氩气流量/(mL/min)	0	0	0	2 400
丙酮/氢气体积比	2%～4%	1%～3%	1%～3%	2%～4%
B/C 原子比/ppm	5 000	5 000	0	0
反应压力 p_r/Pa	2 000	5 000	5 000	1 300
冷却水流量 Q_w/(mL/s)	10			
热丝长度 l_f/mm	90			
热丝直径 d_f/mm	0.70			
热丝温度 T_f/℃	2 200			
基体温度 T_s/℃	800～900	800～900	800～900	800～1 000
偏压电流/A	3.0	2.0	2.0	3.0
沉积时间/h	0.5	4	5	2.5

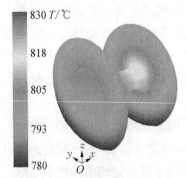

图 6-3　优化参数下单只普通孔径($D_c=8.0$ mm)模具内孔表面的温度场分布云图

为了保证拉制的铝塑复合管产品的表面光洁度,BD-UM-NCCD 薄膜涂层模具的内孔表面需要具有较高的光洁度,其表面粗糙度 R_a 值要低于 50 nm,因此还需要采用内孔线抛光机、侧锥孔抛光机、超声研磨抛光机和流体抛光机对内孔不同区域沉积的金刚石薄膜(初始表面粗糙度 R_a 值约为 100～150 nm 左右)进行抛光处理。

在模具内孔表面不同区域沉积的底层 BDD 薄膜的表面形貌及截面形貌如图 6-4 所示,虽然模具入口区直径较大,但是采用上述针对定径带直径优化的沉积参数仍然能够在入口区部分获得质量较好的 BDD 薄膜。模具入口区、压缩区、定径带和出口区内孔表面沉积的金刚石薄膜均表现出明显的硼掺杂特征,金刚石晶粒比较细密,晶粒尺寸约为 2～3 μm,部分晶粒上存在可能是硼掺杂作用而导致的晶粒畸变,薄膜表面也存在一些由于硼掺杂作用而导致的微小缺陷,部分晶界上存在一些二次形核的较小晶粒。金刚石薄膜在内孔和在平面上的生长速率有所差异。由截面形貌可以看出,四个部分的 BDD 薄膜厚度均约为 7~8 μm,其中定径带部分距离热丝距离最近,薄膜生长速率略高,因此该部分薄膜厚度略微大于其他部分。

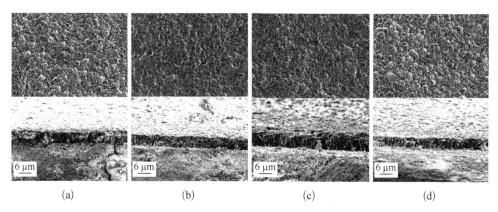

(a)　　　　　　　(b)　　　　　　　(c)　　　　　　　(d)

图 6‑4　模具内孔表面不同区域沉积的底层 BDD 薄膜的表面及截面形貌

(a) 入口区;(b) 压缩区;(c) 定径带;(d) 出口区

　　在模具内孔表面不同区域连续沉积的底层‑中层 BD‑UCD 薄膜的表面形貌及截面形貌如图 6‑5 所示,该薄膜层表面表现出明显的 MCD 薄膜形貌,薄膜表面及晶粒上的缺陷较少,金刚石晶粒相对较大。对比而言,压缩区和定径带部分距离热丝较近,表面温度较高,同时热丝附近分解的氢离子有更高的概率扩散到这两部分的待沉积表面附近,因此压缩区和定径带部分的表面 MCD 薄膜具有更多的较为平整的(１００)晶面,并且晶粒尺寸和薄膜厚度都相对较大,晶粒尺寸约为 5~6 μm,薄膜厚度约为 18~20 μm。入口区和出口区部分距离热丝较远,表面温度较

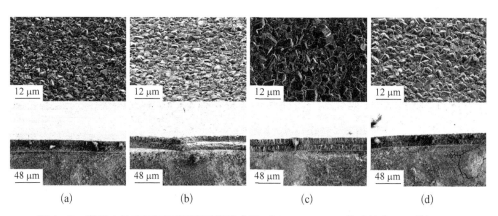

(a)　　　　　　　(b)　　　　　　　(c)　　　　　　　(d)

图 6‑5　模具内孔表面不同区域沉积的底层‑中层 BD‑UCD 薄膜的表面及截面形貌

(a) 入口区;(b) 压缩区;(c) 定径带;(d) 出口区

低,该区域沉积的表面 MCD 薄膜的晶粒取向则是以较为尖锐的(1 1 1)以及(2 2 0)晶面为主,晶粒尺寸较分散,约为 3~5 μm,薄膜厚度约为 16~18 μm。整体来看,四个区域上的 BD-UCD 薄膜的截面形貌中均存在明显的薄膜分层界线,这是因为当薄膜厚度较厚时,BDD 薄膜层和 MCD 薄膜层晶粒尺寸及柱状生长形貌的差异会较为明显。

　　在模具内孔表面不同区域连续沉积的整体 BD-UM-NCCD 薄膜的表面形貌及截面形貌如图 6-6 所示。由于表面 NCD 薄膜沉积工艺的采用,四个典型区域沉积的薄膜均具有典型的 NCD 薄膜形貌,晶粒尺寸降低到 50~150 nm。由于不同区域基体表面温度的差异,压缩区和定径带位置沉积的薄膜具有较大的厚度,总厚度约为 22~24 μm,而进口区和出口区复合薄膜的总厚度约为 19~21 μm。总体来看,采用仿真优化后的沉积参数在模具内孔压缩区和定径带部分沉积的 BD-UM-NCCD 薄膜具有较高的表面质量和一致的薄膜厚度,而在进口区和出口区部分的薄膜较薄,表面质量有所下降,但是不会影响模具正常应用。

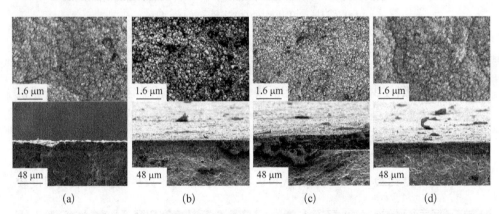

图 6-6　模具内孔表面不同区域沉积的 BD-UM-NCCD 薄膜的表面及截面形貌

(a) 入口区;(b) 压缩区;(c) 定径带;(d) 出口区

　　采用车床改造的侧锥孔抛光机对 BD-UM-NCCD 薄膜涂层模具的入口区和压缩区进行抛光,采用内孔线抛光机对模具的定径带进行抛光,采用超声研磨抛光机对模具的出口区进行抛光,采用磨料流流体抛光机对模具的整个内孔表面进行精抛光。抛光后的模具内孔表面不同区域(入口区、压缩区、定径带和出口区)的表面粗糙度 R_a 值(采用 Taylor Hobson Precision 内孔粗糙度仪测定)分别达到44.7 nm、22.2 nm、33.1 nm 和 30.8 nm,均已经达到镜面光洁度,可满足拉拔铝塑复合管的生产需求。采用相同的抛光工艺对用作对比的其他各类薄膜涂层模具内孔表面进行抛光,其工作区域(定径带)的表面粗糙度 R_a 值分别能够下降到 97.4 nm

（MCD）、40.6 nm（NCD）、92.2 nm（BDD）和 100.6 nm（BD－UCD），该结果进一步验证了 2.3.4 节所述的对比结果。

6.3.2　硼掺杂-微米-纳米金刚石复合薄膜涂层铝塑复合管拉拔模的应用

　　铝塑复合管指的是中间层为铝管，内外层为聚乙烯或交联聚乙烯，层间为热熔胶黏合而成的多层管，它同时具有聚乙烯或交联聚乙烯塑料管耐腐蚀性和金属管耐高压的优点。常用的铝塑复合管由外至内包括塑料、热熔胶、铝合金、热熔胶及塑料五层材料，其中内层的铝合金、热熔胶及塑料复合部分是经过包覆加工后采用本节所述的铝塑复合管拉拔模连续拉拔生产的。铝塑复合管用作室内小口径供水管、辐射采暖和地板采暖、室内低压燃气用管等有着显著的自身特点和应用优势，在铝塑复合管加工生产过程中，对内层铝塑复合部分的材料质量、表面处理、表面质量和加工精度都有着较高的要求，因此也就间接对铝塑复合管拉拔模具的加工效果提出了较高的要求。本节中制备的 BD－UM－NCCD 薄膜涂层铝塑复合管拉拔模在铝塑复合管拉拔生产线上进行了实际拉拔应用，拉拔生产采用的是串联式联合拉拔机组，该机组由机械设备、润滑设备、电气系统、液压系统等组成，其中机械设备又包括开卷、矫直夹送、压头、拉拔主机、冷却、缓冲活套、收卷装置等。拉拔生产采用的原材料为铝材和塑料管，产品为满足尺寸要求的铝塑复合管成品，在拉拔过程中，铝材和塑料管分别从对应的入料口进入双槽连续挤压包覆机，铝材经过连续挤压以及热熔胶的黏合作用包覆在塑料管表面，形成的复合管经过导轮进入模座，经过三道次的 BD－UM－NCCD 薄膜涂层模具（成品模为 $D_c=8.0$ mm 的模具）的连续拉拔，再经过矫直辊矫直，最后在卷筒上排列成均匀紧密的螺旋状。

　　本节中制备的 BD－UM－NCCD 薄膜涂层铝塑复合管拉拔模样品、应用现场及拉制的铝塑复合管产品均如图 6－7 所示。BD－UM－NCCD 薄膜涂层铝塑复合管拉拔模的应用效果主要体现在如下几个方面[129-130]：

(a)　　　　　　　　　　　(b)　　　　　　　　　　　(c)

图 6－7　BD－UM－NCCD 薄膜涂层铝塑复合管拉拔模的应用

（a）铝塑复合管拉拔模；（b）拉拔现场；（c）铝塑复合管成品

（1）大幅提高了铝塑复合管拉拔模具的使用寿命,节约了钨、钴等硬质合金原材料。在完全相同的拉拔条件下单只硬质合金拉拔模具以及各类金刚石薄膜涂层拉拔模具的工作寿命分别为：WC-Co 约 45 km；MCD 约 200 km；NCD 约 60 km；BDD 约 350 km；BD-UCD 约 550 km；BD-UM-NCCD 约 500 km。其中 MCD 和 NCD 薄膜涂层模具的主要失效形式为薄膜剥落,其他三种薄膜涂层模具的主要失效形式则是环沟状磨损,据此可进一步证明硼掺杂可有效提高金刚石薄膜的附着性能。虽然 BD-UCD 薄膜的寿命高于 BD-UM-NCCD 薄膜,但是考虑到抛光效率,BD-UM-NCCD 最具实用性,因此在批量生产中优选该薄膜作为硬质合金拉拔模内孔工作表面耐磨涂层,可将传统硬质合金模具的使用寿命提高 10 倍以上,减少硬质合金材料的损耗,进而有效节约钨、钴等战略资源的消耗。

（2）显著提高了生产效率。BD-UM-NCCD 薄膜涂层拉拔模具在全寿命周期内均具有良好的应用效果,无须进行停机检测、修模或换模,因此减少了操作工人的劳动量,可以有效提高生产效率。此外,BD-UM-NCCD 薄膜还具有明显优于硬质合金的摩擦性能,薄膜材料与铝材之间的摩擦系数和摩擦阻力较小,因此在同等拉拔条件下可以将拉拔速度提高 50% 左右,从而进一步提高生产效率。

（3）显著改善了产品质量,减少了铝材的浪费。同样因为 BD-UM-NCCD 薄膜与铝材之间的摩擦系数较小,因此在拉拔过程中涂层模具对于铝材的刮擦作用会明显减弱,直观表现为拉拔过程中铝屑的生成量和黏铝现象明显减少,因此铝塑复合管产品的表面光洁度和表面质量得到了明显改善,如图 6-7(c)所示,其中用作对比的铝塑复合管即为采用涂层模具拉制的产品,明显可以看出其表面光泽要优于采用未涂层硬质合金模具拉制的产品。此外,BD-UM-NCCD 薄膜涂层模具优异的耐磨性能决定了其在整个使用过程中磨损很慢,因此模具孔径基本不会发生变化,采用该模具拉制的铝塑复合管产品也就具有更高的尺寸精度稳定性。而采用硬质合金模具进行拉拔生产时,模具孔径在使用公差范围内也会逐渐扩大,从而导致管材产品直径增加,造成铝材浪费。综合应用试验结果可知,采用 BD-UM-NCCD 薄膜涂层模具进行铝塑复合管拉拔生产可以节约大约 1%～2% 的铝材。

（4）减少了能源消耗。同样因为 BD-UM-NCCD 薄膜与铝材之间的摩擦系数较小,在拉拔过程中摩擦生热会明显减少,因此电机做功产生的机械能大都消耗在正常的拉拔生产工序中,而不会造成大量的能量损耗,据此分析,采用 BD-UM-NCCD薄膜涂层模具可以有效减少拉拔生产过程中的能源消耗,符合低碳生产的先进理念。

（5）可以采用水润滑代替油润滑，推动实现绿色生产。金刚石薄膜除了具有较低的摩擦系数外，还具有一些特殊的摩擦特性，比如在水润滑条件下同样具有良好的摩擦性能。拉拔生产所采用的润滑剂需要起到两方面的作用：其一是具有较高的耐磨性，能够有效降低摩擦能耗，减小拉拔力，并能够使产品的表面质量符合要求；其二是具有良好的换热性能，能够有效地对模具和坯料进行散热。采用硬质合金模具进行铝材拉拔过程中应用最广的润滑方式是油润滑，并且由于硬质合金与铝材料之间的黏着现象较为明显，因此必须采用高质量润滑油才能够起到上述两方面的作用，在机械加工过程中大量使用油基润滑剂会造成加工车间产生烟雾、油雾、气氛、化学微粒及细菌污染等加工环境污染问题，并且会危及加工者的健康。同时，随着全球石油资源的日益枯竭，生产油基润滑剂对石油资源的大量消耗也日益引起了人们的重视，而水润滑技术是解决这一问题的理想途径之一。水润滑应用的局限性主要在于水的黏度很低、润滑性差、氧化性强、成膜能力差，在一般的模具上难以形成良好的润滑膜，并且容易引起金属摩擦副的氧化腐蚀和黏着磨损，而金刚石薄膜在水润滑条件下金刚石薄膜表面的成膜性能好，化学稳定性好，不容易形成磨屑或其他摩擦系数较高的反应产物，不易形成氧化腐蚀或黏着磨损。金刚石薄膜在水润滑条件下同样具有优异的摩擦性能，如极低的摩擦系数和磨损率以及良好的自润滑性。作者所在课题组曾就金刚石薄膜在水润滑条件下的摩擦磨损性能进行过系统研究[68, 131-132]。在铝塑复合管拉拔生产过程中，使用专门设计的水润滑装置，如图 6 - 7(b) 中所示水管接入部分，采用水润滑代替油润滑，BD - UM - NCCD 薄膜同样表现出极高的使用寿命和应用效果，拉制的铝塑复合管产品具有较高的尺寸精度和表面质量，同时流动的润滑用水具有更有优异的散热性能，可以有效降低温度，同时省去了后续的恒温清洗装置，简化了加工过程，降低了加工成本，减少了环境污染，对于实现绿色生产具有推动作用。

6.4　小孔径内孔涂层技术及应用

6.4.1　小孔径内孔涂层工艺

在内孔表面沉积 HFCVD 金刚石薄膜是通过将钽丝穿入内孔作为热源和反应气体分解源来实现的，如第 4 章所述，在 HFCVD 金刚石薄膜沉积过程中存在两个关键的温度数值，其一是热丝温度必须被加热到高温 2 000℃以上，才能进行比较有效率的碳源和氢气分解反应，并且分解效率随温度上升而上升；其二是基体温度要控制在 800～900℃的温度范围内（或者较为宽泛的温度范围，如 500～1 000℃），这一温度相对于热丝温度而言较低。对于普通孔径的模具而言,合理控制热丝直径 d_f 和热丝温度 T_f 即可较好地满足这两个条件,但是当模具孔径较小(D_c 在 3.0 mm 以下,最小达到 1.2 mm)时,这两个关键的温度数值却成为一对非常尖锐的矛盾制约体,当热丝温度高达 2 000℃ 以上时,基体温度往往也会超过 1 000℃,而要使基体温度满足沉积需求,热丝温度却无法达到气源分解所需要的温度,因此需要采用辅助手段来加快基体散热,从而在热丝和基体表面之间形成较大的温度梯度。

此外,在小孔径内孔涂层过程中,采用与普通孔径类似的直拉热丝法进行穿丝时,对热丝的对中性提出了很高的要求。因为对小孔径模具而言,热丝稍有偏离模孔轴线就会使基体内孔表面温度场分布的不均匀性迅速增加,并且在沉积过程中的温度变化会导致热丝热胀冷缩,致使热丝下垂等更为严重的偏离轴线的情况出现,严重影响金刚石薄膜生长的质量均匀性,甚至会出现热丝碰触基体表面导致基体表面烧伤或短路的现象,因此需要采用新型的热丝排布方式或热丝张紧装置来保证金刚石薄膜沉积过程中热丝的对中性。针对这一问题,中国工程物理研究院结构力学研究所的梅军等开发出了垂直拉丝的拉拔模具批量化 HFCVD 金刚石薄膜沉积装置[87-89],但是受热丝自身强度的限制,垂直拉丝方法中锥形重物重力的合理控制比较困难,并且设备整体结构较为复杂,真空反应腔内的整体沉积环境更加难以精确控制。

为了保证沉积过程中热丝的对中性不发生改变,我们提出了一种菱形的新型辅助热丝张紧装置。在传统装置中,用于热丝张紧的拉力来源于单根高温弹簧片,弹簧片底端固定,热丝另一端采用耐高温压片压紧,实线所示为沉积前的热丝张紧位置,在沉积过程中随着温度升高,热丝膨胀伸长,弹簧片会向虚线方向移动,则热丝的对中位置会发生较大改变,如图 6 - 8(a)所示,从而影响模具内孔表面温度分布的均匀性。新型辅助热丝张紧装置中用于热丝张紧的拉力来源于四根等长度、呈菱形布置的高温弹簧片,弹簧片组与热丝重合的水平对角线后端固定,热丝另一端采用耐高温压片压紧,如图 6 - 8(b)所示,只要在安装时保证了热丝的对中性,在整个沉积过程中温度的变化就不会对热丝位置造成明显的影响。在内孔金刚石薄膜沉积过程中,反应腔内的热量传递过程如下:热丝通电发热产生的热量会通过热辐射作用传递到模具、红铜块、石墨工作台或反应腔的水冷外壁面上,模具吸收的热量有一部分会用于加热模具,还有一部分会通过红铜块传递到石墨工作台上,模具和红铜块吸收的热量还会有一部分通过辐射作用传递到反应腔的水冷外壁面,其中大部分的多余热量是通过水冷外壁面及石墨工作下方的水冷台散出。对小孔径模具而言,采用这种传统的热量传递系统可能无法保证热丝与模具内孔表面之间形成合理的温度梯度,因此我们在试制的产业化设备中,在原有的红铜支承块四周又包覆了一层不锈钢壁,在必要的情况下还可以结合水冷隔板的设计思路,在不锈钢壁中内通微细冷却水管,以增加辐射或对流散热面积,加快模具向外散热的速率。再合理增加热丝功率,以保证模具基体表面的温度控制在 800～900℃,同时热丝温度可以达到 2 000～2 200℃及以上。

采用新型辅助热丝张紧装置及辅助散热夹具可在保证原有沉积条件不发生明显变化的情况下解决沉积过程中的热丝对中性问题以及热丝与模具基体温度的矛盾问题。试验结果表明,采用综合了新型辅助热丝张紧装置与辅助散热夹具的沉积工艺可以在小孔径拉拔模具内孔表面制备高质量的金刚石薄膜,同时由于小孔径模具四个不同区域的尺寸差异较小,因此在保证热丝对中性的前提下,其整个内孔表面温度分布的均匀性也比较容易保证[133]。在采用辅助散热夹具的条件下,同样采用如 3.8 节所述的内孔沉积参数正交优化方法及第 4 章所述仿真方法综合确定的用于 $D_c=1.3$ mm 的小孔径漆包线拉丝模内孔 BD-UM-NCCD 薄膜沉积的沉积参数如表 6-3 所述(优化过程略),该参数下单只模具内孔表面的温度场分布云图如图 6-8 所示。

表 6-3　用于小孔径($D_c=1.3$ mm)模具内孔
BD-UM-NCCD 薄膜沉积的优化参数

沉 积 参 数	形核阶段	硼掺杂生长阶段	常规生长阶段	细晶粒生长阶段
气体流量 Q_{gm}/(mL/min)	1 200	1 100	1 100	3 600
氩气流量/(mL/min)	0	0	0	2 400
丙酮/氢气体积比	2%～4%	1%～3%	1%～3%	2%～4%
B/C 原子比/ppm	5 000	5 000	0	0
反应压力 p_r/Pa	2 000	5 000	5 000	1 300
冷却水流量 Q_w/(mL/s)	10			
热丝长度 l_f/mm	90			
热丝直径 d_f/mm	0.55			
热丝温度 T_f/℃	2 200			
基体温度 T_s/℃	800～900	800～900	800～900	800～1 000
偏压电流/A	3.0	2.0	2.0	3.0
沉积时间/h	0.5	2.5	3	0.5

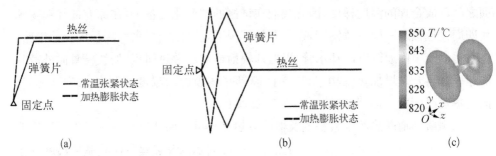

图 6 - 8 (a) 传统热丝张紧装置，(b) 新型菱形辅助热丝张紧装置和(c) 优化
参数下单只小孔径($D_c = 1.3$ mm)模具内孔表面的温度场分布云图

6.4.2 硼掺杂-微米-纳米金刚石复合薄膜涂层小孔径模具的应用

采用典型的 BD - UM - NCCD 薄膜沉积方法，结合前文所述的新型辅助热丝张紧装置与辅助散热夹具，采用优化的沉积参数在 $D_c = 1.3$ mm 的小孔径漆包线拉丝模内孔表面制备了厚度均匀的高质量 BD - UM - NCCD 薄膜并进行抛光，其薄膜表征结果与普通孔径模具内孔表面制备的薄膜类似，不再赘述。该涂层拉丝模在漆包线拉拔生产线上进行了拉拔漆包线中铜裸线部分的实际应用试验，表现出了良好的应用效果。该模具样品及生产的漆包线成品如图 6 - 9 所示，应用试验中共计采用了八道次的 BD - UM - NCCD 薄膜涂层模具，该模具为最后一道成品模具。

图 6 - 9 BD - UM - NCCD 薄膜涂层小孔径漆包线拉丝模的应用
(a) 涂层模具样品；(b) 漆包线成品

漆包线是绕组线的一个主要品种，由导体和绝缘层两部分组成，裸线经退火软化后，再经过多次涂漆，烘焙而成。漆包线产品具有较高的质量评价标准，其成品的外观、尺寸及性能都必须严格符合产品的技术标准，漆包线成品外观应光洁、色泽均匀、无粒子，无氧化、发毛、阴阳面、黑斑点、脱漆等影响性能的缺陷，而影响其成品外观质量的一个重要因素就是采用拉丝模拉拔生产的铜裸线的表面质量。此外,漆包线成品及铜裸线在尺寸精度、机械性能、耐热性能、电学性能和耐化学性能等方面也具有很高的质量要求。因此,相对于其他金属线材拉拔制品而言,漆包线中铜裸线部分的拉拔生产对于拉丝模的内孔表面光洁度、内孔尺寸精度、孔径稳定性(即耐磨性)、摩擦磨损性能和实际应用效果提出了更高的要求。在小孔径漆包线拉丝模内孔表面沉积具有良好的综合性能的 BD - UM - NCCD 薄膜可以很好地达到上述要求。

BD - UM - NCCD 薄膜具有优异的耐磨损性能,大幅提高了小孔径漆包线拉丝模的使用寿命。采用硬质合金拉丝模,生产约 15 t 的漆包线产品后,由于模具内孔表面磨损,表面质量恶化,产品质量已难以满足生产要求。采用 BD - UM - NCCD 薄膜涂层拉丝模可以稳定生产 300 t 以上的高质量漆包线产品,模具使用寿命提高了 20 倍。

其次,该复合薄膜可以有效提高漆包线产品的表面质量。该复合薄膜表面的 NCD 薄膜层具有较好的可抛光性,经过后续抛光的 BD - UM - NCCD 薄膜涂层漆包线拉丝模的内孔表面粗糙度 R_a 值小于 50 nm,达到镜面光洁度,该模具全寿命周期内表面光洁度不会发生明显改变。该薄膜具有良好的摩擦性能,与铜裸线材料对磨的摩擦系数较小,拉拔生产过程中对于铜裸线表面的刮擦作用较弱,因此可以保证全寿命周期内拉拔生产的漆包线铜裸线产品具有良好的表面质量,进而保证漆包线成品的表面质量。

再次,有效提高漆包线铜裸线产品的尺寸精度及其相关性能。BD - UM - NCCD 薄膜优异的耐磨损性能同时意味着模具具有良好的孔型保持性,只要模具产品初始尺寸精度达到使用要求,在全寿命周期内就不会发生明显改变,进而可保证铜裸线产品尺寸精度的稳定性。在电学应用中,漆包线铜裸线产品截面尺寸的稳定性有利于提高其电阻稳定性和耐压水平。此外,铜裸线产品尺寸精度的稳定还可以有效减少铜材料的浪费。

最后,与 BD - UM - NCCD 薄膜涂层普通孔径拉拔模具相同,复合薄膜涂层小孔径拉丝模全使用寿命周期内也无须进行停机检测、修模和换模,同时摩擦系数的减小有助于拉拔速度的提高,因此可以有效提高生产效率。摩擦系数的减小同样会使拉拔生产过程中的摩擦生热减少,减少能源浪费,推动实现高效、低碳生产。

6.5　超大孔径内孔涂层技术及应用

6.5.1　超大孔径内孔涂层工艺

在种类繁多的模具产品中,用于电线电缆绞线紧压的绞线紧压模常常具有很大的内孔直径,部分模具的定径带直径 D_c 超过 30 mm,甚至达到 120 mm,第 4 章中论述了基体温度分布趋势随基体孔径 D_s 的变化趋势,对于具有超大孔径内孔的模具,可以通过提高热丝温度 T_f 或热丝直径 d 的方法来使其内孔表面达到所需要的金刚石薄膜沉积温度范围,但是在热丝附近分解的含碳活性基团和氢原子在还没有运动到基体表面的时候就可能发生了重新聚合反应,因此仍然难以保证金刚石薄膜的正常形核和生长。本节提出了等边三角形的热丝排布工艺,如图 6-10(a)所示,其中三根热丝排布在以模具中心为圆心的定径圆周上,构成一个等边三角形,热丝的具体排布位置通过控制等边三角形的外接圆半径(即圆心到热丝的间距)R_f 来实现。

　　采用等边三角形排布的三根热丝作为热源,可以有效减小热丝表面与基体内孔表面之间的距离,通过三根热丝的总功率来保证基体内孔表面温度数值及温度分布的同时,也能够保证有足够的含碳活性基团和氢原子运动到基体表面发生化学反应以生成金刚石薄膜。本节中采用该工艺完成了超大孔径绞线紧压模(D_c=47.5 mm)内孔表面高质量金刚石薄膜的沉积,此外我们目前可实现均匀金刚石薄膜沉积的最大内孔孔径已达到 120 mm[134]。由于超大孔径模具的整体体积较大,因此使用的红铜块是类似图 4-2 单基体排布方案中所示的长方体红铜块,同样采用如 3.8 节所述的内孔沉积参数正交优化方法及第 4 章所述仿真方法综合确定的用于该超大孔径绞线紧压模内孔 BD-UM-NCCD 薄膜沉积的完整参数如表 6-4所述(优化过程略),在优化的沉积参数下模具内孔表面的温度分布云图如图 6-10(b)所示。采用该方法在超大孔径模具内孔表面制备了均匀的高质量 BD-UM-NCCD 薄膜并进行了抛光,该薄膜具有同普通孔径模具内孔表面制备的同类薄膜相似的表征结果,不再赘述。

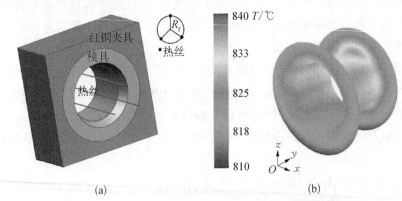

(a)　　　　　　　　　　　　　　　　(b)

**图 6-10　用于大孔径内孔金刚石薄膜沉积的等边三角形
热丝排布方式及优化参数下的温度场分布云图**

(a) 等边三角形热丝排布示意图;(b) 优化参数下内孔表面温度分布云图

表 6 - 4　用于超大孔径(D_c＝47.5 mm)模具内孔
BD - UM - NCCD薄膜沉积的优化参数

沉 积 参 数	形核阶段	硼掺杂生长阶段	常规生长阶段	细晶粒生长阶段
气体流量 Q_{gm}/(mL/min)	1 200	1 100	1 100	3 600
氩气流量/(mL/min)	0	0	0	2 400
丙酮/氢气体积比	2%～4%	1%～3%	1%～3%	2%～4%
B/C 原子比/ppm	5 000	5 000	0	0
反应压力 p_r/Pa	2 000	5 000	5 000	1 300
冷却水流量 Q_w/(mL/s)	10			
热丝排布 R_f/mm	16			
热丝长度 l_f/mm	120			
热丝直径 d_f/mm	0.75			
热丝温度 T_f/℃	2 200			
基体温度 T_s/℃	800～900	800～900	800～900	800～1 000
偏压电流/A	3.0	2.0	2.0	3.0
沉积时间/h	0.5	2.5	3	0.5

6.5.2　硼掺杂-微米-纳米金刚石复合薄膜涂层超大孔径模具的应用

本节制备的 D_c＝47.5 mm 的超大孔径 BD - UM - NCCD 薄膜涂层绞线紧压模在铜电线电缆绞线紧压生产线上进行了应用试验,模具样品及应用现场图如图 6 - 11 所示,该模具在应用中同样表现出了类似于普通孔径拉管模和小孔径拉丝模的优异性能:

　　　　(a)　　　　　　　　　　　　(b)

图 6 - 11　BD - UM - NCCD 薄膜涂层超大孔径绞线紧压模的应用
(a) 涂层模具样品;(b) 绞线紧压生产现场

（1）BD－UM－NCCD薄膜涂层绞线紧压模具有极高的使用寿命。单只同规格硬质合金绞线紧压模仅能生产大约25～30 km的电线电缆产品，而采用该涂层模具可以连续生产600 km以上的电线电缆产品，模具使用寿命提高了20倍以上。

（2）BD－UM－NCCD薄膜良好的摩擦磨损特性有效地改善了电线电缆产品的表面质量，产品表面氧化现象减少。BD－UM－NCCD薄膜优异的耐磨损性能可以保证全寿命周期内模具产品孔径的稳定性，因此电线电缆的截面稳定性得到明显提高，有利于提高电缆的耐压水平，同时也可以有效减少原材料的消耗，根据初步估测，采用该涂层模具可以节约2%～3%的铜材料，电线电缆绞线紧压生产行业的利润率较低，而其生产成本主要是材料成本，这也就意味着采用该涂层模具可以显著提高电线电缆绞线紧压生产行业的利润率（大约可以提高30%～50%）。

（3）BD－UM－NCCD薄膜涂层绞线紧压模具全寿命周期内免维护，减少了换模、修模的时间，提高了劳动生产率。BD－UM－NCCD薄膜与常用的拉拔材料之间的摩擦系数小，适用于高速拉拔，可以进一步提高劳动生产率。此外，摩擦生热可以显著减少，避免了机械能浪费，有助于节能减排。

6.5.3　热丝排布方式的进一步优化和归一化模型

1）热丝参数影响性分析

基于前文所述的等边三角形及由此拓展而来的等边多边形热丝排布和已有的内孔金刚石薄膜沉积仿真模型及方法，本节首先以ϕ80 mm的SiC基体内孔为例，研究热丝排布参数对于内孔表面温度场分布的影响规律，初始基本模型如图6－12所示，采用的基本材料参数如表6－5所示。热丝排布参数定义如图6－13所示，其中，N为热丝数量，α为排布方向，T_f为热丝温度，d_f为热丝直径，r_c为热丝排布圆周半径，h为热丝整体向下偏移的距离。初始的热丝排布参数如下：$N=6$，$\alpha=30°$，$T_f=2\,100℃$，$d_f=1\,mm$，$r_c=25\,mm$，$h=0$。反应气体定义为纯氢气，流量为1 150 mL/min，反应压力为5 000 Pa，所有水冷壁面的表面对流系数定义为55 W/(m²·℃)。在初始条件下的仿真结果及对应的测温结果如图6－14(a)所示，内孔表面的温度数值达到金刚石薄膜生长的要求，但是温差高达30℃，高温区位于模具上方，低温区位于模具下方，这主要是因为模具内孔不同位置与下方水冷工作台的距离不同，因此传导散热速率存在明显差别。此外，测温结果与仿真结果的规律一致，误差约为4%。

在初始模型计算前及计算过程中进行了以下简化：

（1）实际设备中的冷却水用水冷壁面上的表面对流系数代替，实际设备中的冷却水流量约为10 mL/s，对应的仿真结果如图6－14(b)所示，与图6－14(a)中的仿真结果基本一致。仿真计算中如果考虑实际的冷却水流动，会大幅增加计算量，

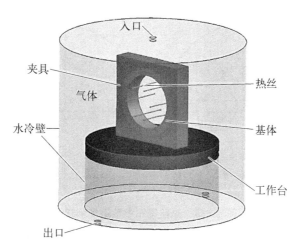

图 6-12　大孔径内孔金刚石薄膜沉积的初始基本模型

表 6-5　初始仿真模型中各部件的尺寸参数及材料特性(室温)

部　件	尺寸/mm	成　分	热传导系数/ [W/(m·K)]	黏度/ (Pa·s)	辐射系数
气　体	φ280×250	氢　气	0.196	$8.87×10^{-6}$	—
		丙　酮	0.18	$3.31×10^{-4}$	—
		氩　气	0.016	$2.13×10^{-5}$	—
热　丝	φ1×65	钽	57.56		0.38
基　体	φ102×25	SiC	40		0.9
夹　具	φ120×120×25	铜	401		0.59
工作台	φ240×20	石　墨	128		0.9
壁	φ280×250	不锈钢	17		0.7
	φ240×80				
入　口	φ10×10	—	—	—	—
出　口	φ10×10	—	—	—	—

甚至很容易导致计算发散,因此在后文仿真中均将冷却水用水冷壁面上的表面对流系数代替。

(2) 忽略金刚石生长过程中所有化学反应。化学反应尤其是氢原子在基体表面复合反应会提供大量热量,导致基体温度上升,这是仿真与测温结果出现误差的主要原因。

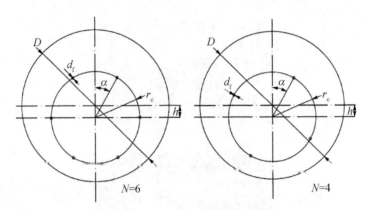

图 6‑13 热丝排布参数定义示意

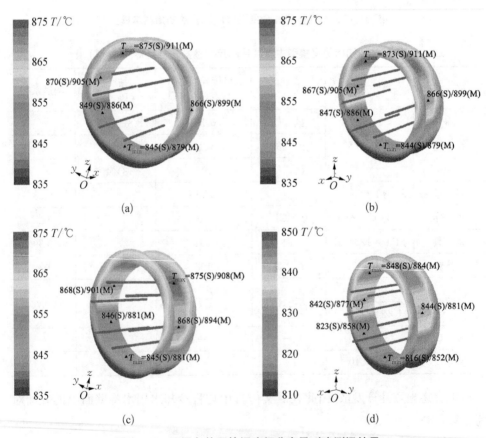

图 6‑14 不同条件下的温度场分布及对应测温结果

(a) 初始模型,纯氢气氛围,表面对流系数 55 W/(m² · ℃)代替冷却水作用;(b) 初始模型,纯氢气氛围,冷却水流量 10 mL/s;(c) 初始模型,97%氢气＋3%丙酮(吸收系数 AC=0.2,散射系数 SC=0.3);(d) 初始模型,40%氢气＋60%氩气(AC=0.1, SC=0.2)

（3）氢气是具有典型的对称分子结构的双原子气体，因此将其定义为热辐射透明气体，吸收系数和散射系数均为零。所有固体均定义为辐射不透明体。

（4）金刚石薄膜沉积过程中除氢气外还会采用丙酮、甲烷、甲醇、乙醇等碳源气体以及氩气等惰性气体，这些气体不能视为辐射透明气体。但是在该研究中，由于丙酮的含量很低，并且热传导系数接近氢气，因此其作用被忽略。如图 6 - 14(c)所示为当反应气体定义为 97% 氢气和 3% 丙酮(吸收系数 AC 为 0.2，散射系数 SC 为 0.3)的混合气体时的仿真结果，与图 6 - 14(a)的结果基本一致。

（5）在 NCD 沉积过程中常常会通入大量氩气，氩气的辐射参数对于仿真结果有明显影响，但是没有数据资料可以直接获得氩气的辐射参数，因此本研究中定义反应气体为 40% 氢气和 60% 氩气的混合气体，然后采用了多组 AC 和 SC 的组合进行仿真，结果发现当两参数分别为 0.1 和 0.2 时仿真结果与测温结果比较吻合，如图 6 - 14(d)所示。当沉积 NCD 时，氩气含量很高，氩气的辐射特性与氢气差异较大，并且氩气的热传导系数也明显小于氢气，因此在仿真时不能忽略其作用。

基于上述论述、验证及模型简化，首先以常规的 MCD 薄膜沉积为例，深入分析上述热丝参数对于内孔表面温度场分布的具体影响。采用内孔直拉热丝工艺在较小直径(<30 mm)的内孔表面沉积金刚石薄膜时，采用粗细合适、置于内孔轴线上、加热到 2 000～2 400℃ 的单根热丝即可为反应气体分解和加热基体提供足够的能量，并且通过控制热丝温度和热丝直径可以控制基体表面温度在 800～900℃ 的范围内。随着内孔直径的增加，热丝-基体间距增加，一方面热丝辐射难以保证内孔表面的温度达到金刚石薄膜生长所需的数值，另一方面，热丝-基体间距增加，在热丝周围分解生成的活性基团到达基体表面的概率大幅降低，因此热丝根数必须增加且合理排布，方可满足内孔表面金刚石薄膜均匀沉积的要求。用于内孔表面金刚石薄膜均匀沉积的基本的热丝排布方式是以内孔轴线成中心对称的等边多边形热丝排布方式。

在等边多边形热丝排布方式基础上，首先研究了热丝根数 N 对于内孔表面温度场分布的影响[$T_f = 2 100℃$, $d_f = 1$ mm, $r_c = 25$ mm(单根热丝不适用)，$h = 0$，$\alpha =$ 变量(单根热丝不适用，N 根热丝 $180°/N$，空出零点方向)]，结果如图 6 - 15(a)所示，其中温度偏差定义为温差和最小温度的比值，用于评价内孔表面温度场分布的均匀性。随着 N 的增加，整体辐射热量等比增加，因此内孔表面温度数值急剧上升。不同热丝根数情况下内孔表面温度场分布趋势基本一致，即上方较高下方较低，但是温度偏差会随着 N 的增加明显减小，说明更多的热丝有助于改善内孔表面温度场分布的均匀性。由于金刚石薄膜沉积过程中热丝温度和基体温度分别需

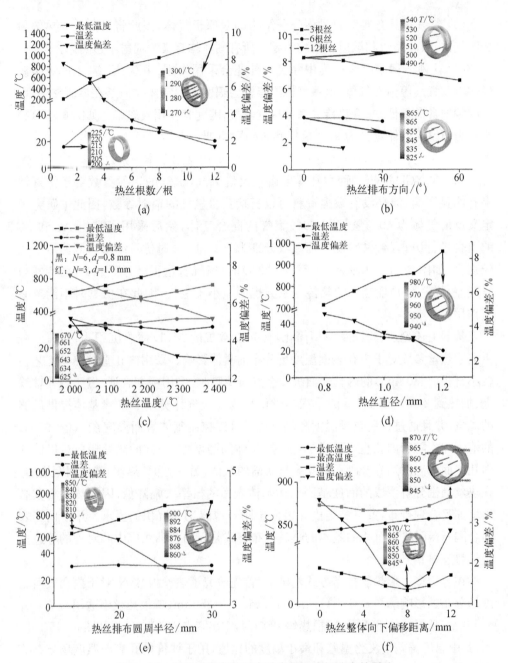

图 6-15 热丝排布参数对内孔表面温度场分布的影响

(a) $N[T_f = 2\,100\,℃,\ d_f = 1\ \text{mm},\ r_c = 25\ \text{mm}(单根不适用),\ h = 0\ \text{mm},\ \alpha\ 可变(单根不适用,N\ 根热丝\ 180°/N)]$；(b)$\alpha\ (T_f = 2\,100\,℃,\ d_f = 1\ \text{mm},\ r_c = 25\ \text{mm},\ h = 0\ \text{mm})$；(c) $T_f (\alpha = 180°/N,\ r_c = 25\ \text{mm},\ h = 0\ \text{mm})$；(d)$d_f (N = 6,\ \alpha = 180°/N,\ T_f = 2\,100\,℃,\ r_c = 25\ \text{mm},\ h = 0\ \text{mm})$；(e) $r_c (N = 6,\ \alpha = 180°/N,\ T_f = 2\,100\,℃,\ d_f = 1\ \text{mm},\ h = 0\ \text{mm})$；(f) $h (N = 6,\ \alpha = 180°/N,\ T_f = 2\,100\,℃,\ d_f = 1\ \text{mm},\ r_c = 25\ \text{mm})$

要控制在 2 000℃以上以及 800~900℃,并且过多热丝在内孔中的协同排布非常困难,因此本研究中将 N 近似定义为 6。

　　在固定的热丝根数情况下,热丝排布的方向 α 也会显著影响温度分布,相应结果如图 6-15(b)所示。当 α 趋近于 0°,即当某根热丝趋近于零点方向时,温度偏差会逐渐增加,这是因为温度最高点原本就位于零点方向,当有一根热丝恰好位于该位置时,温度最高点的温度上升会更加明显。热丝温度 T_f 和热丝直径 d_f 对于内孔表面温度场分布的影响分别如图 6-15(c)和(d)所示。随着 T_f 的升高,内孔表面的温度数值整体上升,但是温差基本保持不变,因此温度偏差略有下降。d_f 的增加可起到类似 T_f 升高的效果,但是改善内孔表面温度场分布均匀性的效果更明显,温差即随之略有下降,而温度偏差下降更明显,这主要是因为热丝辐射面积增大。

　　热丝-基体间距不但会影响从热丝到基体的温度梯度,还会影响活性基团到达基体表面的概率,因此对平面或复杂形状外表面金刚石薄膜的沉积都会有显著影响。在内孔区域,虽然热丝-基体间距的调整受到内孔直径的限制,但仍然可以通过采用不同数量的热丝来进行调整,当热丝数量确定后,还可以通过改变热丝排布圆周的半径 r_c 进一步进行调整,其影响规律如图 6-15(e)所示,整体温度会随 r_c 的增加略有上升,但是温差基本保持不变,因此温度偏差略有减小。但是如果 r_c 过大,热丝-基体间距很小,靠近基体表面的热丝在金刚石薄膜沉积过程中如果发生抖动,很容易碰触内孔表面。综合以上因素,r_c 初步确定为 20~30 mm。

　　如前文所述,内孔表面温度分布的基本规律是上方高下方低,因此考虑将所有热丝整体向下平移可能有助于改善温度场分布的均匀性。热丝整体向下偏移的距离 h 对于内孔表面温度场分布的影响如图 6-15(f)所示,最低温度会随着 h 的增加而增加,但是最高温度、温差和温度偏差都会随着 h 的增加先降低再升高,当 $h=8$ mm 时温度偏差最小。随着 h 的增加,由于热丝与内孔下方的距离越来越近,因此温度最高点也会逐渐从上方向下方移动。此外,当 h 增加到 12 mm 时,内孔下方的仿真结果与测温结果的偏差高达 7.5%,而上方的偏差仅有 2.6%,实际的温差和温度偏差要比仿真结果更高,这是因为当热丝靠近内孔下方时,热丝周围分解生成的氢原子到达内孔下方表面的概率更高,氢原子复合反应从而可以提供更多的能量。通过测温试验发现,当 h 大约为 5.6 mm 时可以获得最小的温差和温度偏差,这说明对 h 而言,仿真优选的结果与实际优选的结果之间约有 30% 的偏差,试验数值要采用 0.7 的补偿系数进行补偿。

　　2) $\phi80$ mm 内孔热丝参数优化及沉积试验

　　根据前文的讨论结果,针对 $\phi80$ mm 内孔表面金刚石薄膜沉积过程,α 设定为

30°,其他参数也可初步限定在合适的范围内。为了进一步优化热丝排布参数,本节中采用 L9(3⁴) 正交表格安排优化仿真,相应的因素和水平如表 6-6 所示,因为 h 还会受到 r_c 的限制,因此表格中的 h' 定义为 $11.2-0.288r_c$。用于优化仿真的 L9(3⁴) 正交表及相应的仿真分析结果如表 6-7 所示,其中,T_{min} 为最低温度,T_d 为温度偏差,A_n 为对应水平 n 的平均结果,R_j 为极差。所有因素的影响曲线如图 6-16 所示,T_{min} 会随四个因素的上升而增加,T_d 会随 T_f、d_f 和 r_c 的上升而减小,当 $h=2h'$ mm 时 T_d 最小,与前面的讨论结果吻合。在 $\phi80$ mm 内孔表面沉积 MCD 的最优热丝排布参数为:$T_f=2\,200℃$, $d_f=0.8$ mm, $r_c=30$ mm, $h=2h'=2\times(11.2-0.288r_c)=5.12$ mm,对应的温度分布仿真结果如图 6-17(a) 所示,考虑到仿真与测温试验中对于 h 值要求的偏差,在测温及实际的金刚石薄膜沉积过程中采用的 $h=1.4h'=1.4\times(11.2-0.288r_c)=3.584$ mm,如图 6-17(a) 中所示的测温结果即该情况下得到的结果,与仿真结果具有很好的一致性。

表 6-6　用于优化仿真的因素和水平

因素	水　平		
	1	2	3
$T_f/℃$	2 000	2 100	2 200
d_f/mm	0.8	0.9	1.0
r_c/mm	20	25	30
h/mm	h'	$2h'$	$3h'$

表 6-7　用于优化仿真的 L9(3⁴) 正交表及相应的仿真分析结果

试验编号	因　素				结　果	
	$T_f/℃$	d_f/mm	r_c/mm	h/mm	$T_{min}/℃$	$T_d/℃$
CASE1	2 000	0.8	20	h'	625	2.96
CASE2	2 000	0.9	25	$2h'$	699	2.21
CASE3	2 000	1.0	30	$3h'$	788	2.71
CASE4	2 100	0.8	25	$3h'$	735	2.62
CASE5	2 100	0.9	30	h'	804	2.29
CASE6	2 100	1.0	20	$2h'$	838	1.79
CASE7	2 200	0.8	30	$2h'$	841	1.55
CASE8	2 200	0.9	20	$3h'$	885	2.34

（续表）

试验编号	因　　素				结　　果	
	$T_{\mathrm{f}}/℃$	$d_{\mathrm{f}}/\mathrm{mm}$	$r_{\mathrm{c}}/\mathrm{mm}$	h/mm	$T_{\min}/℃$	$T_{\mathrm{d}}/℃$
CASE9	2 200	1.0	25	h'	929	2.18
$A_1 - T_{\min}/℃$	704	733.67	782.67	786	—	—
$A_2 - T_{\min}/℃$	792.33	796	787.67	792.67	—	—
$A_3 - T_{\min}/℃$	885	851.67	811	802.67	—	—
$R_j - T_{\min}/℃$	181	118	28.33	16.67	—	—
$A_1 - T_{\mathrm{d}}/\%$	2.627	2.377	2.363	2.477	—	—
$A_2 - T_{\mathrm{d}}/\%$	2.233	2.28	2.337	1.85	—	—
$A_3 - T_{\mathrm{d}}/\%$	2.023	2.227	2.183	2.557	—	—
$R_j - T_{\mathrm{d}}/\%$	0.604	0.15	0.18	0.707	—	—

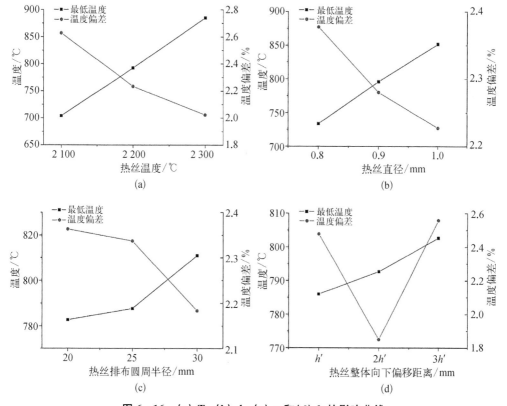

图 6 - 16　(a) T_{f}、(b) d_{f}、(c) r_{c} 和 (d) h 的影响曲线

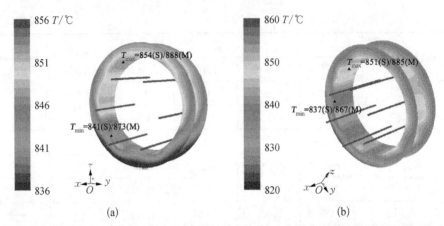

(a)   (b)

图 6‐17   用于(a) MCD 和(b) NCD 薄膜生长的优化热丝排布方案下的仿真及测温结果

BD‐UM‐NCCD 三层复合金刚石薄膜具有优异的综合性能。因此该薄膜被用作大部分圆孔拉拔模具内孔表面的耐磨涂层。同理,本研究中针对大孔径的 SiC 紧压模,同样选用该薄膜作为内孔表面保护涂层。BDMCD 的生长条件和 MCD 类似,因此用于其沉积的优化的热丝排布参数同 MCD 一样。NCD 薄膜沉积过程中采用的反应气源是 40% 的氢气(含丙酮)和 60% 的氩气,反应压力为 1 200 Pa,针对该情况同样对其热丝排布参数进行优化,优化结果如下:$T_f = 2\,150℃$,$d_f = 0.8\,\text{mm}$,$r_c = 30\,\text{mm}$,$h = 1.4h' = 3.6\,\text{mm}$,对应该情况的仿真及测温结果如图 6‐17(b)所示。此外,针对形核工况(97% 氢气+3% 丙酮,反应压力 1 200 Pa)的优化结果如下:$T_f = 2\,100℃$,$d_f = 0.8\,\text{mm}$,$r_c = 30\,\text{mm}$,$h = 1.4h' = 3.6\,\text{mm}$。综上所述,用于 BD‐UM‐NCCD 薄膜沉积的具体参数如表 6‐8 所示。

表 6‐8 $\phi 80$ mm 内孔表面 BD‐UM‐NCCD 薄膜沉积的参数

	形 核	BDD 生长	MCD 生长	NCD 生长
H_2 流量/(mL/min)	1 116	1 116	1 116	447
丙酮流量/(mL/min)	34	34	34	13
压气流量/(mL/min)	0	0	0	690
B/C 原子比/ppm	0	0	5 000	0
反应压力/Pa	1 200	5 000	5 000	1 200
热丝长度/mm	65	65	65	65
N	6	6	6	6
$\alpha/(°)$	30	30	30	30

（续表）

	形　核	BDD 生长	MCD 生长	NCD 生长
$T_f/℃$	2 100	2 200	2 200	2 150
d_f/mm	0.8	0.8	0.8	0.8
r_c/mm	30	30	30	30
h/mm	3.6	3.6	3.6	3.6
基体温度/℃	856～872	873～888	873～888	867～885
生长时间/h	0.5	6	4	2

采用如表 6-8 所述的优化参数在 SiC 紧压模内孔表面不同位置（温度最高点和温度最低点）沉积的底层 BDMCD 和 BD-UM-NCCD 薄膜表面和截面示意图如图 6-18（a）和（b）所示，均具有均匀的晶粒尺寸和薄膜厚度。采用初始参数（$N=6$，$\alpha=30°$，$T_f=2\ 100℃$，$d_f=1\ mm$，$r_c=25\ mm$，$h=0\ mm$）生长 6 h 的 BDMCD 薄膜截面形貌如图 6-18（c）所示，两个取样点的薄膜厚度存在非常明显的差别，这充分证明了热丝排布参数优化的必要性。图 6-18（d）则给出了采用未

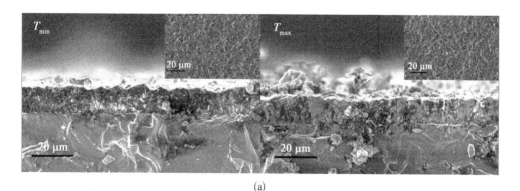

（a）

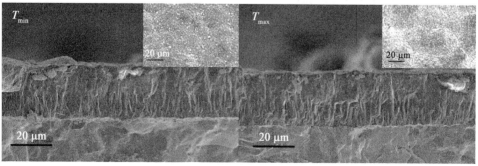

（b）

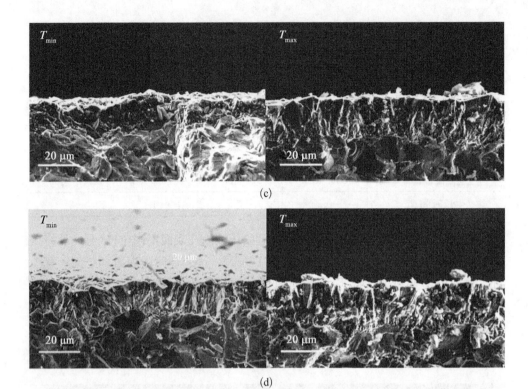

图 6 - 18   采用补偿优化参数在内孔表面温度最高点和最低点沉积的 (a) 底层 BDMCD 和 (b) BD‑UM‑NCCD 的表面和截面形貌;采用 (c) 初始参数和 (d) 未补偿参数(h=5.12 mm)沉积 6 h 的 BDMCD 截面形貌

补偿的热丝排布参数生长 6 h 的 BDMCD 薄膜截面形貌,两个取样点的薄膜厚度同样存在明显差别,这证明了对 h 优化结果进行补偿的必要性和有效性。薄膜拉曼光谱如图 6 - 19 所示,薄膜的质量和残余应力也具有较好的均匀性。

典型模具样品的表征结果及应用性能如表 6 - 9 所示,内孔表面薄膜厚度的均匀性会直接影响内孔椭圆度,连同薄膜质量的均匀性会进一步影响抛光的均匀性。抛光过程实质上是对薄膜的一种机械损伤,当内孔椭圆度较高时,抛光同时还要起到整形的作用,因此抛光时间会更长,对于薄膜性能的影响也就更显著。此外,残余应力的均匀性也会影响到金刚石薄膜的使用效果。综上所述,采用补偿优化参数制备的复合金刚石薄膜涂层紧压模的寿命可以达到未涂层模具的 12 倍,并且要显著长于采用初始参数制备的涂层紧压模寿命。

3) ϕ50~120 mm 内孔热丝排布归一化模型

除 SiC 材料外,WC‑6%Co(质量分数)(YG6/K20)硬质合金材料是更常用的一种模具材料。基于上述热丝排布参数优化方法,我们针对孔径 ϕ50~120 mm

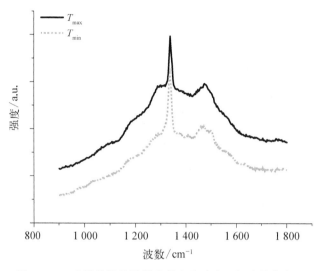

图 6 - 19　采用补偿的最优参数在内孔表面温度最高点和最低点沉积的 BD - UM - NCCD 薄膜拉曼光谱

表 6 - 9　未涂层 SiC 紧压模(A)、采用补偿优化参数制备的涂层紧压模(B)及采用初始参数制备的涂层紧压模(C)的表征结果及应用高性能一览表

	A	B	C
BDMCD 薄膜层平均厚度(T_{min} 位置)/μm	—	14.97	16.47
BDMCD 薄膜层平均厚度(T_{max} 位置)/μm	—	15.32	19.22
复合薄膜平均厚度(T_{min} 位置)/μm	—	28.42	29.91
复合薄膜平均厚度(T_{max} 位置)/μm	—	29.07	34.55
sp^3 金刚石特征峰位置(T_{min} 位置)/cm^{-1}	—	1 335.8	1 335.6
sp^3 金刚石特征峰位置(T_{max} 位置)/cm^{-1}	—	1 335.9	1 336.4
总残余应力(T_{min} 位置)/GPa	—	1.927 8	1.814 4
总残余应力(T_{max} 位置)/GPa	—	1.984 5	2.238 0
初始椭圆度/μm	—	<0.5	3.0
初始表面粗糙度 R_a/nm	—	97.64	94.52
抛光后的椭圆度/μm	—	<0.5	<0.5
抛光后的表面粗糙度 R_a/nm	—	44.31	48.27
抛光时间/h	—	5	8
模具寿命/km	40	500	370

的 SiC 或 WC‐6％,Co(质量分数)内孔表面金刚石薄膜沉积也进行了相应的热丝排布参数优化、测温及沉积验证试验,部分典型结果如表 6‐10 所示。以这些数据为基础,我们可以归纳出内孔热丝排布的归一化模型。

表 6‐10　在孔径 $\phi50\sim120$ mm 的 SiC 或 WC‐6％Co(质量分数)
基体内孔表面沉积 MCD 的优化参数

材　料	D/mm	N	α/(°)	T_{f}/℃	d_{f}/mm	r_{c}/mm	h/mm
SiC	50	3	60	2 200	0.8	15	2.7
SiC	60	4	45	2 200	0.8	20	3
SiC	70	5	36	2 200	0.8	25	3.3
SiC	95	7	25.7	2 200	0.9	37.5	3.9
SiC	100	8	22.5	2 200	0.8	40	4
SiC	111	9	20	2 220	0.8	45.5	4.2
SiC	120	10	18	2 200	0.8	50	4.4
K20	50	3	60	2 250	0.8	15	2.7
K20	60	4	45	2 250	0.8	20	3
K20	70	5	36	2 250	0.8	25	3.3
K20	95	7	25.7	2 250	0.9	37.5	3.9
K20	100	8	22.5	2 250	0.8	40	4
K20	111	9	20	2 270	0.8	45.5	4.2
K20	120	10	18	2 250	0.8	50	4.4

　　为了保证能够提供充足的能量供应并且获得合适的热丝‐基体温度梯度,热丝数量 N 应该随着基体孔径 D 的增加而增加。一般来说,对 50 mm$\leqslant D<$60 mm 的内孔可采用 3 根热丝;对 60 mm$\leqslant D<$80 mm 的内孔可采用 4 根或 5 根热丝;对 80 mm$\leqslant D<$100 mm 的内孔可采用 6 根或 7 根热丝;对 100 mm$\leqslant D\leqslant$120 mm 的内孔可采用 8~10 根热丝,其规律归纳如下:

$$N=[0.1\mathrm{D}-2] \qquad (6‐1)$$

　　热丝排列角度 α 会随热丝根数而改变,为了尽量减小内孔上下区域的温差,热丝必须要避开零点方向,因此 α 可定义为

$$\alpha=180/N \qquad (6‐2)$$

　　热丝温度 T_f 和热丝直径 d_f 是对内孔表面温度数值影响最显著的因素,而二者对于内孔表面温度场分布均匀性的影响相对较小,因此对这两个参数进行调整的主要目的是获得适宜的内孔表面温度。用于确定这两个参数的基本原则是:在一定的 D 范围内确定热丝数量 N,在此基础上 d_f 随 D 的增加而增加;在一定的 D 范围内确定 N 和 d_f,T_f 可以随 D 的增加无级增加,具体如下:

$$d_f = \text{round}\{[D - 10(N - 6)]/100\} \tag{6-3}$$

$$T_f = 20[D - 50(d_f - 0.8) - 10(N - 6)] + 600 \tag{6-4}$$

　　调整 r_c 的主要目的是调整热丝-基体间距,在前期大量研究中发现,比较合适的热丝-基体间距是 10 mm。h 的确定需要考虑 0.7 的补偿系数,因此这两个参数的定义如下:

$$r_c = D/2 - 10 \tag{6-5}$$

$$h = \frac{0.7 \times \sqrt{80}}{\sqrt{D}} \times 2 \times \frac{2.56 \times D}{80} = 0.4\sqrt{D} \tag{6-6}$$

　　上述归一化模型适用于 SiC 基体内孔表面 MCD 和 BDMCD 薄膜的沉积,对于形核阶段(反应气源一样,反应压力 1 200 Pa),只需要对热丝温度进行调整即可满足优化要求,热丝温度的定义调整如下:

$$T_f = 20[D - 50(d_f - 0.8) - 10(N - 6)] + 500 \tag{6-7}$$

　　对于 NCD 薄膜的沉积(总反应气体流量一样,包含 40% 的氢气丙酮和 60% 的氩气,反应压力 1 200 Pa),热丝温度的定义调整如下:

$$T_f = 20[D - 50(d_f - 0.8) - 10(N - 6)] + 550 \tag{6-8}$$

　　对于具有较高热传导系数的 WC - 6%Co(质量分数)基体,热丝温度的定义调整如下:

$$T_f = 20[D - 50(d_f - 0.8) - 10(N - 6)] + 650 \quad (\text{MCD 和 BDMCD 沉积}) \tag{6-9}$$

$$T_f = 20[D - 50(d_f - 0.8) - 10(N - 6)] + 550 \quad (\text{形核阶段}) \tag{6-10}$$

$$T_f = 20[D - 50(d_f - 0.8) - 10(N - 6)] + 600 \quad (\text{NCD 沉积}) \tag{6-11}$$

6.6　硼掺杂金刚石薄膜涂层异型拉拔模的制备及应用

6.6.1　硼掺杂金刚石薄膜涂层异型模的制备工艺

硬质合金异型模基体与金刚石薄膜之间的附着性能相对较差,我们在研究中发现,即使是采用在平片和圆孔样品上表现出良好的附着性能的 BD - UCD 薄膜或者 BD - UM - NCCD 薄膜沉积工艺,在异型模内孔表面沉积的金刚石薄膜在内孔小圆角棱边位置附近仍然很容易发生剥落,只有自始至终采用硼掺杂工艺制备单层 BDD 薄膜才能充分地改善金刚石薄膜中的应力状态,保证金刚石薄膜在硬质合金异型模内孔表面的附着性能满足异型线缆拉拔的使用要求。

针对异型模较为复杂的内孔结构,在采用如 3.8 节所述内孔沉积参数正交优化方法确定基本沉积参数后,提出基于正交配置方法（orthogonal collocation method, OCM）的仿真方法对其温度场分布相关的热丝及夹具参数进行优化,考虑的因素和水平如表 6 - 11 所示。其中 A_f 定义为热丝根数及其间距的组合表示形式,比如 5 - 5 表示采用一根热丝对中排布;3 - 4 - 3 表示采用两根热丝,热丝间距为 4 mm,每根热丝与矩形孔较近的一条短边的距离均为 3 mm;2 - 3 - 3 - 2 表示采用三根热丝热丝间距为 3 mm,旁边两根热丝与矩形孔较近的一条短边的距离均为 2 mm。仿真计算及极差分析结果如表 6 - 12 所示,其中 A_f、T_f 和 d_f 这三个参数对于最高温度 T_{max} 和温差 ΔT 影响都非常显著,T_{max} 会随着 T_f 和 d_f 的增加而增大,此外 T_{max} 也会表现出随热丝根数（A_f 中可以间接表示出来）的增加而增大的趋势。800～900℃的温度范围为本书相关研究中确定的最适合金刚石薄膜生长的温度范围,考虑到实际的反应设备中基体内孔表面的温度数值和仿真得到的内孔表面温度数值存在大约 10～30℃ 的偏差,因此在本章提出的基于 FVM 和 OCM 的沉积参数优化方法中设定 800～850℃ 为最优化的基体温度范围。

表 6 - 11　用于沉积参数优化仿真的正交试验设计因素和水平表

因　　素	水　平				
	1	2	3	4	5
热丝排布方式 A_f	5 - 5	2 - 6 - 2	3 - 4 - 3	1 - 4 - 4 - 1	2 - 3 - 3 - 2
热丝长度 l_f/mm	120	90	110	80	100
热丝直径 d_f/mm	0.5	0.6	0.7	0.4	0.8
热丝温度 T_f/℃	2 200	2 300	2 100	2 400	2 000
红铜块尺寸 BL_l/mm	50	60	40	55	45

表 6 - 12　L25(5⁶)正交仿真试验设计表、仿真计算结果及极差分析结果

试验序号	因　　素						计算结果	
	A_f	l_f/mm	d_f/mm	T_f/mm	e	BL_1/mm	T_{max}/℃	ΔT/℃
CASE1	5 - 5	120	0.5	2 200	1	50	827.34	18.56
CASE2	5 - 5	90	0.6	2 300	2	60	833.35	20.89
CASE3	5 - 5	110	0.7	2 100	3	40	834.50	20.00
CASE4	5 - 5	80	0.4	2 400	4	55	820.14	18.15
CASE5	5 - 5	100	0.8	2 000	5	45	794.92	19.07
CASE6	2 - 6 - 2	120	0.6	2 100	4	45	858.79	15.54
CASE7	2 - 6 - 2	90	0.7	2 400	5	50	915.42	20.59
CASE8	2 - 6 - 2	110	0.4	2 000	1	60	785.44	13.21
CASE9	2 - 6 - 2	80	0.8	2 200	2	40	905.57	20.01
CASE10	2 - 6 - 2	100	0.5	2 300	3	55	864.95	16.30
CASE11	3 - 4 - 3	120	0.7	2 000	2	55	841.67	19.67
CASE12	3 - 4 - 3	90	0.4	2 200	3	45	823.54	16.77
CASE13	3 - 4 - 3	110	0.8	2 300	4	50	922.94	27.44
CASE14	3 - 4 - 3	80	0.5	2 100	5	60	816.79	18.46
CASE15	3 - 4 - 3	100	0.6	2 400	1	40	921.66	24.18
CASE16	1 - 4 - 4 - 1	120	0.4	2 300	5	40	897.59	19.32
CASE17	1 - 4 - 4 - 1	90	0.8	2 100	1	55	914.23	21.1
CASE18	1 - 4 - 4 - 1	110	0.5	2 400	2	45	941.91	23.49
CASE19	1 - 4 - 4 - 1	80	0.6	2 000	3	50	866.36	17.54
CASE20	1 - 4 - 4 - 1	100	0.7	2 200	4	40	943.98	24.49
CASE21	2 - 3 - 3 - 2	120	0.8	2 400	3	60	1 006	37.3
CASE22	2 - 3 - 3 - 2	90	0.5	2 000	4	40	865.52	20.94
CASE23	2 - 3 - 3 - 2	110	0.6	2 200	5	55	909.84	25.49
CASE24	2 - 3 - 3 - 2	80	0.7	2 300	1	45	955.3	22.95
CASE25	2 - 3 - 3 - 2	100	0.4	2 100	2	50	858.77	18.74
$\overline{K_{j1}} - T'_{max}$/℃	822.050	886.278	863.302	882.054	—	878.166	—	—
$\overline{K_{j2}} - T'_{max}$/℃	866.034	870.412	878.000	894.826	—	860.395	—	—

(续表)

试验序号	因　　素						计算结果	
	A_f	l_f/mm	d_f/mm	T_f/mm	e	BL_1/mm	$T_{\max}/℃$	$\Delta T/℃$
$\overline{K_{j3}} - T'_{\max}/℃$	865.320	878.926	898.174	856.616	—	894.803	—	—
$\overline{K_{j4}} - T'_{\max}/℃$	912.814	872.832	837.096	921.026	—	870.166	—	—
$\overline{K_{j5}} - T'_{\max}/℃$	919.086	876.856	908.732	830.782	—	874.892	—	—
$R_j - T_{\max}/℃$	07.036	15.866	71.636	90.244	—	34.408	—	—
$\overline{K_{j1}} - \Delta T'/℃$	19.334	22.078	19.550	21.064	—	20.574	—	—
$\overline{K_{j2}} - \Delta T'/℃$	17.130	20.058	20.728	21.380	—	22.465	—	—
$\overline{K_{j3}} - \Delta T'/℃$	21.304	21.926	21.540	18.768	—	21.490	—	—
$\overline{K_{j4}} - \Delta T'/℃$	21.188	19.422	17.238	24.742	—	20.142	—	—
$\overline{K_{j5}} - \Delta T'/℃$	25.084	20.556	24.984	18.086	—	19.564	—	—
$R_j - \Delta T/℃$	7.954	2.656	7.746	6.656	—	2.901	—	—

ΔT 也会随着 T_f 和 d_f 的增加而增大,因此在确定热丝温度 T_f 和热丝直径 d_f 这两个参数的最优值时,应当在满足金刚石薄膜生长温度要求的基础上,尽量选择较低的热丝温度和较小的热丝直径。此外,2 - 6 - 2 的热丝排布方式最有助于减小基体内孔表面的温差,改善基体内孔表面温度场分布的均匀性,这主要是因为在这种排布形式下,既不会因为热丝过于集中而导致基体内孔最中间位置的温度过高,也不会因为热丝间距过大导致两根热丝中间区域的温度分布不均匀性上升。综上所述,在该矩形孔异型模内孔表面制备 HFCVD 金刚石薄膜的优化的热丝及夹具参数可确定为:$A_f = 2 - 6 - 2$,$l_f = 120 \text{ mm}$,$d_f = 0.5 \text{ mm}$,$T_f = 2\,100℃$,$BL_1 = 45 \text{ mm}$。结合 3.6 节所述内孔沉积参数正交优化方法确定的用于矩形孔(10 mm×3.6 mm)异型模内孔 BDD 薄膜沉积的完整工艺参数如表 6 - 13 所示,该参数下的仿真结果如图 6 - 20 所示。本节研究中所采用的基体材料同样为经过酸碱预处理的 YG6 硬质合金。

表 6 - 13　矩形孔异型模内孔沉积 BDD 薄膜的工艺参数

沉　积　参　数	形核阶段	生长阶段
反应气体流量 $Q_{gm}/(\text{mL/min})$	1 100	1 050
丙酮/氢气体积比	2%～4%	1%～3%
B/C 原子比/ppm	5 000	5 000

（续表）

沉 积 参 数	形核阶段	生长阶段
反应压力 p_r/Pa	2 000	5 000
红铜块尺寸 BL_1/mm	45	45
热丝排布方式 A_f	2 - 6 - 2	2 - 6 - 2
热丝直径 d_f/mm	0.5	0.5
热丝长度 l_f/mm	120	120
热丝温度 T_f/℃	2 085～2 115	2 085～2 115
基体温度 T_s/℃	900～950	850～900
偏压电流/A	3.0	2.0
沉积时间/h	0.5	9.5

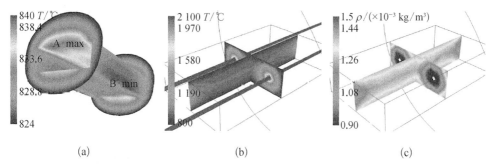

图 6 - 20　优化的沉积参数下的仿真结果

（a）基体内孔表面温度分布云图；（b）内孔区域气体温度分布云图；（c）内孔区域气体密度分布云图

6.6.2　硼掺杂金刚石薄膜涂层异型模的表征

为了保证拉拔生产的异型线缆产品的表面质量，还需要对制备获得的 BDD 薄膜涂层异型模的内孔工作表面进行抛光处理。抛光工艺分为三步，首先采用约 10 μm 的金刚石微粉抛光 20 min，然后采用约 5 μm 的金刚石微粉抛光 40 min，这两部抛光工艺均在内孔抛光机上完成，最后采用流体抛光机对内孔进行精抛。采用慢走丝线切割将抛光前后的 BDD 薄膜涂层异型模沿轴线切成四等份，如图 6 - 20(a)所示，A、B 两点分别代表基体内孔表面温度场仿真得出的最高温点和最低温点，选取这两个点作为样点，分别表征未抛光内孔表面金刚石薄膜的表面形貌和截面形貌，如图 6 - 21 所示，异型模内孔表面制备的 BDD 薄膜在晶粒尺寸和厚度上都表现出良好的均匀性，硼掺杂工艺会导致制备的金刚石薄膜表面出现一些微缺陷，但是 BDD 薄膜整体的表面形貌中不存在明显的宏观缺陷，薄膜表面粗

糙度 R_a 值约为 247 nm(五个取样点求平均)。抛光后的异型模内孔表面的表面形貌及其表面轮廓曲线(A 点)如图 6-22 所示,经过 1 h 的抛光之后,异型模内孔表面的 BDD 薄膜的表面光洁度得到了显著改善,R_a 值约 60 nm(五个取样点求平均)左右的表面粗糙度已经达到异形铜排拉拔生产的使用需求[102,135]。

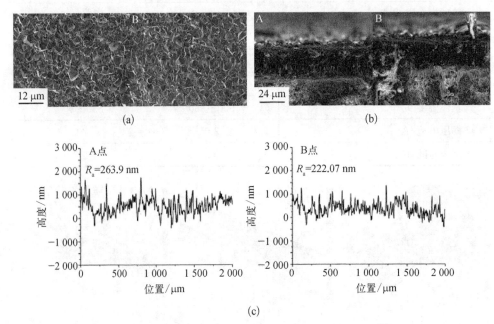

图 6-21 异型模内孔表面抛光前 A 点和 B 点的 BDD 薄膜的
表面形貌、截面形貌及表面轮廓曲线

(a) 表面形貌;(b) 截面形貌;(c) 表面轮廓曲线及表面粗糙度值

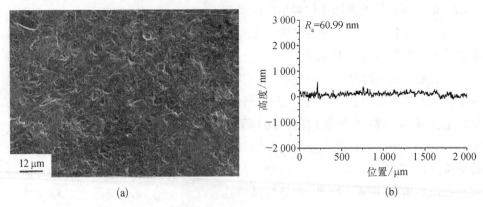

图 6-22 异型模内孔表面抛光后的 BDD 薄膜的表面形貌和表面轮廓曲线

(a) 表面形貌;(b) 表面轮廓曲线

异型模内孔表面抛光前的 BDD 薄膜的拉曼光谱分析结果如图 6‑23(a)所示，该谱图中表现出了明显的 BDD 薄膜的特征：1 333.04 cm^{-1} 位置处的尖峰表征的是金刚石 sp^3 成分的特征峰，该特征峰位置相对于无应力的天然金刚石特征峰位置(1 332.4 cm^{-1})的偏移量仅有 0.64 cm^{-1}，据此估算得出的异型模内孔表面 BDD 薄膜中的残余应力仅有 −0.363 GPa，表明即使是在内孔沉积时间达到 10 h，薄膜厚度达到 25 μm 的情况下，BDD 薄膜仍然具有非常小的残余应力。

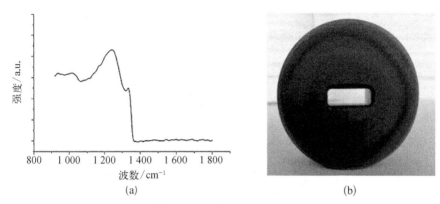

图 6‑23　异型模内孔表面抛光前的 BDD 薄膜的拉曼光谱及 BDD 薄膜涂层矩形孔异型模样品

(a) 拉曼光谱；(b) 样品

6.6.3　硼掺杂金刚石薄膜涂层异型模的应用试验

采用上述工艺制备的 BDD 薄膜涂层异型模样品[见图 6‑23(b)所示]在铜排拉拔生产线上进行了应用试验。该类生产线所采用的拉拔工艺是先轧制后拉拔的生产工艺，即在进行矩形铜排拉拔时根据成品尺寸、形状和材料，首先采用轧制的方法将原材料圆坯制成与成品形状比较接近的扁坯，然后再采用上述异型模进行拉拔生产。使用该工艺是因为矩形铜排产成品和原材料的截面形状差距较大，通过一次成型拉拔很难得到满足尺寸精度和表面质量要求的矩形铜排产品。应用试验中所采用的原材料参数为：电解铜，其中银的质量分数大于等于 0.085%，铜和银的总质量分数大于 99.9%，氧的质量分数约为 0.01%～0.04%。

在整个应用试验过程中，BDD 薄膜涂层异型模没有出现明显的薄膜剥落现象，进一步证明了 BDD 薄膜优异的附着性能。采用传统的硬质合金模具进行铜排拉拔时，每生产一段时间之后就需要对模具进行修模，一只模具前后累计加工大约 10～12 t 铜排产品之后即会报废，并且生产的铜排产品表面会出现较多明显划痕，如图 6‑24(b)所示。而 BDD 薄膜涂层异型模在拉拔生产大约 100 t 铜排产品之后尺寸精度才超出正常范围，整个应用试验过程中生产的铜排产品均具有良好的表面光洁度,表面划痕较少,如图 6-24(a)所示,这说明 BDD 薄膜作为异型模内孔工作表面的耐磨涂层可以很好地起到提高其耐磨性的作用,同时其较低的表面粗糙度和较好的表面可抛光性可以保证抛光加工的效率和精度,从而使其内孔表面的表面光洁度可以达到铜排拉拔生产的使用需求。相对于传统的硬质合金模具,BDD 薄膜涂层异型模的使用寿命提高了八倍以上,模具使用寿命的延长保证了铜排产品拉拔生产的长时间稳定进行,避免了频繁的模具检测和更换。采用 BDD 薄膜涂层异型模也能够起到提高拉拔生产率、减少硬质合金和金属材料消耗、避免能源浪费的作用,具有重要的经济意义和社会意义。

(a)　　　　　　　　　　　　　　(b)

图 6-24　采用 BDD 薄膜涂层及未涂层模具生产的铜排产品形貌

(a) BDD 薄膜涂层模具;(b) 未涂层模具

　　此外,我们采用类似方法和不同的特殊热丝排布方式在瓦形孔绞线紧压异型模、扇形孔绞线紧压异型模(见图 6-25)和扇形孔异形线缆拉拔模等异型模内孔工作表面同样制备了高质量的 BDD 薄膜,这些高质量 BDD 薄膜涂层异型模在相应的应用场合均表现出优异的耐磨损性能和使用效果,工作寿命均提高了八倍以上。

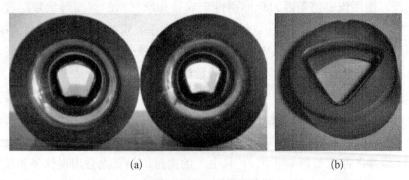

(a)　　　　　　　　　　　　　　(b)

图 6-25　BDD 薄膜涂层瓦形孔及扇形孔绞线紧压异型模

(a) 瓦形孔;(b) 扇形孔

6.7　水基润滑金刚石薄膜涂层铝拉丝模的应用

结合 3.7 节中的研究结果,本节研究中应用抛光 BD‑MC‑NCCD 铝合金拉丝模进行了 6201 铝合金丝 OF01 水基润滑拉拔试验,OF02 水基润滑乳化液和油润滑作为对比试验条件。试验中入丝直径为 10.5 mm,产品直径为 1.5±0.03 mm,采用的拉丝模外形尺寸为 ϕ22 mm×18 mm,定径区直径依次为 8.65、7.15、5.85、4.85、3.95、3.25、2.65、2.20、1.85 和 1.50 mm,所有模具均为 BD‑MC‑NCCD 薄膜涂层模具,并且在涂层后均将其内孔表面粗糙度 R_a 值抛光到 40 nm 以下。铝合金丝水基润滑拉拔示意图如图 6‑26 所示,基本试验参数如表 6‑14 所示。

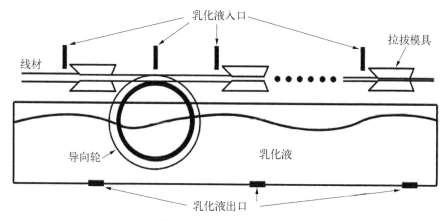

图 6‑26　多道次拉拔示意

表 6‑14　用于拉拔试验的基本参数

	涂层模具 水基乳化液	未涂层模具 水基乳化液	涂层模具 油润滑	未涂层模具 油润滑
拉拔速度 v/(m/s)	0～16	0～2	0～20	0～16
乳化液水体积分数 W/%	60/70/80/90/95/100		—	

在油润滑试验条件下,采用 BD‑MC‑NCCD 薄膜涂层或未涂层拉拔模具均可实现铝合金丝的高速拉拔,其中涂层模具的最大拉拔速度可达 20 m/s,未涂层模具的最大拉拔速度则是 16 m/s。在水基润滑条件下,采用 OF01 或 OF02 原液,当水含量较低时,涂层模具也可以达到较高的拉拔速度,在相同的水含量条件下 OF01 具有较好的润滑性能,因此最大拉拔速度略高。由于未涂层模具在水基润滑

条件下表面成膜性能较差,因此在水基润滑条件下几乎不能使用,在很低的拉拔速度下就容易在模具位置发生断丝。不同水含量水基润滑拉拔条件下涂层和未涂层模具的最大拉拔速度如图 6-27 所示。同样由于断丝问题,涂层拉拔模具在纯水润滑条件下也无法实现高速拉拔。在水基润滑或纯水润滑条件下,涂层拉拔模具拉丝时断丝位置常常发生在导引轮位置而非模具位置,这说明内孔表面的润滑还是可以满足要求的,但是铝合金丝和不锈钢导引轮之间的润滑较差。为了确保拉拔速度可以达到未涂层模具油基润滑的最大拉拔速度($v=16$ m/s),OF01 所需的最低浓度(体积分数)为 20%,而 OF02 为 40%。

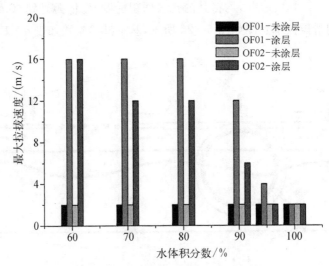

图 6-27 不同水含量水基润滑拉拔条件下 BD-MC-NCCD 薄膜涂层和未涂层模具的最大拉拔速度

典型涂层模具拉拔温度(靠近拉拔模具出口位置的铝合金丝表面温度)随试验时间的变化如图 6-28 所示,拉拔温度会逐渐升高,在 50 min 试验时间后基本达到稳定。与油润滑相比,水基润滑有利于降低拉拔温度,这是因为水比油具有更好的冷却效果。在完全相同的试验条件下,靠近末端拉拔模具($D_b=1.50$ mm)的拉拔温度要略高于靠近前端拉拔模具($D_b=8.65$ mm)的拉拔温度,这是因为靠近末端的实际拉拔速度为 16 m/s,但是靠近前端的实际拉拔速度要小很多。不同拉拔试验条件(不同模具或润滑,$v=16$ m/s)下的试验对比结果如表 6-15 所示,BD-MC-NCCD 薄膜涂层模具的主要失效模式如图 6-29(a)所示,未失效模具在试验过程中的典型表面形貌如图 6-30 所示,而拉拔生产的铝合金丝产品的典型表面形貌如图 6-31 所示。

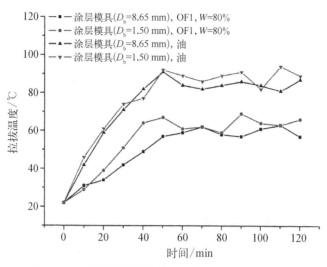

图 6‐28　典型涂层模具在水基润滑和油润滑下拉拔
温度随试验时间的变化($v=16$ m/s)

表 6‐15　不同拉拔试验条件下的典型结果对比($v=16$ m/s)

	涂层模具 OF01 $W=80\%$	涂层模具 OF02 $W=80\%$	涂层模具 油润滑	未涂层模具 油润滑
模具平均寿命/t	500	500	500	40
产品直径/mm	1.5±0.02	1.5±0.02	1.5±0.02	1.5±0.03
产品 R_a/μm	0.091	0.114	0.069	0.14
产品电阻率/(Ω/m)	0.023	0.023	0.023	0.021

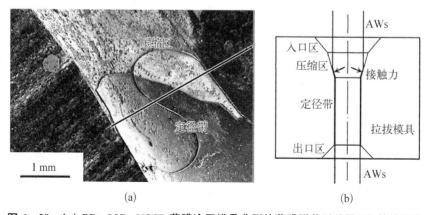

(a)　　　　　　　　　　　　(b)

图 6‐29　(a) BD‐MC‐NCCD 薄膜涂层模具典型的薄膜脱落形貌及(b) 拉拔示意

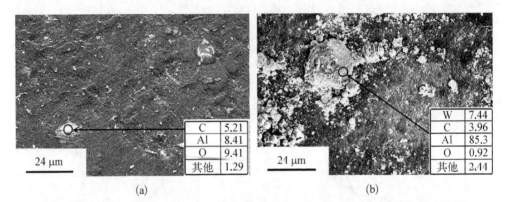

C	5.21
Al	8.41
O	9.41
其他	1.29

24 μm

(a)

W	7.44
C	3.96
Al	85.3
O	0.92
其他	2.44

24 μm

(b)

图 6 - 30　(a) BD‐MC‐NCCD 涂层拉拔模具(OF01, W=80%)和(b) 未涂层模具
(油润滑)在拉拔试验后的典型表面形貌及表面附着物成分(原子百分比)

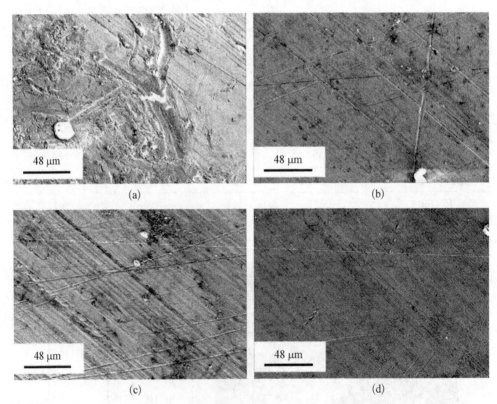

48 μm

(a)

48 μm

(b)

48 μm

(c)

48 μm

(d)

图 6 - 31　(a) 采用失效的涂层模具在 OF01 水基润滑(W=80%, v=16 m/s)条件下拉
制的铝合金丝表面形貌及正常工作的涂层模具在(b) OF01 水基润滑(W=
80%, v=16 m/s),(c) OF02 水基润滑(W=80%, v=12 m/s)和(d) 油润滑条
件下拉制的铝合金丝表面形貌

　　拉拔模具的寿命定义为可以拉制的铝合金丝的重量,用于评价拉拔模具失效的几个标准如下:① 表面粗糙度 R_a 值达到 0.18 μm;② 产品表面出现严重划痕等明显缺陷;③ 产品直径超过公差带范围(1.5±0.03 mm)。采用未涂层拉拔模具在油润滑条件下拉拔铝合金丝时,内孔表面的逐渐、快速磨损可能会引起三种失效方式,但是以第三种为主,这主要跟内孔孔径的增大有关。BD-MC-NCCD 薄膜涂层模具失效引起的主要现象则是产品表面缺陷的出现,如图 6-31(a)所示,某些时候表面粗糙度的超标也与这些缺陷直接相关。涂层模具的主要失效模式是压缩区的薄膜脱落,如图 6-29(a)所示。由于金刚石薄膜具有极高的硬度和耐磨损性能,因此在拉拔较软铝合金丝的过程中很少磨损,但是压缩区压缩铝合金丝的反作用力[见图 6-29(b)]会导致薄膜内微裂纹的生成和扩展,进而导致薄膜脱落,而薄膜脱落也是产品表面出现缺陷或者粗糙度过高的最主要原因。如图 6-29(a)所示,虽然压缩区已经发生了薄膜脱落,但是残留薄膜表面仍然没有严重磨损的迹象,残留薄膜的厚度也没有明显变化,因此在模具全寿命周期内生产的铝合金丝的尺寸精度(1.5±0.02 mm)要明显高于逐渐磨损的未涂层模具生产的铝合金丝(1.5±0.03 mm)。总体来看,涂层模具寿命明显长于未涂层模具。

　　采用 BD-MC-NCCD 薄膜涂层模具在水基润滑条件下拉拔的铝合金丝的表面光洁度在模具寿命周期内会略有下降,但是仍然优于未涂层模具油润滑拉拔的铝合金丝的表面光洁度。如图 6-30 所示,未涂层模具工作表面会有较多的磨屑附着,这一方面说明未涂层模具会导致较严重的铝合金原材料损耗,此外也是产品表面质量下降的原因之一。产品表面质量也会受到润滑形式的影响,同样是涂层模具,在油润滑下拉拔的铝合金丝具有最低的表面粗糙度[R_a 为 0.069 μm,如图 6-31(d)所示,较少和较浅的划痕],而 OF02 水基润滑下拉拔的铝合金丝则具有最高的表面粗糙度[R_a 0.114 μm,如图 6-31(c)所示,较多和较深的划痕]。金刚石薄膜涂层拉拔模具在水基润滑条件下表面附着的磨屑的主要成分是 Al 和 O 元素,这说明铝合金有轻微氧化。

　　除了可见的表面缺陷和表面粗糙度值外,表面光泽度也是评价铝合金丝质量的一个重要指标,该指标与其表面氧化程度密切相关。采用 XPS 分析铝合金产品表面氧含量,结果表明油润滑条件下拉拔的铝合金丝表面几乎没有氧化,这是因为润滑油膜附着在丝表面,在拉拔过程中以及产品出设备后均可有效起到隔绝空气的作用,但是水基乳化液不能起到油润滑膜的作用,因此采用 OF01 乳化液拉拔的铝合金丝表面氧质量分数约为 4.6%,而采用 OF02 乳化液拉拔的铝合金丝表面氧质量分数约为 9.1%。

　　采用涂层模具、不同水含量的 OF01 乳化液以及对应的最高拉拔速度进行对比试验,结果采用纯水润滑(拉拔速度小于 2 m/s)拉制的铝合金丝表面呈黑色,水体积分数从 100% 降低到 80% 时,铝合金丝表面光泽逐渐改善。相比于拉拔过程中以及刚出设备的铝合金丝,置于空气中一段时间后丝表面光泽度会略有下降,但是总而言之,采用合适浓度的 OF01 水基乳化液生产的铝合金丝的表面氧化程度和表面光泽度依旧可以满足产品的质量要求,综合考虑产品质量以及经济性,最佳的水体积分数为 80%。

6.8 不穿丝内孔涂层技术及应用

在已有的内孔金刚石薄膜沉积研究中,为了保证内孔金刚石薄膜质量和厚度的均匀性,必须采用内孔直拉热丝工艺,这对试验及生产操作提出了极高的要求,并且很难真正实现大批量的生产。因此,采用不穿丝工艺实现内孔高质量金刚石薄膜的均匀生长具有十分重要的现实意义。

6.8.1 模型和仿真参数

采用内孔不穿丝工艺(deposition technology with no filament through hole, DTNFTH)沉积金刚石薄膜的示意图如图 6-32 所示[136],基体置于经过特殊设计的红铜夹具中,长度为 220 mm 的钽丝分置于基体两侧,与基体端面平行,红铜夹具置于石墨工作台(ϕ200 mm×30 mm)上,石墨工作台又放置于不锈钢水冷工作

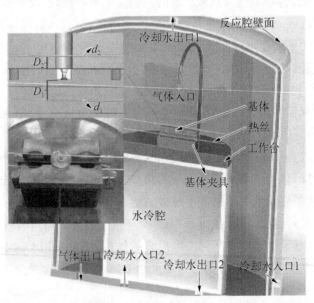

图 6-32 采用 DTNFTH 工艺在内孔表面沉积金刚石薄膜示意

台(ϕ200 mm×200 mm)上。石墨工作台的应用可以拉大基体与水冷工作台之间的距离,避免基体散热过快、难以达到金刚石薄膜沉积的温度要求。D_1 和 D_2 分别表示热丝到基体端面的距离,d_1 和 d_2 则分别为两根热丝的直径。仿真模型及相应的简化参考以前的研究[120-121]。需要特别强调的是,虽然在仿真模型中忽略了化学反应和直流偏压这两个对基体温度和薄膜生长速率会有显著影响的因素,但是得到的结果趋势并不会改变。仿真过程中涉及的基本沉积参数如表 6-16 所示,材料参数如表 6-17 所示。

表 6-16　仿真中采用的基本沉积参数

沉 积 参 数	数 值
初始环境温度/℃	25
热丝温度/℃	2 300
反应压力/Pa	4 000
冷却水流量/(mL/min)	1 200
反应气体流量/(mL/min)	900

表 6-17　仿真中采用的材料参数

材　料	密度/(kg/m³)	热导率/[W/(m·K)]	发射率
氢 气	不可压缩理想气体	0.167 2	—
水	1 000	0.65	—
钽	16 650	63.5	0.38
WC-Co	14 600	35	0.90
铜	8 940	347	0.59
石 墨	2 060	128	0.90
不锈钢	7 750	17	0.70

6.8.2　内孔不穿丝工艺可行性分析

CVD 金刚石薄膜的沉积包括三个主要步骤,分别是反应气体在热丝周围的分解,分解生成的活性基团向基体表面转移以及基体表面的化学反应。DTNFTH中,气体分解同样是在高温热丝周围完成的,可直接通过热丝功率的调整来控制。在低压环境下,从高温热丝向相对低温区域的热辐射是反应环境及基体热量的主要来源,因此本节研究中首先基于面对面辐射模型对辐射强度进行计算,计算示意

如图 6-33(a)所示,热辐射角系数定义如下:

$$F_{ij} = \frac{\cos \theta_i \cos \theta_j}{2\pi L^2} dA_j \qquad (6-12)$$

式中,θ_i 和 θ_j 分别为面单元 dA_i 或 dA_j 法向与两面连线的夹角;L 为两面间距;dA_j 为面单元的面积。

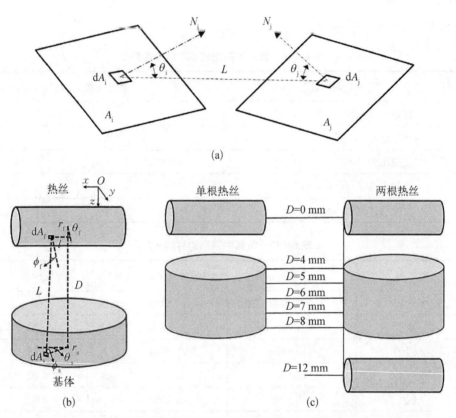

图 6-33   (a) 面对面辐射模型,(b) DTNFTH 工艺中单根热丝向内孔表面的
辐射及(c) DTNFTH 工艺中单根或两根热丝的排布示意

首先采用最简单的应用单根热丝的 DTNFTH 模型[见图 6-33(b)]计算从 dA_f 到 dA_s 的辐射强度,然后通过双重积分可以得到从热丝下半侧表面 A_f 到内孔表面某面单元 dA_s 的总辐射强度 E_{Fs},计算公式如下:

$$E_{Fs} = \int_0^l \int_{-\frac{\pi}{2}}^{\frac{\pi}{2}} \frac{r_s - l\cos \theta_s + D\cos \theta_f - r_f}{2\pi \left[(r_s\cos \theta_s - l)^2 + (r_s\sin \theta_s - r_f\sin \theta_f)^2 + (D - r_f\cos \theta_f)^2\right]^2} \varepsilon_f \sigma T_f^4 r_f \, d\theta_f dl$$

$$(6-13)$$

式中,l 为热丝长度;r_f 为热丝半径;r_s 为内孔半径;D 为从热丝中心线到内孔参考面的垂直距离;ε_f 为钽丝的表面辐射系数(0.38);σ 为斯特藩-玻尔兹曼常数[5.67×10^{-8} W/(m² · K⁴)];T_f 为热丝的绝对温度。所有其他参数如图 6 - 33(b)所示。采用一种典型情况($l=2$ mm, $r_f=0.2$ mm, $r_s=1$ mm, $T_f=1\,073.15$ K)作为示例,计算得到的内孔表面不同位置的辐射强度 E_{Fs} 如图 6 - 34 所示,可知 E_{Fs} 随 D 的增加而下降。对应的不同参考截面(不同 D)上的 E_{Fs} 的偏差如表 6 - 18 所示。在相同的参考截面上的 E_{Fs} 的偏差很小,这说明沿周向方向的辐射相对比较均匀,这对于在金刚石薄膜沉积过程中保证薄膜厚度均匀性和内孔圆度具有重要作用。但是随着 D 的增加,E_{Fs} 会迅速下降,虽然固体部件中的热传导作用或其他辅助夹具的应用可以进一步使内孔表面温度趋于均匀,但是采用单根热丝的简单 DTNFTH 模型从原理上来讲很难提供均匀的辐射强度和基体温度分布。将基体置于两根热丝之间的模型如图 6 - 33(c)所示,在该情况下,内孔表面沿轴向方向的 E_{Fs} 从 88.8% 下降到 50.14%,可以起到一定的改善辐射强度和基体温度分布均匀性的作用。

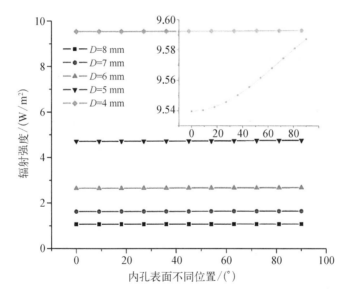

图 6 - 34　DTNFTH 工艺中单根热丝对内孔表面不同位置的辐射强度 E_{Fs}

在辐射分析基础上,继续采用前文所述的仿真模型,综合考虑热传导、热对流和热辐射的作用研究内孔表面的温度分布,结果如图 6 - 35 所示。该仿真中采用的基体尺寸为 $\phi4$ mm × 4 mm,内孔尺寸为 $\phi2$ mm × 4 mm,d_1 和 d_2 均设定为 0.4 mm,调整 D_1 和 D_2(对于单根热丝,只有 d_1 和 D_1)以使内孔表面最高温度维持在800℃左右,以便直观地对比内孔表面的温度偏差。采用相同的如图6-32所示的基体夹具时,把基体置于两根热丝中间(A型)相比于只采用一根热丝(B型)可以提供明显更为均匀的温度分布。而当不采用基体夹具、直接将基体置于工作台上(C型)时内孔表面的温度分布更不均匀。此外,对于A型和B型而言,其内孔表面温度分布的趋势和表6-18所示辐射强度分布的趋势类似,但是温度偏差没有辐射强度偏差显著,这是因为在辐射强度计算中忽略了所有其他传热途径,尤其是基体自身和基体夹具的热传导作用。

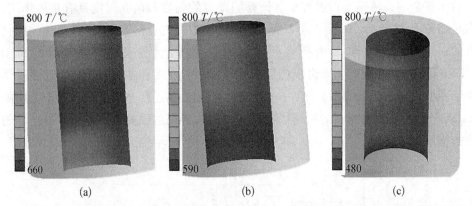

图6-35　采用图6-32所示夹具并将(a)基体置于两根热丝中间及(b)基体置于单根热丝下时的内孔表面温度场分布,(c)采用单根热丝且直接将基体置于工作台上时的内孔表面温度场分布

表6-18　采用单根或两根热丝进行不穿丝沉积时计算得到的辐射强度数值

D/mm	4	5	6	7	8
采用单根热丝时的最小辐射强度 E_{Fs}/(W/m²)	9.539 7	4.714 3	2.648 3	1.627 8	1.069 0
采用单根热丝时的最大辐射强度 E_{Fs} (W/m²)	9.587 3	4.756 4	2.675 8	1.645 2	1.080 4
偏差/%	0.50	0.89	1.04	1.07	1.06
采用两根热丝时的最小辐射强度 E_{Fs}/(W/m²)	10.601 9	6.344 0	5.286 6	6.344 0	10.601 9

在我们以往的研究中已经指出,热丝和基体温度除了可通过热丝加热直接控制外,还可以通过采用辅助夹具或辅助散热的方式进行调整[121]。金刚石薄膜沉积过程中的化学反应(主要是氢原子在基体表面的复合反应)也会对基体温度有明显影响。此外,移动到基体表面的活性基团的数量(主要是氢原子和CH_x基团)还会

对金刚石薄膜的生长产生直接影响。在活性基团从热丝向基体表面的运动过程中,平均自由程对于活性基团的碰撞和复合概率起到决定性作用,典型基团的近似平均自由程如表 6-19 所示,即使是在较低的反应压力(1 000 Pa)和较高的温度(2 300℃)下,最大的平均自由程数值也仅有 0.8 mm,随着反应压力的增加和温度的下降,平均自由程会更小,也就是说所有基团的平均自由程都要比热丝-基体间距小一个数量级,在该情况下,虽然部分活性基团会在运动过程中碰撞复合,但仍然可以有足够的活性基团到达基体表面(大量的沉积试验证明了这一点),但是随着热丝-基体间距的增加,能够达到基体表面的活性基团数量会迅速减少,我们将之称为“距离效应”。此外,在 DTNFTH 中,活性基团的运动还有别于内孔穿丝工艺(deposition technology with filament through hole, DTFTH),因为通过简单的几何分析可知,该情况下内孔表面部分区域会被基体本身遮挡住,也就是在基体周围分解生成的活性基团没有办法直线运动到这些区域表面,我们称之为“遮挡效应”。从这一角度出发,两根热丝有助于缩短基体内孔下半部到热丝的距离,并且破除部分的遮挡效应,因此更有利于保证内孔表面温度场分布及薄膜沉积的均匀性。

表 6-19　与金刚石薄膜沉积相关的典型分子、原子及
官能团的近似平均自由程(单位: mm)

典型基团	4 000 Pa, 2 300℃	4 000 Pa, 800℃	1 000 Pa, 2 300℃
H_2	0.037 8	0.015 8	0.151
H 原子	0.2	0.083 4	0.8
CH_3COCH_3	0.006 47	0.002 7	0.025 9
CH_4	0.013 8	0.005 77	0.055 4
CH_3	0.014 6	0.006 09	0.058 4
C_2H_2	0.012 2	0.005 08	0.048 8
C_2H_4	0.011 1	0.004 62	0.044 3

基于上述双热丝模型,我们以传统结构不锈钢拉丝模为例,进一步分析 DTNFTH 的可行性和限制性,拉丝模结构示意如图 6-36(a)所示,具体的尺寸参数为: $d=2$ mm, $H=14$ mm, $D_s=16$ mm, $h_1=1$ mm, $h_2=5$ mm, $h_3=2$ mm, $\alpha_1=20°$, $\alpha_2=40°$, $\alpha_3=90°$。采用的沉积参数(MCD)如表 6-20 所示,热丝直径 d_1 和 d_2 均设定为 0.4 mm, D_1 和 D_2 设定为 3 mm,据此制备的金刚石薄膜涂层拉拔模具的照片如图 6-37(a)所示,包括沉积过程中测量得到的三个典型位置的温度

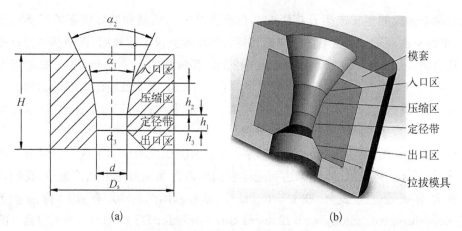

图 6 - 36　(a) 拉拔模具结构示意图及(b) 采用模套结构的优化设计的拉拔模具

数值,与前文所述仿真结果趋势一致。位置 3 的表面形貌如图 6 - 37(b)所示,而位置 1 和 2 的截面形貌如图 6 - 37(c)和(d)所示。在该试验中,金刚石薄膜不能完全覆盖内孔表面,在如图 6 - 37(a)所示两条红线之间的区域只有散布的金刚石晶粒,没有形成连续的金刚石薄膜。但是从图 6 - 37(b)可以看出,虽然金刚石晶粒大小只有不到 500 nm,但是整体的形核密度较高,这是因为虽然"距离效应"和"遮挡效应"同样会影响到形核过程,没有足够的活性基团就不能保证形核速率和形核密度,但是在长达 8 h 的整个沉积过程中(不仅仅是形核阶段),断断续续到达中间区域的活性基团仍然会继续参与形核,但是由于缺乏活性基团,薄膜生长极其缓慢,没有办法形成连续的金刚石薄膜。如图 6 - 37(c)和(d)所示,即便是在薄膜连续的区域,薄膜厚度也存在明显差距,随热丝-基体间距的增加,薄膜厚度会显著减小。

表 6 - 20　沉积试验基本参数

阶　　段	形　　核	生　　长
热丝温度/℃	2 100～2 300	2 100～2 300
基体温度/℃	700～900	700～900
反应压力/Pa	1 500	3 800
氢气流量/(mL/min)	900	900
甲烷流量/(mL/min)	27	22
偏压电流/A	5	3
偏压电压/V	24	30
生长时间/h	0.5	7.5

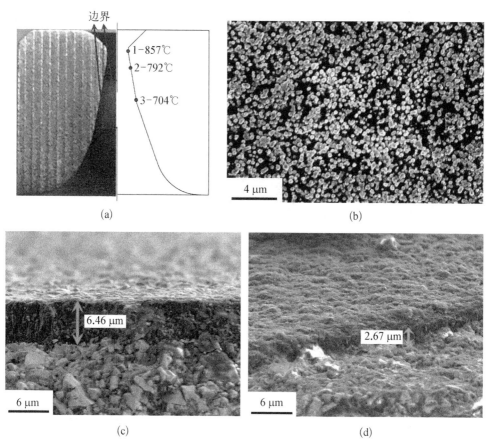

图 6-37 采用 DTNFTH 工艺制备的金刚石薄膜涂层拉拔模具(a) 照片，
(b) 位置 3 的表面形貌及(c) 位置 1 和(d) 位置 2 的截面形貌

某些研究认为热阻塞和热绕流也会对金刚石薄膜的生长有明显影响，而强制气体对流(forced gas convection，FGC)技术可以打破热阻塞或热绕流，从而促进反应气体到达基体表面。如图 6-38(a)所示为在采用典型的 FGC(入气口靠近上方热丝)情况下模拟得到的气体流场分布。在该情况下，整个内孔区域的流速也低于 0.01 m/s，热阻塞效应非常明显，可以等效影响整个内孔区域，这并不能够解释为什么内孔表面金刚石薄膜的生长速率存在明显差异。这是因为宏观的气体流速与微观的基团运动速度相差几个数量级，而活性基团从热丝周围运动到基体表面主要依靠的是扩散质量输送而非气体对流。针对 NTNFTH 特殊工况设计了专用的 FGC 夹具并同样进行了试沉积试验，该夹具示意图如图 6-38(b)所示，气体直接通入该夹具内部，并且必须通过基体内孔区域才能流出，因此有效保证了内孔区域的气体流速。但是在该情况下的沉积结果类似于前面试验的结果，在中间区域仍然没有连续的金刚石薄膜生成,并且无连续薄膜区域的边界也基本没有变化。这进一步证明了活性基团从热丝向基体的运动主要依赖的是扩散质量输送,而与强制对流带来的气体流速的增加关系不大。

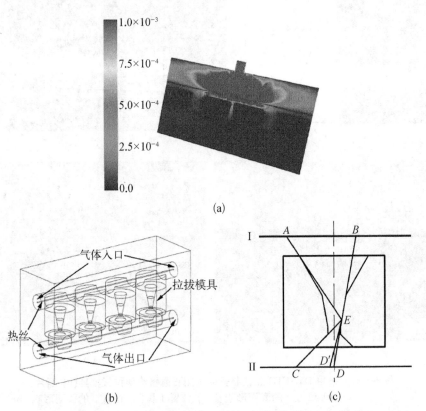

(a)

(b)　　　　　　　　　(c)

图 6 - 38 (a) 采用强制气体对流(FGC)工艺情况下的典型流场分布(单位: m/s),
(b) 实施 FGC 的特制夹具,(c) 用于分析"遮挡效应"及"距离效应"的示意

内孔表面温度场分布的不均匀会对金刚石薄膜生长的均匀性造成直接影响,但是这依旧不能解释为什么会有非连续薄膜区域的存在,因为通过仿真和测温结果可知,这部分区域的温度(700℃左右)可以满足金刚石薄膜的生长要求。归根结底,可以解释非连续薄膜区域存在的唯一原理就是"遮挡效应"和"距离效应"。如图 6 - 38(b)所示,以 E 点作为研究对象,从该点到热丝 Ⅱ 的垂直距离小于 8 mm,该距离已经远大于大多数活性基团的平均自由程,但是通过大部分以往研究表明,该距离还是可以满足金刚石薄膜的生长需求,但是热丝 Ⅱ 上可以直接照射到 E 点的区域只有 C 至 D;从 E 点到热丝 Ⅰ 的垂直距离大于 12 mm,实际距离更大,因此从热丝 Ⅰ 附近移动到 E 点的活性基团数量会很少。此外,较小的射入角度(比如从

D'点到 E 点)也不利于活性基团从热丝周围移动到基体表面。总而言之,内孔表面部分区域没有充足的活性基团供应,在遮挡、热丝-基体间距以及基体表面温度的综合作用下导致非连续薄膜区域的出现。根据图 6 - 37(a)及类似试验结果(采用同类基体,D_1 和 D_2 从 3 mm 变到 6 mm),非连续薄膜区域深度一直处在 3~4 mm 的范围内,距离入口端面 6~6.5 mm,距离出口端面 4~4.5 mm。

综上所述,DTNFTH 并不适用于所有内孔表面金刚石薄膜的沉积,为了尽量减少遮挡和距离效应的影响,避免非连续薄膜区域的出现,内孔的深径比不能大于 4,并且越小越好,因此实际拉拔模具的内孔形状可基于该原则进行改进设计,拉拔模具的典型结构包括入口区、压缩区、定径区和出口区,如图 6 - 36(a)所示。通过以往研究证明,定径区的长度和压缩区的角度对于控制产品的尺寸精度和应力分布至关重要,这两个参数可以通过有限元仿真进行优化,并且必须控制在一定合适的范围内。入口区主要用于引入润滑油,不与线材直接接触,出口区也不与线材直接接触,因此这两个区域的长度可以大幅缩短。此外,在增大 α_2 的基础上,压缩区长度也可以合理缩短。基于上述原则,重新设计的用于不锈钢丝拉拔的模具尺寸参数如下: $d = 2$ mm,$H = 6$ mm,$D_s = 8$ mm,$h_1 = 1$ mm,$h_2 = 2$ mm,$h_3 = 1$ mm,$\alpha_1 = 16°$,$\alpha_2 = 50°$,$\alpha_3 - 90°$。因为该模具的外形尺寸不能满足拉丝设备的需求,因此在沉积金刚石薄膜后,再在模具外面镶套模套,其结构示意如图 6 - 36(b)所示。

6.8.3　单基体案例研究及结果分析

如图 6 - 35(a)所示,即使是采用双热丝模型,内孔表面仍然会存在明显温差,在该情况下,内孔表面的温度分布主要受到热丝排布的影响,因此以上述重新设计的不锈钢拉丝模为例,本节研究中首先采用正交配置方法(OCM)对热丝排布相关的四个关键参数(d_1,d_2,D_1,D_2)进行优化。四因素三水平对应的 L9(3^4)表如表 6 - 21 所示,仿真方法如前文所述。因为压缩区和定径区的薄膜质量最为重要,因此在该研究中只考察这两个区域最低温度 T_m 和温差 dT。

表 6 - 21　用于 OCM 仿真的 L9(3^4)表

序　号	因　素				结　果	
	D_1/mm	D_2/mm	d_1/mm	d_2/mm	T_{min}/℃	dT/℃
1	3	3	0.3	0.4	872	64
2	3	4.5	0.4	0.5	848	70
3	3	6	0.5	0.6	826	77
4	4	3	0.4	0.6	885	65

（续表）

序　号	因　　素				结　　果	
	D_1/mm	D_2/mm	d_1/mm	d_2/mm	$T_{min}/℃$	$dT/℃$
5	4	4.5	0.5	0.4	867	51
6	4	6	0.3	0.5	853	56
7	5	3	0.5	0.5	836	80
8	5	4.5	0.3	0.6	828	48
9	5	6	0.4	0.4	861	44
$R - T_{min}$	26.67	17.67	21.67	21.00	—	—
$R - dT$	13.00	13.33	13.33	15.67	—	—

　　对应表 6 - 21 中九组参数情况下压缩区和定径区表面的温度分布云图如图 6 - 39 所示，表 6 - 21 同时列出了对应的分析结果。由于仿真过程中忽略了化学

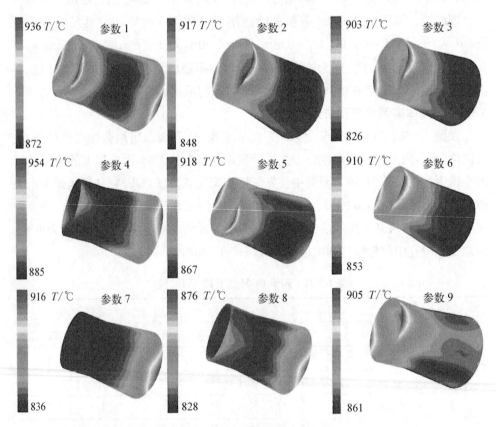

图 6 - 39　九种试验参数下压缩区和定径区的温度分布云图（单位：℃）

反应和偏压的作用,因此实际温度一般要比仿真温度高 5%~10%,因此图表中所列的结果均做了 10% 的补偿。根据图表结果可知,所有温度数值均在 800~950℃ 范围内,满足金刚石薄膜生长的需要。通过极差分析可知,四个因素对于 T_{min} 和 dT 均有显著影响,根据不同因素的效应曲线(见图 6-40)可知,基本影响规律如下:较大的 D_1 和 D_2 或者较小的 d_1 和 d_2 均有利于降低温差。此外,热丝-基体间距不能无限增大,否则距离效应会更加明显,热丝直径不能无限减小,因为热丝直径减小会影响其高温强度,因此四个参数分别优化如下: $D_1=5$ mm, $D_2=6$ mm, $d_1=0.3$ mm, $d_2=0.3$ mm。该参数下的仿真结果如图 6-41 所示, T_{min} 约为 812℃,而 dT 显著下降到 35℃。因为在实际的金刚石薄膜沉积过程中内孔表面温度难以直接测量,因此选用外表面某点作为温度监控点,如图 6-41(b)所示,根据大量试验及仿真的对照结果确定该点的监控温度应当为 790℃。

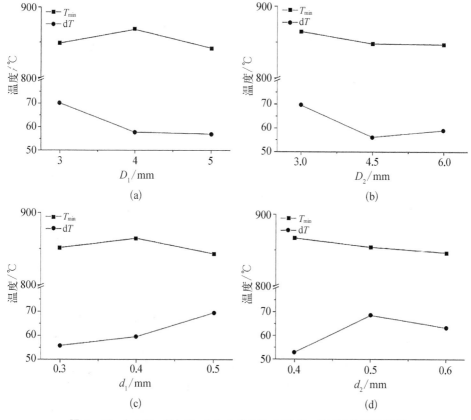

图 6-40　(a) D_1,(b) D_2,(c) d_1 和(d) d_2 对 T_{min} 和 dT 的影响规律

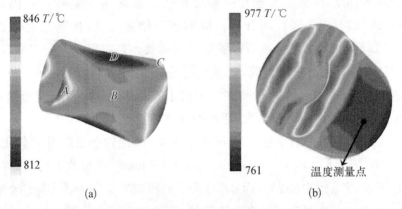

(a)   (b)

图 6 - 41   在优化参数情况下特定拉拔模具(a) 内孔压缩区和
定径区及(b) 外表面的温度分布

用于特定模具内孔表面 MCD 薄膜沉积的参数如表 6 - 20 所示,内孔表面四个采样点[见图 6 - 41(a)]的表面和截面形貌如图 6 - 42 所示,虽然 A 位置的晶粒尺寸相对较大,但是在整个压缩区和定径区薄膜厚度的差异并不大,始终在 4.8～6 μm 范围内,这说明 35℃的温差、基体结构优化后的遮挡-距离效应以及优化的热丝排布参数基本可以满足内孔表面薄膜均匀生长的要求。内孔表面四个采样点的拉曼光谱如图 6 - 43 所示,四条谱线具有类似的形状,证明了整个压缩区和定径区薄膜质量的均匀性。

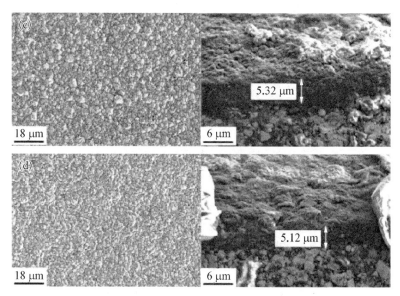

图 6 - 42　模具压缩区及定径区 (a) *A*, (b) *B*, (c) *C* 和 (d) *D* 位置
沉积的金刚石薄膜的表面及截面形貌

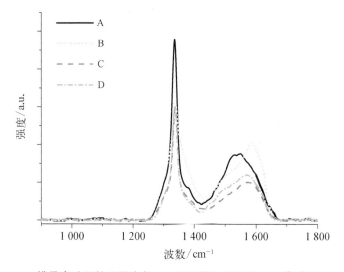

图 6 - 43　模具内孔压缩区及定径区不同位置沉积的金刚石薄膜的拉曼光谱

6.8.4　批量生产

　　本研究中还采用 DTNFTH 完成了金刚石薄膜涂层拉拔模具的批量生产,如
图 6 - 44 所示,图中给出了一半模具的编号(1 至 12 号),此外 13 至 15 号模具与
1 至 3 号模具呈轴对称。该研究中通过控制变量法仿真分析对热丝排布及辅助散
热相关参数进行了优化,包括热丝-基体间距 D(图 6 - 32 中的 D_1 和 D_2,取相等的

数值)、不同排之间的距离 L_1、同一排中不同模具之间的距离 L_2、基体夹具的材料 M 以及冷却水流量 Q。

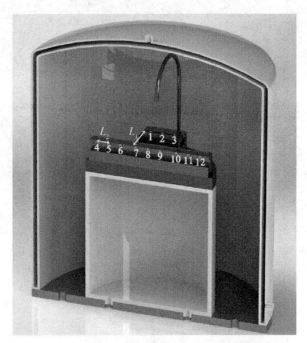

**图 6‑44　采用 DTNFTH 工艺进行金刚石薄膜
涂层拉拔模具批量生产的示意**

图 6‑45(a)中给出了一种典型情况下热丝温度分布的仿真结果,所有情况下的仿真结果均具有类似特征,其中的平均温度指的是取自每只模具压缩区和定径区表面温度的平均值。在本研究所采用的 HFCVD 设备中,整体温度应该呈现出中间高、周围低的趋势,因为中间区域热量更集中,周围区域距离水冷壁面更近。但是在仿真结果中却发现 2、8 和 14 号模具确实具有相对较高的温度,但是靠近边缘的 1、2 和 3 号模具的温度与靠近中央的 7 和 9 号模具的温度不存在明显差别,这是因为三只一排的模具比九只一排的模具可以接受更多的热丝辐射。

采用方差分析评价内孔表面压缩区和定径区温度分布的均匀性,在不同参数情况下十五只模具的总平均温度 T_a 和温度方差 $T\delta^2$ 如图 6‑45(b)至(f)所示,与上述单只模具案例研究的结果类似,当 D 从 4 mm 增加到 6 mm 时,T_a 会从 904℃ 下降到 865℃,而 $T\delta^2$ 会从 1 046℃ 下降到 732℃,其中 D 从 4 mm 增加到 4.5 mm 时对于 $T\delta^2$ 的影响更明显,而 D 的继续增大会对基体表面活性基团的浓度产生不利影响,因此最优的 D 值确定为 4.5 mm。L_1 的减小意味着各排模具之间的靠近,

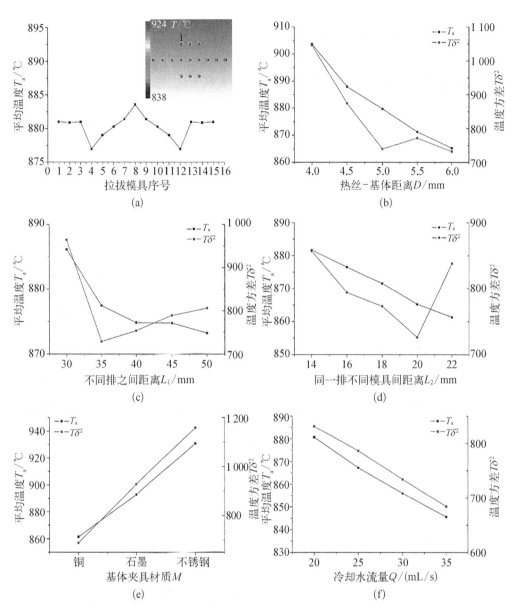

图 6-45　(a) $D=4.5$ mm，$L_1=35$ mm，$L_2=20$ mm，M 为红铜，$Q=20$ mL/s 时的不同模具平
均温度及温度分布，(b) D（$L_1=30$ mm，$L_2=18$ mm，M 为红铜，$Q=30$ mL/s），
(c) L_1（$D=4.5$ mm，$L_2=20$ mm，M 为红铜，$Q=30$ mL/s），(d) L_2（$D=4.5$ mm，
$L_1=35$ mm，M 为红铜，$Q=35$ mL/s），(e) M（$D=5.0$ mm，$L_1=35$ mm，$L_2=$
20 mm，$Q=30$ mL/s）和(f) Q（$D=5.5$ mm，$L_1=35$ mm，$L_2=20$ mm，M 为红铜）
对 T_a 和 $T\delta^2$ 的影响

也意味着热丝的靠近,因此会导致更加明显的热量集中和较高的 T_a 值,从最小化 $T\delta^2$ 的角度出发,最优的 L_1 值应当为 35 mm。同理,最优的 L_2 值应当为 20 mm。

本研究中对比了三种典型材质(铜、石墨和不锈钢)的基体夹具,这三种材料的热传导系数具有显著差异,夹具热传导系数的提高有利于改善整体散热,因此 T_a 和 $T\delta^2$ 同步减小。冷却水流量的增加可以起到类似的作用。综上所述,M 和 Q 分别优化为红铜和 35 mL/s。采用如表 6‑20 所述的基本沉积参数和经过优化的热丝排布和散热相关参数(D=4.5 mm,L_1=35 mm,L_2=20 mm,M 为红铜,Q=35 mL/s)进行金刚石薄膜涂层拉拔模具的批量制备试验。四只典型模具(1、2、4、8 号)不同采样点(A 和 B)的表面和截面形貌如图 6‑46 所示,均具有成型良好且致密的微米级金刚石晶粒,晶粒尺寸均在 1~3 μm 左右;4 号模具内孔表面沉积的薄膜厚度最小,8 号模具薄膜厚度最大,与温度分布的结果一致,但是所有的薄膜厚度均在 3.5~5 μm 的范围内。

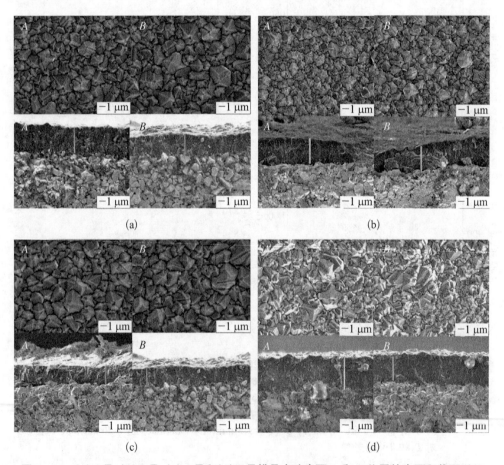

图 6‑46　(a) 1 号,(b) 2 号,(c) 4 号和(d) 8 号模具内孔表面 A 和 B 位置的表面和截面形貌

采用批量制备的金刚石薄膜涂层拉拔模具中的一部分进行应用试验,并将其应用效果与未涂层硬质合金模具及采用 DTFTH 制备的 MCD 薄膜涂层模具进行对比。所有的拉拔模具在实际应用前都要先进行抛光,将其表面粗糙度 R_a 值降低到 50 nm 以下,典型的抛光后涂层模具的表面形貌如图 6 - 47(a)所示。用于不锈钢丝拉拔的设备及相应产品如图 6 - 47(b)所示。该设备属于多道次连续拉拔设备,因此应用试验过程中需要同时应用定径区直径为 4.00 mm、3.50 mm、3.00 mm、2.70 mm、2.35 mm 和 2.00 mm 的模具,其中前面五只模具采用的都是 DTFTH 制备的高质量 MCD 薄膜涂层模具,最后一只则分别采用了未涂层模具、DTFTH - MCD 薄膜涂层模具和 DTNFTH - MCD 薄膜涂层模具,拉拔速度为 7 m/s,润滑方式为粉润滑。整个应用试验过程中前面五只模具工作情况良好,分别考察最后一只模具的寿命,其中未涂层模具可生产约 20 t 不锈钢丝,DTFTH - MCD 薄膜涂层模具可生产 180 t 左右,而 DTNFTH - MCD 薄膜涂层模具的平均寿命约为 120 t,可以达到 DTFTH - MCD 薄膜涂层模具的 67%。

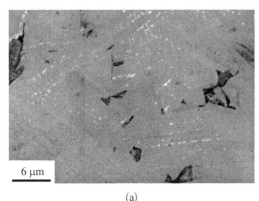 

6 μm

(a)　　　　　　　　　　　　　(b)

图 6 - 47　(a) 抛光后金刚石薄膜涂层模具的典型表面形貌和
(b) 多道次连续拉拔现场及产品

综合来看,DTNFTH 的应用有利于简化金刚石薄膜涂层拉拔模具的制备工艺、实现批量生产、提高生产率、降低成本,并且该工艺还有望实现超小孔径内孔表面金刚石薄膜的沉积,因此具有广阔的应用前景。

6.9　本章小结

本章针对普通孔径的圆孔拉拔模具,选用 BD - UM - NCCD 薄膜作为其内孔表面保护涂层,采用内孔沉积参数正交优化方法确定基本沉积参数,并采用仿真方法对其温度场分布相关的热丝及夹具参数进行优化,最终实现在其内孔工作表面沉积高质量的 BD-UM-NCCD 薄膜。以用于铝塑复合管拉拔的普通孔径模具为例,BD-UM-NCCD 薄膜可以有效提高模具产品的使用寿命、提高生产效率、改善产品质量、减少铝材及能源消耗,此外还可以采用水润滑代替油润滑,有助于实现低碳、绿色生产。针对小孔径圆孔拉拔模具,开发了新型辅助热丝张紧装置及辅助散热工艺,同样在其内孔制备了高质量的 BD-UM-NCCD 薄膜。以用于漆包线拉拔的小孔径拉丝模为例,BD-UM-NCCD 薄膜同样可以显著提高模具的使用寿命,提高生产效率,减少材料及能源消耗,同时在长寿命周期内可以严格保证产品的表面质量、尺寸精度及性能。针对超大孔径圆孔拉拔模具,提出了基于等边三角形热丝排布方式的新型沉积工艺,同样在其内孔表面沉积了高质量的 BD-UM-NCCD 薄膜。以铜电线电缆绞线紧压模为例,该涂层模具具有极高的寿命和稳定性,可以有效提高生产效率、改善产品质量、保证产品的尺寸精度、减少铜材及能源消耗、提高电线电缆生产行业的整体技术水平和利润率。

此外,本章还特别针对 $\phi 50 \sim 120$ mm 超大孔径圆孔内孔表面金刚石薄膜的均匀沉积问题进行了系统的仿真及试验研究,将等边三角形热丝排布方式扩展到等边多边形热丝排布方式,系统研究了热丝数量 N、热丝排布方向 α、热丝温度 T_f、热丝直径 d_f、热丝排布圆周半径 r_c 和热丝向下平移距离 h 对内孔表面温度场分布的影响规律,并完成了相应参数的优化。对于内孔直径 80 mm 的 SiC 紧压模,优化后的参数如下:$N=6$,$\alpha=30°$,$T_f=2\ 200℃$,$d_f=0.8$ mm,$r_c=30$ mm,$h=3.6$ mm。此外,在大量仿真及试验数据基础上,还针对 $\phi 50 \sim 120$ mm 的 SiC 以及 WC-6%Co(质量分数)基体,完成了内孔热丝排布归一化模型的构建。

针对具有复杂孔型的异型模,选用应力较小、附着性能优异的单层 BDD 薄膜作为其内孔表面耐磨涂层,同样采用内孔沉积参数正交优化方法确定基本的沉积参数,并提出基于正交配置法(orthogonal collocation method, OCM)的仿真方法对其温度场分布相关的热丝及夹具参数进行优化,选用与内孔形状相适应的热丝排布方案,在此基础上在异型模内孔工作表面制备了厚度均匀的高质量单层 BDD 薄膜。以 BDD 薄膜涂层矩形孔异型模为例,其在应用过程中表现出了优异的附着性能和良好的耐磨损性能,使用寿命可以达到传统硬质合金模的 8 倍以上,模具使用寿命的延长节省了模具检测、修模和更换模具等辅助工序所消耗的大量人力物力资源,大幅提高了铜排拉拔的生产效率,给企业带来了显著的经济效益。

本章阐述了在水基润滑条件下采用 BDMC-MC-NCCD 薄膜涂层拉拔模具拉拔铝合金丝的应用试验,当水基乳化液中的原液体积分数不小于 20% 时,最大拉拔速度可以达到未涂层模具在油润滑条件下拉拔的最大速度。未涂层模具无法实现水基润滑高速拉拔,涂层模具在水基润滑条件下具有更低的拉拔温度。相比于油润滑条件下的未涂层模具,水基润滑条件下的涂层模具具有更长的寿命,并且可以保证产品的尺寸精度。水基润滑条件下生产的铝合金丝表面氧化程度较高、光泽度较差,但是依旧可以满足产品的质量要求。综上所述,采用 BDMC – MC – NCCD 薄膜涂层拉拔模具和特制的 OF01 水基乳化液,在铝合金丝拉拔过程中可以实现水基润滑替代油基润滑。

针对内孔穿丝工艺难以真正实现金刚石薄膜涂层拉拔模具的批量低成本生产的问题,本章还提出了不穿丝内孔金刚石薄膜沉积工艺(DTNFTH),通过理论计算证明了内孔表面辐射强度会随热丝–基体间距增加而迅速减小,通过仿真分析证明了双热丝排布有利于内孔表面温度场分布的均匀性,并通过理论分析和沉积试验证明了内孔非连续薄膜区域的产生是由于"遮挡效应"和"距离效应"造成的基体表面活性基团数量下降,据此完成了不锈钢拉丝模孔型的重新设计($d=2$ mm, $H=6$ mm, $D_s=8$ mm, $h_1=1$ mm, $h_2=2$ mm, $h_3=1$ mm, $\alpha_1=16°$, $\alpha_2=50°$, $\alpha_3=90°$),并采用新结构拉丝模完成了单只模具内孔表面金刚石薄膜的均匀沉积及涂层模具的批量均匀制备,应用试验表明其寿命可达到传统 DTFTH 制备的模具寿命的 67%。

第7章 热丝 CVD 金刚石薄膜在耐冲蚀磨损器件内孔中的应用

7.1 引言

喷嘴和阀门阀座是应用非常广泛的两类以内孔为工作表面的耐冲蚀磨损器件,喷嘴广泛应用于机械、石油、化工、汽车、船舶、航空航天、冶金、煤炭等各行各业,是喷雾干燥、表面强化、表面清洗、表面喷涂、表面改性、磨料喷射切割、水射流切割等机械设备的关键部件。目前国内外常用的喷嘴材料主要有金属、硬质合金和陶瓷等,其中金属和硬质合金的硬度较低,耐磨性较差,磨损率高,金属及钨钴等原材料的成本较高。陶瓷材料多采用固相烧结,晶体陶瓷内部存在大量的气孔、玻璃相及微裂纹等结构缺陷,造成陶瓷材料存在结构的不完整性,导致陶瓷材料在许多应用条件下的冲蚀磨损性能难以达到长期稳定使用的需求。在不同应用领域中使用的喷嘴类型多样,结构形式变化多端,因此对喷嘴的冲蚀磨损性能也提出了不同的要求。阀门是流体输送系统中的关键控制部件,在实际应用过程中,许多阀门需要在高温、高压和强冲蚀磨损的工况下长期稳定运行,因此对其中阀座部件内孔工作表面的冲蚀磨损性能也提出了非常高的要求。

本章所研究的喷嘴是应用于乙烯催化裂解催化剂生产用喷雾干燥设备中的结构相对比较复杂的喷雾喷嘴,该喷嘴的工作环境为高温(工作温度 450℃以上)、高压(喷雾压力 11~12.5 MPa)、高硬度固体颗粒(SiO_2 和 Al_2O_3)高速(80 m/s 以上)冲蚀环境,因此对其冲蚀磨损性提出了极高的要求,传统的硬质合金喷嘴和陶瓷喷嘴在使用过程中磨损严重,喷嘴孔径扩大很快。喷雾干燥喷嘴的孔径对于催化剂产品的分散度、球形度和粒径分布等质量要素均有显著影响,因此传统喷嘴磨损较快导致的生产过程中工艺参数不稳定、产成品质量下降等问题也非常明显。然而相对于前几章中研究的模具产品和阀门产品而言,喷雾干燥的工艺流程并没有对喷嘴工作表面的表面光洁度提出过高的要求,因此在将 CVD 金刚石薄膜应用于喷嘴工作表面时,对薄膜的表面粗糙度和可加工性能要求相对较低。BD‐UCD 薄膜虽然具有较高的表面粗糙度和非常难以抛光的特点,但是其良好的附着性能、接近于天然金刚石的表面硬度和优异的冲蚀磨损性能恰好可以满足喷雾干燥喷嘴实际应用过程中最关键的需求。目前国内外对于乙烯催化裂解催化剂生产用喷雾干燥喷嘴的材料研究非常少,工业生产过程中普遍使用的还是硬质合金和反应烧结碳化硅陶瓷喷嘴,通过频繁的停机检测和更换喷嘴的方式来保证产品质量。在这两种常用的喷嘴材料中,碳化硅陶瓷具有更接近于金刚石的热膨胀系数,在碳化硅陶瓷基体上制备的金刚石薄膜具有更好的附着性能和冲蚀磨损性能。综上所述,本章以传统的碳化硅陶瓷喷嘴为研究对象,针对其受冲蚀工作表面形状的复杂性,提出了"先内孔后锥孔"的两步沉积策略,采用仿真方法分别对两步沉积中温度分布相关的沉积参数进行了优化。采用优化的沉积参数分别在喷嘴内孔和锥孔表面上制备了高质量、厚度均匀、具有优异的附着性能和冲蚀磨损性能的 BD - UCD 薄膜,并将制备的复合金刚石薄膜涂层喷嘴在乙烯催化裂解催化剂生产用喷雾干燥设备中进行了应用试验。

本章所研究的阀门是煤直接液化系统中高温分离器后的减压调节阀,该阀门用于输送固体颗粒浓度高达 60% 的煤浆两相流,其工作环境为高温(450℃以上)、高压差(从约 19.2 MPa 降低到约 3 MPa,压差达到 16.2 MPa)和高固态浓度(固相体积分数达到 60%)固液两相流冲蚀,因此对其阀座内孔受冲蚀工作表面的冲蚀磨损性能和使用稳定性提出了非常严格的要求。本章在对煤液化减压调节阀整体结构进行优化以缓解阀座内孔表面受冲蚀磨损状态的基础上,采用甲烷碳源在阀座内孔表面沉积了高质量的 MCD 薄膜并进行了应用试验。

7.2　硼掺杂-微米金刚石复合薄膜涂层喷嘴的制备及应用

7.2.1　硼掺杂-微米金刚石复合薄膜涂层喷嘴的制备工艺

本章所研究的用于乙烯催化裂解催化剂生产的喷雾干燥喷嘴具有比较复杂的受冲蚀工作表面,喷嘴外观及剖面如图 7 - 1 所示,整体尺寸为 $\phi23$ mm×11.5 mm。喷雾干燥喷嘴在使用过程中受冲蚀的工作表面包括图中标注的锥孔表面(conical surface)以及内孔表面(hole surface),因此需要在这两个工作表面上分别沉积 CVD 金刚石薄膜。针对两个工作表面不同的形状特征,采用不同的热丝排布方式和"先内孔后锥孔"两步沉积的方法分别在两个表面上制备金刚石薄膜,内孔沉积和锥孔沉积所采用的热丝排布和支承方式如图 7 - 2 所示。本章中选用作 BD - UCD 薄膜沉积基体的喷雾干燥喷嘴材料优选为反应烧结碳化硅,因为在该基体上可获得最佳的金刚石薄膜附着性能。首先采用约 15 μm 的金刚石研磨液对碳化硅基体待沉积表面进行研磨抛光以提高薄膜和基体之间的附着性能,然后采用 0.5~

1.0 μm 的金刚石微粉对研磨抛光后的表面进行研磨布晶以提高金刚石薄膜沉积过程中的形核密度。

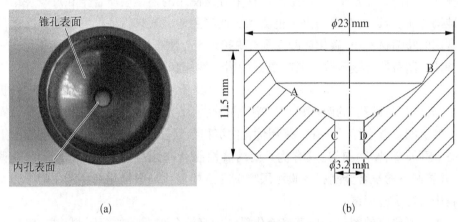

图 7 - 1　乙烯催化裂解催化剂生产用喷雾干燥喷嘴外观及剖面示意

(a) 外观；(b) 剖面

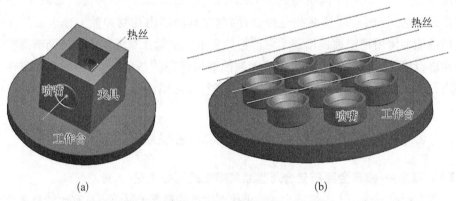

图 7 - 2　喷嘴内孔及锥孔表面沉积金刚石薄膜所采用的热丝排布和支承方式示意

(a) 内孔沉积；(b) 锥孔沉积

　　采用与 3.8 节类似的内孔沉积参数正交优化方法(用冲蚀磨损性能替代应用摩擦磨损性能)及 6.6.1 节所述正交配置仿真方法综合确定的用于喷雾干燥喷嘴内孔及锥孔沉积 BD‐UCD 薄膜的工艺参数分别如表 7‐1 和表 7‐2 所示,在优化的沉积参数下,内孔沉积和锥孔沉积时基体表面的温度场分布云图如图 7‐3 所示。沉积试验中首先在喷嘴内孔表面连续沉积 BDD 薄膜和 MCD 薄膜,在该反应过程中锥孔表面上也会有部分质量较差的、以石墨和无定形碳等非金刚石成分为主的碳灰附着,将锥孔表面上的碳灰清除后再在其上连续沉积 BDD 薄膜和 MCD 薄膜。

锥孔沉积过程中由于孔型和孔径所限,热丝附近分解的活性基团很难到达内孔表面,因此不会对内孔已沉积的复合金刚石薄膜的质量造成影响[101]。

表 7-1 喷嘴内孔表面沉积 BD-UCD 薄膜的工艺参数

沉 积 参 数	形核阶段	硼掺杂生长阶段	常规生长阶段
反应气体流量 Q_{gm}/(mL/min)	1 104	1 066	1 066
丙酮/氢气体积比	2%~4%	1%~3%	1%~3%
B/C 原子比/ppm	4 200	4 200	0
反应压力 p_r/Pa	2 000	3 700	3 700
红铜块尺寸 BL_1/mm	50	50	50
热丝直径 d_f/mm	0.5	0.5	0.5
热丝长度 l_f/mm	120	120	120
热丝温度 T_f/℃	2 100	2 100	2 100
基体温度 T_s/℃	850~950	800~900	800~900
偏压电流/A	3.0	2.0	2.0
沉积时间/h	0.4	1.6	6

表 7-2 喷嘴锥孔表面沉积 BD-UCD 薄膜的工艺参数

沉 积 参 数	形核阶段	硼掺杂生长阶段	常规生长阶段
反应气体流量 Q_{gm}/(mL/min)	1 104	1 066	1 050
丙酮/氢气体积比	2%~4%	1%~3%	1%~3%
B/C 原子比/ppm	4 200	4 200	0
反应压力 p_r/Pa	2 000	3 700	3 700
热丝根数 N_f/根	6	6	6
热丝直径 d_f/mm	0.6	0.6	0.6
热丝长度 l_f/mm	130	130	130
热丝间距 D_f/mm	12	12	12
热丝-基体距离 H_{fs}/mm	10	10	10
热丝温度 T_f/℃	2 200	2 200	2 200
基体温度 T_s/℃	850~900	800~850	800~850
偏压电流/A	5.0	5.0	5.0
沉积时间/h	0.5	2.5	9

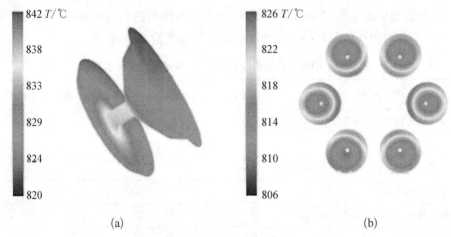

图 7 - 3　优化参数下基体表面的温度场分布云图

(a) 内孔沉积；(b) 锥孔沉积

7.2.2　硼掺杂-微米金刚石复合薄膜涂层喷嘴的表征

采用慢走丝线切割将制备的 BD - UCD 薄膜涂层喷嘴沿轴线切开，首先采用 FESEM(Zeiss ULTRA55)表征了喷嘴内孔及锥孔不同位置的表面形貌及截面形貌，四个取样点的位置如图 7 - 1(b)所示，表征得到的四个取样点上金刚石薄膜的表面形貌和截面形貌如图 7 - 4 所示。由图 7 - 4 可以看出，锥孔上沉积的金刚石薄膜晶粒尺寸和薄膜厚度表现出良好的一致性(取样点 A 点和 B 点)，晶粒尺寸约为 $5 \sim 6\ \mu m$，薄膜厚度约为 $28 \sim 30\ \mu m$。内孔沉积的金刚石薄膜同样具有比较均匀的晶粒尺寸($4 \sim 5\ \mu m$)和薄膜厚度($40 \sim 42\ \mu m$)，这主要得益于通过沉积参数优化得到的均匀的基体表面温度场分布状况。此外，该处的薄膜厚度通过沉积时间控制，其优选综合考虑了薄膜厚度对于冲蚀磨损性能的影响、经济性、整体结构尺寸精度等因素。内孔沉积的时间总计为 8 h，锥孔沉积的时间总计为 12 h，在较短的沉积时间内内孔表面沉积的金刚石薄膜的厚度却要远远超过锥孔上沉积的金刚石薄膜的厚度，这主要是因为在内孔沉积过程中，热丝距离基体表面的距离很近，虽然可通过红铜块等辅助的散热手段控制生长阶段内孔表面的温度仍然保持在 $800 \sim 900\ ℃$，但是由于热丝-基体距离的大幅缩短，会有更多在热丝周围分解产生的活性基团运动到基体表面，从而促进基体表面金刚石薄膜的形核和生长反应。在基体温度大致相当的情况下(内孔沉积过程中内孔表面的温度和锥孔沉积过程中锥孔表面的温度基本一致)，有更多的活性基团到达基体表面意味着形核密度的增加，因此内孔表面沉积的金刚石薄膜的晶粒尺寸反而会略小于锥孔表面上沉积的金刚石薄膜的晶粒尺寸。此外，从制备的 BD - UCD 薄膜的截面形貌中还可以看到明显的分层现象,底层比较致密的柱状生长形貌表征的是 BDD 薄膜层,而表层的比较粗大的柱状生长形貌代表的则是 MCD 薄膜层,柱状形貌的粗细差异也与硼掺杂对金刚石薄膜晶粒的细化作用有关(BDD 薄膜层柱状截面形貌相对较细)。

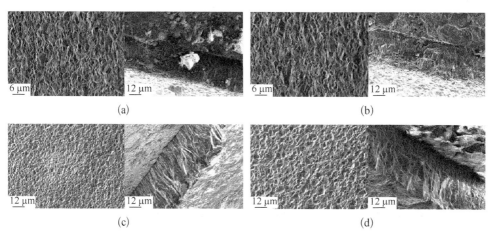

图 7 - 4　喷嘴内孔及锥孔不同位置的表面形貌及截面形貌

(a) 取样点 A;(b) 取样点 B;(c) 取样点 C;(d) 取样点 D

BD - UCD 薄膜涂层喷嘴内孔及锥孔表面的拉曼光谱图如图 7 - 5 所示,锥孔表面沉积的复合金刚石薄膜的拉曼光谱中金刚石 sp^3 相成分对应的特征峰非常明显,除了该峰外不存在其他的特征峰。这说明锥孔表面沉积的 BD - UCD 薄膜表层具有非常高的纯度和质量,sp^3 特征峰所处的波数位置为 $1\ 334.2\ cm^{-1}$,相对于无应力天然金刚石薄膜 sp^3 峰的偏移量和据此估算得出的残余应力值分别为 $1.8\ cm^{-1}$ 和 $-1.02\ GPa$,残余应力相对于常规金刚石薄膜而言比较小。而喷嘴内孔表面沉积的复合金刚石薄膜的拉曼光谱中金刚石 sp^3 相成分对应的特征峰的半峰宽明显变宽,此外还出现了石墨化 G 带对应的 $1\ 580\ cm^{-1}$ 峰,这主要是因为在内孔沉积过程中,热丝与基体之间的距离较近,基体表面的形核密度较高,会有相对较多的石墨及无定形碳成分存在于晶界区域。但是考虑到石墨的敏感度比 sp^3 相高 50 倍左右,因此石墨化成分所占比重仍然很低,内孔沉积的 BD - UCD 薄膜也具有比较高的纯度和质量,sp^3 特征峰所处的波数位置为 $1\ 334.4\ cm^{-1}$,相对于无应力天然金刚石薄膜 sp^3 峰的偏移量和据此估算得出的残余应力值分别为 $2.0\ cm^{-1}$ 和 $-1.13\ GPa$,残余应力相对于单层常规金刚石薄膜而言也比较小。总而言之,BD - UCD 薄膜沉积工艺很好地改善了薄膜内的残余应力状态,有助于在喷嘴工作表面制备获得低应力、高质量的金刚石薄膜保护涂层。

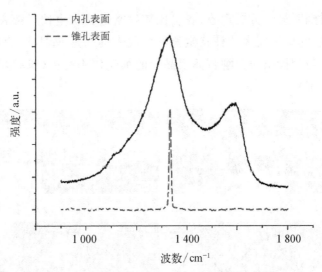

图 7-5   喷嘴内孔及锥孔上 BD-UCD 薄膜的拉曼光谱

7.2.3   硼掺杂-微米金刚石复合薄膜涂层喷嘴的应用试验

BD-UCD 薄膜涂层喷嘴的应用试验在乙烯催化裂解催化剂生产线中的喷雾干燥设备中进行,应用试验中同时采用了未涂层喷嘴作为对照。用于乙烯催化裂解催化剂生产的喷雾干燥设备原理如图 7-6 所示,反应原料通过测量设备和混合装置后定量混合,然后在压力泵的作用下加压进入喷枪,通过旋转体和喷嘴后从喷嘴出口呈雾状喷出,在采用加热炉加温的干燥室内干燥后形成粉末状产品,通过分离器分离后形成可供下一阶段工艺加工的催化剂产品。涂层喷嘴样品及试验现场

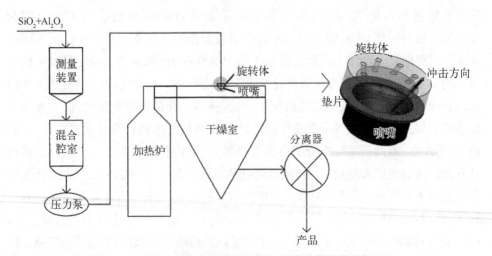

图 7-6   用于乙烯催化裂解催化剂生产的喷雾干燥设备原理

图如图 7 - 7 所示,反应原料为高岭土、拟薄水铝石与水溶解后的固液两相混合物,其中主要的固体硬质颗粒成分为二氧化硅(质量分数为 78%)和三氧化二铝(质量分数为 22%),颗粒的平均直径约为 $10\sim12\ \mu m$,正常生产的喷雾压力大约为 $11\sim 12.5\ MPa$,干燥温度在 $450℃$ 以上,总流量控制在 $9.5\ m^3/h$ 左右,最大冲击速度约为 $100\ m/s$。

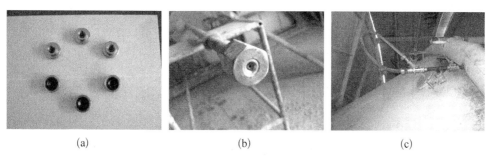

(a)　　　　　　　　　　(b)　　　　　　　　　　(c)

图 7 - 7　BD - UCD 薄膜涂层喷嘴样品及应用试验现场

(a) 涂层喷嘴样品;(b) 喷嘴装于喷枪中;(c) 喷枪装于喷雾干燥设备中

如图 7 - 6 右上角所示,在喷雾喷嘴前会搭配使用旋转体部件,通过旋转体之后的固液两相流及其中的硬质颗粒对喷嘴锥孔表面的冲蚀角度大约为 $60°\sim90°$,而进入喷嘴内孔区域的流体在对内孔表面的冲蚀角度大约为 $0\sim15°$。实际应用中锥孔表面的适度磨损不会对喷嘴的应用状况造成太大的影响,而喷嘴孔径的变化则会直接影响到催化剂产品的粒径分布、分散度和球形度等质量要素。本应用试验中生产的催化剂产品最大颗粒直径约为 $149\ \mu m$,平均颗粒直径要尽量保持在 $70\sim72\ \mu m$ 范围内,同时尽量减少直径较大和直径较小的颗粒数量。如果颗粒直径过小,催化剂产品在使用过程中容易随油流走;如果颗粒直径过大,催化剂产品在后续加工和使用过程中不容易被鼓风机吹起。催化剂产品的分散度会间接影响产品颗粒的直径,而球形度则是催化剂产品催化性能评定的一个重要标准。该应用试验分别从喷嘴冲蚀磨损性能和催化剂产品质量两个角度评价了 BD - UCD 薄膜涂层喷嘴的应用效果。

1) 喷嘴冲蚀磨损性能评价

喷嘴应用试验过程中固体硬质颗粒的冲击或冲刷作用会造成喷嘴工作表面的材料剥落,喷嘴失重 ML 可直接用于表征喷嘴整体的冲蚀磨损性能,BD - UCD 薄膜涂层喷嘴和未涂层喷嘴的失重 ML 随时间变化的曲线图如图 7 - 8(a)所示。从图中可以看出,当使用时间达到 80 h 时,未涂层喷嘴的失重已经高达 926 mg,而同一时间涂层喷嘴的失重仅有 28 mg,当使用时间达到 200 h 时涂层喷嘴失重也仅有

104 mg,涂层喷嘴失重要远小于未涂层喷嘴,说明 BD – UCD 薄膜涂层喷嘴整体的冲蚀磨损性能显著优于未涂层喷嘴。

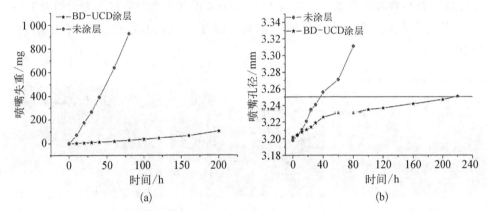

图 7 – 8　BD – UCD 薄膜涂层喷嘴和未涂层喷嘴的失重及喷嘴孔径随时间变化曲线
(a) 喷嘴失重;(b) 喷嘴孔径

由于冲蚀角度和冲蚀速度的差异,喷嘴锥孔和内孔表面的冲蚀磨损情况会存在区别,其中锥孔表面的剧烈磨损或者破坏会影响喷嘴的使用效果。应用试验中工作 40 h 后的 BD – UCD 薄膜涂层喷嘴以及未涂层喷嘴锥孔表面的冲蚀形貌如图 7 – 9 所示,未涂层喷嘴锥孔表面材料剥落现象很明显,甚至出现了非常严重的断裂裂纹,该断裂裂纹的形成可能与陶瓷材料的内部缺陷有关,即使是在材料剥落不是非常明显的位置,喷嘴表面的陶瓷材料在固液两相流长时间冲击下也已经变得非常疏松、易于脱落。而在 BD – UCD 薄膜涂层喷嘴的锥孔表面观察不到明显的材料剥落现象,从微观形貌中可以看出,经过 40 h 的连续工作后,复合金刚石薄膜的冲蚀磨损仍然处于初始状态,仅有表面的一部分比较突出的金刚石晶粒在连续冲击作用下发生破裂,还没有进入实质性的裂纹生成、裂纹扩展及材料脱落的冲蚀磨损阶段。

喷嘴孔径对催化剂产品的粒径分布、分散度和球形度等质量要素影响很大,因此在应用试验中将喷嘴孔径的扩大定义为喷嘴主要的失效形式。该喷嘴原始孔径为 3.2 mm,根据实际应用经验,如果喷嘴孔径超过 3.25 mm,喷雾干燥工艺中的压强、流量等参数均会受到明显影响,生产出来的催化剂质量也会严重下降,无法达标,因此定义 3.25 mm 作为喷嘴的失效标准。如图 7 – 8(b)所示为 BD – UCD 薄膜涂层喷嘴及未涂层喷嘴孔径随时间的变化曲线,当使用时间达到 40 h 时,未涂层喷嘴的孔径已经明显超过了 3.25 mm,而复合涂层喷嘴在使用了 220 h 后孔径才刚刚达到 3.251 mm,BD – UCD 薄膜的使用将该喷雾干燥喷嘴的使用寿命提高了5 倍以上。

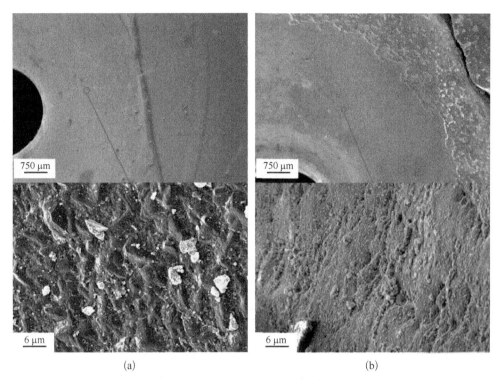

图 7 - 9 BD - UCD 薄膜涂层喷嘴和未涂层喷嘴的锥孔表面冲蚀形貌(工作时间 40 h)

(a) BD - UCD 薄膜涂层喷嘴;(b) 未涂层喷嘴

2) 催化剂产品质量评价

乙烯催化裂解催化剂产品的质量要素主要包括催化剂的分散度、球形度和粒径分布。采用已工作 20 h 的 BD - UCD 薄膜涂层喷嘴和已工作 20 h 的未涂层喷嘴分别进行催化剂产品的生产,如图 7 - 10 所示为对生产的催化剂产品抽样检测得到的扫描电子显微镜(SEM)形貌图,复合金刚石涂层喷嘴在工作 20 h 之后孔径变化很小,如图 7 - 8(b)所示,因此采用工作了 20 h 的该喷嘴生产的催化剂产品球形度仍然非常好,基本上没有明显的粘连现象存在。而工作 20 h 后的未涂层喷嘴生产出来的催化剂产品虽然还可以达到催化剂产品的总体质量要求,但是球形度有所降低,粘连现象明显,这会对催化剂产品的后续加工和使用造成不利影响。

工作 20 h 之后的两种喷嘴生产的催化剂产品粒径分布直方图如图 7 - 11 所示,在长时生产过程中,采用 BD - UCD 薄膜涂层喷嘴生产的催化剂产品的平均粒径约为 71.1 μm,粒径分布比较集中,主筛分(40~80 μm)含量较高(约 41%),大颗粒和小颗粒的含量都比较少。而采用未涂层喷嘴生产的催化剂产品平均粒径约为

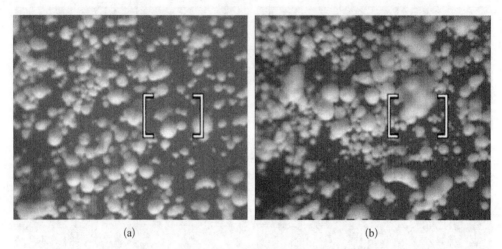

(a)   (b)

图 7‑10　BD‑UCD 薄膜涂层及未涂层喷嘴使用 20 h 后生产的催化剂形貌

(a) BD‑UCD 薄膜涂层喷嘴；(b) 未涂层喷嘴

72.8 μm，相对于采用涂层喷嘴生产的产品，主筛分含量下降（约 36.8%），大颗粒和小颗粒的含量均有明显增加。催化剂产品平均粒径的增加和粒径分布均匀度的下降主要是因为内孔孔径的扩大，BD‑UCD 薄膜涂层喷嘴良好的冲蚀磨损性能有助于维持孔径的稳定性，因此也便有助于保持催化剂产品粒径分布的均匀性。BD‑UCD 薄膜涂层喷嘴优异的冲蚀磨损性能、良好的孔径稳定性以及生产的催化剂产品的质量稳定性可保证该喷嘴在喷雾干燥设备中的长期稳定运行，从而减少了停机检测、更换喷嘴的次数，有效提高了生产效率。

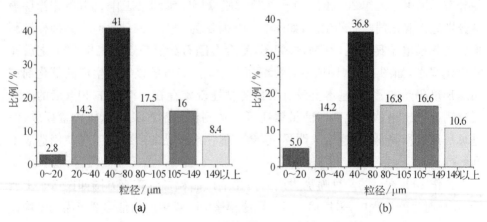

(a)   (b)

图 7‑11　采用工作 20h 的 BD‑UCD 薄膜涂层及未涂层喷嘴生产的催化剂粒径分布

(a) BD‑UCD 薄膜涂层喷嘴；(b) 未涂层喷嘴

7.3　金刚石薄膜涂层煤液化减压调节阀阀座的制备及应用

本节在针对煤液化减压调节阀阀座进行内孔金刚石薄膜的制备之前,首先采用计算流体动力学(computational fluid dynamics, CFD)仿真方法,结合传统煤液化减压调节阀的应用状况,对该类阀门的关键结构(阀芯和压套)进行了孔型优化,采用了新型的斜劈式阀芯和四通孔压套结构。关键结构经过优化设计的新型减压阀中阀座部件内孔表面的受冲蚀状况得到了显著改善,因此,在此基础上选择高质量的甲烷碳源MCD薄膜作为其内孔表面的耐磨涂层即可满足其使用需求。

7.3.1　煤液化减压调节阀整体结构的优化设计

传统煤液化减压调节阀采用的是柱塞式关闭件(阀芯),在煤液化实际生产过程中,除了常规的冲蚀磨损之外,传统柱塞式阀芯还经常发生振动甚至折断失效。本章所研究的新型煤液化减压调节阀的阀芯采用了斜劈式结构,在工作开度下两种不同结构阀芯附近位置的压强分布云图如图7-12所示。由于减压调节阀入口通道是单侧的,阀门整体结构不完全对称,因此传统柱塞式阀芯靠近和远离入口一侧所流通的流体具有不同的压力,会导致工作过程中阀芯频繁振动,甚至会在磨损失效之前就发生折断失效。斜劈式阀芯可以保证使阀芯一侧紧贴阀座壁面,另一侧流通具有一定压力的液体而不产生振动,避免折断失效现象的出现。此外,传统柱塞式阀芯的降压作用不明显,如图7-12所示在柱塞式阀芯位置的降压幅度很小,而相同开度下斜劈式阀芯位置的降压幅度得到明显提升,并且斜劈式阀芯通道

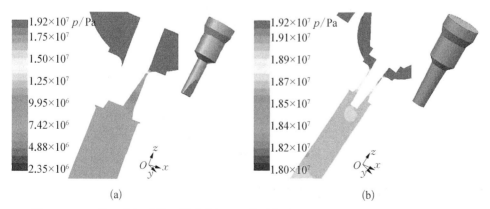

图7-12　工作开度(20%)下斜劈式阀芯和传统柱塞式阀芯附近位置的压强分布云图
(a) 斜劈式阀芯;(b) 传统柱塞式阀芯

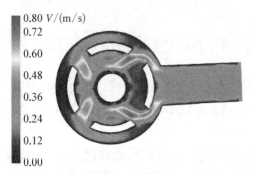

图 7-13   工作开度(20%)下新型压套结构内的流场分布云图

的流通面积大于柱塞式阀芯某一侧的流通面积,因此在遇到特殊工况时更有利于固体介质颗粒的流通。

传统煤液化减压调节阀中常用的压套为双通孔对称分布形式,通孔与入口通道平行。本章所研究的新型煤液化减压调节阀在入口和阀座之间采用了新型的四通孔环形阵列分布的压套结构,压套通孔与入口通道夹角分别为45°、135°、225°和315°。如图 7-13 所示为工作开度下四通孔压套结构内的流场分布云图,如图 7-14 所示为工作开度下两种不同的压套结构下阀座入口附近的速度矢量分布图。与传统压套相比,新型压套的通孔结构设计使其具有均衡的导流作用,通过四通孔的导流作用将流体引入压套腔体并流过阀芯、阀座间隙时,流体方向与阀座孔壁面以及阀芯斜面趋于平行,最大冲蚀角度仅有 10°左右[137],而传统减压调节阀中有部分高速流体的流动方向与阀座孔壁面的夹角(即冲蚀角度 α_e)接近 45°。在前面的研究中已经证明,对金刚石薄膜等典型的脆性材料而言,冲蚀磨损率会随冲蚀角度的增加而增大,因此新型的压套结构有助于缓解固液两相流对于阀座孔壁面和阀芯斜面的冲蚀磨损作用。

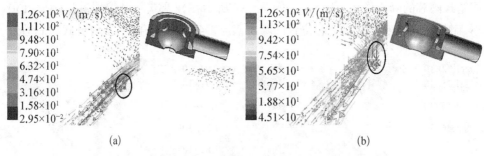

(a)   (b)

图 7-14   工作开度(20%)下具有新型和传统压套结构的减压调节阀阀座入口处的速度矢量分布

(a) 新型四通孔压套;(b) 传统双通孔压套

7.3.2   金刚石薄膜涂层阀座的制备及表征

阀门频繁的开关工况对于阀座基体韧性有较高要求,因此选用硬质合金作为基体,对于整体结构经过优化的煤液化减压调节阀,尝试选取了采用甲烷碳源沉积的 MCD 薄膜作为阀座内孔表面的保护涂层。煤液化减压调节阀阀座的剖面结构如图 7 - 15(a)所示,内孔孔径约为 4 mm,采用与 3.8 节类似的内孔沉积参数正交优化方法(用冲蚀磨损性能替代应用摩擦磨损性能,具体过程略)及第 4 章所述的仿真方法综合确定的沉积参数如表 7 - 3 所示,图 7 - 15(b)是在该优化参数下阀座内孔表面的温度场分布云图,内孔表面的最大温差仅有8.46℃。

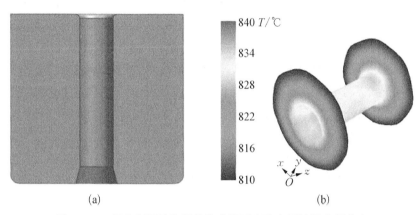

图 7 - 15　阀座剖面结构及优化参数下内孔表面的温度场分布

(a) 阀座剖面结构图;(b) 优化参数下内孔表面温度分布云图

表 7 - 3　阀座内孔甲烷碳源 MCD 薄膜沉积参数表

沉 积 参 数	形核阶段	生长阶段
热丝温度 $T_f/℃$	2 200	2 200
基体温度 $T_s/℃$	850~900	800~850
热丝直径 d_f/mm	0.64	0.64
热丝长度 l_f/mm	70	70
甲烷流量 $Q_{CH4}/(mL/min)$	45	36
氢气流量 $Q_{H2}/(mL/min)$	755	764
反应压力 p_r/Pa	2 000	4 000
沉积时间/h	0.5	4.5
出气口排布方式 A_{out}	双口对称	双口对称
红铜块支承方式 BL	环绕式	环绕式

在煤液化减压调节阀中,阀座内孔表面和阀芯外圆表面的配合有密封要求,因此采用内孔线抛光机和 $1\sim10~\mu m$ 的金刚石微粉对制备的 MCD 薄膜涂层阀座的内孔表面进行了抛光处理,抛光前后的阀座样品分别用慢走丝线切割机沿中间轴线切开,然后采用场发射扫描电子显微镜(FESEM, Zeiss ULTRA55)对其表面形貌和截面形貌进行观测。甲烷碳源 MCD 薄膜涂层阀座内孔表面三个不同位置抛光前的表面形貌如图 7 - 16(a)所示,从图上可以看出,阀座内孔表面沉积了一层连续、均匀、具有良好晶型的 MCD 薄膜,不同位置的薄膜具有较为一致的晶粒尺寸,金刚石晶粒的大小约为 $2\sim3~\mu m$。抛光后的 MCD 薄膜涂层阀座内孔表面对应位置的表面形貌如图 7 - 16(b)所示,虽然采用甲烷沉积的 MCD 薄膜硬度很高,较难抛光,但是由于阀座内孔孔径较小,采用内孔线抛光机进行抛光处理相对比较简便,并且明显提高了阀座内孔表面光洁度,从而有利于保证阀座内孔表面与阀芯外圆表面的密封配合。MCD 薄膜涂层阀座对应位置的截面形貌如图 7 - 16(c)所示,阀座内孔表面涂层厚度同样非常均匀($12\sim13~\mu m$),这主要得益于采用优化的沉积参数导致的比较均匀的内孔表面温度场分布状况,由于硬质合金基体上厚度较大的 MCD 薄膜附着性能较差,因此相对于喷嘴而言,本节研究中选用的薄膜厚度相对较薄,避免了硼掺杂技术的采用,相对缩短了金刚石薄膜的沉积时间,采用该厚度的 MCD 薄膜作为煤液化减压调节阀阀座的内孔表面涂层具有更高的性价比,其附着性能和综合的冲蚀磨损性能也已经满足了该阀门的使用需求。

采用波长为 632.8nm 的(He - Ne)激光拉曼光谱分析仪对对应位置 MCD 薄膜的成分及质量进行表征,结果如图 7 - 17 所示(自上而下对应图 7 - 16 中自上而下的三个取样点)。由图中可以看出,在硬质合金阀座基体内孔表面不同位置沉积的 MCD 薄膜全部仅在波长为 $1~337~cm^{-1}$ 处存在一个特征峰,即金刚石 sp^3 相成分的特征峰,这说明在阀座内孔表面制备的 MCD 薄膜整体具有非常高的金刚石含量。

7.3.3   应用试验

除 MCD 薄膜涂层阀座外,在该煤液化减压调节阀阀芯部件的圆柱外表面上同样沉积了高质量的 MCD 薄膜,整体结构经过优化设计的、阀芯和阀座部件工作表面沉积了 MCD 薄膜的煤液化减压调节阀样阀的应用试验在 PDU 煤直接液化中试装置上进行,根据前面的仿真分析可知,工作压力最大约为 20 MPa,最大冲击速度约为 130 m/s。在前文的试验研究中,作者所在课题组制备的丙酮碳源 MCD 薄膜已经在新型煤液化减压调节阀中表现出良好的应用性能[96-97, 138],甲烷碳源 MCD 薄膜具有更好的薄膜质量和耐磨损性能,因此在应用过程中表现出更好的应用性能。

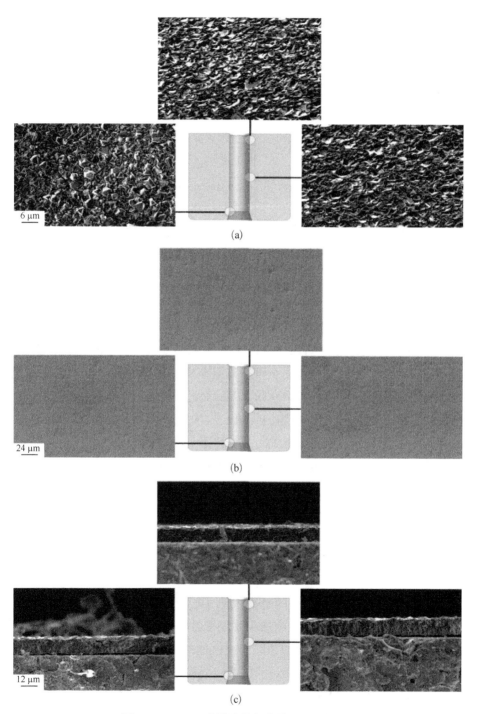

图 7‑16　MCD 薄膜涂层阀座的 FESEM 形貌

（a）抛光前的表面形貌；（b）抛光后的表面形貌；（c）截面形貌

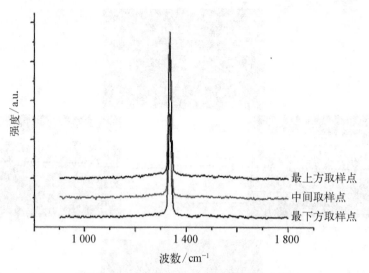

图 7‑17　MCD 薄膜涂层阀座的拉曼光谱

从零部件的磨损情况来看,在新型煤液化减压调节阀中的甲烷碳源 MCD 薄膜涂层阀座的受冲蚀表面上可以观察到细微划痕,但薄膜材料整体基本无损,证明 MCD 薄膜的耐磨性和附着性能完全可以满足该煤液化减压调节阀阀座的使用需求。划痕是煤浆中硬质颗粒高速冲刷的结果,而进口阀座 PDC 材料的表面裂纹是阀座破裂的前兆,可能与 PDC 材料的烧结工艺、阀座孔型设计、阀座基体材料与嵌入的 PDC 存在的膨胀系数差异有关。总体来看,MCD 薄膜涂层阀座的使用寿命超过了进口 PDC 阀座的使用寿命。本章研制的煤液化高温高压差减压调节阀的整体结构以及甲烷碳源 MCD 薄膜涂层阀座部件均表现出良好的应用效果,可满足煤液化极端工况的使用要求。

7.4　本章小结

本章对金刚石薄膜涂层喷嘴的制备和应用进行了研究。针对乙烯催化裂解生产用喷雾干燥设备中使用的喷嘴的两个主要受冲蚀工作表面,选用具有良好的附着性能、极高的表面硬度和优异的冲蚀磨损性能的 BD‑UCD 薄膜作为其工作表面保护涂层,并提出了"先内孔后锥孔"的两步沉积方法,采用改变的内孔沉积参数正交优化方法(即用冲蚀磨损性能替代优化目标因子中的应用摩擦磨损性能)优化基本的沉积参数,再采用基于正交配置的仿真方法优化具体的热丝和夹具参数。采用优化后的参数在内孔和锥孔表面分别制备了厚度均匀的高质量 BD‑UCD 薄膜。对 BD‐UCD 薄膜涂层喷嘴在乙烯催化裂解催化剂生产用喷雾干燥设备中进行了应用试验,试验结果表明,兼具良好的附着性能和冲蚀磨损性能的 BD‐UCD 薄膜对于提高喷雾干燥喷嘴在高温、高压、高硬度固体颗粒高速冲蚀工作环境下的使用寿命具有显著效果,以喷嘴孔径扩大作为喷雾干燥喷嘴主要的失效形式,以孔径扩大 0.05 mm 作为喷嘴的失效标准,BD‐UCD 薄膜的使用使得喷嘴的使用寿命提高了 5 倍以上。此外,复合金刚石薄膜涂层喷嘴优异的冲蚀磨损性能和孔径稳定性进一步保证了生产的催化剂产品的质量稳定性,在其全寿命使用周期内减少了停机检测、更换喷嘴的次数,减轻了工人的劳动强度,有效提高了生产效率,给企业带来了显著的经济效益。

　　本章还对煤液化减压调节阀的孔型优化设计及金刚石薄膜在其阀座部件上的应用进行了研究。针对煤直接液化工艺装备中在高温、高压差、高固含量的极端工况下运行的减压调节阀,采用了斜劈式的阀芯结构,可以有效改善阀芯的振动性能和流通性能。采用了四通孔的压套结构,有助于缓解固液两相流对于阀座孔壁面和阀芯斜面的冲蚀磨损作用。在仿真分析和孔型优化的基础上,优选甲烷碳源制备 MCD 薄膜即可满足其工作需求,应用类似的内孔沉积参数正交优化方法(用冲蚀磨损性能替代优化目标因子中的应用摩擦磨损性能)及仿真分析方法获得优化的沉积参数,据此在阀座内孔工作表面制备了高质量的、厚度均匀的 MCD 薄膜。整体结构经过优化设计的,阀芯和阀座部件工作表面沉积了 MCD 薄膜的煤液化减压调节阀在 PDU 煤直接液化中试装置上进行了应用试验,煤液化高温高压差减压调节阀的整体结构以及 MCD 薄膜涂层阀座部件均表现出良好的应用效果,可以满足煤液化极端工况的使用要求。

参 考 文 献

［1］Kamo M, Sato Y, Matsumoto S, et al. Diamond synthesis from gas phase in microwave plasma [J]. Journal of Crystal Growth, 1983, 62: 642 - 644.

［2］Belmonte M. Diamond coating of coloured $Si_3 N_4$ ceramics [J]. Diamond and Related Materials, 2005, 14(1): 54 - 59.

［3］Guo L, Chen G. High-quality diamond film deposition on a titanium substrate using the hot-filament chemical vapor deposition method [J]. Diamond and Related Materials, 2007, 16(8): 1530 - 1540.

［4］Rats D, Vandenbulcke L, Herbin R, et al. Characterization of diamond films deposited on titanium and its alloys [J]. Thin Solid Films, 1995, 270: 177 - 183.

［5］May P W, Mankelevich Y A. From ultrananocrystalline diamond to single crystal diamond growth in hot filament and microwave plasma-enhanced CVD reactors: a unified model for growth rates and grain sizes [J]. Journal of Physical Chemistry C, 2008, 112(32): 12432 - 12441.

［6］Salgueiredo E, Amaral M, Neto M A, et al. HFCVD diamond deposition parameters optimized by a Taguchi Matrix [J]. Vacuum, 2011, 85(6): 701 - 704.

［7］Amaral M, Fernandes A J S, Vila M, et al. Growth rate improvements in the hot-filament CVD deposition of nanocrystalline diamond [J]. Diamond and Related Materials, 2006, 15 (11 - 12): 1822 - 1827.

［8］万隆,陈石林,刘小磐.超硬材料与工具[M].北京：化学工业出版社,2006.

［9］Yara T, Yuasa M, Sheng Ma J, et al. Fabrication of diamond films by a magneto-active plasma CVD using alcohol-hydrogen system [J]. Applied Surface Science, 1992, 60 - 61: 308 - 316.

［10］Hirose Y, Terasawa Y. Synthesis of diamond thin films by thermal CVD using organic compounds [J]. Japanese Journal of Applied Physics, 1986, 25: 519 - 521.

［11］Watanabe I, Sugata K. Diamond films synthesized by microwave plasma CVD of ethyl alcohol, etc. [J]. Japanese Journal of Applied Physics, 1988, 27: 1397 - 1400.

［12］Bohr S, Haubner R, Lux B. Influence of nitrogen additions on hot-filament chemical vapor deposition of diamond [J]. Applied Physics Letters, 1996, 68: 1075 - 1077.

［13］Haubner R, Bohr S, Lux B. Comparison of P, N and B additions during CVD diamond deposition [J]. Diamond and Related Materials, 1999, 8: 171 - 178.

［14］Spicka H, Griesser M, Hutter H, et al. Investigations of the incorporation of B, P and N into CVD-diamond films by secondary ion mass spectrometry [J]. Diamond and Related Materials, 1996, 5: 383 - 387.

[15] Sternschulte H, Schreck M, Stritzker B, et al. Growth and properties of CVD diamond films grown under $H_2 S$ addition [J]. Diamond and Related Materials, 2003, 12 (3 - 7): 318 - 323.

[16] Sternschulte H, Schreck M, Stritzker B, et al. Lithium addition during CVD diamond growth: influence on the optical emission of the plasma and properties of the films [J]. Diamond and Related Materials, 2000, 9(3 - 6): 1046 - 1050.

[17] Beck F, Kaiser W, Krohn H. Boron doped diamond (BDD)-layers on titanium substrates as electrodes in applied electrochemistry [J]. Electrochimica Acta, 2000, 45(28): 4691 - 4695.

[18] Beck F, Krohn H, Kaiser W, et al. Boron doped diamond/titanium composite electrodes for electrochemical gas generation from aqueous electrolytes [J]. Electrochimica Acta, 1998, 44: 525 - 532.

[19] 吕江维. 硼掺杂金刚石薄膜电极的制备与性能评价[D]. 哈尔滨: 哈尔滨工业大学, 2010.

[20] Watanabe T, Shimizu T K, Tateyama Y, et al. Giant electric double-layer capacitance of heavily boron-doped diamond electrode [J]. Diamond and Related Materials, 2010, 19(7 - 9): 772 - 777.

[21] Liang Q, Stanishevsky A, Vohra Y K. Tribological properties of undoped and boron-doped nanocrystalline diamond films [J]. Thin Solid Films, 2008, 517(2): 800 - 804.

[22] 姚成志. 硼掺杂金刚石薄膜涂层工具的制备和试验研究[D]. 上海: 上海交通大学, 2008.

[23] Wang L, Shen B, Sun F H, et al. Effect of polishing on the friction behaviors and cutting performance of boron-doped diamond coated WC - Co inserts[J]. Surface Review and Letter, 2014, 21(3): 1450037.

[24] Wang L, Shen B, Sun F H, et al. Effect of pressure on the growth of boron and nitrogen doped HFCVD diamond films on WC - Co substrate[J]. Surface and Interface Analysis, 2015, 47(5): 572 - 586.

[25] Zhang T, Wang L, Sun F H, et al. The effect of boron doping on the morphology and growth rate of micron diamond powders synthesized by HFCVD method[J]. Diamond & Ralated Materials, 2013, 40(1): 82 - 88.

[26] Kulisch W, Popov C, Boycheva S, et al. Mechanical properties of nanocrystalline diamond/amorphous carbon composite films prepared by microwave plasma chemical vapour deposition [J]. Diamond and Related Materials, 2004, 13(11 - 12): 1997 - 2002.

[27] Catledge S A, Baker P, Tarvin J T, et al. Multilayer nanocrystalline/microcrystalline diamond films studied by laser reflectance interferometry [J]. Diamond and Related Materials, 2000, 9(8): 1512 - 1517.

[28] Xin H W, Zhang Z M, Ling X, et al. Composite diamond films with smooth surface and the structural influence on dielectric properties [J]. Diamond and Related Materials, 2002, 11(2): 228 - 233.

[29] Jian X G, Shi L D, Chen M, et al. Tribological studies on ultra-fine diamond composite

coatings deposited on tungsten carbide [J]. Diamond and Related Materials, 2006, 15(2 -3): 313 - 316.

[30] Sun F H, Zhang Z M, Shen H S, et al. Fabrication and application of smooth composite diamond films [J]. Surface Engineering, 2003, 19(6): 461 - 465.

[31] Sun F H, Ma Y P, Shen B, et al. Fabrication and application of nano-microcrystalline composite diamond films on the interior hole surfaces of Co cemented tungsten carbide substrates [J]. Diamond and Related Materials, 2009, 18(2 - 3): 276 - 282.

[32] Shen B, Sun F H. Deposition and friction properties of ultra-smooth composite diamond films on Co-cemented tungsten carbide substrates [J]. Diamond and Related Materials, 2009, 18(2 - 3): 238 - 243.

[33] Shen B, Sun F H, Xue H G, et al. Study on fabrication and cutting performance of high quality diamond coated PCB milling tools with complicated geometries [J]. Surface Engineering, 2009, 25(1): 70 - 76.

[34] 邓建新,丁泽良.陶瓷喷嘴及其冲蚀磨损[M].北京:科学出版社,2009.

[35] Sheldon G L, Finnie I. On the ductile behavior of nominally brittle materials during erosive cutting [J]. Journal of Engineering and Industry, 1966, 88: 387 - 392.

[36] Evans A G, Gulden M E, Rosenblatt M. Impact damage in brittle materials in the elastic-plastic regime [J]. Proceedings of The Royal Society of London Series A-mathematical Physical A, 1978, 361: 343 - 365.

[37] Shipway P H, Hutchings I M. The role of particle properties in the erosion of brittle materials [J]. Wear, 1996, 193: 105 - 113.

[38] Deng J X, Liu L L, Ding M W. Gradient structures in ceramic nozzles for improved erosion wear resistance [J]. Ceramics International, 2007, 33(7): 1255 - 1261.

[39] Telling R H, Field J E. Fracture and erosion of CVD diamond [J]. Diamond and Related Materials, 1999, 8(2 - 5): 850 - 854.

[40] Davies A R, Field J E. The solid particle erosion of free-standing CVD diamond [J]. Wear, 2002, 252(1 - 2): 96 - 102.

[41] Wood R J K, Wheeler D W. Design and performance of a high velocity air-sand jet impingement erosion facility [J]. Wear, 1998, 220(2): 95 - 112.

[42] Wheeler D W, Wood R J K. Solid particle erosion of CVD diamond coatings [J]. Wear, 1999, 233 - 235(0): 306 - 318.

[43] Bose K, Wood R J K, Wheeler D W. High energy solid particle erosion mechanisms of superhard CVD coatings [J]. Wear, 2005, 259(1): 135 - 144.

[44] Wheeler D W, Wood R J K. Erosive wear behaviour of thick CVD diamond coatings [J]. Wear, 1999, 225 - 229: 523 - 536.

[45] Wheeler D W, Wood R J K. Solid particle erosion of diamond coatings under non-normal impact angles [J]. Wear, 2001, 250: 795 - 801.

[46] Amirhaghi S, Reehal H S, Plappert E, et al. Growth and erosive wear performance of diamond coatings on WC substrates [J]. Diamond and Related Materials, 1999, 8(2 -

5)：845 - 849.

[47] Amirhaghi S, Reehal H S, Wood R J K, et al. Diamond coatings on tungsten carbide and their erosive wear properties [J]. Surface and Coatings Technology, 2001, 135 (2 - 3)：126 - 138.

[48] Wheeler D W, Wood R J K, Harrison D, et al. Application of diamond to enhance choke valve life in erosive duties [J]. Wear, 2006, 261(10)：1087 - 1094.

[49] Alahelisten A, Hollman P, Hogmark S. Solid particle erosion of hot flame-deposited diamond coatings on cemented carbide [J]. Wear, 1994, 177：159 - 165.

[50] Shanov V, Tabakoff W, Singh R N. CVD diamond coating for erosion protection at elevated temperatures [J]. Journal of Materials Engineering and Performance, 2002, 11(2)：220 - 225.

[51] Lim D S, Kim J H. Erosion damage and optical transmittance of diamond films [J]. Thin Solid Films, 2000, 377 - 379：217 - 221.

[52] Kim J H, Lim D S. Erosion of free-standing CVD diamond film [J]. Diamond and Related Materials, 1999, 8(2 - 5)：865 - 870.

[53] Grogler T, Zeiler E, Franz A, et al. Erosion resistance of CVD diamond-coated titanium alloy for aerospace applications [J]. Surface and Coatings Technology, 1999, 112 (1 - 3)：129 - 132.

[54] Lu F X, He Q, Guo S B, et al. Sand erosion of freestanding diamond films prepared by DC arcjet [J], Diamond and Related Materials, 2010, 19(7 - 9)：936 - 941.

[55] 贺琦,张凤雷,魏俊俊,等.自支撑金刚石膜冲蚀磨损研究[J].金刚石与磨料磨具工程,2007 (4)：8 - 12.

[56] 张凤雷,贺琦,郭会斌,等.喷射式冲蚀磨损试验系统及红外光学材料冲蚀行为研究[J].红 外技术,2007(4)：196 - 202.

[57] Takeno T, Komoriya T, Nakamori I, et al. Tribological properties of partly polished diamond coatings [J]. Diamond and Related Materials, 2005, 14(11 - 12)：2118 - 2121.

[58] Straffelini G, Scardi P, Molinari A, et al. Characterization and sliding behavior of HFCVD diamond coatings on WC - Co [J]. Wear, 2001, 249(5 - 6)：461 - 472.

[59] Abreu C S, Amaral M, Oliveira F J, et al. HFCVD nanocrystalline diamond coatings for tribo-applications in the presence of water [J]. Diamond and Related Materials, 2009, 18(2 - 3)：271 - 275.

[60] Amaral M, Abreu C S, Oliveira F J, et al. Tribological characterization of NCD in physiological fluids [J]. Diamond and Related Materials, 2008, 17(4 - 5)：848 - 852.

[61] Amaral M, Abreu C S, Oliveira F J, et al. Biotribological performance of NCD coated $Si_3 N_4$-bioglass composites [J]. Diamond and Related Materials, 2007, 16(4 - 7)：790 - 795.

[62] Abreu C S, Oliveira F J, Belmonte M, et al. CVD diamond coated silicon nitride self-mated systems：tribological behavior under high loads [J]. Tribology Letters, 2006, 21(2)：141 - 151.

[63] Abreu C S, Amaral M S, Oliveira F J, et al. Tribological testing of self-mated

nanocrystalline diamond coatings on Si_3N_4 ceramics [J]. Surface and Coatings Technology, 2006, 200(22-23): 6235-6239.

[64] Abreu C S, Amaral M, Oliveira F J, et al. Enhanced performance of HFCVD nanocrystalline diamond self-mated tribosystems by plasma pretreatments on silicon nitride substrates [J]. Diamond and Related Materials, 2006, 15(11-12): 2024-2028.

[65] Abreu C S, Amaral M, Fernandes A J S, et al. Friction and wear performance of HFCVD nanocrystalline diamond coated silicon nitride ceramics [J]. Diamond and Related Materials, 2006, 15(4-8): 739-744.

[66] Shen B, Sun F H. Effect of surface morphology on the frictional behaviour of hot filament chemical vapour deposition diamond films [J]. Proceedings of the Institution of Mechanical Engineers Part J-Journal of Engineering Tribology: Engineering Tribology, 2009, 223 (J7): 1049-1058.

[67] Shen B, Zuo W, Sun F H, et al. Study on tribological performance of fine-grained diamond films [J]. Advances in Grinding and Abrasive Technology, 2008, 359-360: 23-27.

[68] Shen B, Sun F H. Influence of surface morphology of diamond films on their frictional behaviors in dry and water environments [J]. Surface Finishing Technology and Surface Engineering, 2008, 53-54: 331-336.

[69] Wang L, Lei X L, Shen B, et al. Tribological properties and cutting performance of boron and silicon doped diamond films on Co-cemented tungsten carbide inserts [J]. Diamond and Related Materials, 2013, 33: 54-62.

[70] 沈彬.超光滑金刚石复合薄膜的制备、摩擦学性能及应用研究[D].上海：上海交通大学,2009.

[71] 杨国栋.陶瓷基 CVD 金刚石薄膜的制备、摩擦试验及其应用研究[D].上海：上海交通大学,2010.

[72] 张东灿.金刚石薄膜和类金刚石薄膜摩擦学性能试验及其应用研究[D].上海：上海交通大学,2010.

[73] Debroy T, Tankala K, Yarbrough W A, et al. Role of heat transfer and fluid flow in the chemical vapor deposition of diamond [J]. Journal of Applied Physics, 1990, 68(5): 2424-2432.

[74] Dandy D S, Coltrin M E. Effects of temperature and filament poisoning on diamond growth in hot-filament reactors [J]. Journal of Applied Physics, 1994, 76(5): 3102-3113.

[75] Barbosa D C, Almeida F A, Silva R F, et al. Influence of substrate temperature on formation of ultrananocrystalline diamond films deposited by HFCVD agron-rich gas mixture [J]. Diamond and Related Materials, 2009, 18(10): 1283-1288.

[76] Wolden C, Mitra S, Gleason K K. Radiative heat transfer in hot-filament chemical vapor deposition diamond reactors [J]. Journal of Applied Physics, 1992, 72(8): 3750-3758.

[77] Barbosa D C, Nova H F V, Baldan M R. Numerical simulation of HFCVD process used for diamond growth [J]. Brazilian Journal of Physics, 2006, 36(2A): 313-316.

[78] Song G H, Sun C, Huang R F, et al. Simulation of the influence of the filament

arrangement on the gas phase during hot filament chemical vapor deposition of diamond films [J]. Journal of Vacuum Science and Technology A, 2000, 18(3)：860－863.

[79] 卢文壮.CVD 金刚石涂层刀具的制备及其切削性能研究[D].南京：南京航空航天大学,2008.

[80] Zuo W, Shen B, Sun F H, et al. Simulation of substrate temperature distribution in diamond films growth on cemented carbide inserts by hot filament CVD [J]. E-Engineering & Digital Enterprise Technology, 2008, 10－12：864－868.

[81] 左伟,沈彬,孙方宏,等.热丝化学气相法合成金刚石的温度场仿真及试验[J].上海交通大学学报,2008,42(7)：1073－1076.

[82] 左伟.热丝化学气相法合成金刚石的温度场仿真及试验研究[D].上海：上海交通大学,2008.

[83] Zhang T, Zhang J G, Shen B, et al. Simulation of temperature and gas density field distribution in diamond films growth on silicon wafer by hot filament CVD [J]. Journal of Crystal Growth, 2012, 343(1)：55－61.

[84] Zhang J G, Zhang T, Wang X C, et al. Simulation and experimental studies on substrate temperature and gas density field in HFCVD diamond films growth on WC－Co drill tools [J]. Surface Review and Letters, 2013, 20(2)：1350020.

[85] 张志明,沈菏生,孙方宏,等.CVD 金刚石涂层拉丝模的研制与应用[J].工具技术,2000, 34：13－15.

[86] Murakawa M, Takeuchi S, Yoshida K. Fabrication of a diamond-coated drawing die and performance test [J]. Journal of the Japan Society for Technology of Plasticity, 1996, 37：277－282.

[87] Okuzumi A, Matsuda J. Diamond coated die for wire drawing：JPS6462213A[P]. 1989－03－08.

[88] Murakawa M, Takeuchi S. Wire drawing die for thin wire using polycrystalline diamond synthesized by vapor deposition method：JPH09220610A[P]. 1997－08－26.

[89] Ivan D, Elizabeth B G. Reactor for diamond synthesis assisted by microware plasma has system for forcing and depositing diamond germination species on inner walls of holes in wire drawing dies：FR2850116A1[P]. 2004－07－23.

[90] 苟立,安晓明,冉均国.CVD 金刚石涂层拉拔模的制备[J].工具技术,2007,41(6)：62－64.

[91] 李建国,丰杰,梅军,等.金刚石涂层拉丝模具批量制备装置：CN2008100445230[P].2010－12－15.

[92] 梅军,胡东平,李建国,等.小孔径金刚石涂层拉丝模具制备方法：CN2008100445245[P].2008－10－08.

[93] 胡东平,季锡林,李建国,等.金刚石涂层拉拔模具的制备与性能研究[J].金刚石与磨料磨具工程,2010,30(3)：44－48.

[94] 张志明,沈菏生,孙方宏,等.CVD 金刚石涂层拉丝模的研制与应用[J].工具技术,2000, 34：13－15.

[95] Zhang Z M, Shen H S, Sun F H, et al. Fabrication and application of chemical vapor

deposition diamond-coated drawing dies [J]. Diamond and Related Materials, 2001, 10 (1): 33 – 38.

[96] 王新昶,孙方宏,沈彬,等.CVD 金刚石涂层煤液化减压阀关键部件的制备[J].金刚石与磨料磨具工程,2011,31(6):20 – 24.

[97] Wang X C, Shen B, Sun F H. CVD diamond films as wear-resistant coatings for relief valve components in the coal liquefaction equipment [J]. Solid State Phenomena, 2011, 175: 219 – 225.

[98] Wang X C, Shen B, Sun F H, et al. Deposition and application of CVD diamond films on the interior-hole surface of silicon carbide compacting dies [J]. Key Engineering Materials, 2012, 499: 45 – 50.

[99] 郭松寿,张志明,沈荷生,等.纳米金刚石复合涂层焊接套及拉拔套的特性与应用[J].光纤与电缆及其应用技术,2007,2(1):9 – 12.

[100] 张志明,沈荷生,孙方宏,等.纳米金刚石复合涂层紧压模的制备及应用[J].电线电缆,2003,8(4):9 – 12.

[101] Wang X C, Zhang J G, Sun F H, et al. Investigations on the fabrication and erosion behavior of the composite diamond coated nozzles [J]. Wear, 2013, 304 (1 – 2): 126 – 137.

[102] Wang X C, Lin Z C, Zhang T, et al. Fabrication and application of boron-doped diamond coated rectangular-hole shaped drawing dies [J]. International Journal of Refractory Metals and Hard Materials, 2013, 41: 422 – 431.

[103] Wang X C, Zhao T Q, Sun F H, et al. Comparisons of HFCVD diamond nucleation and growth using different carbon sources [J]. Diamond and Related Materials, 2015, 54: 26 – 33.

[104] Nunotani M, Komori M, Yamasawa M, et al. Effects of oxygen addition on fiamond film growth by electron-resonance microwave plasma CVD apparatus[J]. Japanese Journal of Applied Physics, 1991, 30(7A): 1199 – 1202.

[105] Wang X C, Shen X T, Sun F H, et al. Influence of boron doping level on basic properties and erosion behavior of boron-doped micro-crystalline diamond (BDMCD) film [J]. Diamond and Related Materials, 2017, 73: 218 – 231.

[106] Wang X C, Wang L, Shen B, et al. Friction and wear performance of boron doped, undoped microcrystalline and fine grained composite diamond films [J]. Chinese Journal of Mechanical Engineering, 2015, 28(1): 155 – 163.

[107] Wang X C, Wang C C, Sun F H. Development and growth time optimization of the boron-doped micro-crystalline, undoped micro-crystalline and undoped fine-grained composite diamond film [J]. Proceedings of the Institution of Mechanical Engineers, Part B: Journal of Engineering Manufacture, 2018, 232(7): 1244 – 1258.

[108] 王新昶,申笑天,孙方宏,等.HFCVD 硼掺杂复合金刚石薄膜的机械性能研究[J].金刚石与磨料磨具工程,2015,35(6):8 – 13.

[109] Wang X C, Zhang J G, Shen B, et al. Fracture and solid particle erosion of micro-

crystalline, nano-crystalline and boron-doped diamond films [J]. International Journal of Refractory Metals and Hard Materials, 2014, 45: 31 - 40.

[110] Wang X C, Cui Y X, Zhang J G, et al. Erosive wear performance of boron doped diamond films on different substrates [J]. Proceedings of the Institution of Mechanical Engineers, Part J: Engineering Tribology, 2014, 228(3): 352 - 361.

[111] Wang X C, Zhang J G, Shen B, et al. Erosion mechanism of the boron-doped diamond films of different thicknesses [J]. Wear, 2014, 312(112): 1 - 10.

[112] Wang X C, Shen X T, Sun F H, et al. Mechanical properties and solid particle erosion of MCD films synthesized using different carbon sources by BE - HFCVD [J]. International Journal of Refractory Metals and Hard Materials, 2016, 54: 370 - 377.

[113] Wang X C, Shen X T, Zhao T Q, et al. Tribological properties of MCD films synthesized using different carbon sources when sliding against stainless steel [J]. Tribology Letters, 2016, 61(2): 1 - 16.

[114] Wang X C, Shen X T, Zhao T Q, et al. Tribological properties of SiC - based MCD films synthesized using different carbon sources when sliding against $Si_3 N_4$ [J]. Applied Surface Science, 2016, 369: 448 - 459.

[115] Wang X C, Wang C C, Shen X T, et al. Tribological properties of diamond films for high-speed drawing Al alloy wires using water-based emulsions [J]. Tribology International, 2018, 123: 92 - 104.

[116] Chen S L, Shen B, Sun F H, et al. Tribological behaviors of diamond films and their applications in metal drawing production in water-lubricating condition [J]. Proceedings of the Institution of Mechanical Engineers, Part J: Engineering Tribology, 2016, 230 (6): 656 - 666.

[117] He K, Gou L, Ran J G. Effect of surface component and morphology of diamond film on suface energy[J]. 2010, 38: 187 - 191.

[118] Wang X C, Lin Z, Shen B, et al. Effects of deposition parameters on HFCVD diamond films growth on inner-hole surfaces with methane as the carbon source [J]. Transactions of Nonferrous Metals Society of China, 2015, 25: 791 - 802.

[119] May P W, Harvey J N, Allan N L, et al. Simulations of chemical vapor deposition diamond film growth using a kinetic Monte Carlo model [J]. Journal of Applied Physics, 2010, 108(1): 014905.

[120] May P W, Allan N L, Ashfold M N R, et al. Simulations of polycrystalline CVD diamond film growth using a simplified Monte Carlo model [J]. Diamond and Related Materials, 2010, 19(5 - 6): 389 - 396.

[121] Kobashi K, Nishimura K, Kawate Y, et al. Synthesis of diamonds by use of microwave plasma chemical-vapor deposition: Morphology and growth of diamond films [J]. Physical Review B, 1988, 38(6): 4067 - 4084.

[122] Spitsyn B V, Bouilov L L, Derjaguin B V. Vapor growth of diamond on diamond and other surfaces [J]. Journal of Crystal Growth, 1981, 52: 219 - 226.

[123] 戴达煌,周克崧.金刚石薄膜沉积制备工艺与应用[M].北京：冶金工业出版社,2001.

[124] Wang X C, Zhang J G, Zhang T, et al. Simulation optimization of the heat transfer conditions in HFCVD diamond film growth inside holes [J]. Surface Review and Letters, 2013, 20(3-4): 1350031.

[125] Wang X C, Zhang T, Shen B, et al. Simulation and experimental research on the substrate temperature distribution in HFCVD diamond film growth on the inner hole surface [J]. Surface and Coatings Technology, 2013, 219: 109-118.

[126] Wang X C, Lei X L, Cheng L, et al. Simulation-based optimal design of HFCVD equipment adopted for mass production of diamond films on inner-hole surfaces [J]. Surface Review and Letters, 2014, 21(5): 1450066.

[127] Lin Z C, Shen B, Sun F H, et al. Numerical and experimental investigation of trapezoidal wire cold drawing through a series of shaped dies [J]. The International Journal of Advanced Manufacturing Technology, 2015, 76(5-8): 1383-1391.

[128] Lin Z C, Shen B, Sun F H, et al. Diamond-coated tube drawing die optimization using finite element model simulation and response surface methodology [J]. Proceedings of the Institution of Mechanical Engineers, Part B: Journal of Engineering Manufacture, 2014, 228(11): 1432-1441.

[129] 王新昶,申笑天,赵天奇,等.复合金刚石薄膜涂层铝塑复合管拉拔模的制备及应用(下) [J].超硬材料工程,2016,28(3): 35-40.

[130] 王新昶,申笑天,赵天奇,等.复合金刚石薄膜涂层铝塑复合管拉拔模的制备及应用(上) [J].超硬材料工程,2016,28(2): 20-23.

[131] Shen B, Sun F H. Friction behaviors of the hot filament chemical vapor deposition diamond film under ambient air and water lubricating conditions [J]. Chinese Journal of Mechanical Engineering, 2009, 22(5): 658-664.

[132] 沈彬,孙方宏,张志明.CVD金刚石薄膜在水润滑条件下的摩擦磨损性能研究[J].摩擦学学报,2008,28(2): 112-117.

[133] 王新昶,王成川,孙方宏,等.HFCVD金刚石薄膜涂层小孔径拉丝模的制备及应用研究 [J].超硬材料工程,2017,29(1): 35-42.

[134] Wang X C, Shen X T, Sun F H, et al. Simulation optimization of filament parameters for uniform depositions of diamond films on surfaces of ultra-large circular holes [J]. Applied Surface Science, 2016, 388: 593-603.

[135] 王新昶,王成川,孙方宏,等.金刚石薄膜涂层扇形孔绞线紧压模的制备、抛光及应用研究 [J].中国表面工程,2016,29: 75-82.

[136] Wang X C, Wang C C, Sun F H, et al. Simulation and experimental researches on HFCVD diamond film growth on small inner-hole surface of wire-drawing die with no filament through the hole [J]. Surface and Coatings Technology, 2018, 339: 1-13.

[137] 王新昶,孙方宏,孙乐申,等.高压差高固含量减压阀的仿真优化设计[J].上海交通大学学报,2011,45(11): 1597-1601.

[138] 王志坚.煤液化重大装备调节阀的研制与应用[D].上海：上海交通大学,2009.

索　引